S. FISCHER

Richard A. Muller

JETZT
Die Physik der Zeit

Aus dem Amerikanischen
von Sebastian Vogel

S. FISCHER

Erschienen bei S. FISCHER

Die Originalausgabe erschien unter dem Titel
»Now. The Physics of Time« im Verlag W.W. Norton,
New York / London 2016
© 2016 by Richard A. Muller

Für die deutschsprachige Ausgabe:
© 2018 S. Fischer Verlag GmbH, Hedderichstr. 114,
D-60596 Frankfurt am Main

Für die Verwendung des Auszugs aus
»As Time Goes By« von Herman Hupfeld
dankt der Verlag der Bienstock
Publishing Company o/b/o Redwood Music Ltd.

Gesamtherstellung: CPI books GmbH, Leck
Printed in Germany
ISBN 978-3-10-002536-4

Inhalt

		Einleitung	7
TEIL I		**Verblüffende Zeit**	15
KAPITEL	1	Das verschränkte Rätsel	17
KAPITEL	2	Einsteins Regression in die Kindheit	29
KAPITEL	3	Das springende *Jetzt*	46
KAPITEL	4	Widersprüche und Paradoxa	68
KAPITEL	5	Grenze Lichtgeschwindigkeit, Schlupfloch Lichtgeschwindigkeit	81
KAPITEL	6	Imaginäre Zeit	92
KAPITEL	7	Bis zur Unendlichkeit und noch viel weiter	112
TEIL II		**Ein gebrochener Pfeil**	127
KAPITEL	8	Ein Pfeil der Verwirrung	129
KAPITEL	9	Die Entmystifizierung der Entropie	136
KAPITEL	10	Die Mystifizierung der Entropie	147
KAPITEL	11	Die Zeit wird erklärt	162
KAPITEL	12	Unser unwahrscheinliches Universum	170
KAPITEL	13	Das Universum bricht aus	185
KAPITEL	14	Das Ende der Zeit	205
KAPITEL	15	Die Entropie kommt unter die Räder	219
KAPITEL	16	Der Zeitpfeil: Alternativen	237
TEIL III		**Gespenstische Physik**	261
KAPITEL	17	Eine Katze, tot und lebendig	263
KAPITEL	18	Das Quantengespenst wird gekitzelt	276

| KAPITEL 19 | Einstein bekommt Angst | 294 |
| KAPITEL 20 | Die Rückwärts-Zeitreise wird beobachtet | 315 |

TEIL IV	**Physik und Realität**	345
KAPITEL 21	Über die Physik hinaus	347
KAPITEL 22	Cogito ergo sum	363
KAPITEL 23	Freier Wille	376

TEIL V	**Jetzt**	395
KAPITEL 24	Der 4-D-Urknall	397
KAPITEL 25	Die Bedeutung des *Jetzt*	415

ANHANG 1	Die Mathematik der Relativität	421
ANHANG 2	Zeit und Energie	439
ANHANG 3	Der Beweis, dass $\sqrt{2}$ eine irrationale Zahl ist	445
ANHANG 4	Die Schöpfung	447
ANHANG 5	Die Mathematik der Unschärfe	450
ANHANG 6	Physik und Gott	453

Danksagungen 458
Abbildungsnachweise 459
Register 461

Einleitung

Jetzt – jener rätselhafte, flüchtige Zeitpunkt, der seine Bedeutung in jedem Augenblick ändert – verwirrt seit jeher Priester, Philosophen und Physiker, und das aus gutem Grund. Um das *Jetzt* zu verstehen, braucht man Kenntnisse über Relativitätstheorie, Entropie, Quantenphysik, Antimaterie, Zeitreisen in die Vergangenheit, Verschränkung, den Urknall und dunkle Energie. Erst *jetzt* verfügen wir über alle physikalischen Kenntnisse, um das *Jetzt* zu verstehen.

Die schwer fassbare Bedeutung von *Jetzt* war ein Stolperstein für die Entwicklung der Physik. Wir verstehen die Zeitdehnung durch Geschwindigkeit und Gravitation und sogar die Umkehr der Zeit in der Relativitätstheorie, aber wir haben keine Fortschritte gemacht, wenn es darum geht, die verblüffendsten Aspekte der Zeit zu verstehen: ihr Fließen und die Bedeutung des *Jetzt*. Das grundlegende Zeichenbrett der Physik, Raum-Zeit-Diagramm genannt, geht über solche Fragen hinweg; Physiker halten dieses Fehlen unsinnigerweise manchmal für eine Stärke und gelangen zu dem Schluss, das Fließen der Zeit sei eine Illusion. Aber das ist rückständig. Solange wir die Bedeutung des *Jetzt* nicht dingfest machen können, werden weitere Fortschritte in der Erforschung der Zeit – jenes Schlüsselaspekts der Realität – weiterhin auf Hindernisse stoßen.

Mit diesem Buch verfolge ich das Ziel, die wesentlichen physikalischen Aspekte zusammenzusetzen wie Puzzlesteine, bis sich ein eindeutiges Bild des *Jetzt* herauskristallisiert.

Damit das klappt, müssen wir auch diejenigen Puzzlesteine finden und entfernen, die an den falschen Orten eingesetzt wurden.

Dass das Rätsel bisher so schwer zu lösen war, liegt daran, dass dazu ein breites Spektrum physikalischer Kenntnisse erforderlich ist. Physik ist weder einfach noch geradlinig, und deshalb behandelt dieses Buch eine ungeheure Menge von Themen – eigentlich vielleicht zu viele für einen einzigen Band. Man kann deshalb durchaus hin und her blättern und mit Hilfe des Registers wichtige Gedanken finden, die man vielleicht vermisst hat. Ebenso kann man sich meine Erzählung als eine Art Krimi vorstellen, in dem sich allmählich immer mehr Anhaltspunkte ergeben, bis sie schließlich zu einer bemerkenswerten Auflösung führen.

Mein Hintergrund ist vorwiegend die Experimentalphysik – die Konstruktion und Benutzung neuer Gerätschaften, mit denen man physikalische Tatsachen, die zuvor verborgen waren, vermessen oder gelegentlich auch neu entdecken kann. Zwei meiner Projekte standen in unmittelbarem Zusammenhang mit unseren Kenntnissen über die Zeit: eine Messung der Mikrowellentrümmer des Urknalls und eine genaue Vermessung der früheren Ausdehnung des Universums einschließlich der Entdeckung dunkler Energie, die diese Expansion beschleunigt. Ich muss zwar zugeben, dass ich auch einige rein theoretische Fachartikel geschrieben habe, das tat ich aber vor allem dann, wenn die Finanzmittel für Experimente knapp waren oder wenn die Theorie nach meiner Überzeugung vom richtigen Weg abgekommen war. So weit ich weiß, ist dies derzeit das einzige Buch, das gezielt von der Zeit handelt und von einem Physiker geschrieben wurde, der tief in der experimentellen Arbeit steckt; ich werde versuchen, einige Einblicke in die Herausforderungen und Frustrationen zu geben, mit denen solche Arbeiten verbunden sind.

Der Weg zum Verständnis des *Jetzt* besteht aus fünf Teilen.

In Teil I mit der Überschrift *Verblüffende Zeit* erläutere ich zunächst einige handfest nachgewiesene und dennoch erstaunliche Aspekte der Zeit, die im Wesentlichen von Albert Einstein entdeckt wurden. Zeit kann sich nicht nur dehnen, biegen und umkehren, sondern solche Verhaltensweisen haben auch Einfluss auf unser tägliches Leben. Das Satellitensystem GPS, das dafür sorgt, dass wir uns nicht verirren, stützt sich in großem Umfang auf Einsteins Relativitätsgleichungen, die von diesen seltsamen Eigenschaften der Zeit handeln. Die Relativitätstheorie hat uns den Begriff der vierdimensionalen Raumzeit beschert. Die wichtigste Aussage von Teil I lautet: Wir wissen eine Menge über die Zeit, und ihr Verhalten ist nicht einfach, aber gut bekannt. Wie schnell sie läuft, hängt von den lokalen Bedingungen der Geschwindigkeit und Gravitation ab, und selbst die Reihenfolge von Ereignissen – die Frage, welches Ereignis sich zuerst abgespielt hat – ist keine allgemeingültige Wahrheit. Darüber hinaus liefert uns Einsteins Relativitätstheorie einen großen Teil des Gerüsts, das wir brauchen, um die Bedeutung des *Jetzt* zu verstehen.

Der Teil II trägt die Überschrift *Ein gebrochener Pfeil*. Hier entferne ich aus dem Puzzle ein Stück, das an die falsche Stelle gepresst wurde, eine Theorie, die den Fortschritt beim Verstehen des *Jetzt* mehr als jede andere behindert hat. Dieser falsch angebrachte Puzzlestein ist die Theorie des Physikers Arthur Eddington, die angeblich eine Erklärung für den Zeitpfeil liefert – für die Tatsache, dass die Vergangenheit über die Zukunft bestimmt und nicht andersherum. Um ihn aus dem Weg zu räumen, präsentiere ich zuerst die bestmögliche Argumentation, die seine Theorie unterstützt, und erst danach mache ich auf ihre tödlichen Schwächen aufmerksam.

Eddington führte das Fließen der Zeit auf die Zunahme der *Entropie* zurück, die ein Maß für die Unordnung im Universum darstellt. Heute wissen wir über die Entropie des Universums viel mehr als Eddington, der seine Theorie 1928 formulierte, und ich werde darlegen, dass er das Pferd von hinten aufzäumte. Das Fließen der Zeit verursacht die Zunahme der Entropie, nicht andersherum. Die Erzeugung von Entropie hat nicht die tyrannische Wirkung, die man ihr häufig zuschreibt. Wie sich herausstellt, ist die Kontrolle über die Wege der Entropie entscheidend für unser Verständnis des *Jetzt*.

Im Teil III, *Gespenstische Physik*, kommt ein weiteres wichtiges Element für das Verstehen des *Jetzt* hinzu: die geheimnisvolle Wissenschaft der Quantenphysik. Sie ist vielleicht die erfolgreichste Theorie aller Zeiten – Vorhersagen und Beobachtungen stimmen bis auf zehn Dezimalstellen überein –, und doch ist sie sowohl beunruhigend als auch besorgniserregend. Das gespenstische Verhalten der Quantenwellen und ihrer Messung verletzt in krasser Weise Einsteins Relativitätsprinzipien, allerdings nicht so, dass man es unmittelbar beobachten oder ausnutzen könnte. Das Verhalten der Quantenwelle stellt unser Realitätsempfinden in Frage und entwickelt es weiter – ein Empfinden, das sich als entscheidend erweisen wird, wenn wir Licht in das *Jetzt* bringen wollen. So ergibt sich aus der Quantenphysik unter Umständen die höchst beunruhigende – oder vielleicht auch befreiende – Folgerung, dass die Vergangenheit nicht mehr über die Zukunft bestimmt, oder jedenfalls nicht vollständig. Einige Aspekte der Quantenphysik, die der Intuition am stärksten widersprechen, insbesondere das seltsame Merkmal der *Verschränkung*, wurden experimentell bestätigt, und diese (überraschenden!) experimentellen Befunde legen die Vermutung nahe, dass die eingeschränkte Fähigkeit, die Zukunft vorherzusagen, für alle Zeiten eine grundlegende Schwäche der Physik bleiben wird.

In *Physik und Realität*, dem Teil IV, untersuche ich die Grenzen der Physik. Keine Sorge, die Zeit und das *Jetzt* gehören nicht in diesen Bereich; sie haben ihren Ursprung in der Physik, aber wie wir sie wahrnehmen, hängt von unserem Gespür für die Realität ab, einem Gespür, das über die Physik hinausreicht. Die Mathematik bildet eine Welt der Realität ab, die sich nicht durch physikalische Experimente belegen lässt; das gilt sogar für etwas so Einfaches wie die Tatsache, dass die Quadratwurzel von 2 eine irrationale Zahl ist. Andere Themen dagegen sind real, gehören aber nicht in die Domäne für der Physik; dazu gehört zum Beispiel die Frage, wie die Farbe Blau eigentlich *aussieht*. Die Leugnung nichtphysikalischer und nichtmathematischer Wahrheiten wurde von Philosophen als *Physikalismus* bezeichnet. Der Physikalismus ist ein Glaube und hat alle Merkmale einer Religion. Leider führen die Indizien entgegen Einsteins glühender Hoffnung zu der Schlussfolgerung, dass die Physik unvollständig ist und nie in der Lage sein wird, die gesamte Realität zu beschreiben.

Im Teil V mit der Überschrift *Jetzt* werden die einzelnen Anhaltspunkte des Puzzles zusammengesetzt und zeigen in einem einheitlichen Bild, warum die Zeit fließt und welche Bedeutung der flüchtige Augenblick hat, den wir *Jetzt* nennen. Die Lösung liegt in einem Ansatz, der den Urknall vierdimensional betrachtet. Die Explosion des Universums schafft ständig nicht nur neuen Raum, sondern auch neue Zeit. Der vorderste, expandierende Rand der Zeit ist das, was wir als *Jetzt* bezeichnen, und der Fluss der Zeit ist die ständige Erschaffung von neuen *Jetzts*. Wir erleben den neuen Augenblick anders als den vorangegangenen, weil er der einzige ist, in dem wir Entscheidungen treffen und unseren freien Willen ausüben können, um damit die Zukunft zu beeinflussen und zu verändern. Allen Argumenten der klassischen Philosophen zum Trotz wissen wir heute, dass der freie Wille mit der Physik vereinbar ist; wer anders argumentiert, orientiert sich an der Religion des Physikalismus. Wir können die Zukunft nicht nur mit wissenschaftlichen, sondern auch mit nichtwissenschaftlichen Kenntnissen wie Empathie, Tugend, Ethik, Fairness und Gerechtigkeit beeinflussen, um so den Fluss der Entropie zu lenken und eine Stärkung der Zivilisation – oder auch ihre Zerstörung – ins Werk zu setzen.

Drei mögliche Tests dieses vierdimensionalen Modells der fortschreitenden Zeit schaue ich mir näher an. Die beobachtete beschleunigte Expansion des Universums, die im Zusammenhang mit der *dunklen Energie* steht, sollte von einer Beschleunigung im Ablauf der Zeit begleitet sein. Diese Theorie sagt vorher, dass die Zeit derzeit schneller fließt als in der Vergangenheit, und das führt zur Vorhersage einer neuen und (möglicherweise) beobachtbaren Zeitdehnung, einer neuen Rotverschiebung. Effekte sind vielleicht auch bei der Untersuchung der ersten Augenblicke des Urknalls zu erkennen; diese Ära der *Inflation*, so die Hoffnung, kann man vielleicht eines Tages durch den Nachweis von Gravitationswellen erforschen, die damals ausgesandt wurden; solche Wellen können wir indirekt beobachten, indem wir das Polarisierungsmuster der Mikrowellenstrahlung studieren.

Der dritte Test wurde konzipiert, als das LIGO (*Laser Interferometer Gravitational-Wave Observatory*, Laser-Interferometer-Observatorium zur Beobachtung von Gravitationswellen) 2016 erstaunlicherweise zwei große, verschmelzende schwarze Löcher nachweisen konnte. Solche Ereignisse lassen neuen Raum entstehen, und nach der 4-D-Theorie entsteht dabei auch neue Zeit; diese sollte im späteren Teil des Pulses für eine Verzögerung sorgen, die man beobachten kann, wenn zukünftige Ereignisse größer oder näher sind und sich durch ein stärkeres Signal verraten.

Wer mehr über die mathematischen Grundlagen lesen will, findet Einzelheiten über die Relativitätstheorie und die mathematischen Befunde in mehreren Anhängen; darüber hinaus stehen dort auch einige phantasievolle Gedichte und Gedanken über die nichtphysikalische Realität.

Machen wir uns also daran, das Puzzle zusammenzusetzen.

TEIL I
VERBLÜFFENDE ZEIT

KAPITEL 1

Das verschränkte Rätsel

*Was die Zeit angeht, waren große Philosophen verzweifelt
und verwirrt – erst die Physik macht uns Hoffnung,
sie verstehen zu können.*

Hier ist eine Tatsache über Sie selbst, die nur die Wenigsten kennen – vielleicht kennt sie niemand außer Ihnen: Sie lesen genau jetzt dieses Buch. Ich kann sogar noch präziser werden: Sie lesen genau jetzt das Wort *Jetzt*.

Außerdem habe ich etwas behauptet, von dem Sie wissen, dass es stimmt, wobei ich persönlich es aber nicht wusste und immer noch nicht weiß: Sie lesen genau jetzt das Wort *Jetzt*, aber mir ist diese Tatsache vollkommen unbewusst – es sei denn, ich blicke Ihnen gerade über die Schulter und Sie zeigen beim Lesen mit dem Finger auf die Wörter.

Jetzt ist ein äußerst einfacher, aber auch faszinierender und rätselhafter Begriff. Wir wissen, was er bedeutet, und doch können wir ihn kaum definieren, ohne uns im Kreis zu drehen. »*Jetzt* ist der Zeitpunkt, der die Vergangenheit von der Zukunft trennt.« Nun gut, aber definieren wir jetzt einmal Vergangenheit und Zukunft, ohne das Wort *Jetzt* zu verwenden. Und was wir mit Vergangenheit und Zukunft meinen, ändert sich ständig. Vor kurzer Zeit lag das Lesen dieses Absatzes noch in der Zukunft. Jetzt liegt es zum größten Teil bereits in der Vergangenheit.

Jetzt liegt der ganze Absatz in der Vergangenheit (es sei denn, Sie blättern zurück). *Jetzt* bezeichnet einen bestimmten

Zeitpunkt. Aber dieser Zeitpunkt verändert sich ständig. Deshalb benutzen wir Uhren. Sie sagen uns, welche Zahlen mit dem *Jetzt* verbunden sind; das nennen wir die momentane Uhrzeit. Uhren aktualisieren sich ständig, in der Regel jede Sekunde. Die Zeit schreitet erbarmungslos fort. Wir können im Raum stillstehen, aber nicht in der Zeit. In der Zeit bewegen wir uns, aber über diese Bewegung haben wir keine Kontrolle – es sei denn, Zeitreisen würden sich als möglich erweisen.

Die Bedeutung von *Jetzt* ist nur eines von vielen Geheimnissen jenes seltsamen Phänomens, das wir Zeit nennen. Es ist bemerkenswert, dass wir eine Menge über die Zeit und insbesondere über ihre seltsamen, der Intuition widersprechenden Aspekte wissen, die mit Einsteins Relativitätstheorie zu tun haben, aber ebenso bemerkenswert ist auch, dass wir so wenig über die Grundlagen der Zeit wissen – darüber, was sie ist und in welcher Verbindung sie zur Realität steht. Dieses Buch handelt von der Zeit – von dem, was wir wissen und was wir nicht wissen.

Fließt die Zeit? Am 18. April 1906 um 5 Uhr 12 wurde San Franzisco von einem starken Erdbeben erschüttert. Der Zeitpunkt dieses Ereignisses bewegt sich nicht; wir können ihn in der Wikipedia nachschlagen. Was sich aber bewegt, was tatsächlich fließt, ist die Bedeutung von *Jetzt*. Das *Jetzt* schreitet voran, verändert sich, bewegt sich in der Zeit vorwärts.

Vielleicht ist es auch sinnvoller, wenn man sagt, dass die Zeit am *Jetzt* vorüberfließt. Das ganze Thema der »Bewegung« lässt sich nur schwer beschreiben. Wenn wir sagen, dass ein Auto sich bewegt, stellen wir seine Position zu einem bestimmten Zeitpunkt und dann seine Position zu einem anderen Zeitpunkt fest. Die Geschwindigkeit ist die zurückgelegte Strecke, dividiert durch die dafür notwendige Zeit – sie wird beispielsweise in Kilometern pro Stunde angegeben. Diese Methode

1 Das verschränkte Rätsel

versagt völlig, wenn wir das *Jetzt* beschreiben wollen. Jetzt ist genau jetzt; warten wir einen Augenblick, dann ist *Jetzt* immer noch genau jetzt. Bewegt es sich? Ja, die Bewegung der Zeit wird daran deutlich, dass die Bedeutung von jetzt sich ständig verändert. Mit welcher Geschwindigkeit bewegt sich die Zeit? Mit einer Sekunde pro Sekunde.

Es gibt noch eine dritte Sichtweise: Danach wird die Zeit in jedem Augenblick neu erschaffen, und diese neu erschaffene Zeit stellt das *Jetzt* dar. Sind das nun philosophisch oder physikalisch unterschiedliche Sichtweisen? Kann man sie sich aussuchen, oder steckt in einer davon mehr Wahrheit, mehr Sinn als in der anderen? Diese Frage gehört zu denen, die ich in dem vorliegenden Buch untersuchen werde.

Angenommen, die Zeit bliebe stehen. Würden wir es bemerken? Wenn ja, wie? Oder nehmen wir an, sie würde stoßweise fließen, oder mit einer ganz anderen Geschwindigkeit. Könnten wir den Unterschied feststellen? Nicht ohne weiteres, zumindest dann nicht, wenn wir die Darstellung der Zeit übernehmen, wie sie in Filmen häufig verwendet wird, so wie etwa in *Dark City*, *Klick*, *Interstellar* oder *Lara Croft: Tomb Raider*. Wie wir Menschen die Bewegung des *Jetzt*, das Fließen der Zeit wahrnehmen, hängt offensichtlich davon ab, wie viele Millisekunden es dauert, bis ein Signal von einem Auge, einem Ohr oder einer Fingerspitze zum Gehirn gelangt und dort aufgezeichnet, wahrgenommen und erinnert wird. Beim Menschen sind das einige Zehntelsekunden, bei einer Fliege nur wenige Tausendstelsekunden. Das ist der Grund, warum es uns so schwerfällt, eine Fliege zu fangen. Für die Fliege nähert sich die bedrohliche Hand in Zeitlupe – ganz ähnlich wie in *Clockstoppers*.

Die Geschwindigkeit der Zeit ist nicht nur in der Science-Fiction ein heikles Thema. Die Relativitätstheorie liefert uns ganz bestimmte Beispiele, insbesondere im *Zwillingsparado-*

xon. Ein Zwilling reist nahezu mit Lichtgeschwindigkeit und erlebt weniger Zeit als der zu Hause gebliebene Bruder, spürt aber keinen Unterschied; beide Zwillinge erleben die Zeit auf die gleiche Weise, obwohl sie ganz unterschiedlich fließt. Dieses seltsame Phänomen wollen wir ein wenig genauer betrachten.

Die Hoffnung, das *Jetzt* zu verstehen, stützt sich auf den ungeheuren Fortschritt der Physik im 20. Jahrhundert. Aber sehen wir uns kurz an, welche Frustrationen man in der Antike erlebte.

Das unbeschreibliche *Jetzt*

Die *Physik* von Aristoteles nahm von der Antike bis zur Renaissance eine beherrschende Stellung ein. Sie war die wissenschaftliche Bibel für die katholische Kirche des Mittelalters. Galileo leugnete einige in diesem Buch aufgestellte Behauptungen und wurde deshalb vor Gericht gestellt. In vier Kapiteln seiner *Physik* schlug Aristoteles sich mit den Begriffen von Zeit und *Jetzt* herum, und am Ende war er völlig verwirrt. Er schrieb:

> Weiter, was das »Jetzt« angeht, welches augenscheinlich Vergangenes und Zukünftiges trennt, so ist nicht leicht zu sehen, ob es die ganze Zeit hindurch immer *ein und dasselbe* bleibt, oder ob es *immer wieder ein anderes* wird. Wenn es einerseits wieder und wieder ein anderes wird, kein Teil aber dessen, was in der Zeit immer wieder ein anderes (ist), *gleichzeitig* (mit anderen sein kann) – sofern nicht der eine umfaßt, der andere umfaßt wird, so wie ein kleinerer Zeitabschnitt von einem größeren (eingeschlossen wird) –, und wenn, was *jetzt nicht* ist, früher aber war, notwendig irgendwann einmal *zugrunde gegangen* sein muß: dann können auch die Jetzte nicht gleichzeitig im Ver-

1 Das verschränkte Rätsel

hältnis zueinander sein, sondern es muß je das frühere untergegangen sein ...*

Sind das tiefsinnige Gedanken, oder sind sie einfach nur verworren? In dem Bemühen, über das *Jetzt* genaue Aussagen zu machen, verheddert sich Aristoteles in seinen eigenen Worten. Ein wenig Trost können wir in der Tatsache finden, dass selbst ein so angesehener Denker das Thema offensichtlich undurchschaubar fand.

Augustinus klagt in seinen *Bekenntnissen*, er sei nicht in der Lage, das Fließen der Zeit zu verstehen: »Was ist Zeit? Wenn mich niemand fragt, weiß ich es; wenn ich es erklären möchte, weiß ich es nicht.« Diese Klage wurde im 15. Jahrhundert geschrieben, sie hallt aber auch im 21. noch in uns wider. Ja, wir *wissen*, was Zeit ist. Warum also können wir sie nicht beschreiben? Was für ein Wissen haben wir da eigentlich?

Augustinus' Dilemma erwächst zum Teil aus seiner Maxime, dass Gott allmächtig, allwissend und überhaupt Alles ist. Zusätzlich vollzieht er einen erstaunlichen Gedankensprung: Gott muss auch *zeitlos* sein. Dieser bemerkenswerte Gedanke bereitete den Weg für die moderne Physik – eine Physik, die das Verhalten von Objekten in der Zeit mittels Raum-Zeit-Diagrammen beschreibt, ohne aber einen Bezug zu der Tatsache herzustellen, dass die Zeit fließt oder dass ein *Jetzt* existiert.

Für Menschen, so Augustinus, gibt es weder Vergangenheit noch Zukunft, sondern nur drei *Gegenwarten*: »eine Gegenwart vergangener Dinge, die Erinnerung; eine Gegenwart gegenwärtiger Dinge, den Anblick; eine Gegenwart zukünftiger Dinge, die Erwartung.« (Gab dies Dickens die Anregung zu *A*

---

* Aristoteles, *Physik*, 4. Buch, Kapitel 10, übers. von Hans Günther Zekl, Hamburg: Felix Meiner, 1987, S. 205.

Christmas Carol?) Es ist aber nicht zu verkennen, dass er mit seiner Einsicht unzufrieden ist. Er sagt: »Meine Seele strebt danach, dieses höchst verworrene Rätsel zu kennen.«

Auch Albert Einstein hatte Schwierigkeiten mit dem Begriff des *Jetzt*. Der Philosoph Rudolf Carnap schreibt in seiner *Intellektuellen Autobiographie*:

> Einmal sagte Einstein, das Problem des Jetzt beunruhigte ihn ernstlich. Er erklärte, die Erfahrung des Jetzt bedeute etwas Besonderes für den Menschen, etwas von Vergangenheit und Zukunft wesentlich Verschiedenes, aber dieser wichtige Unterschied komme in der Physik nicht vor und könne dort nicht vorkommen. Dass die Wissenschaft diese Erfahrung nicht erfassen könne, schien ihm ein Gegenstand schmerzlicher, aber unvermeidlicher Resignation zu sein ... Es gebe etwas Wesentliches bezüglich des Jetzt, das schlicht außerhalb des Bereichs der Wissenschaft liege.*

Carnap ist mit Einsteins Schlussfolgerung nicht einverstanden und sagt: »Da die Wissenschaft im Prinzip alles sagen kann, was sagbar ist, bleibt keine unbeantwortbare Frage übrig.« Aber wenn man anderer Meinung ist als Einstein, muss man sehr vorsichtig sein. Es ist bemerkenswert einfach, seine Grübeleien abzutun, als wären sie nur emotional und von ihrem Wesen her nicht tiefgründiger als unsere eigenen Gedanken. Einsteins einfache Aussagen sollte man niemals für Anzeichen eines einfachen Denkens halten. Philosophen meinen manchmal, sie würden große Tiefsinnigkeit erreichen, wenn sie gewichtige Wortschöpfungen wie »chronogeometrischer Fatalismus« erfinden (womit die Annahme einer konstanten Lichtgeschwindigkeit gemeint ist). Einstein dagegen

---

* Übers. v. C.F. v. Weizsäcker, in ders.: *Zeit und Wissen*, München: Hanser, 1992, S. 81–82.

1 Das verschränkte Rätsel

hatte eine Art, Dinge so zu sagen, dass sogar ein Kind sie verstehen konnte – eine Fähigkeit, die ihn zum meistzitierten Wissenschaftler aller Zeiten machte.

Manche Theoretiker interpretierten die Tatsache, dass das Fließen der Zeit in der Physik nicht vorkommt, nicht wie Einstein als Mangel, sondern als Zeichen einer tiefer liegenden Wahrheit. So äußert beispielsweise Brian Greene in seinem Buch *Der Stoff, aus dem der Kosmos ist* die Ansicht, die Relativitätstheorie rufe »die Gleichheit im Universum aus, mit dem Erfolg, dass jeder Augenblick so real wie jeder andere ist«. Er erklärt, wir hätten eine »hartnäckige Illusion von Vergangenheit, Gegenwart und Zukunft«[*] – eine Sichtweise, die an Augustinus erinnert. Da die Relativitätstheorie das Fließen der Zeit nicht behandelt, zieht er den Schluss, dieses Fließen könne kein Teil der Wirklichkeit, sondern nur eine Illusion sein. Für mich zäumt er mit einer solchen Logik das Pferd von hinten auf. Statt daran festzuhalten, dass Theorien unsere Beobachtungen erklären, geht dieser Ansatz davon aus, dass man die Beobachtungen so lange hin und her drehen muss, bis sie zur Theorie passen.

Die Atheisten spotteten, Einstein sei im höheren Alter von der Physik weggedriftet und habe einen religiösen Glauben entwickelt. Sie äußerten sich aber nie zu seiner Sorge, die Wissenschaft könne nicht einmal diese wesentlichsten Aspekte der Welt bearbeiten: das Fließen der Zeit und die Bedeutung des *Jetzt*. Viele Wissenschaftler gehen davon aus, dass alles, was sich durch die Physik nicht untersuchen lässt, auch nicht Teil der Realität ist. Ist diese Aussage eine Behauptung, die sich überprüfen lässt, oder ebenfalls eine religiöse Glaubensüberzeugung? Philosophen geben einem solchen Dogma den Namen *Physikalismus*. Kann man die Überzeugung, dass die

---

[*] Beide Zitate übers. v. H. Kober, München: Goldmann, 2008, S. 158.

Physik alles einschließt, überprüfen und beweisen? Oder rechnet man damit, dass alle Physiker diesem Glauben anhängen, genau wie das Christsein eine inoffizielle, aber notwendige Voraussetzung ist, wenn man sich als potentieller US-Präsident positionieren will? Angenommen, man stellt den Physikalismus in Frage: Läuft man dann Gefahr, wie Einstein verhöhnt zu werden, weil man in Richtung der Religion abdriftet?

Sir Arthur Eddington genießt unter Physikern wegen vieler experimenteller und theoretischer Beiträge großes Ansehen, besonders blieb er aber in Erinnerung, weil er scheinbar eine bahnbrechende Erklärung für den *Zeitpfeil* lieferte, jene (zumindest für diejenigen, die darüber nachgrübeln) rätselhafte Tatsache, dass wir uns an die Vergangenheit erinnern, nicht aber an die Zukunft. Aber auch wenn Eddington eine Erklärung für die Richtung der Zeit anbot, war ihr Fließen für ihn ein Rätsel. In seinem 1928 erstmals erschienenen Buch *Das Weltbild der Physik und ein Versuch seiner philosophischen Deutung* schrieb er, dass es das große Rätsel der Zeit sei, dass sie vergeht. Und dann klagt er, dass das ein Aspekt sei, den der Physiker manchmal zu vernachlässigen scheint.

In seinem Buch *Eine kurze Geschichte der Zeit* erwähnt Stephen Hawking das *Jetzt*-Dilemma nicht. Vielmehr konzentriert er sich auf das, was wir wissen, und womit sich die aktuellen theoretischen Arbeiten befassen. Hawking spricht über den Pfeil der Zeit, aber nicht über ihr Fließen; er diskutiert die Relativität der Zeit, aber nicht das Rätsel des *Jetzt*. Das Gleiche tun auch praktisch alle anderen neueren Bücher über die Zeit. Sie handeln von potentiellen Theorien, mit denen man die Gleichungen der Physik »vereinheitlichen« kann, aber nicht von solchen, mit denen sich die Bedeutung des *Jetzt* und sein Fließen erklären ließen.

Aber es besteht Hoffnung.

1 Das verschränkte Rätsel

Gebrochene Symmetrie

Wenn wir mit dem Begriff des *Jetzt* klarkommen wollen, müssen wir uns auf eine Reise durch eine abstrakte, erstaunliche Physik begeben: durch die Physik der Zeit, die Bedeutung der Realität und eine neuerliche Untersuchung des freien Willens. Zu Beginn erörtern wir das wundersame, eigenartige Verhalten der Zeit; es grenzt ans Unglaubliche, ist aber handfest nachgewiesen. Die größten Durchbrüche fanden zu Beginn des 20. Jahrhunderts statt, als Einstein entdeckte, dass die Geschwindigkeit der Zeit sowohl von der Geschwindigkeit als auch von der Gravitation abhängt. Die Zeit ist flexibel, dehnbar und kann sich sogar umkehren. Diese Effekte sind so stark, dass sie bei der Konstruktion der heutigen GPS-Satelliten berücksichtigt werden. Wäre das GPS-System nicht so eingestellt, wie es Einsteins Entdeckungen entspricht, es würde uns kilometerweit in die Irre führen. Und auch jeder, der ein Handy besitzt, trägt die Relativität in der Tasche.

Die seltsamsten Aspekte der Zeit treten in den schwarzen Löchern auf, jenen rätselhaften Objekten, die wir mittlerweile überall im Kosmos finden. Wer in ein schwarzes Loch stürzt, wird nicht nur in Stücke gerissen, sondern reist (jedenfalls nach der derzeitigen Theorie) außerdem nicht nur in die Unendlichkeit, sondern, wie wir noch genauer erfahren werden, sogar darüber hinaus. Betrachtet man schwarze Löcher mit einem neuen Blick, so sieht man weit mehr als nur Schwärze. Um dabei unser Gespür für die Realität stark zu strapazieren, brauchen wir nicht in ein schwarzes Loch zu fallen. Schwarze Löcher sind auch für den Zeitpfeil von Bedeutung; nach der derzeitigen (noch nicht belegten) Theorie enthalten sie (zusammen mit einem »Ereignishorizont« in der Unendlichkeit) den größten Teil der Entropie im Universum.

Anschließend werden wir uns mit der Zeit nach der Relativitätstheorie beschäftigen, in der Eddington über die Richtung der Zeit nachgrübelte und zu dem Schluss gelangte, dass sie durch ein bestimmtes physikalisches Gesetz festgelegt wird, den *Zweiten Hauptsatz der Thermodynamik*; dieser besagt, dass die Unordnung in der Welt, die in Form ihrer Entropie gemessen wird, zunimmt und für alle Zeiten weiter zunehmen wird. Es ist ein seltsames Gesetz, das nicht auf einer physikalischen Grundlage aufbaut, sondern auf der Tatsache, dass unser Universum eigenartig gut organisiert ist; deshalb besagen die Gesetze der Wahrscheinlichkeit, dass es nur eine Richtung gibt: abwärts, hin zu immer mehr Durcheinander und Zufälligkeit mit dem *Kältetod* als letztem Ziel. Ist das unsere Zukunft? Nicht unbedingt. Zunehmendes Durcheinander im Universum ist paradoxerweise von zunehmender Organisation begleitet, die sich mit der Bildung von Planeten, Lebewesen und Zivilisation verbindet.

Wie ich darlegen werde, gibt es zu dem Zeitpfeil, der in Richtung der Entropie weist, ernstzunehmende Alternativen, darunter einige rätselhafte Aspekte der Quantenphysik, die man bisher nicht versteht. Die »Theorie der Messung« wird häufig erwähnt und zitiert (»theory of measurement« liefert bei Google 239 Millionen Treffer), in Wirklichkeit gibt es eine solche Theorie aber nicht. Die dramatischste Entdeckung im Zusammenhang mit Messungen war die experimentelle Bestätigung einiger seltsamer Eigenschaften der *Verschränkung*, eines Phänomens, das verdeckte, schneller als das Licht ablaufende Vorgänge voraussetzt. Möglicherweise versteckt sich in der noch zu entdeckenden Theorie der Messung auch die Antwort auf einige ungelöste Fragen nach der Zeit. Wenn wir die Bedeutung des *Jetzt* aufklären wollen, wird die Quantenphysik eine Schlüsselrolle spielen.

Manche Fachleute glauben, die Zeit sei ein Teil unseres Bewusstseins und könne sich nie auf die Physik reduzieren lassen. Die meisten Physiker sind zwar der Ansicht, die gesamte Realität sei ihre Domäne, wie ich aber zeigen werde, stimmt das nicht – manche Kenntnisse sind ebenso real wie die Beobachtungen der Wissenschaft, man hätte sie aber experimentell niemals entdecken können und wird sie niemals durch Messungen bestätigen. Ein einfaches Beispiel ist die Tatsache, dass man die Quadratwurzel von 2 nicht als Bruch schreiben kann, der nur ganze Zahlen enthält. Ein anderes ist das Wissen darüber, wie die Farbe Blau *aussieht*.

Ist der Zeitpfeil ein psychologisches Phänomen? Würden wir es bemerken, wenn die Zeit rückwärts liefe? Wie der große Physiker Richard Feynman deutlich gemacht hat, können wir die Positronen – Antimaterieteilchen, die in der Science-Fiction Raumschiffe antreiben und heute bereits in Krankenhäusern zur medizinischen Diagnose eingesetzt werden – als Elektronen betrachten, die sich in der Zeit rückwärts bewegen. Kann auch das *Jetzt* sich in der Zeit rückwärts bewegen? Können wir es?

Am Ende werde ich die Ansicht vertreten, dass die Ursachen für das Fließen der Zeit und die Windungen des rätselhaften, flüchtigen *Jetzt* tatsächlich im Bereich der Wissenschaft liegen – aber nicht im Konzept der Entropie, sondern in den physikalischen Aspekten der Kosmologie. Um das *Jetzt* zu verstehen, müssen wir nicht nur die Relativität und den Urknall miteinander verbinden, sondern auch begreifen, dass das Gemetzel der Entropie seine Grenzen hat. Wir werden uns mit der Frage beschäftigen müssen, welche Folgerungen sich aus der Quantenphysik für das Thema und insbesondere (was vielleicht überrascht) für die Bedeutung des freien Willens ergeben. Diese neue Vorstellung vom freien Willen ist zwar für die Erklärung des *Jetzt* nicht notwendig, sie wird aber wichtig, wenn wir erkennen wollen, warum das *Jetzt* für uns eine so große Bedeutung hat.

I Verblüffende Zeit

Raum und Zeit bilden gemeinsam die Bühne, auf der wir leben und sterben; es ist die Bühne, auf der die klassische Physik ihre Vorhersagen macht. Aber die Bühne selbst wurde bis zu Beginn des 20. Jahrhunderts nicht erforscht. Wir sollten die Story, die Gestalten, die Windungen der Handlung zur Kenntnis nehmen, aber nicht ihre Plattform. Dann kam Einstein. Er hatte die geniale Erkenntnis, dass auch die Bühne in den Bereich der Physik gehört, dass Raum und Zeit überraschende Eigenschaften haben, die man analysieren und zur Grundlage von Vorhersagen machen kann. Auch wenn er daran verzweifelte, das *Jetzt* zu verstehen, sind seine Arbeiten für unser Verständnis von zentraler Bedeutung. Einstein machte der Physik die Zeit zum Geschenk.

KAPITEL 2

Einsteins Regression in die Kindheit

Die entscheidenden Fragen nach der Zeit
sind die einfachsten ...

Wahrlich, ich sage euch: Wenn ihr nicht
umkehrt und werdet wie die Kinder,
so werdet ihr die Zeit nie verstehen.

Mit besten Empfehlungen
an Matthäus 18,3

Auch wenn es sich vielleicht so anhört, stammt das folgende Zitat nicht aus einem Kinderbuch über die Uhrzeit:

> Wenn ich zum Beispiel sage: »Jener Zug kommt hier um 7 Uhr an«, so heißt dies etwa: »Das Zeigen des kleinen Zeigers meiner Uhr auf 7 und das Ankommen des Zuges sind gleichzeitige Ereignisse.«[*]

Dieser scheinbar banale Satz stand am 30. Juni 1905 in den *Annalen der Physik*, der führenden physikalischen Fachzeitschrift jener Zeit. Den Artikel kann man mit Fug und Recht als die grundlegendste und wichtigste Abhandlung in der Physik seit 1687 bezeichnen, als Isaac Newton das Fachgebiet mit der Veröffentlichung seiner *Principia* mehr oder weniger

---

[*] »Zur Elektrodynamik bewegter Körper«, Collected Papers of Albert Einstein, Bd. 2, Dok. 23.

begründet hatte. Sein Autor sollte zum Inbegriff des Genies und der wissenschaftlichen Produktivität werden, und 95 Jahre später wurde er vom *Time* Magazin (welch zutreffender Name!) als Mann des Jahrhunderts bezeichnet – eine Ehre, die kaum jemand in Frage stellte. Jene Worte über den kleinen Zeiger seiner Uhr wurden von Albert Einstein verfasst.

Abb. 2.1 Albert Einstein 1904, ein Jahr vor der Relativitätstheorie.

Einsteins Aufsatz trug den Titel »Zur Elektrodynamik bewegter Körper«. Was haben kleine Zeiger von Uhren und die Ankunft von Zügen mit der Elektrodynamik zu tun, der Erforschung von Elektrizität und Magnetismus? Wie sich herausgestellt hat, eine ganze Menge. Einsteins Artikel handelt in Wirklichkeit von Raum und Zeit, und er verfolgte damit das Ziel, beide zu Forschungsthemen der Physik zu machen. Ein passender Titel wäre vielleicht »Die Relativitätstheorie – ein revolutionärer Durchbruch in unserer Auffassung von Raum und Zeit«. Vor Einstein waren Raum und Zeit nur Koordinaten, die dazu dienten, eine Frage zu stellen und die Lösung zu formulieren. »Wann wird der Zug ankommen?« Die Antwort wird in Form eines Zeitpunktes gegeben. Einstein zeigte, dass es so einfach nicht war.

Die Relativitätstheorie

Was ist Zeit? Sie zu definieren, erweist sich als ziemlich schwierig. Newton drückte sich unbekümmert vor diesem Thema. In seinem großen Werk *Principia* schrieb er: »Zeit, Ort und Bewegung definiere ich nicht, da sie allen wohlbekannt sind.« Wohlbekannt vielleicht, aber schwer dingfest zu machen. Auch Einstein definierte die Zeit nicht, aber er untersuchte sie mit bemerkenswerter Tiefgründigkeit und entdeckte dabei vollkommen unerwartete Aspekte. In seinem grundlegenden Aufsatz über die Relativitätstheorie fährt Einstein im gleichen, fast lächerlich banalen und manchmal langweilig-pedantischen Stil fort:

> Befindet sich im Punkte *A* des Raumes eine Uhr, so kann ein in *A* befindlicher Beobachter die Ereignisse in der unmittelbaren Umgebung von *A* zeitlich werten durch Aufsuchen der mit diesen Ereignissen gleichzeitigen Uhrzeigerstellungen.

Wen spricht Einstein hier an? Blutige Amateure? Sagt er nicht nur das Selbstverständliche? Warum bedient er sich einer derart kindlichen Ausdrucksweise?

Dafür hatte er gute Gründe. Um Fortschritte zu erzielen, musste Einstein die versteckten Vorurteile und Grundannahmen widerlegen, die seine Berufskollegen unwissentlich hegten. Zu diesem Zweck musste er zunächst deren Annahmen offenlegen und deutlich machen, dass sie nicht zwangsläufig so naheliegend waren und – wichtiger – auch nicht stimmten. Er musste sich auf die grundlegendsten Prinzipien zurückbesinnen – Prinzipien, die wir uns als Kinder aneignen, wenn wir zum ersten Mal lernen, die Uhr zu lesen; zu diesen Prinzipien gehört die Allgemeingültigkeit der Zeit: Danach kann man auch dann, wenn Uhren manchmal falsch gehen, immer danach streben, sie zu synchronisieren, und wenn der Vater sagt, das Kind solle etwas *jetzt* tun, hat »jetzt« für ihn und das Kind die gleiche Bedeutung.

Er musste aus dem Puzzle einen Stein entfernen, den man fälschlicherweise an eine unpassende Stelle gepresst hatte.

Einstein war zu der Erkenntnis gelangt, dass mehrere scheinbar offensichtliche, selbstverständliche Prinzipien nicht stimmten. Seine Überlegungen stützten sich auf die Theorie der Elektrizität – so kam der Artikel zu seinem Titel. Die Schwierigkeit seiner Relativitätstheorie liegt nicht in höherer Mathematik – in dem Artikel kommt nur elementare Algebra vor –, sondern darin, dass seine Leser, die führenden Wissenschaftler der ganzen Welt, falsche Vorstellungen von Raum und Zeit hatten.

Versuchen wir einmal, uns Raum und Zeit so vorzustellen, wie Kinder es tun. Können wir uns noch daran erinnern, dass wir früher gedacht haben, Zeit habe nicht immer das gleiche Tempo? Für mich verging die Zeit in den Sommerferien und immer dann, wenn etwas Spaß machte, schneller. Langsamer lief sie ab, wenn ich beim Zahnarzt war (der nichts von Betäubungsmitteln hielt) oder auf meine Mama wartete, die sich im Kaufhaus gerade Schuhe aussuchte. Die *New York Times* berichtete 1929, Einstein selbst habe gesagt: »Wenn du zwei Stunden mit einem netten Mädchen zusammensitzt, denkst du, es sei nur eine Minute, aber wenn du nur eine Minute auf einer heißen Herdplatte sitzt, denkst du, es seien zwei Stunden.«

2 Einsteins Regression in die Kindheit

Zehn Jahre nach seinen bahnbrechenden Artikeln über die Relativität veröffentlichte Einstein eine Weiterentwicklung, eine Erklärung der Gravitation, die er als *allgemeine Relativitätstheorie* bezeichnete. Zu jener Zeit hatte Einstein bereits entschieden, dass seine frühere Theorie, in der die Gravitation nicht vorkam, den neuen Namen *spezielle Relativitätstheorie* tragen sollte. Es war ein unglücklicher, verwirrender Namenswechsel. Mehr Klarheit hätte Einstein geschaffen, wenn er seine ursprüngliche Arbeit einfach nur »Relativitätstheorie« und die späteren Überlegungen als »Erweiterte Relativitätstheorie« bezeichnet hätte. Er hegte Hoffnungen, die Relativitätstheorie noch weiter voranzutreiben, die grundlegenden Theorien von Elektrizität und Magnetismus neu zu formulieren und alles in eine *vereinheitlichte* Theorie einfließen zu lassen, aber das gelang ihm nie.

Woher kommt das Wort *Relativität*? Um das zu verstehen, wollen wir einen Augenblick innehalten und folgende Frage beantworten: Wie groß ist Ihre derzeitige Geschwindigkeit?

Lesen Sie nicht weiter, bevor Sie auf diese Frage eine Antwort gegeben haben. Machen Sie sich nicht die Mühe, Vermutungen über meine Absichten anzustellen – sie sind harmlos. Beantworten Sie einfach die Frage. Wie groß ist Ihre derzeitige Geschwindigkeit?

Haben Sie »null« gesagt, weil Sie gerade stillsitzen? Sie könnten auch dann »null« sagen, wenn Sie in einem Flugzeug sitzen, das in 13 000 Metern Höhe fliegt. Das Anschnallzeichen leuchtet, und Sie haben die Anweisung erhalten, nicht hin und her zu laufen. Da Sie nicht hin und her laufen, muss Ihre Geschwindigkeit null sein.

Oder haben Sie »800 Stundenkilometer« gesagt, weil das die Geschwindigkeit des Flugzeuges ist? Oder vielleicht lesen Sie dieses Buch auch auf einem langsamen Schiff in der Amazonasmündung, und Sie sagen »1666 Stundenkilometer«, weil das die Rotationsgeschwindigkeit der Erde am Äquator ist (40 000 Kilometer in 24 Stunden). Vielleicht wissen Sie auch so viel über Astronomie, dass Sie die Umlaufgeschwindigkeit der Erde um die Sonne einbeziehen und »30 Kilometer pro Sekunde« sagen. Und wenn Sie stattdessen an die Umlaufgeschwindigkeit der Sonne in der Milchstraße und an die Geschwindigkeit der Milchstraße im Universum denken (die durch die kosmische Mikrowellenstrahlung definiert wird), antworten sie vielleicht »eineinhalb Millionen Stundenkilometer«.

Welche Antwort ist die richtige? Natürlich sind alle richtig. Unsere Geschwindigkeit hängt davon ab, welche Plattform wir als Ausgangspunkt wählen – Physiker sprechen von einem *Bezugssystem*. Das Bezugssystem könnte der Erdboden sein, ein Flugzeug, der Erdkern, die Sonne oder der Kosmos. Oder irgendetwas dazwischen.

Angenommen, wir sitzen im Flugzeug: Sind wir dann, was unsere Geschwindigkeit angeht, anderer Ansicht als jemand am Erdboden? Nein, solche Meinungsverschiedenheiten wären töricht. Wir wissen beide, dass wir in Bezug auf das Flugzeug ruhen und uns in Bezug auf den Erdboden mit 800 Stundenkilometern bewegen. Beide Antworten sind richtig.

Die Relativität hat einen verblüffenden neuen Aspekt: Nicht nur die Geschwindigkeit, sondern auch die Zeit selbst ist vom Bezugssystem abhängig. Die allgemeingültige Zeit, die wir durch unsere Eltern und Lehrer kennengelernt haben, gibt es nicht. Wir erhalten nicht nur unterschiedliche Zeiten je nach dem Bezugssystem, das wir uns aussuchen – Erdboden, Flugzeug, Erde, Sonne oder Kosmos –, sondern die Zeit läuft auch mit unterschiedlicher *Geschwindigkeit*. Mit anderen Worten: Der Zeitraum zwischen zwei Ereignissen, zwischen zwei Tickgeräuschen unserer Uhr, ist nicht immer gleich, sondern hängt davon ab, welches Bezugssystem wir wählen.

2 Einsteins Regression in die Kindheit

Manch einer hat in anderen populärwissenschaftlichen Büchern über die Relativitätstheorie vermutlich schon gelesen, dass verschiedene Beobachter, die sich mit unterschiedlicher Geschwindigkeit bewegen, »uneinig sind«. Das ist Unsinn. Auch wenn sogar einige der größten Physiker der Welt eine solche Formulierung gebrauchen, wissen sie, dass sie nicht stimmt. (Um ehrlich zu sein: Auch ich bin in einem meiner ersten Aufsätze über die Relativitätstheorie in diese Falle getappt. Ich hielt es für einen nützlichen Weg, um das Thema zu erklären. Damit hatte ich unrecht.)

Aussagen über Beobachter, die sich nicht einig sind, haben mehr Verwirrung gestiftet und mehr Menschen bei der Untersuchung der Relativität ins Schleudern gebracht als jede andere mathematische Schwierigkeit. In der Relativitätstheorie sind sich Beobachter nur in dem Maße uneinig, wie sie sich auch über die Geschwindigkeit einer Person in einem Flugzeug uneinig wären. Alle wissen, dass Geschwindigkeit relativ ist und dass die Zahl vom Bezugssystem abhängt; wenn Sie sich mit der Relativitätstheorie beschäftigt haben, wissen Sie auch, dass für die Zeit das Gleiche gilt. Das Schöne an der Relativitätstheorie ist, dass *alle sich überall einig sind.*

Als ich nach Ihrer Geschwindigkeit gefragt habe, haben Sie vielleicht angenommen, es sei eine Fangfrage, und deshalb die Antwort verweigert. Sie haben für sich gedacht: *in Bezug auf was?* Auch das ist in Ordnung. Sie haben richtig vermutet, in welche Richtung ich ziele.

Die Zeit verlangsamt sich

Einstein zeigte vor allem, dass die Zeit, zu der ein *Ereignis* stattfindet, vom Bezugssystem abhängt: Erdboden, Flugzeug, Erde, Sonne oder Kosmos. Die Zeiten werden unterschiedlich sein. Bei geringen Geschwindigkeiten (das heißt bei eineinhalb Millionen Stundenkilometern oder weniger) ist der Unterschied nur sehr gering, aber vorhanden. Bewegen sich die Bezugssysteme schnell – das heißt, in der Nähe der Lichtgeschwindigkeit –, unterscheiden sich die Zeiträume um große Beträge. Die Gleichungen für die Zeit in verschiedenen Bezugssystemen sind nicht schwierig; es sind nur algebraische Formeln, in denen Quadrate und Quadratwurzeln vorkommen. Ich nenne sie im Anhang 1.

Betrachten wir einmal ein Zahlenbeispiel. Angenommen, wir befinden uns in einem Raumschiff, das sich in Bezug zur Erde mit 97 Prozent der Lichtgeschwindigkeit bewegt. Wir beginnen mit Zeiträumen, weil für sie eine besonders einfache Formel gilt. Im Bezugssystem des Raumschiffs liegt zwischen unseren Geburtstagsfeiern ein Zeitraum von einem Jahr. Im Bezugssystem der Erde beträgt der Zeitraum zwischen denselben Geburtstagen nicht ein Jahr, sondern nur drei Monate. Wie man das ausrechnet, werde ich in Kürze zeigen.

Ein nachdenklicher Beobachter auf der Erde würde sagen: »Der Zeitraum zwischen den beiden Geburtstagsfeiern (den beiden Ereignissen) betrug im Bezugssystem der Erde drei Monate und im Bezugssystem des Raumschiffs ein Jahr.« Der Beobachter im Raumschiff würde genau das Gleiche sagen. Beobachter sind sich über Zeiträume nicht weniger einig als über Geschwindigkeiten.

In welchem Bezugssystem befinden Sie sich? Sie selbst? Das ist eine Fangfrage. Geben Sie trotzdem eine Antwort.

Sie befinden sich in allen Bezugssystemen. Bezugssysteme sind nur etwas, das dem Bezug dient; Sie können sich ein beliebiges System aussuchen. Wenn Sie in einem solchen System die Geschwindigkeit null haben (beispielsweise weil sie ruhig in einem Flugzeug sitzen), bezeichnen wir dieses als Ihr *Ruhesystem*. Im Ruhesystem der Sonne (in dem sie ruht) haben Sie eine Geschwindigkeit von 30 Kilometern in der Sekunde, und Sie umrunden die Sonne in einem Jahr.

Wer schon andere Bücher über die Zeitdilatation gelesen hat, ist jetzt vielleicht verwirrt: Dort heißt es beispielsweise »eine Uhr, die sich bewegt, *scheint* langsamer zu laufen als Ihre«. Ja, aber das ist nicht die ganze Wahrheit. Die Uhr *scheint* nicht nur langsamer zu laufen, sondern sie läuft *tatsächlich* langsamer – wenn man im eigenen Zeitrahmen misst. In Ihrem eigenen Zeitrahmen läuft sie schneller als in unserem. Hier besteht ebenso wenig ein Konflikt oder eine Meinungsverschiedenheit wie die über den Passagier im Flugzeug (0 oder 800 Stundenkilometer?). Das wissen alle Beobachter; alle Beobachter sind sich einig.

Geschwindigkeiten kann man im Verhältnis zur Lichtgeschwindigkeit angeben, ähnlich wie die *Machzahl* die Geschwindigkeit im Verhältnis zur Schallgeschwindigkeit angibt. Licht bewegt sich (im Vakuum) mit einfacher Lichtgeschwindigkeit. Wer sich mit der Hälfte der Lichtgeschwindigkeit bewegt, hat die 0,5-fache Lichtgeschwindigkeit. Der Faktor der Zeitdilatation – das heißt die Dehnung, die stattfindet, wenn man Zeiträume in zwei verschiedenen Bezugssystemen vergleicht – heißt Gamma (der griechische Buchstabe γ), und die Formel lautet $1/\sqrt{1-b^2}$, wobei b die Geschwindigkeit im Verhältnis zur Lichtgeschwindigkeit ist.

Wenn B1 in einer Tabellenkalkulation die Lichtgeschwindigkeit ist, dann ist Gamma = 1/WURZEL(1-B1^2). Setzen wir in dem Beispiel mit dem Raumschiff B1 = 0,97 (Lichtgeschwindigkeit) ein, so ergibt sich für Gamma (den Faktor der Zeitdehnung) ein Wert von ungefähr 4. Demnach ist ein Jahr im Raumschiff ungefähr so lang wie vier Jahre auf der Erde. Oder anders ausgedrückt: Die Zeit fließt im Raumschiff mit einem Viertel der Geschwindigkeit, die sie auf der Erde hat. Wer ein Jahr im Raumschiff verbringt, wird nur um drei

Monate älter. Es ist paradox und vielleicht sogar faszinierend: Einerseits können wir nur unter Schwierigkeiten definieren, was wir mit dem Fließen der Zeit eigentlich meinen, andererseits haben wir aber eine genaue Formel für das Verhältnis der Fließgeschwindigkeiten.

Ich kann jeden nur auffordern, in einer Tabellenkalkulation oder mit einem programmierbaren Taschenrechner mit der Formel herumzuspielen. Dabei stellt sich heraus, dass Gamma bei Lichtgeschwindigkeit 0 einen Wert von 1 hat, das heißt, wenn man sich in Ruhe befindet, dehnt sich die Zeit nicht. Probiert man es mit Lichtgeschwindigkeit 1, so findet man, dass Gamma gleich 1 dividiert durch 0 ist – das heißt, es wird unendlich groß. Wenn also ein Objekt sich mit Lichtgeschwindigkeit bewegt, bleibt seine Zeit (im Bezugssystem der Erde) stehen. Eine Sekunde im Ruhesystem des Objektes dauert im Bezugssystem der Erde unendlich lange.

Die Relativität der Zeit ist zumindest für Experimentalphysiker leicht zu messen. In meiner Doktorandenzeit an der University of California in Berkeley war die Zeitdilatation eine Alltagserfahrung. Ich arbeitete mit radioaktiven Elementarteilchen, die *Pionen*, *Myonen* und *Hyperonen* genannt wurden. (Einzelne radioaktive Teilchen sind harmlos; nur wenn sie zu Milliarden auftreten, können sie nennenswerte Schäden anrichten.) Radioaktive Teilchen »zerfallen« – ein besseres Wort wäre »explodieren« – von selbst; für jeden Teilchentyp besteht eine Wahrscheinlichkeit von 50 Prozent, dass dieser Zerfall im Laufe seiner *Halbwertszeit* stattfindet.

Uran hat eine Halbwertszeit von 4,5 Milliarden Jahren, für radioaktiven Kohlenstoff liegt sie bei rund 5700 Jahren und für Tritium bei 13 Jahren. In meiner Armbanduhr befindet sich ein Gemisch aus Tritium und Phosphor. (Die Radioaktivität von Tritium ist so schwach, dass sie nicht einmal aus den Uhrzeigern herausdringt.) Die Zeiger leuchten in der Nacht,

Abb. 2.2 Der Autor bei der Arbeit an einem Zyklotron der Lawrence Berkeley Laboratory 1976.

aber in 13 Jahren werden sie nur noch halb so hell sein. Die Radioaktivität verringert sich mit der Zeit. Die Pionen in meinem Labor haben eine viel kürzere Halbwertszeit von nur ungefähr 26 Milliardstelsekunden (26 Nanosekunden). Das mag sich nach einer sehr kurzen Zeit anhören, aber nur für Menschen; für ein iPhone ist es eine lange Zeit. Die innere Uhr meines iPhones läuft mit 1,4 Milliarden Zyklen pro Sekunde. In den 26 Nanosekunden, bis das Pion zerfällt, kann sie 36 elementare Rechenschritte vollziehen.

Am Lawrence Berkeley Laboratory, wo der größte Teil meiner experimentellen Arbeit stattfand, beschäftigte ich mich mit schnellen Pionen, die sich mit 0,9999988-facher Lichtgeschwindigkeit bewegten. Wir hatten einen Pionenstrahl erzeugt und wollten untersuchen, was geschieht, wenn sie mit Protonen zusammenstoßen. Tatsächlich war die Halbwertszeit, die ich bei ihnen messen konnte, 637-mal länger als die von ruhenden Pionen; der gemessene Wert passte zu dem Gamma-Faktor, den man für diese Geschwindigkeit berechnen konnte. Ich war damals Doktorand, und die Relativitätstheorie war für mich zuvor nur ein abstraktes Gedankengebäude gewesen, das in Vorlesungen und Büchern erläutert wurde. Sie in der Wirklichkeit zu beobachten, war ein dramatisches Erlebnis.

In dem physikalischen Institut in Berkeley haben wir mittlerweile ein Labor eingerichtet, in dem Studienanfänger (meist solche im dritten Jahr) die Zeitdilatation im Rahmen ihrer Praktika messen können; dazu dienen ihnen keine Pionen, sondern Myonen, Teilchen, die durch die kosmische Strahlung aus dem Weltraum entstehen. Die Relativität ist real. Für viele Physiker ist sie ein alltägliches Phänomen.

Hat die Zeitdilatation zur Folge, dass ich länger lebe, wenn ich schnell in einem Flugzeug fliege? Ja. Der Flugzeugeffekt wurde 1971 von Joseph Hafele und Richard Keating gemessen. Es war ein hübsches Experiment, über das ich immer berichte, wenn ich vor Studenten über die Relativitätstheorie spreche. Als Plattform benutzten Hafele und Keating ein ganz normales Passagierflugzeug. Ihr gesamtes Budget lag bei dem geringen Betrag von rund 8000 Dollar, mit denen sie vor allem Flugtickets für Flüge rund um die Welt kauften (einschließlich eines Sitzes für die Uhr). Die Ergebnisse wurden in *Science* veröffentlicht, eine der angesehensten wissenschaftlichen Fachzeitschriften.

Um den Effekt nachzuweisen, brauchten Hafele und Keating eine recht exotische Uhr, aber die konnten sie sich leihen. 800 Stundenkilometer entsprechen einer 0,000000821-fachen Lichtgeschwindigkeit. Um den Dehnungsfaktor Gamma zu berechnen, kann man diesen Wert in die Formel einsetzen, aber dann braucht man einen Rechner mit 15 Dezimalstellen.

2 Einsteins Regression in die Kindheit

(Excel kann das nicht, aber mit der iPhone-App *Calculator* klappt es. Man sollte das iPhone dafür quer halten und den Modus für wissenschaftliche Berechnungen einschalten.) Dabei stellt sich heraus, dass man durch einen derartigen Flug um den Faktor 1.000000000000337 länger lebt. Um diesen Betrag verlängert sich jeder Tag; die zusätzliche Zeit (entsprechend dem Teil 337 in dem Faktor) entspricht 29 Nanosekunden (Milliardstelsekunden) pro Tag.

29 Nanosekunden – das hört sich nicht nach viel an, aber in dieser Zeit kann der Computer in meinem iPhone 41 Berechnungen ausführen (das heißt, er durchläuft 41 Zyklen). Hafele und Keating konnten die Zeitdehnung tatsächlich beobachten und bestätigten, dass die Relativitätstheorie die richtige Zahl liefert. Natürlich hatten Physiker – auch ich in meinem Labor – schon vor diesem Experiment viele Male die Zeitdilatation bei Geschwindigkeiten knapp unterhalb der Lichtgeschwindigkeit beobachtet. Aber es war hübsch, den Effekt auch bei der Geschwindigkeit eines gewöhnlichen Flugzeugs nachweisen zu können.

Noch stärker macht sich die Zeitdilatation bei den GPS-Satelliten bemerkbar, die mit einer Geschwindigkeit von mehr als 14 000 Stundenkilometern (3,9 km/sec) um die Erde kreisen. Die Berechnung ergibt, dass die Zeit in einem solchen Satelliten wegen der Zeitdilatation pro Tag um 7200 Nanosekunden langsamer verläuft. Dies muss das GPS-System berücksichtigen, denn die Positionen werden mit Uhren in den Satelliten bestimmt. Funkwellen legen in einer Nanosekunde ungefähr 30 Zentimeter zurück; würde man also die 7200 Nanosekunden außer Acht lassen, würde unsere Position wegen des Unterschiedes um ungefähr 2,2 Kilometer falsch ermittelt.

Hätte Einstein nicht 1905 die richtigen Gleichungen für die Relativität entdeckt, die Pionen würden uns vielleicht während unseres ganzen Lebens ein Rätsel bleiben, und im weiteren

Verlauf des 20. Jahrhunderts wäre auch das GPS-System auf rätselhafte Weise ungenau. Wir hätten die Zeitdehnung durch Experimente entdeckt.

Eine Reise im Flugzeug oder einem Satelliten führt also wegen dieses Effekts dazu, dass wir länger leben – jedenfalls nach dem Bezugssystem der Erde. Wir *erleben* aber nicht mehr Zeit. Wenn wir uns bewegen, fließt die Zeit langsamer. Unsere Uhr läuft langsamer, und ebenso verlangsamen sich unser Puls, unser Denken und unsere Alterung. Wir würden es nicht bemerken. Das ist das Erstaunliche an der Relativität. Nicht nur Uhren laufen langsamer, alles verlangsamt sich. Deshalb sagen wir: Was sich verändert, ist das Tempo der Zeit.

Ruhesysteme

Wie Einstein entdeckte, bleiben die Gleichungen einfach, wenn man sich auf Bezugssysteme beschränkt, die sich mit konstanter Geschwindigkeit bewegen. Diese Gleichungen nenne ich im Anhang 1. Natürlich bewegen Menschen sich in der Regel nicht mit konstanter Geschwindigkeit. Unser Ruhesystem definieren wir als dasjenige, dessen Geschwindigkeit sich mit unserer eigenen verändert. Am wichtigsten ist an diesem Bezugssystem, dass es über unser Alter bestimmt, das heißt über den Zeitraum, der uns zum Leben und Denken zur Verfügung steht.

Wenn wir uns zuerst auf der Erde befinden, dann eine Flugreise unternehmen und schließlich wieder zurückkehren, beschleunigt unser Ruhesystem sich ständig. Welche Zeit wir erleben – unser Alter –, gibt unsere Uhr an. Das ist eigentlich nicht selbstverständlich, aber alle Physiker gehen von dieser Annahme aus. In der Fachsprache spricht man von der *chronometrischen Hypothese*. Wenn man wissen will, wie stark man während einer langen, komplizierten Reise altert, in der es häufig zu Beschleunigungen kommt, verfolgt man einfach den Gamma-Faktor, die Formel, durch die wir erfahren, wie stark sich unsere Uhr bei jeder Geschwindigkeit, mit der wir uns bewegen, verlangsamt.

Für ein beschleunigtes Bezugssystem (beispielsweise unser Ruhesystem) sind die allgemeinen Formeln dafür, wann ein Ereignis stattfindet, viel komplizierter als für Bezugssysteme mit konstanter Geschwindigkeit. Um diese Komplikationen zu vermeiden, bediente sich Einstein eines sehr einfachen Kunstgriffs. Unser Ruhesystem fällt in jedem einzelnen Augenblick mit einem Bezugssystem mit konstanter Geschwindigkeit zusammen; von Augenblick zu Augenblick sind also die Berechnungen für beide Bezugssysteme jeweils identisch. Mit anderen Worten: Wenn wir beschleunigt werden, stellen wir uns zur Behandlung der Gleichungen vor, unser Ruhesystem würde während der Beschleunigung eigentlich ständig von einem Bezugssystem in ein anderes springen, das sich geringfügig schneller bewegt. Später stellte Einstein mit diesem Verfahren auch seine Berechnungen über die Gravitation an, die, so seine Annahme, einem beschleunigten Bezugssystem äquivalent ist. Deshalb bezeichnete er diese Annahme als *Äquivalenzprinzip*.

Wenn ich in diesem Buch von einem »Bezugssystem« spreche, meine ich damit ein System, das sich nicht beschleunigt – Physiker bezeichnen es in der Regel als »Lorentz-System«; der Name erinnert an Hendrik Lorentz, einen Zeitgenossen Einsteins, der das Konzept als Erster verwendete. Ein Ruhesystem dagegen bewegt sich mit uns, wenn wir uns bewegen und stehen bleiben, laufen und gehen, die Richtung wechseln oder in Autos steigen und mit ihnen fahren.

Zeitreise in die Zukunft

Die Zeitdilatation liefert ein einfaches Mittel für Zeitreisen in die Zukunft. Man braucht sich nur ausreichend schnell zu bewegen, dann verlangsamt sich das eigene Ruhesystem, und in einer Minute unserer Zeit können wir uns 100 Jahre in die Zukunft begeben. Es ist nicht notwendig, den Körper einzufrieren und darauf zu hoffen, dass die Wissenschaft in Zukunft einen Weg finden wird, um ihn wieder aufzutauen; wir brauchen nur die Geschwindigkeit zu steigern. Natürlich sind das praktische Details. Wir müssen gewährleisten, dass wir während unserer Reisen nicht mit irgendetwas zusammenstoßen, denn das hätte bei der hohen Geschwindigkeit katastrophale Folgen. Wir müssen gewährleisten, dass wir an den richtigen Ort zurückkehren, dass die Erde sich noch an der Stelle befindet, an der wir sie erwarten. Und die Sache hat noch einen Haken. Einmal in der Zukunft angelangt, verfügen wir über keinen ähnlichen Mechanismus, mit dem wir wieder zurückkehren könnten.

Die rückwärts gerichtete Zeitreise könnte möglich sein. Manchen Vermutungen zufolge gelingt sie durch Reisen mit Überlichtgeschwindigkeit oder indem wir durch ein sogenanntes Wurmloch gleiten. Ich werde beide Ansätze noch genauer erörtern, aber beide werfen ernsthafte Probleme auf, und ich werde die Ansicht vertreten, dass letztlich keiner von beiden zum Erfolg führt.

Als Einstein seine Gleichungen ableitete, ging er von der Annahme aus, dass die relative Geschwindigkeit von Bezugssystemen niedriger ist als die Lichtgeschwindigkeit. Würden sie sich mit Lichtgeschwindigkeit bewegen, wird Gamma unendlich groß, und die Gleichungen sind ungültig. Können wir die Formeln für Geschwindigkeiten verwenden, die größer sind als die des Lichts? Offiziell nicht, aber natürlich probiert jeder es aus und will wissen, was sich daraus ergibt. Am Ende gelangt man damit zu imaginärer Masse. Das ist nicht zwangsläufig unphysikalisch. Wir werden genauer auf das Thema zurückkommen, wenn wir uns mit den Tachyonen beschäftigen, hypothetischen Teilchen, die schneller sind als das Licht.

KAPITEL 3

Das springende *Jetzt*

Wechselnde Bezugssysteme vollziehen abgegrenzte Sprünge
in der Zeit weit entfernter Ereignisse.

> This day and age we're living in
> Gives cause for apprehension
> With speed and new invention
> And things like fourth dimension.
> Yet we get a trifle weary
> With Mr Einstein's theory …
> You must remember this
> A kiss is just a kiss, a sigh is just a sigh.
> The fundamental things apply
> As time goes by.
>
> Auszug aus dem Lied »As Time
> Goes By« einschließlich einiger
> Passagen, die in dem Film *Casablanca*
> ausgelassen wurden.

Selbst wenn man sich mit der Zeitdilatation abgefunden hat, machen Einsteins Entdeckungen im Zusammenhang mit dem *Wann* und *Jetzt* unter Umständen Kummer. Den Begriff *Quantensprung* wandte man ursprünglich auf Vorgänge in der Quantenphysik an. Aber *Quantum* bedeutet »abgegrenzt, plötzlich, abrupt«. Nach der Relativitätstheorie findet eine solche abrupte Veränderung bei einem weit entfernten

3 Das springende *Jetzt*

Ereignis statt, wenn man abrupt die Entscheidung für ein Bezugssystem ändert. Der Zeitsprung kann dabei sehr groß sein.

Wir geben einem Ereignis einen Namen (»meine Silvesterparty«) und können sie durch Ort und Zeit beschreiben. Meine Silvesterparty fand am 31. Dezember 2015 (oder wann auch sonst) um Mitternacht statt, und der Ort war meine Wohnung, die durch drei Dimensionen – Länge, Breite und Höhe – definiert ist. Der Zeitpunkt ist das *Wann*. Wenn für zwei Ereignisse das gleiche *Wann* gilt, bezeichnen wir sie als gleichzeitig. Meine Silvesterparty und die meines Freundes haben gleichzeitig stattgefunden. (Erinnern wir uns noch einmal an das Einstein-Zitat zu Beginn des vorangegangenen Kapitels über den Uhrzeiger und die Ankunft des Zuges.) Das ist einfach. Aber angenommen, zwei Ereignisse finden in einem Bezugssystem – beispielsweise dem meines Hauses – gleichzeitig statt: Heißt das, dass sie zwangsläufig auch in einem anderen Bezugssystem wie dem eines fliegenden Flugzeuges gleichzeitig sind? Die naheliegende Antwort lautet ja. Die richtige Antwort lautet nein.

Würden wir jemals auf die Idee kommen, dass die Antwort nein lauten könnte, wenn wir uns nicht mit Einsteins Arbeit beschäftigt haben? Seine eigentliche Genialität lag in der Fähigkeit, eine solche Frage zu stellen. Ohne das Konzept der allgemeingültigen Gleichzeitigkeit aufzugeben, hätte Einstein das Problem der Relativität nicht lösen können.

Wie Einstein mit seiner Theorie nachweisen konnte, finden zwei Ereignisse, die sich an unterschiedlichen Orten gleichzeitig – beispielsweise genau *jetzt* – abspielen, in einem anderen Bezugssystem nicht mehr gleichzeitig statt. Vielmehr geht dann ein Ereignis dem anderen voraus. Aber welches kommt zuerst? Das hängt von dem Bezugssystem ab. Beide Reihenfolgen sind möglich. Das meine ich mit meiner Aussage, dass die Zeit sich in der Relativitätstheorie umkehren kann.

I Verblüffende Zeit

Angenommen, wir reisen zu einem weit entfernten Stern. Was geschieht währenddessen zu Hause auf der Erde? In dieser Frage steckt unausgesprochen das Wort *Jetzt*: Was geschieht *jetzt* auf der Erde? Sobald wir bei dem Stern angekommen sind und anhalten, wechselt unser Ruhesystem, das sich vorher bewegt hat: Es ist jetzt an diesem Stern stationär, und damit ändert sich die Bedeutung des universellen *Jetzt* in diesem Bezugssystem, weil unser Ruhesystem nach dem Anhalten mit einem anderen Bezugssystem übereinstimmt. Wenn unser Ruhesystem in ein anderes Bezugssystem springt, geschieht das Gleiche auch mit dem Zeitpunkt eines weit entfernten Ereignisses. Die Formel für diesen Zeitsprung erweist sich als bemerkenswert einfach: $\gamma Dv/c^2$; dabei ist γ der Gamma-Faktor, D die Entfernung zu dem Ereignis, v die Geschwindigkeitsänderung und c die Lichtgeschwindigkeit. Ableiten werde ich diese Formel in Anhang 1.

Betrachten wir einmal ein Beispiel. Angenommen, Ihre Silvesterparty findet in Ihrem Haus statt und meine auf dem Mond. Im Ruhesystem meines Hauses sind es gleichzeitige Ereignisse. Aber betrachten wir die gleichen beiden Ereignisse einmal im Ruhesystem des Pions aus meinem Labor. Die Entfernung D/c beträgt 1,3 Lichtsekunden, die Geschwindigkeit v/c des Pions aus meinem Labor ist nahezu 1, und Gamma hat den Wert 637, den ich zuvor bereits berechnet habe. Der Zeitsprung ist also einfach das Produkt aus 1,3 und 637, das heißt 828 Sekunden. Damit liegen 14 Minuten zwischen den »gleichzeitigen« Silvesterpartys! Welche davon als erste stattfindet, hängt davon ab, ob das Bezugssystem des Pions sich in Richtung des Mondes oder von ihm weg bewegt.

Finden Sie dieses Beispiel noch beunruhigender als die längere Lebenszeit? So geht es den meisten Menschen, und doch ist es vollkommen realistisch. Da es so schwerfällt, sich mit dem Zeitsprung abzufinden, gehen die verwirrendsten

3 Das springende *Jetzt*

Paradoxa der Relativitätstheorie auf sein Konto; im nächsten Kapitel wird genauer davon die Rede sein. Aus ihm ergeben sich auch wichtige Folgerungen für unsere Bestrebungen, das *Jetzt* zu verstehen.

Auch hier gilt es, vorsichtig zu sein: Man darf sich den Zeitsprung nicht als »Meinungsverschiedenheit zwischen Beobachtern« vorstellen, von der umgangssprachlich in vielen populärwissenschaftlichen Erklärungen der Relativitätstheorie die Rede ist. Beobachter mit unterschiedlichen Ruhesystemen haben keine »unterschiedlichen Vorstellungen« von der Realität, wie manche Autoren uns glauben machen wollen. Eine solche Schlussfolgerung stützt sich auf die unausgesprochene (und falsche) Annahme, dass jeder Beobachter sich darauf beschränken muss, die Realität aus der Sicht eines einzigen Bezugssystems zu beschreiben, nämlich seines eigenen Ruhesystems. Wäre es im normalen Leben so, dürfte ich nicht erzählen, dass ich nach Paris gefahren bin, sondern ich müsste sagen, dass Paris zu mir gekommen ist. Im Alltagsleben sind wir nicht auf unser Ruhesystem beschränkt, und es besteht auch kein Anlass, uns darauf zu beschränken, wenn wir über Relativität reden.

Zusammengepresster Raum und Crêpe-Protonen

Einstein veränderte sowohl unser Verständnis der Zeit, als auch unsere Auffassung vom Raum. In seinem Artikel über die Relativitätstheorie gelangte er zu dem Schluss, dass nicht nur die Zeit zwischen zwei Ereignissen, sondern auch die Länge von Objekten vom Bezugssystem (Erdboden, Flugzeug, Satellit) abhängt.

Wenn wir über Länge sprechen, müssen wir noch einmal in

die Kindheit zurückkehren. Um festzustellen, wie lang ein Bus ist, messen wir die Position des einen und des anderen Endes, und dann ermitteln wir den Unterschied. Aber nehmen wir einmal an, der Bus würde fahren. Wir messen den Ort seines vorderen Endes, das sich in unserer Nähe befindet; einen Augenblick später ist das Hinterende des Busses in unserer Nähe, und deshalb gelangen wir fälschlich zu dem Schluss, der Bus habe die Länge 0. Nun, damit haben wir offensichtlich einen Fehler gemacht. Wir müssen die Position von Vorder- und Hinterende *gleichzeitig* messen.

Gleichzeitig? Aha, da liegt der Haken. Der Begriff ist relativ. Was in einem Bezugssystem gleichzeitig ist, ist in einem anderen nicht gleichzeitig. Daraus ergibt sich die unmittelbare Folgerung, dass die Länge in verschiedenen Bezugssystemen unterschiedlich sein wird. Hat ein Objekt in seinem Ruhesystem (das sich mit ihm bewegt) die Länge L, ist seine Länge in einem Bezugssystem, das sich (wie zum Beispiel der Erdboden) relativ zu ihm mit der Geschwindigkeit v bewegt, nach Einstein um den Faktor Gamma geringer. Für diejenigen, die sich dafür interessieren, leite ich die Gleichung im Anhang 1 ab.

Diese Verkürzung hat mehrere Namen: Sie wird als *FitzGerald-Kontraktion*, *Lorentz-Kontraktion* oder *Längenkontraktion* bezeichnet. Schon die vielen Namen zeigen, dass sie bereits vor Einstein postuliert wurde. George FitzGerald ging Ende des 19. Jahrhunderts wie alle Physiker seiner Zeit davon aus, dass der gesamte Raum mit einer unsichtbaren Flüssigkeit gefüllt ist, dem *Äther*. (Als ich jung war, habe ich dies mit der chemischen Substanz Äther verwechselt.) Äther war das, was vibriert, wenn Licht- und Radiowellen schwingen. Er war, was wir heute als *Vakuum* oder *leeren Raum* bezeichnen. FitzGerald stellte die Hypothese auf, dass ein Objekt, das sich durch den Äther bewegt, durch den Widerstand dieser Flüssigkeit

– er sprach vom Ätherwind – zusammengedrückt wird. Seine neue Länge wäre dann die alte Länge (die im Ruhesystem gilt), dividiert durch Gamma.

Auch im Zusammenhang mit der Längenkontraktion herrscht durch die schlechte Wortwahl mancher Autoren Verwirrung. Sie behaupten, ein bewegter Stab »scheine kürzer zu sein«. Das stimmt, aber es ist nicht die ganze Wahrheit. Der Meterstab *ist* in unserem Bezugssystem kürzer als in seinem Ruhesystem. Darüber sind sich Beobachter unabhängig von ihrer Geschwindigkeit einig. Der Meterstab scheint kürzer zu sein, weil er kürzer *ist*.

Auch die Längenkontraktion konnte ich im Labor nachweisen, sie war allerdings nicht so deutlich zu erkennen wie die Zeitdilatation. Als wir ein Pion auf ein Proton schossen, war das Proton im Bezugssystem des Pions alles andere als kugelförmig. Es ähnelte vielmehr einem dünnen Pfannkuchen, dessen Dicke nur 1/637 seines Durchmessers betrug – damit sah es eher wie ein Crêpe aus. Die Formveränderung hatte große Auswirkungen darauf, wie das Pion von dem Proton abprallte, und diese veränderte Streuung konnte ich beobachten.

Im Bezugssystem der Erde war das Pion das kürzere der beiden Teilchen. Was also war *wirklich* kürzer, das Pion oder das Proton? Die Antwort lautet natürlich: beide, je nach Bezugssystem. Im Ruhesystem des Pions bewegte sich das Proton, und deshalb war das Proton kürzer; im Ruhesystem des Protons bewegte sich das Pion, und deshalb war das Pion kürzer. Über diese Tatsachen sind sich alle Beobachter in allen Bezugssystemen einig. In der Relativität sind sich Beobachter über Längen ebenso wenig uneins wie über Geschwindigkeiten. Geschwindigkeit ist relativ; zeitliche Abstände auch; und die Form ebenfalls.

I Verblüffende Zeit

Das Michelson-Morley-Experiment

Populärwissenschaftliche Beschreibungen der Relativitätstheorie beginnen meist bei einem Experiment, das Albert Michelson und Edward Morley 1887 anstellten. In Wirklichkeit ist aber nicht geklärt, wie stark Einstein durch die Ergebnisse dieses Experiments beeinflusst wurde; er erwähnt es erst in späteren Schriften, und nach Ansicht vieler Fachleute stützte er sich mit seiner Relativitätstheorie vor allem auf Maxwells Theorie des Elektromagnetismus; die Einzelheiten dieser Theorie wurden von Lorentz abgeleitet.

Michelson und Morley nahmen eine äußerst empfindliche Messung der Lichtgeschwindigkeit in zwei Richtungen vor, die im rechten Winkel zueinander standen, nämlich in Richtung der Bewegung der Erde um die Sonne und in einem Winkel von 90 Grad dazu. Damit wollten sie den »Ätherwind« nachweisen. Sie stellten fest, dass die Lichtgeschwindigkeit in beiden Richtungen trotz der Bewegung der Erde genau gleich war. Zwischen den Geschwindigkeiten lag weniger als ein Vierzigstel des Unterschiedes, mit dem sie gerechnet hatten, das heißt, eigentlich gab es überhaupt keinen Geschwindigkeitsunterschied.

Wie sich in moderner Zeit durch Experimente bestätigt hat, ist die Lichtgeschwindigkeit bis zu einer Genauigkeit von 0,01 Mikrometer pro Sekunde konstant, und zwar unabhängig von der Bewegungsrichtung der Erde. Die Übereinstimmung ist so präzise, dass eine bessere Messung zunächst eine bessere Definition des Begriffs »Meter« voraussetzen würde. Um dieses Problem zu beheben, definiert man die Lichtgeschwindigkeit heute mit exakt 299 792 458 Metern pro Sekunde, und die Länge eines Meters wird offiziell als die Entfernung definiert, die Licht in 1/299 792 458 Sekunde zurücklegt. Das heißt, man kann die Größe der Lichtgeschwindigkeit nicht

3 Das springende *Jetzt*

noch genauer angeben, sondern nur die Länge eines Meters noch genauer definieren. Der Einfachheit halber kann man sich auch merken, dass Licht ungefähr drei Nanosekunden (Milliardstelsekunden) braucht, um einen Meter zurückzulegen; das stimmt mit einer Genauigkeit von 1,5 Prozent.

Dass die Lichtgeschwindigkeit konstant ist, lässt sich, wie ich in Anhang 1 zeige, mit der Relativitätstheorie leicht erklären. Man kann die Tatsache auch umdrehen. In Physik-Anfängerkursen leiten Dozenten die Relativitätsgleichungen manchmal ab, indem sie von der konstanten Lichtgeschwindigkeit ausgehen und dann nachweisen, dass die Relativitätsgleichungen die einzigen in Zeit und Ort linearen Gleichungen sind, die zu diesem Ergebnis führen. Als Student mochte ich diesen Weg der Ableitung nie, weil ich die Annahme der Linearität zu künstlich fand. Sie ist nicht künstlich, aber als Studienanfänger in Physik konnte ich mich nur schwer damit abfinden, dass »Linearität« wichtig ist; deshalb erschien mir die ganze Ableitung hergeholt.

$$E = mc^2$$

Die berühmteste Gleichung des 20. Jahrhunderts ist Einsteins Formel über den Zusammenhang von Energie und Masse: $E = mc^2$. Sie ist uns heute so vertraut, dass man sich nur schwer klarmachen kann, wie absurd sie zu der Zeit erschien, als Einstein sie erstmals formulierte. Er veröffentlichte sie in seinem zweiten Artikel über die Relativitätstheorie, der im September 1905 erschien, drei Monate nach dem ersten Aufsatz zu dem gleichen Thema.

Die Gleichung erschien offensichtlich lächerlich. Sie besagt, dass *jede* Masse, selbst wenn es sich um unbrennbare Substanzen wie Gestein oder Wasser handelt, eine enorme Energiemenge enthält. Der gewaltige Wert ergibt sich, weil die Formel den Begriff c^2 enthält. Die Lichtgeschwindigkeit c

beträgt 300 Millionen Meter pro Sekunde. Erhebt man sie zum Quadrat, erhält man einen Wert von 90 000 Millionen Millionen – oder mit anderen Worten: 90 Trillionen. Noch schlimmer wird die Sache, weil Einstein keinen Weg nannte, um diese Energie zu gewinnen und nutzbar zu machen. Er sagte nur, sie sei da. Aber solange man keinen Weg fand, um die Masse loszuwerden, war diese Energie nutzlos. Masse galt zu jener Zeit meist als unveränderlich. Sie wurde »erhalten« und konnte weder erschaffen noch zerstört werden. Deshalb erschien die Gleichung sowohl absurd als auch sinnlos.

Einstein wollte damit sagen, dass alle Energie im Prinzip der Masse *äquivalent* ist. Man kann sich Masse als kondensierte Energie vorstellen. Wenn wir Wärmeenergie gewinnen, indem wir Benzin an der Luft verbrennen, ist die Masse der Abgase (vorwiegend Kohlendioxid und Wasserdampf) ein wenig geringer als die des verbrannten Benzins und der Luft; der Grund ist der fehlende Energiebetrag (die Energie, die unser Auto vorangetrieben hat). Diese Energie heizt die Luft und (durch Reibung) den Boden auf, und das bedeutet, dass Luft und Boden geringfügig schwerer sein werden, weil sie mehr Energie enthalten.

Die Formel $E = mc^2$ setzt physikalische Maßeinheiten (Joule, Kilogramm, Meter pro Sekunde) voraus. Eine vertraute Maßeinheit für die Energie ist die Kilowattstunde (kWh), die ungefähr 3,6 Millionen Joule entspricht. Man kann die Gleichung also auch so schreiben:

$$\text{Energie} = mc^2 = 24{,}2 \text{ Milliarden kWh pro Kilo.}$$

Strom kostet in Europa ungefähr 25 Cent je Kilowattstunde. Ein Kilogramm irgendeiner Substanz, das vollständig in Energie umgewandelt wird, wäre also mehr als 6 Milliarden Euro wert.

3 Das springende *Jetzt*

Man kann die Gleichung auch so schreiben, dass die Energie darin in der entsprechenden Benzinmenge gemessen wird. Wo wir gerade dabei sind, können wir die Masse in Liter Benzin ausdrücken. Dann wird die Gleichung zu

$$\text{Energie} = mc^2 = \text{Entsprechung zu 2 Milliarden Litern Benzin je Liter Benzin}$$

Demnach ist die Energie, die in der Masse des Benzins steckt, 2 Milliarden Mal größer als die Energie, die durch seine Verbrennung gewonnen werden kann. Der Benzinpreis schwankt heutzutage stark, aber nehmen wir einmal an, dass ein Liter ungefähr 1,30 Euro kostet. Dann ist die Gesamtenergie in einem Liter Benzin ungefähr 2,6 Milliarden Euro wert.

Brauchte Einstein Mut, um eine solche scheinbar lächerliche Schlussfolgerung zu veröffentlichen? Heute, angesichts von Kernkraft und Atombomben, erscheint sie nicht allzu weit hergeholt, aber Anfang des 20. Jahrhunderts sprach nur sehr wenig für einen derart gewaltigen Energiegehalt; man wusste nur, dass die Energie, die beim radioaktiven Zerfall frei wird, mehr als eine Million Mal größer ist als die chemische Energie des gleichen Atoms. Es musste also eine zuvor unbekannte Quelle ungeheurer Energiemengen geben, und Einstein hatte sie gefunden: die Masse. Einsteins Behauptung brauchte entweder großen Wagemut oder die tiefe Überzeugung, dass er tatsächlich eine grundlegende Eigenschaft der Masse entdeckt hatte. Ausschlaggebend war offenbar der zweite Punkt.

Wie gelangte Einstein von Gleichungen über Zeit und Raum zu Schlussfolgerungen über den Energiegehalt der Masse? Für ihn war die Methode einfach. Er fragte: Welche Auswirkungen haben unsere veränderten Kenntnisse über Zeit und Raum auf die Gesetze der Mechanik? Newton hatte erkannt, dass ein Teilchen, auf das eine Kraft F einwirkt, nach der Gleichung $F = ma$ um den Betrag a beschleunigt wird. Dies bezeichnen wir als Newtons »Zweites Gesetz«. (Das erste Gesetz, wonach ein bewegter Gegenstand in Bewegung bleibt, wenn keine Kraft auf ihn einwirkt, ist nur ein Sonderfall des zweiten Gesetzes für die Kraft null.)

Einstein erkannte, dass Newtons Gleichungen nicht in allen Bezugssystemen gelten können, und so entwickelte er neue Gleichungen, die diese Bedingung erfüllten. Entscheidend war dabei unter anderem die Schlussfolgerung, dass bewegte Teilchen sich so verhalten, als wären sie schwerer. In vielen Gleichungen taucht anstelle von m der Begriff γm auf, der historisch als *relativistische Masse* bezeichnet wurde. Die Energie war danach $E = \gamma mc^2$, und damit wurde Einstein die Äquivalenz von relativistischer Masse und Energie klar. (Heute verwenden manche Physiker das Wort »Masse« nur für die Ruhemasse, aber damit geht die Äquivalenz von Masse und Energie verloren; außerdem wurde der Begriff der relativistischen Masse von Lawrence und vielen anderen Wissenschaftlern benutzt und erwies sich für das Konzept als wichtig.)

Denken wir noch einmal an das Pion in meinem Labor. Seine Zeit lief nicht nur 637-mal langsamer als meine, und es wurde nicht nur zu einem Crêpe zusammengedrückt, dessen Dicke nur 1/637 seines Durchmessers war, sondern auch seine Masse war 637-mal größer als jene, die in den physikalischen Tabellen der Teilchenmasse verzeichnet sind. Diese Massezunahme konnte ich auch ohne weiteres messen: Dazu beobachtete ich, wie das Pion mit sehr geringer Ablenkung das starke Magnetfeld passierte, das wir in unserem Experiment verwendeten. Relativität ist tatsächlich Wirklichkeit, und im Labor konnte ich ihre Effekte jeden Tag beobachten.

Ebenso konnte ich die Umwandlung von Masse in Energie unmittelbar verfolgen. Ich verwendete eine Blasenkammer mit flüssigem Wasserstoff, ein Instrument, das mein Mentor

Luis Alvarez entwickelt hatte. Es erzeugt auf dem Weg eines bewegten Teilchens eine Spur aus winzigen Blasen. Besonders dramatisch ist ein Zerfall, bei dem die als Myonen bezeichneten Teilchen entstehen. Macht ein Myon seine radioaktive Explosion durch, verschwindet seine Spur plötzlich, und an ihre Stelle tritt eine neue Spur eines leichteren, aber viel schnelleren Elektrons. Die schwere Masse des Myons hatte sich unmittelbar in die kinetische Energie (die Bewegungsenergie) des Elektrons verwandelt.

Ebenso beobachtete ich im Labor häufig Antimaterie. Von ihr wird später noch genauer die Rede sein, am interessantesten ist aber vorerst, dass Antimaterie, die sich verlangsamt und auf gewöhnliche Materie trifft, annihiliert wird, das heißt, ihre gesamte Masse und die Masse des Zielobjekts verwandeln sich in Energie; dabei handelt es sich in der Regel um Gammastrahlen, die anschließend absorbiert werden und sich in Wärme verwandeln. Eine solche Umwandlung von Masse in Wärme konnte ich jeden Tag beobachten. Eine Mischung aus Materie und Antimaterie hat den höchsten Energiegehalt aller Brennstoffe: Er ist tausendmal höher als die Energie, die bei der Kernverschmelzung freigesetzt wird, und eine Milliarde Mal größer als der Energiegehalt von Benzin. Das ist der Grund, warum eine solche Brennstoffmischung in dem Raumschiff *Enterprise* in *Star Trek* Verwendung fand.

Die Annihilation von Materie und Antimaterie wird auch jeden Tag in den Krankenhäusern zum Zweck der medizinischen Bildgebung genutzt. Ein Antimaterie-Elektron wird meist als Positron bezeichnet – daher kommt das *P* in der Abkürzung *PET*-Aufnahme. Bei solchen Aufnahmen nutzt man die Tatsache, dass manche radioaktiven Substanzen, beispielsweise Jod-121, Positronen abgeben. Im menschlichen Organismus reichert sich Jod in der Schilddrüse an. Die von diesem Jod ausgesandten Positronen treffen in der Umgebung auf Elektronen und werden annihiliert, wobei Gammastrahlen frei werden. Eine Kamera kann festhalten, wo diese Gammastrahlen ihren Ursprung haben, und so eine Aufnahme der Schilddrüse liefern. Solche Fotos sind von medizinischem Wert, weil Teile der Drüse, die nicht aktiv sind – das heißt, in denen sich kein Jod anreichert – auf den Bildern als leere Flecken erscheinen.

Manchmal herrscht fälschlich die Ansicht, Einsteins Gleichung habe eine wichtige Rolle für die Entwicklung der Atombombe gespielt, aber das stimmt nicht. Schon vor Einsteins Zeit wusste man, dass bei radioaktiven Explosionen riesige Energiemengen frei werden. Dieses Wissen und die Möglichkeit der Kettenreaktion – mehr wurde für die Atombombe nicht gebraucht.

Ein geheimes Patent für die Bombe, das sich auf solche Konzepte gründete, erhielt der ungarische Physiker Leo Szilard 1936. (Es war ein britisches Patent; Szilard war zu jener Zeit vor den Nazis geflohen und wohnte in London; 1937 zog er nach New York.) Im Jahr 1939 veranlasste ein Brief, der von Szilard entworfen und von Einstein unterschrieben worden war, den US-Präsidenten Roosevelt, die Forschungsarbeiten in Auftrag zu geben, die in das Manhattan-Projekt zum Bau der Atombombe mündeten. Aus der Einstein-Gleichung wissen wir, dass die gewaltige Energiefreisetzung bei den gespaltenen Atomen zu einer geringfügigen Abnahme der Masse führt, aber diese Erkenntnis war für die Konstruktion der Bombe weder notwendig noch wurde sie dafür genutzt.

3 Das springende *Jetzt*

Zeit, Energie und Schönheit*

Manche Menschen haben von *Energie* eine ähnlich mystische Vorstellung wie von *Zeit*. Die bemerkenswerteste und nützlichste Eigenschaft der Energie liegt nicht ohne weiteres auf der Hand: Sie bleibt *erhalten*. Was heißt das? Wenn Energie erhalten bleibt und wenn wir in der Angelegenheit keine Wahl haben – warum sagen uns dann die ökologischen Vordenker, wir sollten Energie sparen? Damit meinen sie eigentlich, dass wir die *Entropie* so gering wie möglich halten sollen – wir sollen es vermeiden, zu viel davon zu produzieren; mit der Entropie werden wir uns im Teil II ausführlich befassen. Erhalten brauchen wir die Energie nicht; sie bleibt automatisch erhalten.

Zwischen Zeit und Energie besteht ein sehr tiefgreifender Zusammenhang, und dieser Zusammenhang wurde erstmals von Emmy Noether erkannt, einer Frau, die Einstein als eine der bedeutendsten und kreativsten Mathematikerinnen aller Zeiten bezeichnete. Wie Noether nachwies, ist es in der gewöhnlichen Physik nicht notwendig, die Energieerhaltung zu postulieren – für jedes Gleichungssystem (mechanisch, elektrisch, quantenphysikalisch) gibt es ein Prinzip, mit dem man die Energieerhaltung beweisen kann. Dieses Prinzip ist die *Zeitinvarianz*.

Einfach gesagt, bedeutet Zeitinvarianz, dass die Gesetze der Physik sich im Laufe der Zeit nicht verändern. In der klassischen Physik ist $F = ma$, und diese Gleichung gilt heute genau-

---

* Teile dieses Abschnitts wurden in veränderter Form übernommen aus meinem Buch *Energy for Future Presidents: The Science Behind the Headlines* (New York: W. W. Norton, 2012) [dt. *Physik für alle, die mitreden wollen: über Atomkraft, schmutzige Bomben, Weltraumforschung, Solarenergie und die globale Erwärmung*; Köln: Fackelträger, 2009].

Abb. 3.1 Emmy Noether, Entdeckerin des Zusammenhanges zwischen Zeit und Energie.

3 Das springende *Jetzt*

so wie früher. Wie das Noether-Theorem zeigte, gibt es unter der Voraussetzung der Zeitinvarianz immer eine Größe, die man aus den Elementen der Theorie (Masse, Geschwindigkeit, Position, Feld usw.) berechnen kann und die sich niemals ändert. In der klassischen Physik folgt aus der Zeitinvarianz auch die Erhaltung der Newton'schen Energie, das heißt der Summe aus kinetischer und potentieller Energie. Noethers Methode schuf die Möglichkeit, die Energie für jedes neue Gleichungssystem, so auch für das der Relativitätstheorie, auf eindeutige Weise zu definieren. Ausführlicher werde ich auf Emmy Noether und ihre erstaunlichen Ableitungen im Anhang 2 zu sprechen kommen.

Die Verbindung von Zeit und Energie geht aber noch weiter. Durch Noethers Arbeiten verstehen wir heute, warum Zeit und Energie in der Quantenphysik stets gemeinsam auftauchen. Wie ich im Teil III noch ausführlicher darlegen werde, wurde diese Erkenntnis für Richard Feynman zur Anregung, Antimaterie als gewöhnliche Materie zu definieren, die sich in der Zeit rückwärts bewegt.

Solche tiefgreifenden Zusammenhänge, durch die eine Verbindung zwischen zwei scheinbar vollständig getrennten Konzepten wie Zeit und Energie hergestellt wird, machen in den Augen der Physiker die »Schönheit« der Physik aus. Die Meinung, dass solche Zusammenhänge Schönheit widerspiegeln, muss man nicht teilen. Manch einer findet vielleicht einen Regenbogen oder die Augen eines Kindes viel reizvoller. Aber zumindest kann dieses Beispiel uns helfen, zu verstehen, was die Physiker damit meinen.

I Verblüffende Zeit

Was ist das Besondere an der Lichtgeschwindigkeit?

Als ich als Teenager erstmals etwas über die Relativitätstheorie las (in dem großartigen Buch von George Gamow mit dem Titel *1–2–3 ... Unendlichkeit*), fragte ich mich: Warum ist das Licht eigentlich etwas so Besonderes, dass seine Geschwindigkeit c in den grundlegenden Gleichungen der Relativitätstheorie vorkommt? Ist Licht etwas Grundsätzlicheres als beispielsweise ein Elektron?

Als ich – zuerst auf der Highschool, dann im College und als Doktorand, und schließlich während meines gesamten weiteren Lebens – immer mehr über Physik lernte, wurde mir klar, wo die Antwort liegt: Licht ist nun einmal das Erste, von dem wir feststellten, dass es die besondere Eigenschaft einer *Ruhemasse von null* hat – jener Term in unseren Gleichungen, der mit m bezeichnet wird (die relativistische Masse ist γm). Heute kennen wir auch andere solche Teilchen. Gravitationswellen haben in ihrer Teilchenform, die man Gravitonen nennt, ebenfalls die Ruhemasse null. Man könnte also die Gleichungen der Relativitätstheorie auch ohne Bezugnahme auf das Licht schreiben und stattdessen die Gravitonen einsetzen; dann würde der Begriff c die Geschwindigkeit der Gravitonen symbolisieren. Möglicherweise gibt es auch ein Neutrino mit Ruhemasse null, das man dann »masseloses Neutrino« nennen könnte. In diesem Fall könnten wir c auch als die Geschwindigkeit des masselosen Neutrinos bezeichnen.

Besser würde man c den Namen »Einstein-Geschwindigkeit« geben. Man könnte sie auch »Grenzgeschwindigkeit« nennen, denn sie ist die größte Geschwindigkeit, die irgendeine bewegte Masse erreichen kann. Sie würde unabhängig davon existieren, ob es tatsächlich Teilchen (wie die Photonen) gibt, die sich so schnell bewegen. Der Theorie zufolge bewegen sich alle masselosen Teilchen mit der Einstein-Geschwindigkeit c. Sie ist die grundlegende Größe. Mit dieser Geschwindigkeit bewegen sich Photonen, Gravitonen und masselose Neutrinos (falls sie existieren). Im sehr frühen Universum, bevor sich das sogenannte Higgs-Feld entwickelte, waren nach heutiger Kenntnis sogar *alle* Teilchen (einschließlich der Elektronen und der Bausteine der Protonen, die man Quarks nennt) masselos und bewegten sich mit der Einstein- oder Lichtgeschwindigkeit.

Die Ironie an der Ruhemasse null besteht darin, dass man ein Photon oder ein anderes Teilchen mit einer solchen Ruhemasse null nie zur Ruhe bringen kann. Es hätte dann die Energie null (der Gamma-Faktor ist 1 und m ist 0, das heißt, $E = \gamma m c^2 = 0$), was bedeutet, dass das Teilchen nicht »existiert«. Wenn wir beispielsweise versuchen, Licht zur Ruhe zu bringen, indem wir es von einer schwarzen Oberfläche absorbieren lassen, gibt es seine gesamte Energie ab, wobei sich die Oberfläche in der Regel erwärmt, und es bleibt kein Licht zurück.

Schwarze Löcher

Schwarze Löcher sind massereiche Objekte, in die man hineinstürzen kann, aber es ist nicht möglich, wieder herauszukommen. Diese rätselhafte Eigenschaft scheint der Zeit eine Richtung zu geben. Außerdem wird die Untersuchung der schwarzen Löcher uns auch zu einigen anderen Eigenschaften der Zeit führen, die sogar noch seltsamer sind als diejenigen, die wir bereits erforscht haben.

Die Idee, dass es schwarze Löcher geben könnte, geht auf das Jahr 1763 zurück: Damals wurde dem englischen Wissenschaftler John Mitchell klar, dass die Fluchtgeschwindigkeit eines Sterns größer sein kann als die Lichtgeschwindigkeit. Wenn Licht nicht entweichen kann, so seine Überlegung, würde der Stern schwarz aussehen. Er berechnete sogar eine Gleichung, die sich später als richtig erwies. Sein Gedanke fand aber keine große Aufmerksamkeit, denn zu jener Zeit wusste man bereits, dass Licht eine Welle ist, und die meisten Menschen gingen fälschlich davon aus, dass Wellen nicht von der Gravitation angezogen werden. Heute wissen wir aus der Relativitätstheorie, dass Wellen Energie und damit auch Masse transportieren, das heißt, die Gravitation zieht tatsächlich an ihnen.

Damit ein schwarzes Loch – ein Objekt mit sehr hoher Fluchtgeschwindigkeit – entsteht, müssen wir eine große Masse in einem kleinen Volumen zusammendrängen. Angenommen, wir könnten die Masse der Sonne in eine Kugel mit einem Radius von einem Kilometer stopfen. Mit dem, was wir im Physik-Anfängerseminar gelernt haben, können wir die Fluchtgeschwindigkeit berechnen: Sie läge bei 500 Millionen Metern pro Sekunde* oder ungefähr dem 1,7-fachen der Lichtgeschwindigkeit. Licht könnte von der Oberfläche nicht entkommen. Die zusammengepresste Sonne wäre völlig schwarz.

Die Relativitätstheorie schafft die Möglichkeit, die Eigenschaften eines schwarzen Loches noch auf einem anderen Weg abzuleiten: aus der Zunahme der relativistischen Masse. Welche Energie notwendig ist, um einen Satelliten in den Weltraum zu schießen, hängt von der Masse des Satelliten ab, aber je schneller man den Satelliten macht, desto mehr Masse

---

* Die Fluchtgeschwindigkeit berechnet sich nach der Gleichung $GMm/r = \frac{1}{2}mv^2$; darin ist G die Gravitationskonstante, m die Masse und r der Radius. Demnach ist $v = \sqrt{(2GM/r)} = \sqrt{2 \times (6{,}7 \times 10^{-11}) \times (2 \times 10^{30})/1000} = 5 \times 10^8$ Meter pro Sekunde.

hat er (durch die Zunahme der relativistischen Masse), und somit verstärkt die hohe Geschwindigkeit auch den rückwärts gerichteten Zug der Gravitation. Ist die Masse eines Sterns groß oder sein Radius klein genug, kann man niemals so viel kinetische Energie aufbringen, dass die zusätzliche Bindungsenergie überwunden wird.

In der Fachsprache der Physik heißt das: Die kinetische Energie (Bewegungsenergie) wird in der Nähe eines solchen Sterns immer kleiner sein als die Bindungsenergie (potentielle Energie). Der Satellit wird zurückfallen, ganz gleich, welche Geschwindigkeit ich ihm verleihe. Das geschieht, wenn die Masse M des Sterns in einen Radius R gepresst wird. In wissenschaftlicher Schreibweise* lautet die Formel

$$R = 1{,}5 \times 10^{-27} M$$

Diesen Wert von R bezeichnet man als *Schwarzschild-Radius*.

Die Erde hat eine Masse von 6×10^{24} Kilogramm. Setzt man diesen Wert in die Gleichung ein, ergibt sich für unseren Planeten ein Schwarzschild-Radius von ungefähr 0,01 Metern oder einem Zentimeter. Ich wiege ungefähr 83 Kilo und würde zu einem schwarzen Loch werden, wenn man mich in eine Kugel mit dem Radius $R = (1{,}5 \times 10^{-27})(83) = 1{,}3 \times 10^{-25}$ Meter stopfen könnte. Das ist nur ein Milliardstel des Durchmessers eines Atomkerns.

---

* Ausgeschrieben ergibt sich $10^{-27} = 0{,}000000000000000000000000001$. Die 1 erscheint also in der 27. Dezimalstelle. Das entspricht dem reziproken Wert von 10, der 27-mal mit sich selbst multipliziert wird. In der Schreibweise der Tabellenkalkulation (der von Excel und wissenschaftlichen Taschenrechnern benutzt wird) lautet die Zahl 1E−27. Im Folgenden wird die Masse der Erde mit 10^{24} angegeben, das ist eine 10, die 24-mal mit sich selbst multipliziert wird; auf die 1 folgen dabei 24 Nullen. In der Tabellenschreibweise lautet sie 1E+24.

Nach heutiger Kenntnis gibt es tatsächlich einen Mechanismus, durch den ein Objekt, das viele Male schwerer ist als die Sonne, zu einem schwarzen Loch werden kann. Dazu bedarf es einer Supernova-Explosion, bei der die äußeren Teile des Sterns weggeschleudert werden, während der innere Kern zusammenbricht. Auf diese Weise sind einige astronomische Objekte entstanden, von denen man allgemein annimmt, dass es sich um schwarze Löcher handelt, darunter Cygnus X-1, eine Quelle starker Röntgenstrahlen im Sternbild Schwan.

Dieses Objekt war der Gegenstand einer zumindest bei Physikern berühmten Wette, die Kip Thorne und Stephen Hawking 1975 abschlossen. Thorne wettete, dass es sich bei Cygnus X-1 tatsächlich um ein schwarzes Loch handelt; Hawking glaubte das nicht. 15 Jahre später, also 1990, musste Hawking einräumen, dass er verloren hatte – und löste seine Wette ein, indem er Thorne das versprochene Abonnement der Zeitschrift *Penthouse* schenkte. Natürlich profitierte auch Hawking von dem Eingeständnis: Große Teile seiner Forschungsarbeiten aus den vorangegangenen zehn Jahren hätten sich als sinnlos erwiesen, wenn es nicht tatsächlich schwarze Löcher gäbe – darauf machte Hawking selbst aufmerksam. Ironie des Schicksals: Wie ich später in diesem Buch noch genauer erläutern werde, ist Cygnus X-1 der Relativitätstheorie zufolge *nicht ganz* ein schwarzes Loch, kommt ihm allerdings sehr nahe.

Einen Mechanismus, durch den die Erde oder ich zu einem schwarzen Loch werden könnte, kennen wir nicht.

Was die Menschen im Zusammenhang mit der Relativitätstheorie am meisten stört, sind aber nicht die rätselhaften schwarzen Löcher, sondern ein scheinbarer Widerspruch, der sich aus der Zeitdilatation ergibt. Die bewegte Person altert weniger schnell als diejenige, die an einem Ort bleibt. Na gut, aber ist nicht alle Bewegung relativ? Wer bewegt sich, und wer steht still? Es hört sich so an, als müssten beide Menschen jünger werden.

Und wie sich herausstellt, sind tatsächlich beide in dem geeigneten Bezugssystem jünger. Aber was geschieht dann, wenn der eine umkehrt und zurückkehrt, so dass beide sich treffen? Wenn sie sich von Angesicht zu Angesicht gegenüberstehen, können nicht beide jünger sein. Man versteht die Zeit leichter, wenn man sich mit diesem und anderen Paradoxa ausführlich beschäftigt.

KAPITEL 4

Widersprüche und Paradoxa

Die Relativitätstheorie erscheint logisch widersprüchlich,
bis man sorgfältig und genau hinsieht ...

> Alle Wahrheit durchläuft drei Stufen. Zuerst
> wird sie lächerlich gemacht oder verzerrt.
> Dann wird sie bekämpft. Und schließlich
> wird sie als selbstverständlich angenommen.
>
> Häufig Arthur Schopenhauer zugeschrieben

> A paradox, a paradox
> A most ingenious paradox
>
> Gilbert und Sullivan,
> The Pirates of Penzance

Einsteins Entdeckung, dass die Zeit sich für bewegte Objekte verlangsamt, war erstaunlich. Seine Entdeckung, dass die Reihenfolge von Ereignissen relativ sein kann, war beunruhigend. Und seine weiteren Folgerungen über die Energie erschienen zu jener Zeit mit Sicherheit unglaublich. Mehr als alles andere zeigten uns Einsteins Untersuchungen an der Zeit, dass dieses Thema voller Überraschungen steckt und dass die Schlussfolgerungen, die sich daraus ergeben, nicht nur Auswirkungen auf unsere Vorstellungen vom Universum haben, sondern auch auf unser Alltagsleben.

4 Widersprüche und Paradoxa

Selbst wenn man meint, man habe sich mit Einsteins Befunden angefreundet, bergen manche ihrer Auswirkungen auch weiterhin Überraschungen. Auf bestimmte Weise formuliert, führen diese Befunde zu scheinbaren Widersprüchen, die Studierende (und auch manche Professoren) in den Wahnsinn treiben können. Die berühmtesten und verwirrendsten sind das *Zwillingsparadoxon* und das *Scheunenparadoxon*. Ich füge hier noch ein drittes hinzu: den *Tachyonenmord*.

Die Relativitätstheorie ist in sich vollkommen widerspruchsfrei, aber insbesondere für jemanden, dem das Fachgebiet neu ist, sieht es nicht so aus. Die scheinbaren Widersprüche und Paradoxa haben ihre Ursache in einfachen Fehlern wie in dem Beweis*, dass 1 = 2 ist. Man könnte meinen, dass solche Paradoxa nur Anfängern Schwierigkeiten bereiten, aber auch Experten haben Vorurteile und gehen von Annahmen aus, deren sie sich nicht bewusst sind. Deshalb werden auch viele Professoren verwirrt, wenn sie ihren Studierenden solche Paradoxa erklären sollen.

Ich beginne mit dem Paradoxon, das am einfachsten zu verstehen ist.

---

* Hier der Beweis, dass alle Zahlen gleich sind. Es sei A = 13 und B = 13; C und D können zwei beliebige Zahlen sein. Dann ist A = B. Multiplizieren wir beide Seiten mit (C−D), so erhalten wir A(C−D) = B(C−D). Ausmultiplizieren ergibt AC−AD = BC−BD oder umgeformt AC−BC = AD−BD. Durch Ausklammern erhalten wir C(A−B) = D(A−B), und durch Kürzen gelangen wir zu C = D. Da C und D willkürliche Zahlen waren, habe ich damit bewiesen, dass alle Zahlen gleich sind. Der Fehler lag darin, durch (A−B) zu dividieren. Das ist nicht erlaubt, denn A−B = 0. Eine einfache (aber offensichtlich fehlerhafte) Version des Beweises lautet C x 0 = D x 0. Hier brauchen wir nur noch die Nullen zu kürzen.

I | Verblüffende Zeit

Das Scheunenparadoxon

Ein Bauer hat eine sechs Meter lange Scheune mit einer Tür an der Schmalseite. In dieser Scheune würde er gern einen zwölf Meter langen Mast unterbringen (Abbildung 4.1 oben). Er hat sich mit der Relativitätstheorie beschäftigt und will nun die Längenkontraktion nutzen, um den Mast in die Scheune zu bekommen. Also läuft er mit dem Mast so schnell, dass dessen Länge auf sechs Meter schrumpft, das heißt, Gamma ist 2 (Abbildung 4.1 Mitte). Sobald der Mast in der Scheune ist, möchte er die Tür hinter sich schließen. Das sollte funktionieren.

Aber sobald der Bauer mit dem Mast losläuft, wird ihm klar, dass nicht der Mast, sondern die Scheune in seinem neuen Ruhesystem (dem laufenden System) um einen Faktor von Gamma = 2 kürzer wird; die Scheune ist nun nur noch drei Meter lang, aber das laufende System ist das Ruhesystem für den Mast, das heißt, dessen Länge bleibt mit zwölf Metern unverändert. Es besteht keine Möglichkeit, den zwölf Meter langen Mast in der drei Meter langen Scheune zu verstauen (Abbildung 4.1 unten).

Im Ruhesystem der Scheune dagegen passt der Mast leicht hinein. Was geschieht also tatsächlich? Gelingt es dem Bauern, den Mast in der Scheune unterzubringen? Wie kann die Antwort vom Bezugssystem abhängen? Er ist entweder *drin* oder *nicht drin*. Beides kann nicht stimmen.

Dieses Paradoxon lässt sich leicht auflösen, wenn wir die Worte sorgfältig wählen. Mit *drinnen* meinen wir, dass beide Enden des Mastes sich *gleichzeitig* in der Scheune befinden. Das Vorderende des Mastes trifft zur gleichen Zeit auf die Wand der Scheune, zu der sein Hinterende hineinkommt und die Tür geschlossen wird. Im Ruhesystem des Mastes finden diese beiden Ereignisse aber nicht gleichzeitig statt. Hier stößt

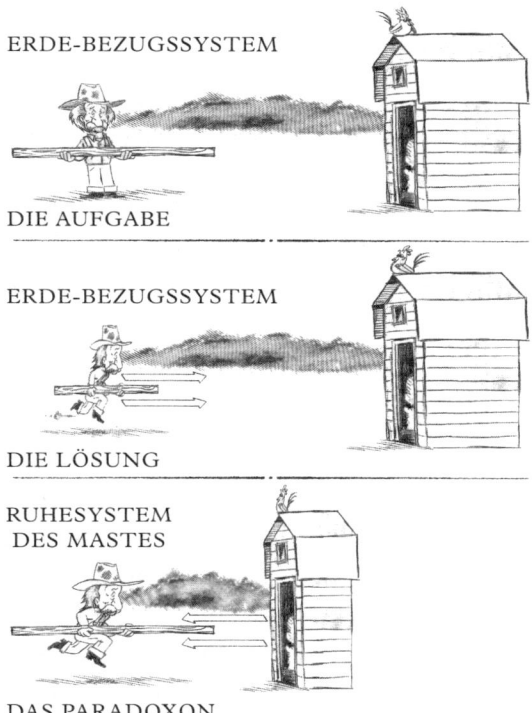

Abb. 4.1 Das Scheunenparadoxon. *Oben*: Der Bauer überlegt, wie er einen 12 Meter langen Mast in einer 6 Meter langen Scheune unterbringen kann. *Mitte*: Er läuft schnell, und der Mast verkürzt sich auf 6 Meter. Das passt! *Unten*: Die gleiche Situation im (laufenden) Ruhesystem des Bauern. Hier ist der Mast immer noch 12 Meter lang, aber die Scheune hat sich auf 3 Meter verkürzt. Der Mast passt eindeutig nicht hinein. (Zeichnung von Joey Manfre.)

das Vorderende des Mastes gegen die Scheunenwand, und erst später kommt sein Hinterende durch die Tür herein.

Wie immer sind sich beide Beobachter einig. Beide sagen, dass beide Enden des Mastes in die Scheune gelangen. Im Bezugssystem der Scheune finden beide Ereignisse gleichzeitig statt. Im Bezugssystem des Mastes gelangen zwar ebenfalls beide Enden ins Innere, aber das geschieht nicht zur gleichen Zeit. Die Aussage »sie befinden sich innerhalb der Scheune« verschleiert auf kluge Weise die Frage der Gleichzeitigkeit.

Wer sich für die mathematischen Einzelheiten interessiert, findet im Anhang 1 die Berechnungen, mit denen diese Auflösung des Scheunenparadoxons deutlich gemacht wird.

Das Zwillingsparadoxon

Betrachten wir einmal die Zwillinge John und Mary. Beide sind 20 Jahre alt. John bleibt zu Hause, Mary geht an Bord eines Raumschiffs und fliegt mit hoher Geschwindigkeit zu einem fernen Planeten. Mit ihrer Geschwindigkeit erreicht Mary einen Zeitdilatationsfaktor von Gamma = 2. Aus Johns Sicht ist Mary jünger. Aus Marys Sicht ist John jünger. Beide können nicht recht haben. Was geschieht, wenn Mary zurückkehrt? Wenn sie wieder zusammentreffen, können sie mit Sicherheit sagen, wer jünger ist. Paradox!

Um das Paradoxon aufzulösen, müssen wir auch hier unsere Worte sorgfältig wählen. Wir müssen einerseits auf versteckte Annahmen achten, die mit dem Wort *gleichzeitig* zu tun haben und möglicherweise nicht zutreffen, und andererseits auch auf die unausgesprochene Unterstellung, dass Menschen über ihre Befunde nur in den Koordinaten ihres eigenen jeweiligen Bezugssystems berichten.

Was die Hinreise angeht, sind sich John und Mary völlig einig. In Johns Bezugssystem bewegt sich Mary; in Marys Bezugssystem bewegt sich John. In Johns Bezugssystem ist Mary jünger; in Marys Bezugssystem ist John jünger.

So weit, so gut. Was geschieht aber, wenn Mary haltmacht,

4 Widersprüche und Paradoxa

umkehrt, zurückkommt, John von Angesicht zu Angesicht gegenübersteht, und wenn dann beide ihr Alter vergleichen? Zu diesem Zeitpunkt sind ihre Bezugssysteme die gleichen. Wer ist nun jünger? Beide können es nicht sein. Und tatsächlich ist es auch nicht so.

Für dieses Paradoxon gibt es eine befriedigende Lösung, die mit dem Thema der Gleichzeitigkeit zu tun hat. Das Zahlenwerk mit konkreten Werten für Geschwindigkeiten und Entfernungen findet sich in Anhang 1. Bevor Mary umkehrt, ist John in ihrem Bezugssystem jünger. Demnach feiert sie einen höheren Geburtstag zur gleichen Zeit wie John seinen niedrigeren. Nachdem sie aber umgekehrt ist, sind die beiden Ergebnisse in ihrem Bezugssystem nicht mehr gleichzeitig. In dem neuen Bezugssystem feiert John zur gleichen Zeit einen höheren Geburtstag als Mary.

Auf Marys Rückweg ist John in ihrem Bezugssystem derjenige, der sich bewegt und damit langsamer altert. Der Zeitsprung war aber so groß, dass John bei ihrem Zusammentreffen immer noch älter ist als Mary. Zu dem gleichen Ergebnis gelangen wir auch, wenn wir alle Berechnungen in Johns Bezugssystem vornehmen. Die Gleichungen und Zahlen finden sich wiederum im Anhang 1, der Schlüssel liegt aber in diesem Zeitsprung, im Verlust der Gleichzeitigkeit.

Aber ist Bewegung nicht immer relativ? Wie kann man sagen, wer von beiden umgekehrt ist? Könnten wir nicht behaupten, nicht Mary, sondern John habe den Rückweg angetreten?

Nein, das können wir nicht. In der Frage, wer umgekehrt ist, gibt es keine Meinungsverschiedenheit. Mary hat ihre Raketen auf Umkehrschub gestellt; Mary hat die Beschleunigung gespürt. Aber John und Mary wissen, dass Marys Bezugssystem beschleunigt wurde, das von John dagegen nicht. In der Relativitätstheorie ist es nicht so, dass »alle Bewegung relativ« wäre. Zwar stimmt es, dass man alle Berechnungen in jedem Bezugssystem vornehmen kann, das sich mit konstanter Geschwindigkeit bewegt. Wird das System aber beschleunigt, müssen wir den zeitlichen Unterschied zwischen weit entfernten Ereignissen in Rechnung stellen.

Der Tachyonenmord

Die seltsame Erkenntnis, dass die Reihenfolge von Ereignissen sich als Folge der Relativität in verschiedenen Bezugssystemen umkehren kann, führt uns zu einem neuen Aspekt der Realität: zu den tiefgreifenden Fragen nach Kausalität und freiem Willen. Solche Themen lassen sich mit der Geschichte vom Tachyonenmord dramatisch verdeutlichen.

Ein Tachyon ist ein hypothetisches Teilchen, das sich schneller als mit Lichtgeschwindigkeit bewegt. Interessanterweise verbietet die Relativitätstheorie eine derart schnelle Bewegung von Teilchen nicht. Sie besagt nur, dass ein masseloses Teilchen mit Lichtgeschwindigkeit wandern muss und dass Teilchen, deren Ruhemasse nicht null ist, sich nicht mit Lichtgeschwindigkeit bewegen *können* (weil der Gamma-Faktor sonst unendlich groß würde und sie eine unendlich große Energie besäßen). Eine überlichtschnelle Bewegung als solche verbieten die Gleichungen nicht.

Wie kann man dafür sorgen, dass irgendetwas sich schneller als das Licht bewegt, ohne dass es diese Geschwindigkeit überschreiten muss? Die Antwort: Etwas kann mit Überlichtgeschwindigkeit *geboren* werden. Warum nicht? Photonen werden nicht auf die Lichtgeschwindigkeit beschleunigt, sondern bewegen sich vom Augenblick ihrer Entstehung an so schnell. Vielleicht könnte man ja auch ein Tachyon erschaffen, das sich von Anbeginn seines Daseins schneller als das Licht

4 Widersprüche und Paradoxa

bewegt. Ein solches Szenario würde die Relativitätstheorie nicht verletzen. Und tatsächlich gehen Physiker, die nach Tachyonen suchen, von dieser Annahme aus.

Wer ein Tachyon entdecken und seine Existenz beweisen könnte, würde Physikgeschichte schreiben. Aber trotz der Vorteile einer solchen Entdeckung habe ich mich schon vor vielen Jahren entschlossen, mich nicht mit der Suche nach Tachyonen abzugeben. Meine Gründe grenzen fast an Religion. Ich glaube, dass ich einen freien Willen habe, und die Existenz von Tachyonen würde diesem Glauben widersprechen. Das muss ich genauer erklären.

Stellen wir uns einmal vor, dass Mary zwölf Meter von John entfernt steht. Sie hat ein Tachyonengewehr, dessen Tachyonengeschosse sich mit $4c$ bewegen, das heißt mit vierfacher Lichtgeschwindigkeit. Sie schießt. Licht bewegt sich mit 30 Zentimetern je Nanosekunde (Milliardstelsekunde), die Tachyonen haben also eine Geschwindigkeit von 1,20 Metern je Nanosekunde. Nach nur zehn Nanosekunden dringt das Tachyonengeschoss in Johns Herz ein und tötet ihn. Nehmen wir an, dass er sofort stirbt.

Mary wird vor Gericht gestellt. Die gerade geschilderten Tatsachen streitet sie nicht ab, aber sie besteht auf einem ungewöhnlichen Verhandlungsort. Sie erklärt, es sei ihr Recht, den Fall in jedem von ihr gewählten Bezugssystem zu verhandeln. Der Richter weiß, dass alle Bezugssysteme gültig sind, also erlaubt er ihr, fortzufahren. Sie entscheidet sich für ein Bezugssystem mit halber Lichtgeschwindigkeit oder $\frac{1}{2}c$. Da dieses System sich langsamer bewegt als das Licht, ist es nach der Relativitätstheorie ein gültiges Bezugssystem.

Im Bezugssystem der Erde sind die beiden Ereignisse (Schuss und Treffen des Herzens) durch +10 Nanosekunden getrennt. Wie ich in Anhang 1 zeige, liegt zwischen den beiden gleichen Ereignissen, die in einem mit $\frac{1}{2}c$ bewegten Bezugssystem beschrieben werden, ein zeitlicher Abstand von −15,5 Nanosekunden. Das negative Vorzeichen bedeutet, dass die beiden Ereignisse sich in umgekehrter Reihenfolge abspielen. Das Geschoss dringt also ins Herz des Opfers ein, bevor Mary das Gewehr abgefeuert hat! Mary hat ein perfektes Alibi. Als sie den Auslöser betätigte, war John bereits tot. Einen toten Menschen kann man nicht ermorden. Sie rechnet damit, der Strafe zu entgehen.

Aber das Beispiel des Tachyonenmordes basiert auf dem gleichen Relativitätsprinzip, das auch in den Paradoxa mit den Zwillingen und dem Mast in der Scheune für Verwirrung gesorgt hat. Sind zwei Ereignisse im Raum ausreichend weit entfernt und in der Zeit nicht allzu verschieden, gibt es Bezugssysteme, in denen sich die Reihenfolge der Ereignisse umkehrt. Solche weit voneinander entfernten Ereignisse nennt man »raumartig«. Spielen sich zwei Ereignisse dagegen in geringer Entfernung, aber zeitlich voneinander getrennt ab, sind sie »zeitartig«. Die Reihenfolge raumartiger Ereignisse hängt vom Bezugssystem ab, die Reihenfolge zeitartiger Ereignisse aber nicht.

Auch hier verweise ich auf den Anhang 1 mit den ausführlichen Berechnungen.

Ist das Szenario des Tachyonenmordes möglich? Wie kann die Analyse im Bezugssystem von $½c$ stimmen, wenn sich daraus eine so absurde Folgerung ergibt? Heißt das, dass es keine Tachyonen gibt, oder heißt es, dass die Relativitätstheorie Unsinn ist? Was ist, wenn man eines Tages tatsächlich Tachyonen findet?

4 Widersprüche und Paradoxa

Freier Wille ist überprüfbar

Eine Lösungsmöglichkeit für das Paradoxon des Tachyonenmordes besteht darin, dass Mary in einer Welt, in der Tachyonengewehre existieren, keinen freien Willen hat. Selbst wenn sie den Abzug betätigt hat, *nachdem* John schon tot war, hatte sie keine andere Wahl, denn ohne freien Willen sind Entscheidungen eine Illusion. Alle ihre Handlungen erwachsen dann aus äußeren Einflüssen und Kräften. John ist gestorben, weil es unvermeidlich war, dass Mary den Abzug betätigen würde; die unvermeidlichen physikalischen Vorgänge, die in dem Gesamtszenario mit Schuss und Tod stattfinden, sowie die Reihenfolge, in der sie sich abspielen, sind bedeutungslos. Wenn die Welt von kausalen physikalischen Gleichungen beherrscht wird, gibt es kein Paradoxon. Das Szenario wird nur dann zum Problem, wenn man davon ausgeht, dass Menschen einen freien Willen haben und dass Mary sich hätte entscheiden können, das Gewehr nicht abzufeuern. Herrscht dagegen allein die Physik, tut Mary nur das, wozu die verschiedenen auf sie einwirkenden Kräfte und Einflüsse sie veranlassen.

Das ist der Grund, warum ich nicht nach Tachyonen gesucht habe. Ich glaube, dass ich einen freien Willen habe. Nichts in der Physik spricht dagegen, solange Tachyonen nicht existieren (und die Gleichungen der Relativitätstheorie gelten). Natürlich wäre es möglich, dass mein eigener freier Wille eine Illusion ist und dass ich in Wirklichkeit nur eine Anordnung komplizierter Moleküle bin, die auf das Stoßen und Schieben aus der Umgebung reagiert. Wenn es so ist und ich ein Tachyon finde, würde ich nicht in die Physikgeschichte eingehen, sondern ich wäre recht unglücklich, müsste ich doch erkennen, dass ich mir für meine Entdeckung kein Verdienst anrechnen kann. Sie war nicht mein Werk.

Andererseits ist es ein faszinierender Gedanke, dass die Vorstellung von einem freien Willen wissenschaftlich zumindest auf diese Weise falsifizierbar ist. Was Falsifizieren bedeutet, werde ich ausführlicher erörtern, wenn ich auf den Zeitpfeil zu sprechen komme; vorerst möchte ich nur darlegen, worin sich Wissenschaftler allgemein einig sind: Damit man eine Theorie als wissenschaftlich bezeichnen kann, muss man beschreiben, wie sich belegen ließe, dass sie nicht stimmt. Manche »Theorien«, etwa die des »*intelligent design*«, erfüllen dieses Kriterium nicht. Bemerkenswerterweise tut es aber die Theorie, dass wir einen freien Willen haben. Sie machte mindestens eine falsifizierbare Vorhersage: Tachyonen gibt es nicht.

Für ein Geschoss, das sich mit Unterlichtgeschwindigkeit bewegt, gilt das Paradoxon nicht. Im Anhang 1 erläutere ich es genauer: Wenn zwei Ereignisse durch die räumliche Distanz D und die Zeit T getrennt sind und wenn D/T niedriger ist als die Lichtgeschwindigkeit (das heißt, wenn die Kugel sich mit Unterlichtgeschwindigkeit bewegt und die beiden Ereignisse *zeitartig* sind), ist die Reihenfolge der Ereignisse in allen Bezugssystemen die gleiche. Erschießt man jemanden mit einer echten Kugel, ist ein Wechsel des Bezugssystems im Prozess keine Hilfe. In allen Bezugssystemen haben wir geschossen, bevor das Opfer gestorben ist.

Von Zeit zu Zeit glaubt dieses oder jenes Forscherteam, es habe ein Tachyon gesehen, und gibt eine Pressemitteilung heraus. So geschah es auch 2011: Damals gab das große internationale Forschungszentrum CERN in der Nähe von Genf bekannt, Physiker hätten beobachtet, dass einige (aber nicht alle) als Neutrinos bezeichneten Teilchen schneller als das Licht geflogen seien. Die Schlagzeilen lauteten beispielsweise »Tachyonen-Neutrinos könnten die Entdeckung des Jahrhunderts sein«. Ich war nicht sonderlich aufgeregt. Solche Experimente sind schwierig und anfällig für systematische Fehler. Tatsächlich zog CERN die Behauptung ein knappes

Jahr später in einer weiteren Mitteilung zurück und nannte Fehler in der Elektronik als Grund für den Irrtum.

Wenn es Tachyonen tatsächlich gibt (und wenn wir demnach nicht über einen freien Willen verfügen), haben sie einige interessante Eigenschaften. Der Gamma-Faktor γ ist in diesem Fall eine imaginäre Zahl (die Quadratwurzel einer negativen Zahl). Aus dem Noether-Theorem (siehe Kapitel 3) wissen wir, dass Energie real ist; damit sich aus $E = \gamma m c^2$ eine reale Energie ergibt, muss also auch die Masse imaginär sein. Tachyonen haben somit eine imaginäre Masse. Das ist nicht schlimm; in Kapitel 6 werde ich darlegen, dass imaginäre Zahlen eigentlich nicht imaginär, sondern real sind. Seltsamer ist etwas anderes: Wenn die Geschwindigkeit eines Tachyons jenseits der Lichtgeschwindigkeit immer größer wird und sich schließlich der Unendlichkeit nähert, nimmt die Energie ab! Tachyonen mit der Energie 0 bewegen sich mit unendlich großer Geschwindigkeit. Umgekehrt nähert sich die Energie eines Tachyons der Unendlichkeit, wenn seine Geschwindigkeit sich von oben der Lichtgeschwindigkeit annähert; damit verhält es sich genau umgekehrt zu gewöhnlichen Teilchen.

Nebenbei bemerkt: In dem Prozess um den Tachyonenmord wurde Mary verurteilt. Der Richter sprach sie schuldig und erklärte, er habe keine andere Wahl gehabt; er habe keinen freien Willen und könne demnach nur das tun, wozu die äußeren Kräfte ihn veranlassen.

Kernstück aller dieser Paradoxa ist der nichtintuitive Aspekt der Gleichzeitigkeit. Sich mit dem Gedanken abzufinden, dass die Zeit sich verlangsamt oder dass bewegte Objekte kürzer werden, ist viel einfacher, als sich mit dem Konzept anzufreunden, dass das Wort *Jetzt* keine allgemeingültige Bedeutung hat.

Beschäftigen wir uns jetzt mit einem anderen Paradoxon,

nämlich einer Methode, weit entfernte Objekte in sehr kurzer Zeit in sehr enge Nachbarschaft zu bringen. Dividieren wir Entfernung durch verstrichene Zeit, so kann die Geschwindigkeit, die sich daraus ergibt – die Geschwindigkeit, mit der das entfernte Objekt näher gekommen ist – viel größer sein als die Lichtgeschwindigkeit. Und doch verletzt auch dieses Verhalten die Relativitätstheorie nicht.

KAPITEL 5

Grenze Lichtgeschwindigkeit, Schlupfloch Lichtgeschwindigkeit

Der Abstand zwischen Objekten kann sich tatsächlich schneller
als nur mit Lichtgeschwindigkeit verändern ...

> Dieses Schiff hat das Kessel-Rennen in
> weniger als 12 Parsec geschafft!
>
> Han Solo in *Star Wars*

Zwar kann sich kein gewöhnliches Objekt (das man auch zur Ruhe bringen kann) schneller als mit Lichtgeschwindigkeit bewegen, aber die Entfernung zwischen uns und einem entfernten Objekt können wir in beliebigem, weit über die Lichtgeschwindigkeit hinausgehendem Tempo verändern, ohne die Relativitätstheorie zu verletzen. Der paradoxe Unterschied zwischen der *Geschwindigkeit* und dem *Tempo der Entfernungsveränderung* wird sich noch als wichtig erweisen, wenn ich mich mit der Ausdehnung des Universums und ihrem Zusammenhang mit dem Strom der Zeit beschäftige. Ich beginne mit der engen Verbindung zwischen Beschleunigung und Gravitation.

Einsteins Äquivalenzprinzip

Manche Menschen stören sich daran, wenn Astronauten in Science-Fiction-Filmen durch ihre Raumschiffe laufen, als würde dort Gravitation herrschen. In manchen Streifen, so in *2001: Odyssee im Weltraum* und in *Interstellar*, verschaffen rotierende, radförmige Abschnitte den Astronauten eine simulierte Gravitation. (Beide Filme geben die Rotationsgeschwindigkeit, die zur Simulation einer erdähnlichen Gravitation notwendig ist, richtig wieder.). In *Star Trek* dagegen herrscht im Raumschiff *Enterprise* eine Schwerkraft, ohne dass irgendetwas rotieren würde. Manche Menschen stören sich daran, ich aber nicht. Captain Kirk steht mit seinem Antimateriebrennstoff offensichtlich eine Menge Energie zur Verfügung, und deshalb gehe ich davon aus, dass er sein Schiff im Weltraum ständig mit $1g$ beschleunigt, also mit dem gleichen Wert, den wir auch auf der Erdoberfläche spüren. Das verschafft ihm eine künstliche Gravitation, die genau der Schwerkraft auf der Erde gleicht. Die Beschleunigung könnte in der Reiserichtung oder auch im rechten Winkel dazu erfolgen, je nachdem, auf welcher Seite des Raumschiffes er stehen und aus welchem Fenster er blicken möchte.

Die Beschleunigung von $1g$ hat aber eine Besonderheit. Wenn man sie ein Jahr lang beibehält und die klassische Physik stimmt, würde man am Ende dieses Jahres die Lichtgeschwindigkeit überschreiten. Mit einer Beschleunigung von $1g$ kann man also tatsächlich sehr schnell werden. Für die Reisen in Science-Fiction-Filmen ist das nützlich.

In Wirklichkeit würde $1g$ uns wegen der Relativitätseffekte auch nach einem Jahr nicht auf die Lichtgeschwindigkeit beschleunigen. Wir sind von einer konstanten $1g$-Beschleunigung im Bezugssystem der Erde ausgegangen. Um eine angenehme, erdähnliche Entsprechung zur Gravitation zu erzeugen, müssen wir die Beschleunigung von 1g jedoch in einem Bezugssystem unterbringen, das zum Ruhesystem der Rakete passt. Bei Anwendung der Relativitätsformeln stellt sich heraus, dass die Beschleunigung a in unserem Ruhesystem im Vergleich zum Bezugssystem der Erde gegeben wird durch a, dividiert durch die dritte Potenz von Gamma; das heißt, die Beschleunigung ist a/γ^3.

Diese Formel ist so einfach, dass wir ohne weitere mathematische Operationen eine Tabelle für die Bedingungen während eines Raumfluges aufstellen können. Wir legen mehrere Spalten an: für Zeit, Ort und die richtige Beschleunigung von 1g im Ruhesystem (a = 9,81 Meter pro Sekunde in jeder Sekunde = 35,3 Stundenkilometer in jeder Sekunde); für Gamma im Ruhezeitintervall (Zeitintervall dividiert durch Gamma) und die Beschleunigung im Bezugssystem der Erde (a dividiert durch die dritte Potenz von Gamma) und so weiter. Wir teilen die Zeit in kurze Intervalle auf und erhalten durch Hinzufügen der kleinen Mengen an eigener Zeit die gesamte eigene Zeit. Dabei gelangen wir zu interessanten Ergebnissen. In einem Jahr (eigener Zeit) in einem Raumschiff, das mit 1g beschleunigt wird, sind wir bei 76 Prozent der Lichtgeschwindigkeit; nach zwei Jahren haben wir 97 und nach drei Jahren 99,5 Prozent erreicht. Ganz kommen wir natürlich nie an die Lichtgeschwindigkeit heran.

Angenommen, Captain Kirk entscheidet sich, eine Reise zum Sirius zu unternehmen. Dazu benutzt er keinen besonderen Überlichtgeschwindigkeitsantrieb, sondern er behält einfach eine bequeme eigene Beschleunigung von 1g bei. Für die Reise braucht er dann 9,6 Jahre, er selbst wird aber nur 2,9 Jahre älter. (Diese und die nachfolgenden Zahlen habe ich mit einer Tabelle berechnet.) Wenn er ankommt, nähert sich der Sirius in seinem Bezugssystem mit 99,5 Prozent der Lichtgeschwindigkeit. Die Erde liegt hinter ihm, aber wegen der Kontraktion des Raumes ist sie nicht 8,6 Lichtjahre entfernt, sondern nur 0,9 Lichtjahre. Das steht im Einklang mit Kirks Erfahrung: Er war nur 2,9 Jahre unterwegs. Wenn er beim Sirius anhalten will, wäre es unter Umständen sinnvoller gewesen, während der ersten Hälfte der Reise mit 1g zu beschleunigen und dann während der zweiten Hälfte mit 1g abzubremsen.

Kirk hat eine Zeit von 2,9 Jahren erlebt, die Entfernung zum Sirius hat sich aber um 7,7 Lichtjahre verändert. Die Geschwindigkeit der Veränderung liegt also bei 7,7/2,9 = 2,6 Lichtjahren pro Jahr, das heißt beim 2,6-fachen der Lichtgeschwindigkeit. Dies bezeichne ich als *Lichtgeschwindigkeits-Schlupfloch*. Entfernungen, die in beschleunigten Bezugssystemen gemessen werden, können sich mit beliebiger Geschwindigkeit verändern. Das liegt aber daran, dass die Entfernung zu einem weit entfernten Objekt sich mit jeder Beschleunigung unseres Ruhesystems beliebig schnell ändern kann. Springt unser Ruhesystem von einer Geschwindigkeit zu einer anderen, ist der Abstand plötzlich um den Faktor Gamma kleiner.

Die Lichtgeschwindigkeit erreichen

Kann man die Lichtgeschwindigkeit tatsächlich erreichen? Was würde mit der Zeit geschehen, wenn es gelänge? Die Geschwindigkeit v/c hätte den Wert 1. Damit würde der Zeitdilatations-/Längenkontraktionsfaktor unendlich groß, was den Gedanken nahelegt, dass unsere Zeit beim Erreichen der Lichtgeschwindigkeit anhält und unsere Größe (im Bezugssystem der Erde) auf null schrumpfen würde. Und da Gamma unendlich ist, wäre unsere Energie γmc^2 ebenfalls unendlich. Man könnte also die Lichtgeschwindigkeit erreichen,

5 Grenze Lichtgeschwindigkeit, Schlupfloch Lichtgeschwindigkeit

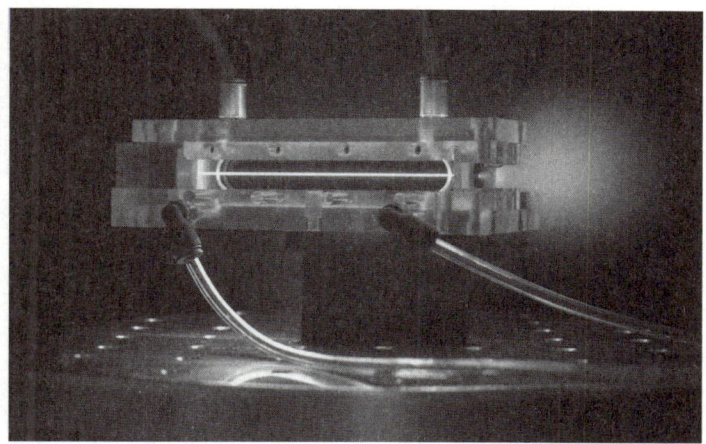

Abb. 5.1 Das Instrument BELLA, das im Lawrence Berkeley Lab gebaut wurde, kann ein Elektron auf 8,8 Zentimetern auf 99,99999927 Prozent der Lichtgeschwindigkeit beschleunigen.

wenn man unendlich viel Energie aufwendet und während einer unendlich langen Zeit beschleunigt. Die Unendlichkeit ist aber bei weitem größer als alle Energie im Universum – dies ist also keine praktikable Lösung.

Betrachten wir nun einmal einige sehr hohe Beschleunigungen, die tatsächlich erreicht wurden. Am Lawrence Berkeley Laboratory (wo der größte Teil meiner Forschungsarbeiten stattgefunden hat) wurde der Elektronenbeschleuniger BELLA gebaut. Er beschleunigt Elektronen mit Hilfe eines Lasers und sein Name ist eine Abkürzung für »Berkeley Lab Laser Accelerator«. Er ist nur neun Zentimeter lang, kann aber ein Elektron in wenigen Milliardstelsekunden auf eine Energie von 4,25 GeV beschleunigen. GeV ist die Abkürzung für eine Milliarde Elektronenvolt; zum Vergleich: Die Ruhemasse eines Elektrons hat eine Energie mc^2 von 0,000511 GeV.

Der Längenkontraktionsfaktor für die Elektronen, die aus

BELLA herauskommen, lässt sich leicht berechnen: Er ist die endgültige Energie des Elektrons, dividiert durch seine Ruheenergie, denn Gamma = $\gamma = E/mc^2$. Gamma ist also 4,26 GeV/0,000511 GeV = 8,317. BELLA ist eine großartige Errungenschaft; er sorgt auf kompaktem Raum für eine gewaltige Beschleunigung. Die Entwicklung dieser »einfachen« Apparatur war ein langer, schwieriger Weg.

Richten wir BELLA einmal auf den 8,6 Lichtjahre entfernten Sirius. Im Ruhesystem eines Elektrons, das gerade in BELLA eingespeist wurde, ist dies tatsächlich die Entfernung des Sterns. Ein paar Milliardstelsekunden später bewegt sich das Elektron mit Gamma = 8317. Das sind 99,99999927 Prozent der Lichtgeschwindigkeit. Jetzt ist der Sirius im Bezugssystem des Elektrons 8317-mal näher oder nur noch 0,001 Lichtjahre entfernt. Damit ist der Abstand zwischen Sirius und dem Elektron, gemessen in dessen Ruhesystem, in einer Milliardstelsekunde um nahezu 8,6 Lichtjahre kleiner geworden. Die Entfernung ist mit mehr als dem 8,6-Milliardenfachen der Lichtgeschwindigkeit geschrumpft.

Dieses Beispiel zeigt, dass sich Abstände, *die in beschleunigten Bezugssystemen gemessen werden*, mit beliebiger Geschwindigkeit verändern können, auch mit dem Achtmilliardenfachen der Lichtgeschwindigkeit oder mehr. Eine solche schnelle Abstandsveränderung erweist sich in der Allgemeinen Relativitätstheorie als wichtig, die Gravitation als Beschleunigung betrachtet. Das überlichtschnelle Phänomen führt in der Kosmologie zu einigen wichtigen Folgerungen. Insbesondere bewegen sich in der Standardformulierung der Urknalltheorie nicht die Galaxien, sondern die Abstände zwischen ihnen nehmen zu. Diese Geschwindigkeit der Abstandsveränderung ist nicht durch die Lichtgeschwindigkeit begrenzt – eine Tatsache, die sich noch als wichtig erweisen wird, wenn wir uns mit der *Inflationstheorie* beschäftigen, die von einer sehr schnellen Größenzunahme des Universums ausgeht. Und in Teil V werden wir postulieren, dass die Ausdehnung des Raumes von einer Ausdehnung der Zeit begleitet ist und dass eine solche Ausdehnung die Erklärung sowohl für den Strom der Zeit als auch für die Bedeutung des *Jetzt* beinhaltet.

Im oberen Stockwerk fließt die Zeit schneller

Auch die Gravitation hat Auswirkungen auf die Zeit. Wenn man in einer oberen Etage wohnt, läuft das Leben schneller ab, als wenn man im Erdgeschoss zu Hause ist. Dieses Phänomen ist unumstritten. Wie die geschwindigkeitsbedingte Zeitdilatation, so wirkt sich auch die höhenbedingte Beschleunigung der Zeit auf unsere GPS-Satelliten aus (sie ist größer als der Geschwindigkeitseffekt), und man muss sie in Rechnung stellen, um eine genaue Ortsbestimmung zu erhalten.

Der Zusammenhang zwischen Zeit und Gravitation war eine weitere überraschende Vorhersage von Albert Einstein. Sie entstammte seiner physikalischen Intuition, wonach die Gravitation von einem beschleunigten Bezugssystem nicht zu unterscheiden sein sollte – eine Annahme, die er als *Äquivalenzprinzip* bezeichnete.

Captain Kirk erlebte das Äquivalenzprinzip in Form seiner künstlichen Gravitation. Durch Beschleunigung lässt sich Gravitation hervorragend simulieren. Das Äquivalenzprinzip spürt man in einem alten Aufzug, der sich allzu schnell nach unten in Bewegung setzt: Dort fühlt man sich einen Augenblick lang so, als würde man weniger wiegen. Ebenso erleben wir das Äquivalenzprinzip in dem Fahrgeschäft »Star Tours« in Disneyland. Wenn wir in der geschlossenen Kabine sitzen, ist durch die Fenster die »Raumstation« zu sehen; die Fenster sind in Wirklichkeit natürlich Videobildschirme. Dann plötzlich beschleunigt sich die Fahrt; während die Szene draußen zurückweicht, werden wir in den Sitz gepresst.

Es ist eine vollkommen überzeugende Illusion. Man fühlt sich ebenso beschleunigt wie in einem Flugzeug, das auf der Startbahn schneller wird, oder in einem Auto, dessen Fahrer zu heftig aufs Gaspedal tritt. In Wirklichkeit werden wir natürlich nicht beschleunigt; die hydraulischen Hebemechanismen, die den Raum tragen, wurden einfach nur um 30 Grad nach hinten geneigt. Gegen unsere Rückenlehne gepresst werden wir von der Gravitation. Da wir aber in den Videofenstern die Welt vorüberfliegen sehen, überzeugt uns die Illusion. Disneyland bedient sich des Äquivalenzprinzips von Einstein. Gravitation und Beschleunigung sind nicht zu unterscheiden.

Da Gravitation schlicht und einfach Beschleunigung ist, konnte Einstein mit seinen Gleichungen über die Beschleunigung von Bezugssystemen auch die Effekte der Gravitation berechnen. Damit und mit weiteren Überlegungen formulierte er allgemeine Gleichungen, die sich sogar auf komplizierte Gravitationsanordnungen wie die von Sternen und schwarzen Löchern anwenden lassen. Grundsätzlich stützten sich seine Arbeiten aber auf das Äquivalenzprinzip: Gravitation ist nicht von Beschleunigung zu unterscheiden.

Diese Theorie hat unter anderem die erwähnte Folge: Zeit läuft in höheren Stockwerken schneller ab. Auch hier ist Einsteins Gleichung bemerkenswert einfach. Ich leite sie im Anhang 1 ab. Der Beschleunigungsfaktor wird durch $1 + gh/c^2$ angegeben. Die Zahl 1 ist dabei die normale Fließgeschwindigkeit der Zeit; dass diese schneller läuft, liegt an dem zweiten Ausdruck gh/c^2. Dabei ist h die Höhe, g die gravitationsbedingte Beschleunigung (9,81 Meter pro Sekunde in jeder Sekunde), und c die Lichtgeschwindigkeit.

Setzen wir einmal einige Zahlen ein. Für h nehmen wir die

Höhe einer Treppe an, also ungefähr 3 Meter; g ist 9,81, damit ist gh 29,43. Die Lichtgeschwindigkeit beträgt 0,33 Meter pro Nanosekunde oder 300 Millionen Meter pro Sekunde; dann ist c^2 90 Billiarden, und gh/c^2 ist 327×10^{-18}. Ein Tag hat 86 400 Sekunden, es ergeben sich also 0,028 Nanosekunden pro Tag.

Als Einstein 1915 seine Originalartikel über diesen Effekt der Gravitation auf die Zeit veröffentlichte, konnte man ihn noch nicht nachweisen – dazu war er zu gering. Jahrzehntelang blieb er schwer fassbar. Erst 1959 wurde die winzige Veränderung zur Verblüffung der ganzen Welt von Robert Pound und seinem Studenten Glen Rebka tatsächlich beobachtet und gemessen. Die beiden konnten Gammastrahlen über eine Entfernung von 22 Metern senden und mit einem kurz zuvor entdeckten Phänomen namens Mößbauer-Effekt die Frequenzveränderung nachweisen.

Der Ausdruck gh/c^2 geht von einer konstanten Gravitation aus. Wenn sich aber die Stärke der Gravitation mit der Höhe ändert – beispielsweise weil man sich weit über die Erdoberfläche erhebt –, werden die Gleichungen nur geringfügig komplizierter. In dem Sonderfall, in dem man wissen will, um wie viel langsamer die Zeit auf der Oberfläche der Erde oder eines anderen Planeten im Vergleich zum fernen Weltraum läuft, setzt man statt gh/c^2 einfach gR/c^2 ein, wobei R der Radius des Planeten und g die Gravitation an seiner Oberfläche ist.

Wie ich bereits erwähnt habe, macht sich diese Auswirkung auf die Zeit bei den GPS-Satelliten recht stark bemerkbar. Ihre Umlaufbahnen liegen in einer Höhe von ungefähr 20 200 Kilometern und damit so weit über der Erdoberfläche, dass wir im Prinzip Uhren auf der Erdoberfläche mit solchen im Weltraum vergleichen. Die geeignete Gleichung ist also gR/c^2. Setzt man die Zahlen ein, so stellt man fest, dass die Uhr auf der Erde um 70 Milliardstel Prozent langsamer läuft als die Uhr im Weltraum. Dies addiert sich pro Tag zu 60 Mikrosekunden, was bei der Entfernungsangabe einem Fehler von ungefähr 18 Kilometern entspricht.* Am zweiten Tag würde sich die Abweichung bereits auf 36 Kilometer verdoppeln, wenn die Uhren den Gravitationseffekt nicht berücksichtigen würden.

Man kann den Radius und die Oberflächengravitation verschiedener Planeten und Sterne nachschlagen und jeweils gR/c^2 berechnen. Im Vergleich zu einer Uhr im Weltraum läuft die Zeit an der Oberfläche der Sonne um 600 Milliardstel Prozent langsamer, und für einen weißen Zwerg liegt der Unterschied bei einem Tausendstel. An der Oberfläche eines schwarzen Loches (beim Schwarzschild-Radius) kommt die Zeit völlig zum Stillstand. Diese faszinierende Erkenntnis wird sich noch als wichtig erweisen, wenn ich später im Buch das Wesen der schwarzen Löcher erörtere.

In dem Film *Interstellar* wird die Zeitdilatation in der Nähe eines schwarzen Loches auf interessante Weise dargestellt. Eine Astronautengruppe reist in Richtung eines schwarzen Loches – nicht ganz hinein, aber doch recht tief. (Im Prinzip kann man zurückkehren, solange man den Schwarzschild-Radius nicht erreicht hat.) Gleichzeitig kreist ein Astronaut in größerer Höhe über dem schwarzen Loch. Wenn die anderen nach nur wenigen Tagen von ihrer Reise zurückkehren, hat der Astronaut in der Umlaufbahn 22 Jahre hinter sich. Sie bemühen sich, die Erde zu retten, aber sie wissen, dass ihre Zeit im Vergleich zur Außenwelt sehr langsam läuft und dass die zunehmende ökologische Katastrophe auf der Erde (in dem Film) sich mit viel schnellerem Tempo abspielt, als sie es in

---

* Weiterhin muss man in die Berechnungen einbeziehen, dass die Satelliten sich nicht mit unendlicher Geschwindigkeit bewegen; deshalb erhält man eine geringfügig kleinere Abweichung: Sie beträgt nicht 18, sondern nur 13,8 Kilometer.

ihrer Zeit erleben. Die Zeitdilatation ist ihr Feind und verschafft ihrer Arbeit eine unglaubliche Dringlichkeit. Sie hat auch zur Folge, dass ihre Kinder bei ihrer Rückkehr (falls sie stattfindet) älter sein werden als sie. (Ich kann die Handlung von *Interstellar* nicht ausdrücklich empfehlen, aber die Effekte der Zeitdilatation werden zutreffend, eindringlich und auf denkwürdige Weise dargestellt.)

Einstein zeigte uns, dass die Zeit eines Ereignisses sich auf seinen Ort und der Ort eines Ereignisses sich auf seine Zeit auswirkt. Als Erster erkannte aber sein früherer Mathematiklehrer, was Einstein geleistet hatte, ohne dass es ihm selbst klar war: Er hatte Raum und Zeit *vereinheitlicht* und war zu dem Schluss gelangt, dass Raum und Zeit nicht getrennt sind, sondern beide Teil einer gemeinsamen Raumzeit sind.

KAPITEL 6

Imaginäre Zeit

Die Begriffe Raum und Zeit werden zusammengeführt

> Es gibt eine fünfte Dimension jenseits
> derer, die dem Menschen bekannt sind.
>
> Rod Serling, *The Twilight Zone*

Nachdem Einstein seine ersten Artikel zur Relativitätstheorie veröffentlicht hatte, äußerte sich sein früherer Mathematikdozent Hermann Minkowski mit Erstaunen. Er hatte Einstein nicht als sonderlich herausragenden Studenten in Erinnerung. (Die manchmal geäußerte Behauptung, Einstein sei in Mathematik »schlecht« gewesen, ist falsch; immerhin leitete Minkowski einen Kurs für Fortgeschrittene.) Aber Einsteins Aufsätze über die Relativität waren revolutionär, verblüffend und felsenfest begründet. Sie sollten auch Minkowskis Leben verändern.

Minkowski vollzog nun auch selbst einen erstaunlichen Gedankensprung, der seinerseits gewaltigen Einfluss auf Einstein hatte und unausweichlich zu den Gleichungen führte, auf die sich unsere heutigen Vorstellungen vom Universum gründen: Einsteins allgemeine Relativitätstheorie.

In seinen ursprünglichen Gleichungen hatte Einstein eine Verbindung zwischen Raum und Zeit geschaffen. Nach seinen Berechnungen hängt der Zeitpunkt eines Ereignisses nicht nur von der Zeit in einem anderen Bezugssystem ab, sondern auch von seiner Position. Minkowski ging von Einsteins Gleichungen aus und tat etwas, das für manche wie ein mathematischer Trick aussah, aber daraus ergaben sich weitreichende Folgerungen. In seiner klugen Formulierung der Relativitätstheorie sind Raum und Zeit die Koordinaten in einer vierdimensionalen »Raumzeit«. Aber um das zu bewerkstelligen, musste er eine imaginäre Zeitkoordinate schaffen.

Imaginäre Zeit? Damit meine ich, dass ein Ereignis durch vier Zahlen gekennzeichnet ist: x, y, z und it, wobei $i = \sqrt{-1}$ und t die Zeit ist. Warum tut man so etwas Verrücktes? Minkowski hatte dafür einen Grund: Die Kombination der Koordinaten wurde zu einem mathematischen Objekt, das als *Vektor* bezeichnet wird und äußerst nützliche Eigenschaften hat.

Man könnte vielleicht meinen, man würde das Kind mit dem Bade ausschütten, wenn man die Zeit wegen mathematischer Vorteile zu etwas Imaginärem macht. Wir wissen, dass Zeit real ist. Sie zu behandeln, als wäre sie imaginär, scheint verrückt zu sein. Aber für Physiker und Mathematiker sind *imaginäre* Zahlen durchaus nicht imaginär, zumindest nicht in dem Sinn, in dem die Zahnfee eine imaginäre Gestalt ist.

Sich mit dem Begriff *imaginär* auseinanderzusetzen, lohnt sich, denn er taucht nicht nur in der Relativitätstheorie auf, sondern auch in der Quantenphysik, wo die Quantenwelle eine Kombination aus realen und imaginären Werten ist. Für Zustände mit gut definierter Energie ist die Zeit in der Quantenphysik wiederum mit $\sqrt{-1}$ in einer Exponentialfunktion kombiniert, die etwas über die zeitliche Abhängigkeit aussagt. Sprechen wir also über imaginäre Zahlen.

I Verblüffende Zeit

Null, irrationale und imaginäre Zahlen

Wenn man die imaginäre Zeit verstehen will, sollte man sich klarmachen, dass der Begriff *imaginär*, wie er in Physik und Mathematik verwendet wird, nicht das Gleiche bedeutet wie in Literatur und Psychologie. Paradoxerweise spiegelt sich in der Verwendung des Wortes *imaginär* in der Mathematik einfach die Tatsache wider, dass es den Mathematikern an Imagination oder Phantasie mangelt. Wie Physiker, so neigen auch Mathematiker dazu, ungewöhnliche Dinge mit ganz gewöhnlichen Worten zu beschreiben. Sie haben nicht genügend Phantasie, um ein neues Wort zu kreieren; deshalb stehlen sie ein Wort aus der Umgangssprache und schreiben ihm eine ganz bestimmte neue Bedeutung zu. So machen es viele Wissenschaftler.

Man möge mir verzeihen, wenn ich kurz über die Wissenschaftlersprache schimpfe. So frage ich beispielsweise: Mit welchem Recht sagt uns ein Wissenschaftler, dass der Amerikanische Büffel kein Büffel ist? Oder dass es sich bei einer Spinne nicht um ein Insekt handelt? Oder dass Pluto kein Planet ist? Wissenschaftler versuchen, solche Worte mit Beschlag zu belegen, und erklären uns dann, wann wir sie benutzen dürfen und wann nicht. Sie haben diese Worte nicht erschaffen, also haben sie auch nicht das Recht, die Definitionen einzuschränken. In meinem Kopf ist ein Amerikanischer Büffel ein amerikanischer *Büffel*. Im 17. Jahrhundert bezeichnete man nicht nur Spinnen, sondern auch Regenwürmer und Schnecken als Insekten. Ich weiß noch, wie ein Mathematiker mir einmal erklären wollte, ich könne in meinem Schnürsenkel keinen Knoten machen, weil alles, was sich wieder aufknoten lässt, nach der mathematischen Definition kein Knoten ist!

Niemand hat Wissenschaftlern und Mathematikern das Recht gegeben, die Bedeutung umgangssprachlicher Wörter

6 Imaginäre Zeit

zu verändern. Aus dieser Logik ergibt sich die großartige Schlussfolgerung, dass Pluto nach wie vor ein *Planet* ist. Ich habe in meiner Vorlesung abstimmen lassen, und dabei ergab sich eine Mehrheit von 451 zu 0 dafür, Pluto weiterhin einen Planeten zu nennen. Da an dieser Abstimmung mehr Personen teilnahmen als an jener bei der Internationalen Astronomischen Union IAU, muss ich schließen, dass unsere Mehrheit entscheidend ist. Niemand hat der IAU die Entscheidungsbefugnis übertragen. (Und ich bin Mitglied dieser Organisation.) Pluto ist nach wie vor ein Planet. Ende der Strafpredigt. Zurück zu den imaginären Zahlen.

Während meiner Ausbildung habe ich miterlebt, wie sehr kluge Studierende in der Mathematik an die Grenzen ihrer Toleranz stießen, wenn sie es mit imaginären Zahlen zu tun bekamen. Wie kann man mit etwas arbeiten, das gar nicht existiert? Wenn sie mit imaginären Zahlen konfrontiert werden, haben sie offensichtlich das Gefühl, dass die Mathematik zu abstrakt geworden und so weit von der Realität entfernt ist, dass sie sie nicht mehr verstehen können.

Im Geist meiner Gegnerschaft zur Wissenschaftlersprache gebe ich hiermit bekannt, dass imaginäre Zahlen nicht imaginär sind. $\sqrt{-1}$ existiert tatsächlich. Um das zu verstehen, können wir uns einige andere abstrakte Zahlen ansehen. »Existiert« die Zahl 0? Die Römer verneinten das. Für sie war es selbstverständlich, dass das Nichts nicht existiert. Deshalb gibt es keine Möglichkeit, die 0 mit römischen Zahlen zu schreiben. Ein Römer, der IV von IV subtrahierte, hinterließ einfach einen leeren Raum. Aber was ist der Unterschied zwischen einem leeren Raum und der Unfähigkeit, das Problem zu lösen? Die Vorstellung, das Nichts mit einem Symbol wiederzugeben, war ein Phantasiesprung, den die Römer nie vollzogen (es sei denn, man bezeichnet Ptolemäus als Römer). Ich habe den Verdacht, dass manche Mathematiker (oder vielleicht auch Buchhalter) sich zu jener Zeit einfach deshalb für ein solches Symbol einsetzten, weil es nützlich war, aber vom Konzept her war es schwierig, ein Symbol einem Etwas zuzuordnen, das Nichts war. Die Null existiert nicht, oder? Es gibt sie nur in unserer Phantasie, nicht wahr? Sie ist also imaginär, stimmt's?

Die alten Griechen waren mathematisch verblüffend gut gebildet. Archimedes wies nach, dass eine Kugel das Volumen $4/3\pi R^3$ hat. Versuchen Sie einmal, dies selbst ohne Infinitesimalrechnung abzuleiten. Dennoch hatten sie kein Symbol für die 0, jedenfalls nicht bis 130 n. Chr., als Ptolemäus in Alexandria zum ersten Mal in begrenztem Umfang ein solches benutzte. Auch sie ließen die Stelle einfach leer.

Als meine Tochter fünf Jahre alt war, hatte ich viel Spaß mit ihr. So fragte ich beispielsweise:»Wer sitzt auf dem Rücksitz?« Darauf erwiderte sie:»Niemand.« »Ist bei Niemand das Fenster offen?« »Nein.« »Aber bei mir ist das Fenster offen! Wie kannst du also sagen, dass bei Niemand das Fenster offen ist?« »Aber Papa!!!« So verärgert sie auch war, sie gab mir das Wortspiel sofort zurück. Das Spiel gefiel ihr, und sie merkte nie, dass ich sie damit auf abstrakte Mathematik vorbereitete.

Wie steht es mit negativen Zahlen? Ich kann mich noch an meine Mathematiklehrerin in der siebten Klasse erinnern (die schlechteste Lehrerin, die ich jemals hatte); sie sagte unserer Klasse, negative Zahlen gebe es nicht.»Sie tun nur so«, sagte sie. Glücklicherweise war ich frühreif und gelangte zu der Erkenntnis, dass sie unrecht hatte. Ich weiß noch, wie ich bei mir dachte: *Eine negative Zahl ist so, als würde man jemandem etwas schulden.* Aber ich glaube, mit dem von ihr empfohlenen Ansatz war die Mathematik für die Hälfte der Kinder in der Klasse zu Ende. Sie hatten nie mehr ein angenehmes Gefühl, wenn sie mit Dingen umgehen mussten, die nicht existierten. Für mich existierten die negativen Zahlen.

6 Imaginäre Zeit

In der siebten Klasse hatte ich also bereits herausgefunden, dass Zahlen keine Dinge sind, sondern Begriffe, die uns beim Rechnen helfen. Existiert überhaupt irgendeine Zahl? Oder sind Zahlen nicht nur Abstraktionen, mit deren Hilfe wir unsere Gedanken organisieren? Das ist eigentlich eine philosophische Frage nach der Bedeutung von *Existenz*, und sie war das Thema ganzer Aufsätze und Bücher. (Auf meinem Schreibtisch steht ein Buch mit dem Titel *Existiert der Weihnachtsmann?* Es ist ein ernsthaftes Buch über die Bedeutung des Wortes *existieren*.) Wir werden auf das Thema zurückkommen, wenn wir uns mit einigen neuen Konzepten in der Physik beschäftigen, die vielleicht »existieren« oder auch nicht. Eines davon ist die Quanten-Wellenfunktion, ein anderes die Schwarzschild-Oberfläche der schwarzen Löcher.

Was Zahlen angeht, glaubten (das ist das richtige Wort) die alten Griechen, dass nur ganze Zahlen existieren. Diese Wahrheit hielten sie für selbstverständlich. Sie glaubten, man könne alle anderen Zahlen als Bruchteile oder Verhältnisse ganzer Zahlen schreiben wie beispielsweise 22/7. Pythagoras wird die Entdeckung zugeschrieben, dass die Töne in der Musik solche Verhältnisse sind; eine »Oktave« entspricht dem genauen Faktor 2 in der Länge einer schwingenden Saite. Als Oktave bezeichnet man sie, weil sie acht Töne einschließt. Eine musikalische Quinte, die fünf Noten umfasst, ergibt sich durch einen Faktor der Saitenlänge von 3/2. Eine Quarte hat den Faktor 4/2.

Dann aber ereignete sich etwas Verblüffendes, das nicht nur für die Geschichte der Mathematik von Bedeutung war, sondern für das Realitätsverständnis aller Menschen. Um 600 v. Chr. entdeckten die Pythagoreer, dass man $\sqrt{2}$ nicht als Bruch ganzer Zahlen schreiben kann. Deshalb bezeichneten sie $\sqrt{2}$ als *irrational*. Nicht rational. Verrückt.

Das Ganze mag sich nach einem abgelegenen mathematischen Thema anhören, aber denken wir einmal genauer nach. Wie können wir jemals sicher sein, dass eine Aussage stimmt? Schließlich ist $\sqrt{2}$ keine besonders eigenartige Zahl; es ist die Länge der Hypotenuse eines rechtwinkligen Dreiecks, dessen Katheten jeweils die Länge 1 haben. Durch physikalische Messungen kann man nicht zu dem Schluss gelangen, dass es sich um eine irrationale Zahl handelt. Man könnte niemals alle denkbaren Kombinationen ganzer Zahlen ausprobieren. Angenommen, ich würde behaupten, $\sqrt{2}$ sei 1 607 521 dividiert durch 1 136 689. Das stimmt nicht, aber der Bruch kommt der tatsächlichen Zahl sehr nahe. Man kann es ausprobieren, indem man die Division auf dem Taschenrechner vornimmt und das Ergebnis ins Quadrat setzt. Oder man benutzt eine Tabellenkalkulation.

Mit ihrer Entdeckung, dass $\sqrt{2}$ irrational ist, vollzogen die Pythagoreer einen wichtigen Schritt, weil sie die Realität nichtphysikalischer Kenntnisse anerkannten. Einen Beweis für die Irrationalität von $\sqrt{2}$ führe ich im Anhang 3. Er ist nicht schwierig; man sollte ihn sich ansehen. Später im Buch werde ich über $\sqrt{2}$ noch ausführlicher berichten, zunächst aber setzen wir uns weiter mit der Frage auseinander, was *imaginär* bedeutet.

$\sqrt{2}$ kann man wenigstens mit Lineal und Zirkel konstruieren. Wie gesagt: Es ist die Länge der Hypotenuse eines rechtwinkligen Dreiecks mit gleich langen Katheten. Das Verhältnis des Umfangs eines Kreises zu seinem Durchmesser – die Zahl, die wir π nennen – lässt sich dagegen nicht auf diese Weise konstruieren. Wie sich herausstellt, ist sie noch seltsamer als $\sqrt{2}$; wir bezeichnen sie als *transzendent*.

Ein noch seltsamerer Aspekt der Irrationalität von $\sqrt{2}$ – ein Aspekt, der zeigt, wie außergewöhnlich diese Tatsache ist – liegt darin, dass sie in der Geschichte der Zivilisation nur einmal entdeckt wurde. Alle anderen Aussagen über diese

Tatsache aus der ganzen Welt lassen sich ursprünglich auf die Arbeiten der griechischen Mathematiker zurückführen.

Wie steht es nun mit $\sqrt{-1}$? Das ist keine ganze Zahl, es ist keine rationale Zahl, es ist keine irrationale Zahl, und sie ist nicht transzendent. Heißt das, dass sie nicht existiert? In gewisser Weise existiert sie tatsächlich nicht, aber nur insoweit, wie Zahlen überhaupt nicht wirklich existieren. Sie sind Werkzeuge, die wir in unserem Kopf für Berechnungen benutzen. Wenn ein solches Werkzeug (zum Beispiel 0 oder 7 oder $\sqrt{2}$) nützlich ist, benutzen wir es. Die Tatsache, dass $\sqrt{-1}$ in der zuvor genannten Liste seltsamer, nichtganzer Zahlen nicht vorkommt, bedeutet nicht, dass es sie nicht gäbe. In meinem Kopf, im Kopf von Mathematikern und Physikern, ist sie ebenso real wie die Zahl 1.

Das Hauptproblem im Zusammenhang mit den imaginären Zahlen ist ihr Name. Würde man $\sqrt{-1}$ nicht als imaginär, sondern als »erweitert« bezeichnen, hätte sie vielleicht nicht so vielen Generationen von Studierenden solche Kopfschmerzen bereitet. Vielleicht hätten wir sie auch als »E-Zahlen« bezeichnen sollen – nach dem großen Mathematiker Leonhard Euler, der uns zeigte, dass $e^{\pi\sqrt{-1}} + 1 = 0$ ist. Für Richard Feynman war diese Gleichung »die bemerkenswerteste Formel der Mathematik«. Sie setzt fünf wichtige Zahlen zueinander in Beziehung: e (die Basis der natürlichen Logarithmen), π, $\sqrt{-1}$, 1 und 0; das tut sie auf unerwartete Weise, die, wie sich herausgestellt hat, sowohl in der Elektrotechnik als auch in der Quantenphysik außerordentlich nützlich ist. Leider ist bereits e, die Basis der natürlichen Logarithmen, nach Euler benannt.

Nun aber zurück zur imaginären Zeit. Uhren zeigen keine $\sqrt{-1}$ an; auf ihnen stehen nur eine Reihe ganzer Zahlen sowie ein großer und ein kleiner Zeiger. Wie kann Zeit imaginär oder auch nur erweitert sein?

Die Antwort: Auch in Minkowskis Formulierung wird die Zeit in Stunden, Minuten und Sekunden angegeben – also in realen Zahlen. Imaginär ist die von Minkowski erdachte, abstrakte Raumzeit. Die Zeit bleibt real, aber die Koordinate, die in die Raumzeit einfließt, ist die reale Zahl t, multipliziert mit der imaginären Zahl $\sqrt{-1}$. Aber wenn Physiker über Minkowskis Konstrukt der vierdimensionalen Raumzeit sprechen, bezeichnen sie die Kombination it dennoch gern als »imaginäre Zeit«.

Imaginäre Zeit und vierdimensionale Raumzeit

Seinen dauerhaftesten Beitrag leistete Minkowski nicht durch die Formulierung der imaginären Zeit, sondern indem er den Begriff der *Raumzeit* einführte. Wie er nachwies, kann man sich die Gleichungen, mit denen man in der Relativitätstheorie die Positions- und Zeitkoordinaten in einem neuen Bezugssystem berechnet, als Rotation in der Raumzeit vorstellen. Die theoretischen Physiker fanden diese Idee sehr reizvoll. Nun hatten sie nicht mehr nur eine Gleichung, sondern sie konnten sich die Relativität auch bildlich vorstellen. Zwar mussten sie sich dazu vierdimensionale Bilder ausmalen, und manche von ihnen waren tatsächlich dazu in der Lage, aber die meisten Physiker bemühten sich darum, die Fragestellungen so weit zu reduzieren, dass sie es nur mit einer Raumdimension (wie der geraden Route, die Mary zwischen der Erde und dem Stern einschlug) und einer zeitlichen Dimension zu tun hatten. Dann konnte man das Raum-Zeit-Diagramm auf ein Blatt Papier zeichnen, und eine Veränderung der Koordinatensysteme von einem Bezugssystem zum andern bedeutete nichts anderes, als dass man das Bild drehte.

Anfangs war die Raumzeit vor allem deshalb von Bedeutung, weil sie die Relativität von einer algebraischen in eine geometrische Fragestellung verwandelte. Auf Einstein hatte das dramatischen Einfluss. Er untersuchte den Gedanken, dass möglicherweise alle Gleichungen der Physik nur komplizierte Geometrie sind. Zu Beginn beschäftigte er sich mit der Gravitation, denn er war bereits zu dem Schluss gelangt, dass ein Gravitationsfeld äquivalent zu einer gleichförmigen Beschleunigung ist. Daraus leitete er ab, dass die Zeit im oberen Stockwerk schneller abläuft als weiter unten. Konnte man vielleicht nicht nur einheitliche Gravitationsfelder, sondern die gesamte Gravitation in Geometrie verwandeln? Und wie stand es mit dem Elektromagnetismus?

Die großartigste Arbeit meines Lebens

Zehn Jahre lang arbeitete Einstein daran, eine geometrische Beschreibung für die Gravitation zu entwickeln. Es war eine der großartigsten Episoden in der Geschichte des menschlichen Geistes. Als seine Untersuchungen abgeschlossen waren, hatte er der Raumzeit die Möglichkeit einer willkürlichen Geometrie mit Kurven und Dehnungen gegeben. Genau wie die Erdoberfläche mit ihren Bergen und Tälern, so können auch die vier Dimensionen der Raumzeit sich winden und wenden, verdichten und ausdehnen, und doch bleiben sie immer stetig und glatt. Planeten und Satelliten, die massereiche Körper zu umkreisen scheinen, folgen nach dieser Sichtweise einfach ihrer Nase und bewegen sich nach ihrem eigenen Eindruck auf »geraden Linien« (den sogenannten *Geodäten*). Newtons altes Gravitationsfeld wurde von einer variablen Geometrie abgelöst, die von der Dichte der in der Nähe vorhandenen Energie (einschließlich derer, die in Masse gebunden ist) abhängt.

Einstein fand eine Gleichung, in der die Geometrie der Raumzeit durch ihren Energiegehalt bestimmt wird. Nach diesem Ansatz gibt es keine Gravitationskraft. Wo Masse ist, da ist auch Energie; die Energie verzerrt Raum und Zeit; wegen der Verzerrung von Raum und Zeit hat es den Anschein, als würden Objekte auf Gravitationskräfte reagieren, während sie in Wirklichkeit einfach »ihrer Nase folgen« und sich in einer kompliziert gekrümmten Raumzeit geradeaus bewegen. Nach dieser Formulierung bewegen sich Planeten, die einen Stern umkreisen, in Wirklichkeit auf einer geraden Linie – aber auf einer Linie, die nicht durch den Raum, sondern durch die Raumzeit führt.

Bis 1915 hatte Einstein nicht nur seine endgültige Gleichung gefunden; er hatte auch sich selbst (und wenig später die Welt) davon überzeugt, dass er recht hatte. Die Gleichung sieht einfach aus:

$$G = kT$$

Dabei ist $k = 2{,}08 \times 10^{-43}$ in physikalischen Standardeinheiten (Meter, Kilogramm und Sekunden).

Das ist *die* Gleichung der allgemeinen Relativitätstheorie. Die gesamte Komplexität verbirgt sich in der Definition der Begriffe G und T. Die Größe G bezeichnen wir heute als Einsteintensor; mit ihrer mathematischen Struktur beschreibt sie die lokale Krümmung und Dichte der Raumzeit. Was heißt das? Raum ist nichts Einfaches mehr. Da Raum sich ausdehnen und zusammenziehen kann, können wir beispielsweise eine Menge Raum in einer kleinen Region zusammendrängen. Für die Zeit gilt das Gleiche; auf diese Weise handhaben die Gleichungen die Zeitdilatation. Enthält eine nahe gelegene Region ein schwarzes Loch, könnte man feststellen, dass man eine unendliche Entfernung überwinden müsste, um von dessen einer Seite zur anderen zu gelangen. Es ist, als würde man einen Berg überqueren; die gerade Linie der Entfernung beinhaltet nicht nur eine Vorwärtsbewegung, sondern auch viel Auf und Ab. In Einsteins Theorie gibt es jedoch kein Auf und Ab nach Art eines Berges, sondern in der Region ist einfach mehr Raum und damit mehr Entfernung zusammengedrängt.

Die Größe T in der Gleichung beschreibt die Energie- und Impulsdichte des Raumes.* Die Gleichung besagt ganz einfach, dass die lokale Geometrie von Raum und Zeit durch den lokalen Energiegehalt bestimmt wird, den man mit T beschreibt.

Bis auf eine Konstante sind G und T sogar gleich. Der leere Raum wird mit $G = 0$ beschrieben, aber diese Gleichung besagt nicht, dass leerer Raum stets eine einfache Geometrie hat; sie bedeutet nur, dass die Krümmung des Raumes ein relativ einfaches Verhalten aufweist. Einsteins Gleichung sagt nicht nur etwas über die Gravitation von Erde und Sonne aus, sondern auch über die Gravitation schwarzer Löcher und des Universums. In den Lösungen der Gleichung verbirgt sich die Möglichkeit, dass das gesamte Universum in seinen Ausmaßen endlich oder unendlich ist, dass der Raum sich ausdehnen und zusammenziehen kann, und dass es im Inneren schwarzer Löcher eine Zeit gibt, die außen mehr als der Unendlichkeit entspricht (Näheres im nächsten Kapitel).

Was vielleicht am bemerkenswertesten ist: Durch Dehnen und Zusammenpressen von Raum und Zeit konnte Einstein dafür sorgen, dass Objekte beschleunigt werden, obwohl ihre Lage sich nicht ändert. Wenn wir beispielsweise auf der Erdoberfläche sitzen, werden wir (in dieser Geometrie) ständig

---

* In dieser Formulierung hat nicht nur der Raum, sondern auch die Energie vier Komponenten, nämlich die Energie und die drei Komponenten des Impulses. T wird als »Energie-Impuls-Tensor« bezeichnet, aber für einfache, schwache Felder ist er einfach die Dichte von Energie bzw. Masse.

aufwärts beschleunigt, aber wir bewegen uns nicht. Diese Aufwärtsbeschleunigung bezeichnen wir als Gravitationsanziehung der Erde, und man kann sich vorstellen, dass die Beschleunigung auch die Ursache für den gravitationsbedingten Effekt auf die Zeit ist.

Manchmal herrscht fälschlich die Ansicht, zusätzlicher Raum könne nur dann zwischen Objekte gepresst werden, wenn es über die vier bekannten Dimensionen hinaus eine Fünfte gibt. Zu Unrecht glaubt man, der zusätzliche Raum habe seine Ursache in einer bergartigen Struktur, die sich in der fünften Dimension wölbt und den ansonsten einfachen Weg verlängert. Eine solche fünfte Dimension könnte es geben, aber die Gleichungen erfordern sie nicht. Raum ist nichts Festes; die Menge des Raumes in einer Region ist nicht festgelegt. Um die komplizierte »Geometrie« der Relativitätstheorie zu beschreiben, brauchen wir uns nicht auszumalen, dass es eine zusätzliche Dimension gibt. Wir müssen nur anerkennen, dass Entfernungen und Zeiträume flexibel sind, wie es schon die Relativitätstheorie von 1905 besagt. Schon damals konnte man (zumindest in der Theorie) mit Hilfe der Raumkontraktion einen zwölf Meter langen Mast in einer sechs Meter langen Scheune unterbringen, ohne dass der Mast sich in einer verborgenen Dimension falten müsste.

An der Gleichung der allgemeinen Relativitätstheorie fällt auf, dass $\sqrt{-1}$ fehlt. Am Ende fand und entwickelte Einstein einen mathematischen Weg, um sich der Raumzeit zu nähern, ohne auf imaginäre Zahlen zurückzugreifen. Er schloss $\sqrt{-1}$ nicht deshalb aus, weil diese Zahl unphysikalisch wäre (das ist sie nicht); vielmehr fand er einen anderen Ansatz: Er bediente sich der sogenannten nichteuklidischen Riemann-Geometrie; durch sie werden die Berechnungen eleganter und leistungsfähiger, und man kann sie sowohl leichter auf neue Situationen anwenden als auch einfacher interpretieren.

6 Imaginäre Zeit

Abb. 6.1 Albert Einstein im Jahr 1921.

Für schwache Gravitationsfelder wie das unserer Sonne (schwarze Löcher haben starke Felder) waren Einsteins Gleichungen in der Regel nicht von Newtons alten Gravitationsgleichungen zu unterscheiden, die besagen, dass die gravitationsbedingte Beschleunigung durch eine Masse M durch $a = GM/r^2$ beschrieben wird. Newtons Gleichung war eine (allerdings sehr gute) Annäherung an Einsteins genauere Gleichung der allgemeinen Relativitätstheorie. Niels Bohr, neben Einstein einer der Begründer der Quantenphysik, bezeichnete diese Eigenschaft später als *Korrespondenzprinzip*.

Neue Theorien müssen in den Bereichen, in denen die alten Theorien erfolgreich waren, die gleichen Ergebnisse liefern wie diese. Für die allgemeine Relativitätstheorie waren das die Bereiche von geringer Geschwindigkeit und relativ schwacher Gravitation.

Dennoch gab es Unterschiede zwischen Einsteins neuer und Newtons alter Gravitationstheorie. Einstein hatte 1915 mit seinen neuen Gleichungen berechnet, dass die Umlaufbahn eines Planeten wie des Merkur um die Sonne keine einfache Ellipse ist, sondern eine Ellipse, deren Achse sich allmählich verschiebt. Damit erklärte er ein bekanntes Rätsel, mit dem Wissenschaftler sich schon seit 50 Jahren herumschlugen. Man hatte an der Merkur-Umlaufbahn eine solche Verschiebung beobachtet, die man als Fortschreiten des Perihels bezeichnete. Einsteins Gleichungen erklärten das Phänomen ohne jede Korrektur und ohne zusätzliche Zahlen. Es war aber keine Vorhersage, sondern eine nachträgliche Erklärung – das Fortschreiten des Perihels kannte man bereits seit 1859.

Ich kann mir nur schwer vorstellen, welches Gefühl Einstein beschlich, als er erstmals die Merkur-Umlaufbahn berechnete und dabei feststellte, dass seine Ergebnisse genau mit der gut bekannten, aber bis dahin unerklärlichen Verschiebung übereinstimmten. Dies fand er 1913 in Zusammenarbeit mit seinem Freund Michele Besso heraus. Später schrieb er in einem Brief an seinen Sohn Hans Albert: »Ich habe gerade die großartigste Arbeit meines Lebens vollendet.« Eine ziemlich gewichtige Aussage von einem Mann, der bereits die spezielle Relativitätstheorie erfunden hatte, der mit seiner Interpretation der Brown'schen Bewegungen bewiesen hatte, dass Atome existieren, und der mit seinem Artikel über den photoelektrischen Effekt die Grundlagen für die Quantenphysik geschaffen hatte.

Abb. 6.2   Calvin beschreibt die Krümmung des Raumes.

In seinen Arbeiten von 1915, die er 1916 in einem ungewöhnlichen, historischen Artikel zusammenstellte, machte Einstein noch zwei weitere Vorhersagen. Er erklärte, das Licht von Sternen, das in der Nähe der Sonne vorüberlaufe, werde um ungefähr 1,75 Bogensekunden abgelenkt. Wenige Jahre später konnte Arthur Eddington – ein Physiker, von dem in diesem

Buch noch ausführlich die Rede sein wird – die Vorhersage während einer totalen Sonnenfinsternis mit komplizierten Messungen bestätigen. Eddingtons Befunde katapultierten Einstein ins Rampenlicht des internationalen Ruhms. Seine Vorhersage zu bestätigen, dass die Zeit in großen Höhen etwas langsamer fließt, dauerte länger – aber nach 44 Jahren wurde auch sie von Pound und Rebka verifiziert.

Raumzeit

Nachdem Minkowski und Einstein den Begriff der Raumzeit eingeführt hatten, ließen sich alle möglichen physikalischen Phänomene plötzlich ohne weiteres unter dem Gesichtspunkt der vier Dimensionen interpretieren. Energie und Impuls, die man zuvor als verwandte, aber eigenständige Begriffe betrachtet hatte, wurden nun zu Bestandteilen eines vierdimensionalen Objekts: Die drei Komponenten des Impulses in den Richtungen x, y und z wurden nun zu drei Komponenten des vierdimensionalen Energie-Impulsvektors, mit der Energie als vierter Komponente. Einstein »vereinheitlichte« Impuls und Energie in dem gleichen Sinn, in dem er (und Minkowski) Raum und Zeit vereinheitlicht hatten.

Auch andere physikalische Größen ließen sich in diese »wunderschöne« mathematische Formulierung einbeziehen. Elektrische und magnetische Felder waren jetzt keine getrennten Phänomene mehr, sondern nur verschiedene Komponenten eines vierdimensionalen Objekts, das man als *Tensor* bezeichnete. Das Verblüffende dabei: Wenn man die Koordinaten dreht, macht man elektrische zu magnetischen Feldern und umgekehrt. Die mathematischen Eigenschaften der Rotation waren im Wesentlichen identisch mit denen der Lorentz/Einstein-Transformation; in der Fachsprache, die sich dabei entwickelte, bezeichnete man diese Eigenschaft als relativistische »Kovarianz«. Die Drehungen erwiesen sich mathematisch als äquivalent zu den klassischen »Maxwell-Gleichungen«, die eine Verbindung zwischen elektrischen und magnetischen Feldern schufen und zur Konstruktion von Motoren und elektrischen Generatoren dienten. Es war ein großartiger Schritt hin zu einer Vereinheitlichung in der Physik.

Einstein behielt seine erstaunliche Produktivität bei. Kurz nachdem er seine ersten Artikel über die allgemeine Relativitätstheorie vollendet hatte, schrieb er mehrere Aufsätze über Strahlung, in denen er das zuvor unbekannte Phänomen der *stimulierten Emission,* wie er sie nannte, vorhersagte. Seine Arbeiten führten unmittelbar zur Erfindung des Lasers durch Charles Townes im Jahr 1954. Das Wort *Laser* ist eine Abkürzung für *light amplification by stimulated emission of radiation* (»Lichtverstärkung durch angeregte Strahlungsemission«).

Für Einstein selbst war seine ursprüngliche Relativitätstheorie von 1905 der erste Schritt auf dem Weg, die gesamte Physik mittels der Geometrie zu verstehen. Mit dem Äquivalenzprinzip hatte er die Gravitation eingebunden. Aber das, so glaubte er, war noch nicht alles. Er wollte auch die Theorie des Elektromagnetismus in eine geometrische Theorie verwandeln, wie er es in ganz ähnlicher Weise mit der Gravitation getan hatte, und sie so mit der allgemeinen Relativitätstheorie verbinden. Seit 1928 schrieb er eine Reihe von Artikeln über eine »vereinheitlichte Feldtheorie«, mit der er genau das versuchte. Heute sind viele Wissenschaftler der Ansicht, dass Einstein letztlich den falschen Weg einschlug, und das vermutlich vor allem deshalb, weil er die Quantenphysik, zu deren Entdeckung er beigetragen hatte, nicht in seine Arbeiten einbezog.

Heute berücksichtigen viele Theoretiker die Quantenphysik, und seit kurzer Zeit sind sie überzeugt, sie hätten sich

Einsteins Ziel einer vereinheitlichten Theorie angenähert – die allerdings nicht auf Geometrie basiert. Der neue Ansatz, die *Stringtheorie*, verbindet allgemeine Relativitätstheorie und Quantenphysik und führt damit nicht nur die Kräfte von Gravitation, Elektrizität und Magnetismus einheitlich zusammen, sondern auch die »schwache« Wechselwirkung, die den radioaktiven Zerfall verursacht, und die »starke« Kraft, die im Zellkern die Protonen trotz ihrer starken elektrischen Abstoßungskräfte zusammenhält.

Die Stringtheorie gab den Anlass zu ungeheurer Begeisterung, und zu dem Thema wurden viele populärwissenschaftliche Bücher geschrieben. Nach meiner Einschätzung ist sie aber nicht die Lösung, nach der wir suchen. Viele ihrer Vorhersagen (über die Existenz neuer Teilchen) wurden bisher nicht bestätigt, und sie hat keine Vorhersagen gemacht, die sich als richtig erwiesen haben. Manchmal wurde behauptet, der stärkste Beleg für die Stringtheorie sei die Tatsache, dass sie mathematisch widerspruchsfrei ist: Man braucht keine willkürlichen (und schwer zu rechtfertigenden) Rechenkunststücke, um die Unendlichkeiten loszuwerden, die sich in der Standardform der Quantenphysik ergeben. Außerdem wird gesagt, ihre größte Leistung bestehe darin, dass sie »die Existenz der Gravitation vorhersagt«. Natürlich war die Gravitation schon lange vor der Stringtheorie bekannt, aber in der Aussage spiegelt sich die Tatsache wider, dass die Stringtheorie das Vorhandensein des (im Vergleich zu den anderen Kräften) relativ schwachen Gravitationsfeldes *voraussetzt*.

Auch ohne weitere theoretische Ergänzungen entdeckte man innerhalb der allgemeinen Relativitätstheorie überraschende Phänomene, kurz nachdem Einstein seine Arbeiten veröffentlicht hatte. Man konnte die Theorie auf das Universum einschließlich sehr dichter Objekte anwenden. Robert Oppenheimer, dem späteren Leiter des Manhattan-Projekts und »Vater« der Atombombe, wird in der Regel das Verdienst zugeschrieben, mit Hilfe der Gleichungen der Relativitätstheorie nachgewiesen zu haben, dass beim Zusammenbruch eines massereichen Sterns tatsächlich ein schwarzes Loch entstehen kann. Anscheinend gibt es sogar ein schwarzes Loch, das »nur« (im Sprachgebrauch der Astronomen) 6000 Lichtjahre von der Erde entfernt ist. Die theoretische Untersuchung der schwarzen Löcher hat uns gezwungen, die Zeit auf neue Art zu betrachten, und diese Betrachtungsweise stellt viele unserer angeborenen Vorurteile in Frage.

KAPITEL 7

Bis zur Unendlichkeit und noch viel weiter

Die Zeit ist in der Nähe schwarzer Löcher viel seltsamer, als die meisten Menschen es sich vorstellen ...

> Bis zur Unendlichkeit und noch viel weiter!
>
> Buzz Lightyear in *Toy Story*

Physiker rätseln häufig über ihren eigenen Gleichungen. Selbst wenn sich aus ihnen dramatische Folgerungen ergeben, sind diese nicht immer leicht auszumachen. Um ihre eigenen Berechnungen besser zu verstehen, betrachten die Wissenschaftler Extremfälle und beobachten, was sich abspielt. Und keine Situation ist in diesem Universum extremer als die der schwarzen Löcher. Ihre Untersuchung liefert uns wichtige Erkenntnisse über einige besonders seltsame Aspekte der Zeit.

Wenn wir in ausreichender Entfernung (beispielsweise 1500 Kilometern) um ein kleines schwarzes Loch von der Masse der Sonne kreisen, spüren wir nichts Besonderes. Wir befinden uns in einer Umlaufbahn um ein massereiches Objekt, das wir nicht sehen können. In der Umlaufbahn fühlen wir uns gewichtslos wie ein Astronaut. Hineingezogen werden wir nicht; anders als in der Science-Fiction ziehen schwarze Löcher niemanden in sich hinein. Würden wir in einer derart geringen Entfernung um die Sonne kreisen, befänden wir uns in ihrem Inneren und würden in einer Millionstelsekunde ver-

7 Bis zur Unendlichkeit und noch viel weiter

brennen, das schwarze Loch aber ist dunkel. (Mikroskopisch kleine schwarze Löcher geben Strahlung ab, aber aus größeren kommt nur sehr wenig.)

Die Länge unserer Umlaufbahn ist das 2π-fache des Radius von 1500 Kilometern. Umkreist ein Freund das Loch von der anderen Seite aus in der umgekehrten Richtung, hat bei unserem Zusammentreffen jeder von uns ein Viertel des Umlaufes hinter sich. Befindet sich unser Freund jedoch genau gegenüber auf der anderen Seite, ist die Entfernung zwischen uns in gerader Linie unendlich groß. In der Nähe des schwarzen Loches befindet sich viel Raum.

Wenn wir nun die Gegenschubraketen zünden und unsere Kreisbewegung anhalten, werden wir in das Loch tatsächlich genauso hineingezogen wie in jedes andere massereiche Objekt. (Genau auf diesem Weg verlassen Satelliten ihre Umlaufbahnen: Sie schalten auf Gegenschub und lassen sich dann von der Gravitation anziehen.) Noch bevor in unserem Ruhesystem zehn Minuten vergangen sind, noch bevor wir um zehn Minuten gealtert sind, haben wir beim *Schwarzschild-Radius* (den ich in Kapitel 3 erörtert habe) die Oberfläche des schwarzen Loches erreicht. Nun zeigen sich im Zusammenhang mit der Zeit einige erstaunliche Phänomene. Wenn wir zehn Minuten nach Beginn des Sturzes auf der Oberfläche aufschlagen, erreicht die Zeit, die im Bezugssystem der kreisenden Raumstation gemessen wird, die Unendlichkeit.*

---

* Die unendliche Sturzzeit erörtern L. Susskind und J. Lindesay auf Seite 22 in ihrem 2005 erschienenen Buch *An Introduction to Black Holes, Information and the String Theory Revolution*. Sie stationieren entlang der Sturzbahn sogenannte »Fidos«-Beobachter, die das Objekt fallen sehen und für Außenstehende berichten. »Nach dieser Sichtweise überquert das Teilchen den Horizont nie, sondern es nähert sich ihm asymptotisch an.« Man kann sich vorstellen, dass sich diese Schlussfolgerung durch die Quantentheorie verändert.

Es stimmt wirklich. Gemessen im Bezugssystem eines Außenstehenden dauert der Sturz in ein schwarzes Loch unendlich lange. In unserem beschleunigten Bezugssystem, das nach unten fällt, nimmt er nur zehn Minuten in Anspruch. Bei Minute Nummer 11 ist die Zeit draußen unendlich lang und mehr geworden.

Das ist doch absurd! Möglicherweise, aber in der klassischen Relativitätstheorie stimmt es. Natürlich gibt es keine Möglichkeit, das potentielle Paradoxon tatsächlich zu erleben, denn jenseits der Unendlichkeit ist die Zeit draußen, und wenn wir einmal in das schwarze Loch vorgedrungen sind, bleiben wir für immer dort. Einen messbaren Widerspruch gibt es nicht. Das ist ein Beispiel für *Zensur*, wie die Physiker es nennen. Die Absurdität lässt sich nicht beobachten, also ist sie eigentlich keine.

Sind wir mit der Antwort »jenseits der Unendlichkeit, aber zensiert« zufrieden? Vermutlich nicht. Ich finde sie verwirrend. Aber im Zusammenhang mit der Zeit finde ich alles verwirrend. Auf ein weiteres absurdes, aber zensiertes Phänomen werden wir bei den Quantenwellenfunktionen und der Verschränkung stoßen. Diese Beispiele stellen unser Gefühl für die Realität in Frage und hinterlassen ein Gefühl der Unzufriedenheit. Oder, wie Nietzsche sagte: »Wenn du lange in einen Abgrund blickst, blickt der Abgrund auch in dich hinein.«

Schwarze Löcher saugen nicht

Kehren wir noch einmal zu meiner Behauptung zurück, dass schwarze Löcher uns nicht ansaugen, sondern dass wir ein schwarzes Loch umkreisen können wie jede andere Masse auch. Angenommen, der Merkur würde um ein schwarzes Loch kreisen, das die gleiche Masse hat wie die Sonne. Wie würde sich der Umlauf unterscheiden? Nach der volkstümlichen Vorstellung würde das schwarze Loch den winzigen Planeten in sich hineinsaugen. Nach der allgemeinen Relativitätstheorie dagegen besteht zwischen den Umlaufbahnen in beiden Fällen kein Unterschied. Natürlich wäre es auf dem Merkur nicht mehr heiß, denn an die Stelle der intensiven Sonnenstrahlung würde die kühle Dunkelheit des schwarzen Loches treten.

Derzeit umkreist der Merkur die Sonne in einem Abstand von ungefähr 58 Millionen Kilometern. Angenommen, wir würden die Sonne 1,5 Millionen Kilometer von ihrem Mittelpunkt umkreisen, das heißt knapp über der Sonnenoberfläche. Von der Wärme und einer möglichen Anziehung durch die Sonnenatmosphäre abgesehen, würden wir uns auf einer kreisförmigen Bahn bewegen und nach ungefähr zehn Stunden an den Ausgangspunkt zurückkehren. Jetzt setzen wir ein schwarzes Loch von der Masse der Sonne an die Stelle unseres Zentralgestirns. Auch hier würde ein Umlauf zehn Stunden dauern. Die Gravitation wäre in dieser Entfernung ebenso stark wie die der Sonne. Um besondere Effekte zu bemerken, müssten wir dem schwarzen Loch sehr nahe kommen. Hier gilt das Gleiche wie bei jedem Stern: Je näher wir ihm kommen, desto schneller müssen wir uns bewegen, um in einer Kreisbahn zu bleiben. Einer Faustregel zufolge würden wir erst dann größere Unterschiede bemerken, wenn wir uns dem schwarzen Loch so weit nähern, dass unsere Umlaufgeschwindigkeit sich der Lichtgeschwindigkeit annähert.

Die Gravitation der Sonne ist genau wie die der Erde an ihrer Oberfläche am größten. Unterhalb der Oberfläche ist die tiefer liegende Masse, von der die Anziehung ausgeht, geringer. Genau im Mittelpunkt der Sonne herrscht die Gravitation null.

Die Oberfläche eines schwarzen Loches dagegen liegt nahe

an seinem Mittelpunkt. Mit der zuvor erwähnten Schwarzschild-Gleichung kann man für ein schwarzes Loch von der Masse der Sonne einen Radius von ungefähr drei Kilometern errechnen. Um in einer Entfernung von 15 Kilometern in einer Umlaufbahn zu bleiben, müsste man sich mit einem Drittel der Lichtgeschwindigkeit bewegen; die Umlaufzeit betrüge dann eine Tausendstelsekunde. Unter solchen Bedingungen müssen wir die Relativität in die Berechnungen einbeziehen.

Das Erreichen der Lichtgeschwindigkeit und der Weg über die Unendlichkeit hinaus

Wenn wir in die Nähe eines schwarzen Loches kommen, läuft die Zeit sehr langsam ab, und auch wenn die Länge der Umlaufbahn gering sein mag, ist bis zum Loch noch viel Platz. Dieser wird Physikstudenten in der Regel mit einem Diagramm wie dem in Abbildung 7.1 präsentiert. Man kann sich vorstellen, dass es ein schwarzes Loch in einem zweidimensionalen Raum (der Oberfläche) wiedergibt. Das schwarze Loch selbst befindet sich in der Mitte unterhalb der Stelle, auf die der gekrümmte Raum zuläuft.

Das Diagramm ist nützlich, aber auch ein wenig irreführend: Es scheint nahezulegen, dass der Raum sich in einer weiteren Dimension (die in diesem Diagramm nach unten weist) krümmen muss, damit er die gewaltigen Entfernungen in der Nähe des schwarzen Loches aufnehmen kann. In Wirklichkeit ist eine solche Dimension nicht notwendig; der Raum wird einfach aufgrund seiner relativistischen Längenverkürzung zusammengepresst. Das Diagramm findet sich auch in beliebten filmischen Darstellungen schwarzer Löcher. Das Wurmloch, in das Jodie Foster in *Contact* stürzt, ähnelt stark

7 Bis zur Unendlichkeit und noch viel weiter

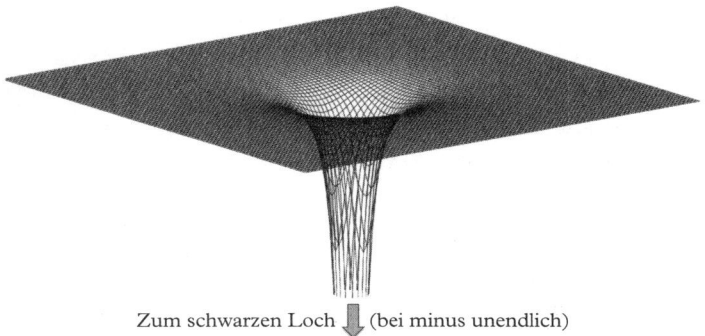

Zum schwarzen Loch ⬇ (bei minus unendlich)

Abb. 7.1   Ein zweidimensionales schwarzes Loch. Die Entfernung zum schwarzen Loch, gemessen als die Zeit, die Licht braucht, um es zu erreichen, ist unendlich, obwohl der Weg um das Loch herum der gleiche ist wie im gewöhnlichen Raum.

dem Diagramm in Abbildung 7.1. (Wurmlöcher sehen aus wie zwei Beinahe-schwarze-Löcher, die sich verbinden, bevor der Schwarzschild-Radius erreicht ist; man stürzt in das eine hinein und fliegt aus dem anderen wieder heraus.) In Wirklichkeit sieht ein schwarzes Loch keineswegs aus wie in dem Diagramm. Wenn nicht andere Dinge mit uns hineinfallen, scheint es einfach eine vollkommen schwarze Kugel zu sein.

Mit dieser Einschränkung ist das Diagramm nützlich. Es macht die grundlegenden Eigenschaften schwarzer Löcher deutlich und kann zur Beantwortung einiger einfacher Fragen wie dieser dienen: Wie weit ist es von außen (der relativ flachen Region) bis zur Oberfläche des schwarzen Loches? Die Antwort lautet: unendlich weit. Misst man entlang der in das Loch abfallenden Oberfläche, so geht es für immer bergab. Auf den Radius des schwarzen Loches treffen wir erst am Boden, aber der ist unendlich weit unten.

Wenn es bis zur Oberfläche des schwarzen Loches unendlich weit ist, was meine ich dann, wenn ich sage, wir seien 15 Kilometer entfernt? Ich gebe zu, dass diese Aussage irreführend war. Ich bediene mich dabei der üblichen Koordinaten. Die Radialkoordinate r ist dadurch definiert, dass der Weg rund um das schwarze Loch wie im gewöhnlichen Raum $2\pi r$ lang ist. In Abbildung 7.1 werden die konventionellen Koordinaten x und y durch die Linien des Gitternetzes wiedergegeben. Im Loch rücken sie weit auseinander; der große Abstand zwischen ihnen zeigt, dass dort eine Menge Raum ist. Physiker bedienen sich in den Gleichungen dieser üblichen Koordinaten, beachten aber dabei, dass der Abstand zwischen der 3-Kilometer-Linie und der 4-Kilometer-Linie in Wirklichkeit 1000 Kilometer betragen kann. Da die konventionelle Geometrie hier nicht gilt, können wir die Entfernung zwischen zwei Punkten nicht einfach aus dem Unterschied in den Koordinaten berechnen.

Eigentlich gibt es keine schwarzen Löcher

In Büchern über Astrophysik und im Internet findet man Listen schwarzer Löcher. Die englischsprachige Wikipedia führt in ihrem Artikel »List of Black Holes« mehr als 70 derartige Himmelskörper auf. Aber die Sache hat einen Haken: Wir haben Grund zu der Annahme, das es sich bei allen diesen Objekten eigentlich nicht um schwarze Löcher handelt.

Ein Astronom spricht von einem mutmaßlichen schwarzen Loch, wenn er ein Objekt gefunden hat, das eine sehr große Masse – in der Regel ein Mehrfaches der Sonnenmasse – hat und dennoch nur wenig oder gar keine Strahlung aussendet. Manche derartigen Kandidaten geben Wellen von Röntgenstrahlen ab; das gilt als Hinweis, dass ein Materiebrocken (ein Komet? ein Planet?) in sie hineinstürzt, auseinandergerissen

7 Bis zur Unendlichkeit und noch viel weiter

wird und sich durch die großen Gravitationsunterschiede innerhalb seiner selbst so stark erhitzt, dass Röntgenstrahlen frei werden. Andere Kandidaten, die sogenannten supermassiven schwarzen Löcher, enthalten mehrere hundert Millionen Sonnenmassen.

Ein solches supermassives Objekt liegt im Mittelpunkt unserer eigenen Galaxie, der Milchstraße. Wir können beobachten, wie Sterne sehr nahe um dieses Zentrum kreisen, sich bewegen und stark beschleunigt werden, was auf eine sehr große Masse hindeutet. Licht gibt es dort aber nicht, das heißt, diese Sterne werden ihrerseits nicht von einem Stern angezogen. Die physikalische Theorie legt die Vermutung nahe, dass eine derart große Masseansammlung ohne Strahlung nur ein schwarzes Loch sein kann.

Warum behaupte ich dann, dass auf der Liste keine echten schwarzen Löcher stehen? Erinnern wir uns noch einmal an die Berechnung, die uns gezeigt hat, dass es unendlich lange dauert, in ein schwarzes Loch zu fallen. Eine ähnliche Berechnung zeigt, dass die Entstehung eines schwarzen Loches, gemessen in unserer Zeitkoordinate, unendlich lange Zeit in Anspruch nimmt. Das gesamte Material muss im Fall letztlich eine unendliche Entfernung überwinden. Wenn also die schwarzen Löcher nicht bereits in dem Augenblick existiert haben, in dem das Universum entstanden ist, wenn es nicht ursprüngliche schwarze Löcher waren, haben sie den eigentlichen Status als schwarze Löcher noch nicht erreicht; in unserem äußeren Ruhesystem war noch nicht genügend Zeit, damit die Materie über die unendliche Entfernung stürzen konnte, die ein echtes schwarzes Loch charakterisiert. Und es besteht kein Grund zu der Annahme, dass irgendeines dieser Objekte von Anfang an vorhanden war (auch wenn manchmal spekuliert wird, dies könne bei dem einen oder anderen der Fall sein).

I Verblüffende Zeit

Ich bin vielleicht ein wenig pedantisch. In ein schwarzes Loch zu stürzen, dauert ewig, aber schon nach einigen Minuten kommt man im eigenen Ruhesystem, in dem wir mit unserer ebenfalls stürzenden Uhr messen, ziemlich weit. Vom äußeren Bezugssystem betrachtet, wird man die Oberfläche nie erreichen, aber man verwandelt sich in relativ kurzer Zeit in einen crêpeähnlichen Gegenstand. In einem gewissen Sinn spielt es also kaum eine Rolle. Das mag der Grund gewesen sein, warum Stephen Hawking sich 1990 entschloss, seine 1975 mit Kip Thorne abgeschlossene Wette einzulösen und einzugestehen, dass es sich bei Cygnus X-1, der Röntgenstrahlenquelle im Sternbild des Schwan, tatsächlich um ein schwarzes Loch handelt. Genau genommen hatte aber nicht Thorne, sondern Hawking recht. Cygnus X-1 hat den Weg zu einem schwarzen Loch zu 99,999 Prozent hinter sich, aber um (im Bezugssystem von Hawking und Thorne) den restlichen Weg zurückzulegen, wird es ewig brauchen.

Mit einem bestimmten quantentheoretischen Schlupfloch lässt sich allerdings meine Aussage, es gebe keine schwarzen Löcher, möglicherweise umgehen. Nach Einsteins ursprünglicher allgemeiner Relativitätstheorie dauert es zwar ewig, bis sich ein schwarzes Loch bildet, weniger Zeit ist aber erforderlich, bis es sich »beinahe« gebildet hat. Der Abstand zwischen dem Zeitpunkt, zu dem die fallende Materie das Doppelte des Schwarzschild-Radius erreicht, und dem, zu dem sie nur noch eine winzige Distanz davon entfernt ist und bei der starke Quanteneffekte einsetzen (die *Planck-Distanz*, von der noch die Rede sein wird), beträgt weniger als eine Tausendstelsekunde. An dieser Stelle können wir nicht damit rechnen, dass die normale allgemeine Relativitätstheorie noch gilt.

Was geschieht als Nächstes? Ehrlich gesagt: Genau wissen wir es nicht. An der Theorie arbeiten viele Fachleute, aber bisher hat man nichts beobachtet und bestätigt. Interessanterweise hat Hawking seine Wette mit Thorne, ob Cygnus X-1 ein echtes schwarzes Loch ist, eingelöst; vielleicht ist das Objekt nach seinem Eindruck einem schwarzen Loch so nahe, dass es kaum noch eine Rolle spielt, oder vielleicht war er auch überzeugt, dass die Einbeziehung der Quantenphysik berechtigte Zweifel an der Berechnung der unendlichen Zeit aufwirft.

Die Tatsache, dass schwarze Löcher eigentlich nicht existieren – zumindest im äußeren Bezugssystem »noch nicht« –, ist ein schöner Aspekt, der gewöhnlich gegenüber Nichtfachleuten nicht einmal erwähnt wird. Man kann aber mit dieser Tatsache nach dem Motto »glauben oder nicht glauben« eine Wette gewinnen.

Lichtgeschwindigkeit: noch ein Schlupfloch

In Kapitel 5 habe ich an einem Beispiel gezeigt, wie die Beschleunigung unseres Ruhesystems mit $1g$ dazu führen kann, dass der Abstand zwischen uns und einem weit entfernten Objekt (gemessen in dem beschleunigten Bezugssystem) sich mit dem 2,6-fachen der Lichtgeschwindigkeit ändern kann. Mit dem Elektronenbeschleuniger BELLA des Lawrence Berkeley Laboratory kann man die Entfernung zum Sirius im Ruhesystem des Elektrons mit dem 8,6-milliardenfachen der Lichtgeschwindigkeit ändern. Und es geht noch besser. Wir können Entfernungen sogar mit unendlicher Geschwindigkeit verändern. Das geht so:

Stellen wir uns vor, du und ich sind im Raum einige Meter voneinander entfernt, und sonst ist nichts in unserer Umgebung. Nehmen wir weiter an, wir hätten die gleichen Ruhesysteme, so dass wir beide in demselben Bezugssystem ruhen. Nun nehmen wir ein kleines, urtümliches (vollständig ausgebildetes) schwarzes Loch, das vielleicht nur wenige Kilo wiegt. Wir platzieren es genau in der Mitte zwischen dir und mir. Das schwarze Loch hat keine größere Gravitationsanziehung als jedes andere Objekt der gleichen Masse, das heißt, wir spüren keine ungewöhnlichen Kräfte. Wenn das schwarze Loch sich an seinem Platz befindet, wird die Entfernung zwischen dir und mir in gerader Linie unendlich groß. Das können wir auf dem Diagramm für das schwarze Loch erkennen. Die Entfernung zwischen uns hat sich verändert, unsere Positionen jedoch nicht.

Haben wir uns »bewegt«? Nein. Hat die Entfernung zwischen dir und mir sich verändert? Ja, und zwar ungeheuer stark. Raum ist etwas Fließendes, Flexibles. Er kann zusammengepresst und gedehnt werden. Eine unendlich große Konzentration von Raum lässt sich leicht bewegen, denn ihre Masse ist unter Umständen gering. Demnach können sich die Entfernungen zwischen Objekten beliebig schnell verändern, sogar mit mehreren Lichtjahren pro Sekunde oder noch schneller. Es ist, als würden wir uns mit Supergeschwindigkeit bewegen – obwohl in Wirklichkeit überhaupt keine Bewegung stattfindet.

Wie ich bereits erwähnt habe, werden alle diese Gedanken sich als wichtig erweisen, wenn wir in späteren Kapiteln die moderne Kosmologie erörtern. Insbesondere bilden sie die Grundlage für die Inflationstheorie, mit der man das rätselhafte Paradoxon erklärt, dass das Universum so bemerkenswert einheitlich ist, obwohl es so groß ist und (scheinbar) niemals die Zeit hatte, eine solche Einheitlichkeit zu erlangen. Später mehr darüber.

Wurmlöcher

Ein Wurmloch – ein hypothetisches Objekt – ähnelt einem schwarzen Loch, aber der gekrümmte Raum reicht nicht hinab bis zu einem Objekt mit gewaltiger Masse, sondern er wird irgendwann wieder breiter und öffnet sich an einer anderen Stelle. Das einfachste Wurmloch sieht ähnlich aus wie zwei Beinahe-schwarze-Löcher, die am Boden verbunden sind (»beinahe« bedeutet, dass man hineinstürzt und auf der anderen Seite nach einer endlichen Zeit wieder herauskommt). Damit das geschehen kann, muss man sich einen gefalteten Raum vorstellen, so dass das Wurmloch auf der anderen Seite der Falte wieder nach außen mündet (siehe Abbildung 7.2). Man braucht sich das aber gar nicht auszumalen. Denken wir nur daran, dass der Weg bis zum unteren Ende des schwarzen Loches aus Sicht des äußeren Bezugssystems unendlich weit ist. Auch wenn das Wurmloch nicht eine solche Tiefe hat, kann es doch tief genug sein, um irgendwohin zu führen.

Einfache Wurmlöcher werfen nur ein Problem auf: Die Berechnungen zeigen, dass sie nicht stabil sind. Wenn sich keine Masse am unteren Ende befindet und den gekrümmten Raum an seinem Platz hält, wird das Wurmloch den Berechnungen zufolge so schnell zusammenbrechen, dass ein Mensch es nicht passieren kann. Möglicherweise könnte man das Wurmloch stabilisieren wie ein Kohlebergwerk, indem man Stützen aufstellt, aber der derzeitigen Theorie zufolge würden wir dazu etwas brauchen, was wir noch nicht entdeckt haben: ein Teilchen, das in seinem Feld eine negative Energie hat. Ein solches Feld könnte möglich sein – zumindest können wir es nicht ausschließen –, und deshalb ist es zu begrüßen, wenn die Science-Fiction vorausgeht und annimmt, dass wir in Zukunft stabile, nützliche Wurmlöcher erzeugen werden.

I Verblüffende Zeit

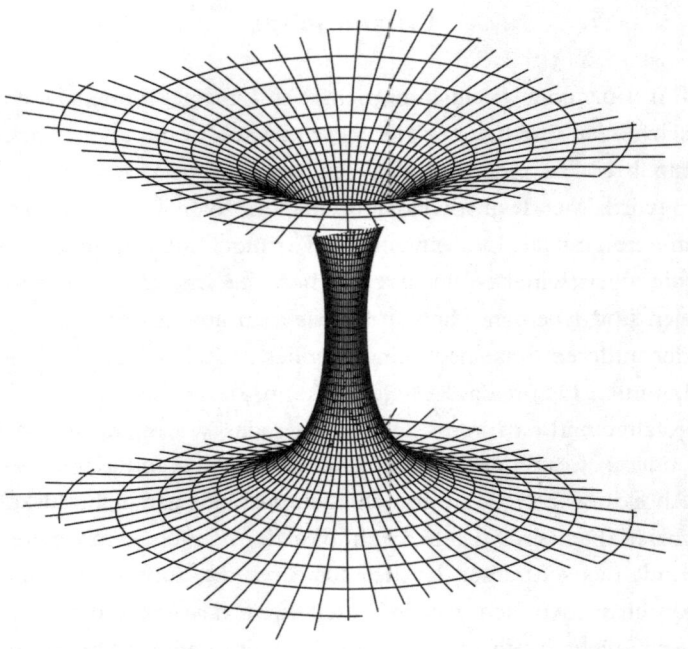

Abb. 7.2 Das Konzept eines zweidimensionalen Wurmloches. Zwei Beinahe-schwarze-Löcher verbinden zwei Regionen der Raumzeit. Man stürzt auf der einen Seite hinein und kommt auf der anderen wieder heraus.

In der derzeitigen Science-Fiction sind Wurmlöcher das übliche Mittel für schnelle Reisen über Entfernungen von vielen Lichtjahren. Selbst der »Warpantrieb« in *Star Trek*, der auch in der Serie *Doctor Who* vorkommt, legt die Vermutung nahe, dass das vierdimensionale Raumzeit-Universum in einer fünften Dimension gekrümmt ist, so dass weit entfernte Objekte in enge Nachbarschaft geraten. Das Gleiche gilt für die Filmversion von *Dune*: Darin krümmt die Gilde den Raum mit einem besonderen, als *Spice* bezeichneten Material. (In dem Roman legen sie einfach Entfernungen schneller zurück

7 Bis zur Unendlichkeit und noch viel weiter

als das Licht, aber der Film verleiht dieser Fähigkeit eine relativistische Begründung.)

Wurmlöcher faszinieren Science-Fiction-Fans auch deshalb, weil manche Physiker die Ansicht vertreten haben, mit ihrer Hilfe sei vielleicht eine Reise in die Vergangenheit möglich. Wenn wir uns genauer mit der Bedeutung des Zeitstromes, mit der Bedeutung von Jetzt und mit Zeitreisen beschäftigen, wird deutlich werden, warum ich nicht der Ansicht bin, dass der Durchgang durch ein Wurmloch eine rückwärts gewandte Zeitreise bewirken kann.

Faszinierend ist für mich, dass wir nicht wissen, warum die Zeit fließt, und dennoch genaue Aussagen über den relativen Strom der Zeit an verschiedenen Orten machen können und wissen, dass der Strom dort mit unterschiedlicher Geschwindigkeit fließt. Zeit dehnt und verkürzt sich je nach den physikalischen Bedingungen. Der nächste Schritt, den man in der Physik unternahm, erklärt die Fließgeschwindigkeit der Zeit ebenfalls nicht, beschäftigt sich aber mit der einfacheren Frage nach ihrer Richtung: Warum fließt die Zeit vorwärts und nicht rückwärts?

TEIL II

EIN GEBROCHENER PFEIL

KAPITEL 8

Ein Pfeil der Verwirrung

Nach Eddingtons Vermutung kann man mit der wachsenden
Entropie erklären, warum sich die Zeit vorwärts bewegt.

> Der König schickt Ritter mit Pferd und Lanz,
> Doch wer von den Herrn macht ein Ei wieder ganz?
>
> Mutter Gans

Was unsere Kenntnisse über die Zeit angeht, erzielte Einstein zwar ungeheure Fortschritte, aber er scheiterte völlig, als er ihr grundsätzlichstes Merkmal erklären wollte: dass sie fortschreitet. Zeit ist nicht nur eine vierte Raumdimension. Sie ist von ihrem Wesen her anders, denn sie läuft immer weiter. Außerdem ist die Vergangenheit ganz anders als die Zukunft; über die Vergangenheit wissen wir viel mehr. Der besondere Augenblick des Jetzt, dem dieses Buch seinen Titel verdankt, wandert in der Zeit vorwärts. Warum? Könnte er nicht auch rückwärtslaufen? Könnten wir herausfinden, wie die Zeitmaschine von H. G. Wells funktionierte, und dann eine bauen? Die Zukunft können wir verändern; zumindest sagen uns das unsere Eltern. Warum können wir die Vergangenheit nicht verändern? Oder können wir es doch?

Dieses Dilemma griff Arthur Eddington auf. Der Physiker, Astronom und Philosoph konnte Wissenschaft sehr einfach erklären. Er plante anspruchsvolle Experimente und führte sie durch, entwickelte neue Theorien und sorgte dafür, dass man seinen Namen heute mit wichtigen physikalischen Gedanken verbindet. Im Jahr 1919 fragte man ihn nach der Behauptung, die allgemeine Relativitätstheorie sei so schwierig, dass nur drei Menschen auf der ganzen Welt sie wirklich verstünden. Der Legende zufolge lautete seine Antwort: »Wer ist der dritte?«

Eddington maß als Erster die Ablenkung von Sternenlicht, das an der Sonne vorüberläuft, und lieferte damit die entscheidende Bestätigung für Einsteins gekrümmte Raumzeit. Diese schwierigen Messungen stellte er 1919 während einer Sonnenfinsternis an, bei der er den Stern beobachten konnte, ohne dass die helle Sonne ihn blendete; damit machte er nicht nur Einstein berühmt, sondern auch sich selbst.*

Eddington machte sich tiefschürfende Gedanken über physikalische Phänomene. Jeder Astronom und jeder Studierende der Astrophysik kennt die *Eddington-Grenze*. Sie bezeichnet das Gleichgewicht, das in Sternen zwischen dem nach außen gerichteten Druck des Lichts und dem nach innen gerichteten Zug der Gravitation besteht; wie sich herausgestellt hat, ist sie eine Schlüsselgröße für unsere heutigen Kenntnisse nicht nur über Riesensterne, sondern auch über exotische astronomische Objekte wie die Quasare.

Eddington wusste auch, dass die Zeit trotz Einsteins großer Fortschritte noch unerklärliche Geheimnisse barg. In seinem 1928 erschienenen Buch *Das Weltbild der Physik und ein Versuch seiner philosophischen Deutung* schrieb er, wie schon oben

---

* Heute sind manche Fachleute der Ansicht, dass Eddingtons Messungen allzu gut mit Einsteins Vorhersagen übereinstimmten – danach waren seine Instrumente nicht so gut, dass er damit eine derartig genaue Messung vornehmen konnte; aber selbst wenn Eddingtons Befunde nicht vollkommen objektiv waren, werden sie durch neuere Erkenntnisse in vollem Umfang bestätigt.

erwähnt, dass das Großartige an der Zeit sei, dass sie immer weiter läuft, dies aber ein Aspekt wäre, den Physiker offensichtlich manchmal gern vernachlässigten.

In seinem Buch lieferte Eddington keinerlei Erklärung für die Bedeutung des *Jetzt*, und er vermittelte auch keinerlei Erkenntnisse über die Frage, warum die Zeit fließt; immerhin formulierte er aber eine heute weithin anerkannte Erklärung für die *Richtung* der Zeit.

Eddington fragte: Warum läuft die Zeit vorwärts? Die meisten Menschen, die diese Frage zum ersten Mal hören, halten sie für dumm, als würden wir fragen: »Warum erinnern wir uns an die Vergangenheit, aber nicht an die Zukunft?« Solche Fragen scheinen töricht zu sein, bis man genauer darüber nachdenkt. Die Physik unterscheidet offensichtlich nicht zwischen Vergangenheit und Zukunft; ihre Gesetze gelten auch dann, wenn man sie zeitlich rückwärts anwendet. Wenn wir die Vergangenheit kennen, können wir mit den Gesetzen der klassischen Physik die Zukunft voraussagen. Wenn wir aber die Zukunft kennen, können wir mit Hilfe genau der gleichen Gesetze auch herausfinden, was in der Vergangenheit geschehen ist. Eddington stellte nicht nur die törichte Frage, sondern er gab auch eine Antwort, die den Physikern faszinierend erschien und sie bis heute fesselt.

Um seine Gedanken über die Richtung der Zeit zu verdeutlichen, fordert Eddington uns auf, uns eine Reihe von Ereignissen als Funktion der Zeit vorzustellen. Diese Funktion bezeichnete er im Rückgriff auf Hermann Minkowski als *Raum-Zeit-Diagramm* (siehe Kapitel 6). Wir wollen hier aber eine weniger abstrakte Version verwenden, die dennoch alle wesentlichen Elemente enthält: einen Filmstreifen. (Denken wir einmal an die alten Zeiten zurück, als Filme nicht in einem Computer gespeichert, sondern tatsächlich als Reihe von Fotos auf einem Film aufgenommen wurden.) Betrachtet man die Einzelbilder, so kann man fragen, ob man den Film von vorn oder von hinten sieht. Das festzustellen, ist schwierig, wenn nicht gerade irgendwo – vielleicht auf einem Wegweiser – Schrift zu sehen ist. Steht auf dem Wegweiser »Berkeley nächste Ausfahrt rechts«, wissen wir sofort, dass wir den Film von der falschen Seite betrachten. Im großen Maßstab ist die Natur mehr oder weniger links-rechts-symmetrisch (Berge, Bäume und Menschen sehen auch im Spiegel echt aus), die Kultur ist es aber nicht. Auch in der Biologie wird die Symmetrie durchbrochen; nicht nur sind die meisten Menschen Rechtshänder, sondern auch die Moleküle des gewöhnlichen Zuckers haben einen Rechtsdrall.

Nächste Frage: Können wir feststellen, in welche Richtung man den Film abspielen sollte? Welches ist die richtige Reihenfolge der Einzelbilder? Dies bezeichnete Eddington als »Zeitpfeil«. Zeigt der Film, wie Planeten sich um die Sonne bewegen, könnten wir wahrscheinlich nichts über die richtige Reihenfolge sagen. Zeigt der Film in einer animierten Nahaufnahme, wie Atome in einem Gas aneinanderstoßen, wüssten wir es wahrscheinlich ebenfalls nicht. Bei den meisten Filmen jedoch wäre der Zeitpfeil ganz leicht zu erkennen. Lassen wir den Film falsch herum ablaufen, gehen die Menschen rückwärts, und Porzellanscherben springen vom Boden hoch, um sich zu einer vollständigen Kaffeetasse zusammenzufinden. Kugeln würden aus dem Körper des Ermordeten heraus und in die Pistole fliegen. Gegenstände, die über Oberflächen rutschen, würden wegen der Reibung schneller werden.

Keiner dieser Einzelvorgänge verletzt physikalische Gesetze. Ein zerbrochenes Ei könnte sich zusammensetzen und auf den Tisch fliegen – vorausgesetzt, die Molekülkräfte sind zufällig genau richtig organisiert. Das ist aber sehr unwahrscheinlich. In der Regel werden Gegenstände durch die Rei-

8 Ein Pfeil der Verwirrung

bung nicht beschleunigt, sondern verlangsamt. Wärme strömt von heißen zu kalten Objekten und nicht in der Gegenrichtung. Durch eine Kollision zerbrechen Gegenstände, aber sie werden nicht zusammengezogen. Allen diesen Beobachtungen kann man eine genaue Formulierung zuordnen: den *Zweiten Hauptsatz der Thermodynamik*. (Der Erste Hauptsatz besagt, dass Energie niemals erschaffen oder zerstört werden kann; wenn man die Energie zusammenaddiert, muss man natürlich auch $E = mc^2$ einbeziehen, Einsteins Zusammenhang zwischen Masse und Energie.)

Nach dem Zweiten Hauptsatz gibt es die *Entropie*, eine Größe, die für eine Ansammlung von Objekten entweder konstant bleibt oder mit der Zeit zunimmt. Damit steht sie im Gegensatz zur Energie, die immer konstant bleibt. Energie kann von einem Ding zum anderen übergehen, die Summe der Energie aller Objekte ändert sich aber nicht. Im Gegensatz zum Ersten Hauptsatz ist der Zweite nicht allgemeingültig, sondern er besagt nur etwas über Wahrscheinlichkeiten. Er kann verletzt werden, aber die Wahrscheinlichkeit, dass eine solche Verletzung bei einer großen Ansammlung von Teilchen stattfindet, ist verschwindend gering.

Entropie und Zeit nehmen gemeinsam zu. Sie hängen zusammen. Das wusste man bereits. Neu war an Eddingtons Spekulation, dass Entropie nach seiner Vermutung die Ursache für den *Zeitpfeil* ist, das heißt für die Tatsache, dass die Zeit sich nicht rückwärts, sondern vorwärts bewegt. Er glaubte, man könne mit dem Zweiten Hauptsatz der Thermodynamik erklären, warum wir uns nicht an die Zukunft, sondern an die Vergangenheit erinnern.

Aus dem von Eddington hergestellten Zusammenhang zwischen Entropie und Zeitpfeil ergeben sich so weitreichende Folgerungen für unser Verständnis der Realität und vielleicht sogar für das Bewusstsein, dass manche Fachleute der Ansicht sind, alle Menschen sollten darüber Bescheid wissen. In seinem höchst einflussreichen, 1959 erstmals erschienenen Buchklassiker *Die zwei Kulturen* beklagt C.P. Snow, dass nicht alle »gebildeten« Menschen über diesen großen Fortschritt Bescheid wissen. Er schrieb:

> Wie oft bin ich in größerem Kreise mit Leuten zusammengewesen, die, an den Maßstäben der überkommenen Kultur gemessen, als hochgebildet gelten, und die mit beträchtlichem Genuß ihrem ungläubigen Staunen über die Unbildung der Naturwissenschaftler Ausdruck gaben. Ein- oder zweimal habe ich mich provozieren lassen und die Anwesenden gefragt, wie viele von ihnen mir das zweite Gesetz der Thermodynamik angeben könnten. Man reagierte kühl – man reagierte aber auch negativ. Und doch bedeutete meine Frage auf naturwissenschaftlichem Gebiet etwa dasselbe wie »Haben Sie etwas von Shakespeare gelesen?«[*]

Da vergleicht ein ernsthafter Gelehrter den Zweiten Hauptsatz der Thermodynamik mit Shakespeare! Ich bin mir nicht sicher, ob ich der gleichen Ansicht bin wie Snow, obwohl sein Buch auf mein eigenes Leben großen Einfluss hatte (es war an der Columbia University Standardlektüre für Studienanfänger). Vielleicht hatten Snows »hochgebildete« Menschen nie vom Zweiten Hauptsatz gehört, aber ich würde vermuten, dass die meisten von ihnen genug über Physik wussten, um geistreiche Kommentare über $E = mc^2$ abgeben zu können. Die Relativitätstheorie wäre eine angemessenere Entsprechung zu Shakespeare.

Eddington trieb den Zweiten Hauptsatz sogar noch weiter

---

[*] C.P. Snow, »Die zwei Kulturen. Rede Lecture, 1959«, in: *Die zwei Kulturen. Literarische und naturwissenschaftliche Intelligenz. C.P. Snows These in der Diskussion*, hg. v. Helmut Kreuzer, München 1987, S. 30.

und erhob ihn in eine mystische Position auf dem Gipfel der Wissenschaft. Er schrieb:

> Der Zweite Hauptsatz der Thermodynamik nimmt nach meiner Überzeugung unter allen Naturgesetzen die höchste Stellung ein. Wenn jemand uns darauf hinweist, dass unsere Lieblingstheorie über das Universum im Widerspruch zu den Maxwell-Gleichungen steht – umso schlimmer für die Maxwell-Gleichungen. Wenn sich herausstellt, dass sie den Beobachtungen widerspricht – nun ja, experimentelle Wissenschaftler machen manchmal etwas falsch. Stellt sich aber heraus, dass unsere Theorie gegen den Zweiten Hauptsatz der Thermodynamik verstößt, gibt es keine Hoffnung mehr; dann bleibt nichts anderes, als sie in tiefster Demut zu verwerfen.

Diese Behauptung hört sich mehr nach einem religiösen Traktat an denn nach der Aussage eines angesehenen Wissenschaftlers. Aber Eddingtons außergewöhnliche Behauptung über die »höchste Stellung« des Zweiten Hauptsatzes hat einen einfachen Hintergrund. Im Innersten besagt dieses Gesetz, dass Ereignisse, die eine hohe Wahrscheinlichkeit haben, wahrscheinlicher eintreten als Ereignisse mit einer geringen Wahrscheinlichkeit. Das ist eine Tautologie, aber gerade deshalb ist sie wahr. Mit der Wahrscheinlichkeitsinterpretation werden wir uns in Kürze genauer befassen, aber für den Anfang wollen wir dafür sorgen, dass der Zweite Hauptsatz ein wenig weniger rätselhaft klingt.

Das Kernstück des Zweiten Hauptsatzes der Thermodynamik ist der Begriff der Entropie. Was ist Entropie?

KAPITEL 9

Die Entmystifizierung der Entropie

Entropie – das hört sich mystisch an, aber sie ist auch ein technisches Hilfsmittel mit den ganz gewöhnlichen technischen Maßeinheiten von Kalorien pro Grad.

> Ich bin der Geist, der stets verneint!
> Und das mit Recht; denn alles, was entsteht,
> Ist wert, dass es zugrunde geht.
>
> Mephisto in Goethes *Faust*

Die Physik hat die Angewohnheit, alltägliche Größen mit undurchschaubaren, abstrakten Definitionen zu versehen. Wer beispielsweise nicht gerade ein Physikexamen abgelegt hat, kennt wahrscheinlich nicht die Definition der *Energie*, die von Emmy Noether (siehe Kapitel 3) entwickelt wurde und in Fortgeschrittenenkursen gelehrt wird:

> Energie ist die Erhaltungsgröße, die dem Fehlen einer expliziten Zeitabhängigkeit in der Lagrange-Funktion entspricht.

Es braucht nicht besonders betont zu werden, dass so etwas nicht in der Oberschule und noch nicht einmal in den meisten Physik-Anfängerkursen gelehrt wird, aber wenn neue Umstände eintreten, ist es sehr nützlich. Wenn man beispielsweise Einstein heißt, gerade einige Gleichungen namens Relativitätstheorie abgeleitet hat und nun herausfinden will, wie man

9 Die Entmystifizierung der Entropie

die Energieerhaltung mit diesen Gleichungen neu definieren kann, wendet man einfach die Noether-Regel an. (Weitere Erläuterungen zu dieser höher entwickelten Definition der Energie finden sich im Anhang 2.)

Auch manche anderen physikalischen Größen haben ähnlich abstrakte, rätselhafte Definitionen, die sich für den Experten als nützlich erweisen, für den Nichtphysiker jedoch undurchschaubar bleiben. Eine davon ist die fortgeschrittene Definition der *Entropie*. In ihrer abstrakteren Form kann man sie so in Worte fassen:

> Entropie ist der Logarithmus der Zahl von Quantenzuständen, die für ein System zugänglich sind.

Diese Definition ist ungefähr ebenso einfach zu verstehen wie Noethers Definition der Energie. Entropie scheint etwas Kompliziertes und Abstraktes zu sein, das jenseits des Horizonts aller Menschen mit Ausnahme der am stärksten mathematisch geneigten Physiker und Statistiker liegt.

Wer diesen Eindruck hat, ist vielleicht überrascht, wenn ich sage, dass die Entropie einer Tasse Kaffee bei ungefähr 700 Kalorien je Grad Celsius liegt. Die Entropie unseres Körpers beträgt ungefähr 100 000 Kalorien je Grad. Mit ein wenig physikalischen und chemischen Kenntnissen sowie einem Chemie-Handbuch kann man die Entropie von Alltagsgegenständen ermitteln. Wer in dieser Hinsicht neugierig ist, kann im Internet nach der »Entropie von Wasser« suchen.

Kalorien je Grad? Die gleiche Einheit hat auch die spezifische Wärme, die im Physikunterricht der Oberschule behandelt wird – sie gibt an, welche Wärmemenge man in ein Objekt stecken muss, um seine Temperatur zu steigern. Das hört sich nicht nach dem Logarithmus der Zahl von Quantenzuständen an, oder? Ebenso klingt es nicht nach dem »Ausmaß der Unordnung«. Die Entropie mag ein wenig rätselhaft sein, aber mystisch ist sie nicht. Sie ist etwas Alltägliches und ein unentbehrliches Hilfsmittel der Technik.

Die Motivationskraft des Feuers

Wie die Computertechnik, die heute die Informationsrevolution vorantreibt, so wurde die Dampfmaschine zur Triebkraft der industriellen Revolution. Anfang des 18. Jahrhunderts waren Dampfmaschinen gewaltige Apparate: Sie füllten ganze Gebäude und waren ineffizient, aber dennoch wirtschaftlich, wenn es darum ging, Wasser aus tiefen Bergwerken abzupumpen. Inmitten heftiger Konkurrenzkämpfe kam es rasch zu einer Reihe von Neuerungen. Im Jahr 1765 hatte James Watt, nach dem später eine Krafteinheit benannt wurde, neue Wege entdeckt, um kleinere Maschinen zu bauen, die weniger Energie vergeudeten. Robert Fulton führte 1809 auf sechs Flüssen in den Vereinigten Staaten und in der Chesapeake Bay die ersten Dampfschiffe ein. Schließlich waren die Maschinen so klein, dass man sie auf Lokomotiven montieren konnte, was zu Umwälzungen im Verkehrswesen und zur Erschließung des amerikanischen Westens führte. Auch damit war die Revolution nicht zu Ende. Die heutigen Kohle- und Gaskraftwerke sind weiterentwickelte Dampfmaschinen; das Gleiche gilt auch für die Kernkraftwerke, in denen nicht mehr Kohle, sondern Uran zur Dampferzeugung dient.

Anfangs verlief die Entwicklung der Dampfmaschine vorwiegend auf empirischen Wegen. Der schottische Instrumentenbauer James Watt erkannte, dass Energie in den Dampfmaschinen verschwendet wurde, weil der Zylinder, der den Kolben antrieb, abwechselnd erhitzt und abgekühlt wurde; deshalb baute er einen getrennten Kondensator ein, der die Effizienz gewaltig steigerte. Ein theoretisches Verständnis je-

9 Die Entmystifizierung der Entropie

Abb. 9.1 Ein Atomkraftwerk. Die Energie wird in dem kleinen Kuppelbau unten rechts erzeugt. Der große Turm dient der Kühlung, die für eine hocheffiziente Stromproduktion notwendig ist. Der »Rauch« ist ein Nebel aus (nicht radioaktiven) Wassertröpfchen aus dem See.

doch, einen tiefer gehenden Weg, mit dem man die Methode optimieren konnte, ohne herumzuprobieren – also das, was wir heute besitzen –, entwickelte erst der französische Militäringenieur Sadi Carnot. Er formulierte Anfang des 19. Jahrhunderts die physikalischen Grundlagen der Dampfmaschine und gelangte dabei zu einigen bemerkenswerten Schlussfolgerungen.

Wie Carnot erkannte, ist die Funktionsweise der Maschine nicht grundsätzlich davon abhängig, dass man Dampf verwendet; Dampfmaschinen waren nur ein Beispiel für eine Klasse von Maschinen, die aus heißem Gas »nützliche« mechanische Energie gewinnen. Seine Analysen werden heute auch auf Benzin- und Dieselmotoren angewendet. Im Idealfall würde man gern die *gesamte* Wärmeenergie in mechanische Energie umwandeln, aber Carnot gelangte zu der Erkenntnis, dass dies nicht möglich ist. Den Anteil, der sich auf diese Weise umwandeln lässt, bezeichnet man als *Wirkungsgrad*. Carnot wies nach, dass es gleichermaßen wichtig war, die eine Seite der Maschine kalt und die andere heiß zu halten; der Wirkungsgrad ergibt sich aus dem Verhältnis von Wärme zu Kälte. Die Abweichung von einem vollkommenen Wirkungsgrad ist einfach das Verhältnis $T_{kalt}/T_{heiß}$, wobei die Temperaturen auf der absoluten Skala gemessen werden. Wenn T_{kalt} niedrig genug oder $T_{heiß}$ hoch genug ist, erreicht man einen Wirkungsgrad von 100 Prozent.

In modernen Atomkraftwerken liefert Uran die Wärme für die Dampferzeugung, und Kühlwasser verwandelt den Dampf wieder in eine Flüssigkeit. Nicht die Reaktoren für die Atomspaltung, sondern die Kühltürme sind zum Sinnbild für solche Kraftwerke geworden (siehe Abbildung 9.1). Die Kernspaltung findet in dem kleinen, kuppelförmigen Gebäude rechts unten auf dem Foto statt. Im Vergleich zu den eleganten Kühltürmen fällt es kaum auf. Auch solche Kernkraftwerke basieren auf Carnots Gleichungen: Sie erzielen durch die Kombination von Heiß und Kalt einen möglichst hohen Wirkungsgrad. Selbst Kernkraftwerke sind also eigentlich nur Dampfmaschinen, so seltsam es auch erscheinen mag. Atom-U-Boote werden ebenfalls mit Dampf angetrieben.

Aber auch wenn man eine heiße Flüssigkeit (Dampf) und eine Kühlvorrichtung hat, muss man eine Dampfmaschine sorgfältig konstruieren, um die Vergeudung von Wärmeenergie zu vermeiden. Carnot fand heraus, wie man das am besten tut, und heute bezeichnen wir eine solche optimierte Apparatur als *Carnot-Maschine*. Andere Konstruktionen ordnen wir danach ein, welchen Prozentsatz des Carnot-Wirkungsgrades sie erreichen können. (Manchmal hört man, eine Wärmekraftmaschine habe einen Wirkungsgrad von 90 Prozent; damit ist gemeint, dass sie 90 Prozent des Carnot-Wirkungsgrades erreicht.) Den hohen Wirkungsgrad erzielt die Carnot-Maschine, weil sie den produzierten Entropieüberschuss auf null vermindert. Ich werde die Entropie in Kürze definieren, im Zusammenhang mit Dampfmaschinen hat sie aber ein entscheidendes Merkmal: Wenn man Entropie erzeugt, vergeudet man Energie. Den Begriff *Entropie* selbst prägte Carnot nicht. Er geht vielmehr auf seinen Schüler Rudolf Clausius zurück, der die Wortbestandteile *En* und *ie* aus *Energie* mit dem griechischen Wortbestandteil *trope* (»Umwandlung«) kombinierte. Clausius schrieb 1865:

> ... so schlage ich vor, die Größe S nach dem griechischen Wort »tropae«, die Verwandlung, die Entropie des Körpers zu nennen. Das Wort habe ich absichtlich dem Wort Energie möglichst ähnlich gebildet, denn die beiden Größen, welche durch diese Worte benannt werden sollen, sind ihren physikalischen Bedeutungen nach einander so nahe verwandt, dass eine gewisse Gleichartigkeit in der Benennung mir zweckmäßig zu sein scheint.

Wenn wir also Energie und Entropie verwechseln, ist Clausius schuld.

Entropie aus Wärmeströmung

In der ursprünglichen Formulierung war die Entropie eines Objekts als null definiert, wenn alle Wärme beseitigt war. Um die Entropie eines warmen Objekts zu finden, geht man von der Temperatur 0 (auf der absoluten Skala) aus und fügt langsam Wärme hinzu, wobei man ständig die steigende Temperatur verfolgt. Eine kleine Zunahme der Entropie ist definiert als hinzugefügte Wärmemenge, dividiert durch die Temperatur. Nimmt man alle diese kleinen Entropiezunahmen zusammen, erhält man die Entropie des warmen Objekts. So messen wir die Entropie einer Tasse Wasser. Kühlt man das Objekt nach und nach ab, sinkt die Entropie.

In der Regel haben kalte Objekte eine niedrige und heiße Objekte eine hohe Entropie. In diesem Sinne ähnelt die Entropie der Energie, aber im Gegensatz zu dieser ist sie unbegrenzt und lässt sich leicht erzeugen. Die Gesamtmenge der Energie in einer abgeschlossenen Sammlung von Objekten ändert sich im Laufe der Zeit nicht; sie kann allerdings von einem Objekt zum anderen wandern oder sich von potentieller in kinetische Energie oder von Masse in Wärme umwandeln. Das ist der Energieerhaltungssatz. Entropie dagegen bleibt nicht erhalten. Sie kann unbegrenzt zunehmen. In diesem Sinn ähnelt sie Wörtern; man kann durch Reden so viele neue Wörter erzeugen, wie man will. Wörter bleiben nicht erhalten. (Damit pflegte Richard Feynmans Vater seinen Sohn aufzuziehen: Er sagte dem kleinen Richard, dieser solle den Mund halten, sonst würden ihm die Wörter ausgehen und er könne nicht mehr sprechen.) Genauso ist es mit der Entropie. Das Universum erzeugt ständig mehr davon.

Entropie kann auch dann im Laufe der Zeit wachsen, wenn wir nichts tun. Entropie zu schaffen, ist einfach. Wir brauchen nur eine Tasse mit heißem Kaffee in einem kühlen Raum stehen lassen, bis er kalt ist. Wenn die Wärme den Kaffee verlässt, nimmt die Entropie des Kaffees ab (negative Wärmeströmung), aber die Entropie des Zimmers nimmt mehr als genug zu, um diesen Verlust auszugleichen.* Indem wir also

---

* Der Entropieverlust des heißen Kaffees ist $-$Wärme$/T_{\text{Tasse}}$. Der Entropie-

9 Die Entmystifizierung der Entropie

einfach den Kaffee zum Abkühlen beiseitestellen, steigern wir absichtlich die Entropie des Universums – und das lässt sich nie mehr rückgängig machen.

Der Zweite Hauptsatz der Thermodynamik besagt, dass die Entropie in jedem abgeschlossenen System entweder gleich bleibt oder zunimmt. Die Worte *abgeschlossenes System* sind dabei wichtig: Lokal (zum Beispiel in der abkühlenden Kaffeetasse) kann die Entropie abnehmen, aber nur dann, wenn sie anderswo (im Zimmer) zunimmt. Der Zweite Hauptsatz der Thermodynamik lässt zu, dass die Entropie konstant bleibt; in einem Objekt, das sich im Gleichgewicht befindet, ändert sich die Entropie nicht. Eine perfekte Carnot-Maschine arbeitet, ohne dass die Entropie des Universums zunimmt; deshalb ist sie so effizient.

Für die Entropie gibt es alle möglichen praktischen Verwendungszwecke. Chemiker ermitteln mit Entropietabellen für verbreitete Chemikalien, welche chemischen Reaktionen stattfinden werden und welche nicht. Solange die berechnete Entropie der Ausgangsverbindungen geringer ist als die der Reaktionsprodukte, läuft die Reaktion nicht ab. Das ist ein Gesetz.

Wenn Politiker und Ökologen uns drängen, »Energie zu sparen«, meinen sie damit in Wirklichkeit, dass wir so wenig zusätzliche Entropie erzeugen sollen wie möglich. Die Erzeugung von Entropie setzt voraus, dass Energie »verschwendet« wurde; sie ist von warmen zu kalten Gegenständen geflossen, ohne dabei nützliche Arbeit wie die Bewegung von Kolben zu leisten. Keine wirkliche Maschine erreicht ganz den Carnot-

---

gewinn des Zimmers beträgt +Wärme/T_{Zimmer}. Die Werte für die Wärmemenge sind (abgesehen vom Vorzeichen) die gleichen, aber da T_{Zimmer} kleiner ist als T_{Tasse}, ist der Entropieverlust der Tasse geringer als der Entropiegewinn des Zimmers.

Wirkungsgrad, Energiesparen bedeutet also, dass man mit so wenig nützlicher, Arbeit leistender Energie auskommt wie möglich. Am Ende entschwindet sogar nützliche Arbeit in Form von Wärme, und auch das trägt zur Entropie des Universums bei.

Entropie der Mischung

Wärme fließen zu lassen, ist nicht der einzige Weg, um Entropie zu erzeugen. Man kann auch dafür sorgen, dass sich das Kohlendioxid aus einem Kohlekraftwerk mit der Atmosphäre vermischt. Die so entstehende »Entropie durch Vermischung« lässt sich mit den Regeln, die von Carnot, Clausius und ihren Nachfolgern formuliert wurden, leicht errechnen. Das Gleiche gilt, wenn wir Schokoladensirup in die Milch schütten: Dann vermischen sich zwei Flüssigkeiten, und ohne zusätzlichen Energieaufwand lässt die Mischung sich nicht mehr rückgängig machen. Diese Entropie der Vermischung gewinnt insbesondere im nächsten Kapitel an Bedeutung, wenn wir uns mit dem Zusammenhang zwischen Entropie und Durcheinander beschäftigen.

Ich möchte ein praktisches Beispiel nennen. Angenommen, wir wollen Meerwasser entsalzen. Das Meerwasser ist eine Mischung aus Salz und Wasser, und es enthält eine Vermischungsentropie, die durch die Entsalzung beseitigt wird. Nach dem Zweiten Hauptsatz ist das nur dann möglich, wenn die Entropie an anderer Stelle zunimmt – beispielsweise weil wir mit Wärmeströmung einen Kolben antreiben, der Druck auf das Salzwasser ausübt und es durch eine Membran treibt, die beide Komponenten trennt. Eine Berechnung zeigt, dass zur Entsalzung eine bestimmte Mindestmenge an Energie aufgewendet werden muss; diese liegt, wie sich herausstellt,

9 Die Entmystifizierung der Entropie

bei ungefähr einer Kilowattstunde für jeden Kubikmeter gereinigtes Meerwasser.

Diese Zahl ist von praktischer Bedeutung. Einmal musste ich einen Businessplan für ein neues Entsalzungsverfahren begutachten; als erstes prüfte ich, ob die darin enthaltenen, außergewöhnlichen Behauptungen den Zweiten Hauptsatz der Thermodynamik verletzten. Das war der Fall, also riet ich dem Investor, die Finger davon zu lassen. Der Erfinder verletzte das Gesetz.

Entropieberechnungen können nicht nur etwas darüber aussagen, ob manche Behauptungen betrügerisch sind, sondern sie setzen auch den Maßstab für erreichbare Ziele. Wenn wir sagen, dass elektrische Energie zehn Cent je Kilowattstunde kostet, liegen die Kosten der einen Kilowattstunde, die zur Entsalzung eines Kubikmeters Meerwasser notwendig sind, bei mindestens zehn Cent. Das macht ungefähr 100 Dollar je 1000 Kubikmeter (die Menge, die eine fünfköpfige amerikanische Familie durchschnittlich in einem Jahr verbraucht). Derzeit sind Entsalzungsanlagen nicht annähernd so billig; sie liefern Süßwasser für ungefähr 2000 Dollar je 1000 Kubikmeter. Das Gesetz erlaubt also maximal eine potentielle Kostensenkung um den Faktor 20. In Kalifornien liegt der Preis für landwirtschaftlich genutztes Wasser meist zwischen sechs und 40 Dollar je 1000 Kubikmeter, was die Entsalzung unwirtschaftlich macht, aber während der Dürre von 2015 zahlten manche Bauern bis zu 2000 Dollar je 1000 Kubikmeter. Bei solchen Kosten wird die Entsalzung konkurrenzfähig. (Natürlich bleibt die Investition in eine Entsalzungsanlage dennoch riskant, denn wenn die Dürre zu Ende geht, sinkt der Wasserpreis stark ab.)

Ein Weg zur Kostensenkung bei der Entsalzung besteht in der Nutzung von Energie, die billiger ist als elektrischer Strom. So kann man beispielsweise die Heizung, von der die Anlage angetrieben wird, unmittelbar mit dem Sonnenlicht betreiben. Nebenbei bemerkt: Sonnenlicht kann man auch zur Kühlung verwenden. Raten Sie mal, wer das entsprechende Patent besitzt! Die erstaunliche Antwort: Das US-Patent für einen solarbetriebenen Kühlschrank trägt die Nummer 1 781 541 und wird von Albert Einstein sowie dem Physiker Leo Szilard (der auch die Atombombe patentieren ließ) gehalten. Es ist sicher vergnüglich, über die beiden im Internet zu recherchieren. Außerdem ist es eine so überraschende und gleichzeitig wenig bekannte Tatsache, dass man damit möglicherweise eine Wette gewinnen kann.

Aus Entropieberechnungen ergeben sich für diejenigen unter uns, die sich Sorgen wegen der globalen Erwärmung machen, auch Folgerungen für die Beseitigung des Kohlendioxids aus der Atmosphäre. Von dem in die Luft entlassenen Kohlendioxid ist 1000 Jahre später noch fast ein Viertel vorhanden. Im Prinzip könnte man es zwar entfernen, aber es hat sich mit einer riesigen Atmosphäre vermischt, das heißt, die Mischung hat eine gewaltige Entropie. Um ihr das Kohlendioxid zu entziehen, muss man an anderer Stelle Entropie (in der Regel in Form von Wärme) erzeugen, und das erfordert viel Energie. Viel billiger wäre es, das Kohlendioxid aufzufangen, bevor es sich mit der Atmosphäre vermischt. Oder wir lassen den Kohlenstoff einfach im Boden.

Aber genug von der praktischen Nutzung der Entropieberechnungen. Mit dem Verhalten der Zeit wird die Entropie durch ihre abstrakte, mystische Interpretation in Verbindung gebracht.

KAPITEL 10

Die Mystifizierung der Entropie

Die tiefere Bedeutung der Entropie gehört
zu den faszinierendsten Entdeckungen in der
Geschichte der Physik ...

> Der eigentliche Triumph der Wissenschaft ist, dass wir eine Denkweise finden können, in der die Naturgesetze offen zutage treten.
>
> Richard Feynman

Der verblüffendste Aspekt der Entropie liegt tief versteckt hinter ihrer technischen Fassade. Die einfache Vorstellung von Wärmeströmung und Temperatur verschleierte ihre Wurzeln in der Quantenwelt. Das Konzept kristallisierte sich im 19. Jahrhundert nach und nach heraus, als Wissenschaftler sich um die Schaffung und Erforschung eines neuen Fachgebiets namens *statistische Physik* bemühten, das sich auf unbestätigte Annahmen über die Existenz von Atomen und Molekülen stützte. Rätsel und Paradoxa in der statistischen Physik führten dazu, dass man die Quantenphysik entdeckte – und Eddington kam durch sie auf die Idee, dass der Strom der Zeit durch eine Entropiezunahme angetrieben wird.

Die Physik der vielen Dinge

Die Physik versteht es sehr gut, das Verhalten eines oder zweier Atome vorherzusagen. Ebenso kann sie gut mit einem oder zwei Planeten umgehen. Schwieriger wird es jedoch, wenn eine Handvoll Objekte miteinander wechselwirken. So lässt sich beispielsweise nur äußerst schwer vorhersagen, ob ein System aus drei Sternen stabil ist; wir kennen zwar die Gleichungen, sind aber nicht in der Lage, sie mit mathematischen Methoden zu »lösen« – das heißt, die Lösungen als gewöhnliche wissenschaftliche Funktionen (zum Beispiel Exponenten oder Cosinus) zu schreiben, die man leicht auswerten kann. Wir können nur die Bewegung einer Handvoll Sterne auf einem Computer simulieren, und das tut man in der Regel auch. Leider neigen aber Systeme aus drei Sternen zu chaotischem Verhalten, und man braucht sehr genaue Angaben über Ausgangspositionen und Geschwindigkeiten, um auch nur ungefähre Schätzungen über die Zukunft anstellen zu können. Deshalb ist man in der Astronomie häufig nicht sicher, ob ein bestimmtes Sternsystem stabil ist oder ob einer der Sterne zu irgendeinem zukünftigen Zeitpunkt in die Unendlichkeit davonfliegen wird.

Interessanterweise wird die Physik mit zunehmender Zahl von Objekten wieder einfacher. Das liegt daran, dass man bei vielen wichtigen Fragestellungen eigentlich nur Durchschnittswerte ermitteln will, und die lassen sich bei einer großen Zahl von Teilchen (ein Liter Luft enthält rund $2{,}5 \times 10^{22}$ Moleküle) leicht ermitteln. Sogar die durchschnittlichen Abweichungen vom Durchschnittswert kann man berechnen.

Bevor man die statistische Physik entwickelte, wurden einfache Gasgesetze bereits empirisch entdeckt. Schon 1676 konnte der irische Chemiker und Theologe Robert Boyle mit einer Serie von Experimenten nachweisen, dass der Druck

10 Die Mystifizierung der Entropie

einer bestimmten Luftmenge umgekehrt proportional zu ihrem Volumen ist. Presst man sie auf das halbe Volumen zusammen, verdoppelt sich der Druck (vorausgesetzt, man hält die Temperatur konstant). Im 19. Jahrhundert lieferte die statistische Physik eine Erklärung für diesen Befund: Sie postulierte, dass das Gas aus einer Riesenzahl mikroskopisch kleiner Atome besteht und dass der Druck einfach die durchschnittliche Folge zahlreicher winziger Kollisionen dieser Atome mit den Gefäßwänden ist.

Dass man das Verhalten von Gasen mit Hilfe von Atomen erklären konnte, war eine der ersten großen »Vereinheitlichungen« in der Physik. Bevor es die Atomtheorie gab, bestand kein Zusammenhang zwischen dem Verhalten von Gasen und Newtons Gesetzen (wie $F = ma$). Man hielt die Wärme für eine eigene Flüssigkeit, einen »Wärmestoff«, der sich mit dem Gas vermischte. Die statistische Physik dagegen besagte, dass Wärme einfach der Energie der einzelnen Atome entspricht; schnell zusammenstoßende Atome sind demnach »heiß«, langsame sind »kalt«; die Temperatur (in Grad auf der absoluten Skala) ist dann die durchschnittliche kinetische Energie pro Atom.

Auch hier kommt Einstein mit einer entscheidenden Erkenntnis ins Spiel. Im Jahr 1905, in dem er auch seine Gleichung $E = mc^2$ bewies, suchte er nach Möglichkeiten, die Atomtheorie zu überprüfen; dazu berechnete er, welche Wirkung Atome auf kleine Staubkörner haben müssten. Als er sich mit dieser Frage beschäftigte, stellte er fest, dass der Botaniker Robert Brown den Effekt bereits 1827 beobachtet hatte: Er war unter dem Namen *Brown'sche Bewegung* bekannt. Mit einem leistungsfähigen Mikroskop hatte Brown beobachtet, dass winzige Pollenkörner wackeln, sich winden und bewegen, als wollten sie schwimmen. Zu jener Zeit lautete die Lieblingsspekulation: Die winzigen Körnchen sind von sich aus lebendig – sie sind Vorstufen von Pantoffeltierchen oder etwas Ähnliches und besitzen eine innere, urtümliche Lebenskraft.

Nein. Wie Einstein nachweisen konnte, entsprach die Bewegung genau dem, was man erwartet, wenn Wassermoleküle die Pollenkörner von verschiedenen Seiten bombardieren, ohne dass die Effekte sich im Durchschnitt genau auslöschen. Hin und wieder wird ein solches Staubkorn auf einer Seite von mehr Stößen getroffen als auf der anderen, und dann springt es ein wenig. Im Durchschnitt bleibt zwar jedes Korn an seinem Platz, er konnte aber die Abweichung von diesem Durchschnitt berechnen. Das Korn bewegte sich unter dem Strich nicht deshalb, weil es schwamm, sondern es erlebte eine zufällige »Irrfahrt«, anschaulich auch »Spaziergang eines Betrunkenen« genannt. Wer zahlreiche Schritte in zufälligen Richtungen vollzieht, bewegt sich vom Ausgangspunkt weg; die Entfernung wächst im Durchschnitt mit der Schrittgröße, multipliziert mit der Quadratwurzel der Zahl der Schritte. Erste Experimente schienen darauf hinzudeuten, dass Einstein mit seinen Aussagen über die Brown'sche Bewegung unrecht hatte, aber 1908 bestätigte Jean Perrin mit genaueren Messungen die Vorhersagen des großen Physikers, und das führte sofort dazu, dass die Existenz von Atomen und Molekülen allgemein anerkannt wurde – und dass auch die statistische Physik sich durchsetzte.

Für mich ist das ein bemerkenswerter Aspekt der Physikgeschichte: Obwohl man Ende des 19. Jahrhunderts schon viel über Elektrizität, Magnetismus, Masse und Beschleunigung wusste, freundete die Wissenschaftlergemeinde als Ganzes sich erst zwischen 1905 und 1908 im Gefolge der Arbeiten von Einstein und Perrin mit der Erkenntnis an, dass es Atome und Moleküle gibt.

In den 1950er Jahren, als ich ein Teenager war, las ich das

10 Die Mystifizierung der Entropie

Buch *1, 2, 3 ... Unendlichkeit* von George Gamow. Darin fand ich ein Foto eines »Hexamethylbenzol«-Moleküls. Es zeigte zwölf schwarze Punkte in regelmäßiger, sechseckiger Anordnung; die Punkte hielt ich für einzelne Atome. (Das waren sie nicht; heute weiß ich, dass es sich um Atomgruppen handelte.) Für mich war dieses Foto sehr aufregend. Man hatte Atome fotografiert! Heutzutage sind Fotos von Atomen nichts Besonderes mehr, aber noch 1989 machte IBM Schlagzeilen, als Wissenschaftler des Unternehmens 35 Xenonatome auf einer Oberfläche zu den Buchstaben »IBM« angeordnet und das Ganze mit einem neuartigen Instrument, dem *Rastertunnelmikroskop*, aufgenommen hatten. Atome sind heute keine Hypothesen mehr, aber zu Einsteins Zeit waren sie es noch.

Einsteins Erklärung für die Brown'sche Bewegung hätte man für den größten Fortschritt der Physik in jenem Jahr oder sogar im ganzen Jahrhundert halten können, hätte Einstein nicht im gleichen Jahr noch drei weitere großartige Artikel geschrieben: zwei über die Relativität und einen, in dem er die Quantennatur des Lichts postulierte. Dieser zuletzt genannte Aufsatz über den »photoelektrischen Effekt« war der Vorwand, unter dem man ihm den Nobelpreis verlieh. Das für Einstein so erstaunlich produktive Jahr 1905 wurde von Physikern als *annus mirabilis* bezeichnet, als »Wunderjahr«.

Entropie – was ist das eigentlich?

Die statistische Physik hatte gezeigt, dass Druck durch abprallende Teilchen entsteht und dass Temperatur die kinetische Energie pro Teilchen ist. Für die Entropie gab es aber eine kompliziertere, bemerkenswerte Erklärung, die der Physiker und Philosoph Ludwig Boltzmann schon fast 40 Jahre vor Einsteins Untersuchungen an der Brown'schen

II Ein gebrochener Pfeil

Bewegung formuliert hatte. Boltzmann gab sich große Mühe, seine Theorien der statistischen Physik zu verteidigen. Er litt an einer bipolaren Persönlichkeitsstörung, wie wir sie heute nennen, und 1906 nahm er sich während eines depressiven Schubs durch Erhängen das Leben – nur drei Jahre bevor Perrin die Welt der Physik mit seinen Experimenten davon überzeugte, dass die Grundannahmen von Boltzmanns Überlegungen richtig waren.

Boltzmann hatte nachgewiesen, dass die Entropie eines Materials damit zusammenhängt, auf wie viele verschiedene Arten die Moleküle das Volumen ausfüllen können und so den beobachteten makroskopischen Zustand erzeugen. Diese Zahl bezeichnet man als *Multiplizität*. Stellen wir uns einmal einen Liter Luft mit $2,5 \times 10^{22}$ Molekülen vor. In einem Zustand drängen sich vielleicht alle Moleküle in einer Ecke zusammen. Diese Anordnung ist nur auf eine Weise zu erreichen, die Multiplizität des betreffenden Zustandes beträgt also 1. In einem anderen Zustand sind die Moleküle gleichmäßig verteilt, so dass in jedem Kubikzentimeter die gleiche Anzahl von ihnen vorhanden ist. Dieser Zustand hat eine gewaltige Multiplizität, denn wir können das erste Molekül in jedem der 1000 Kubikzentimeter des Liters unterbringen, das zweite in jedem anderen, und so weiter, wobei wir nur darauf achten müssen, dass wir nicht einen einzelnen Kubikzentimeter zu stark füllen. Da die Zahl der Luftmoleküle in einem Liter mit $2,5 \times 10^{22}$ sehr groß ist, ergibt sich für die Zahl der verschiedenen Wege, auf denen man diese Kubikzentimeter füllen könnte, ein sehr großer, aber berechenbarer Wert. (Auf einige tatsächliche Zahlen werde ich in Kürze zu sprechen kommen.)

Boltzmann ging davon aus, dass die Multiplizität eines Zustandes etwas über seine Wahrscheinlichkeit aussagt. Dass die Moleküle den Raum gleichmäßig ausfüllen, ist also ungeheuer

10 Die Mystifizierung der Entropie

Abb. 10.1 Der Grabstein von Ludwig Boltzmann; oben erkennt man seine Entropiegleichung.

viel wahrscheinlicher. Zur Berechnung der Multiplizität berücksichtigte Boltzmann auch die Zahl der unterschiedlichen Arten und Weisen, wie die Teilchen die verfügbare Energie unter sich aufteilen können.

Wie Boltzmann entdeckte, war dieser Ansatz der Schlüssel zu einem tieferen Verständnis der Entropie. Nachdem er die Multiplizität W eines Zustandes berechnet hatte, stellte er fest, dass der Logarithmus dieser Zahl einen Wert hatte, der zur Entropie proportional war! Das war ein erstaunlicher Befund. Zuvor war Entropie ein technischer Begriff gewesen, den man benutzte, um die Wärmeverschwendung so gering wie möglich zu halten. Boltzmann zeigte, dass es sich bei ihr um eine grundlegende Größe handelt, die ihre Wurzeln in der abstrakten Mathematik der statistischen Physik hat. Seine Gleichung lautet:

II Ein gebrochener Pfeil

$$\text{Entropie} = k \log W$$

Der Wert von k wurde so gewählt, dass sich $\log W$, eine reine Zahl, in die Entropie der Ingenieure verwandelte, die in Kalorien pro Grad oder Joule pro Grad gemessen wurde. Heute bezeichnet man k als *Boltzmann-Konstante*. (Den gleichen Buchstaben k habe ich auch in Einsteins Gleichung für die allgemeine Relativitätstheorie verwendet, es handelt sich dabei aber um eine andere Zahl.) Sie ist so nützlich, dass jeder Physikstudent ihren Wert auswendig lernt.* Boltzmann war auf seine Errungenschaft so stolz, dass er darum bat, die Gleichung in seinen Grabstein meißeln zu lassen, was auch geschah (Abbildung 10.1).

Die Zahl *Googol* wurde von dem neunjährigen Milton Sirotta erfunden, als sein Onkel, der Mathematiker Edward Kasner, ihn aufforderte, sich einen Namen für eine 1 auszudenken, auf die so viele Nullen folgten, wie er schreiben konnte. Später erklärten sie, ein Googol sei eine 1 mit 100 Nullen. Wir können 1 Googol also auch als 10^{100} schreiben. (Das Unternehmen Google erhielt seinen Namen, nachdem Sean Anderson, ein Freund des Firmengründers Larry Page, dieses Wort falsch geschrieben hatte.) Die Zahl der Atome im Universum wird auf 10^{78} geschätzt und liegt damit um den Faktor von einer 1 mit 22 Nullen niedriger. Die Multiplizität in einem Behälter voller Gas, also die Zahl der Arten und Weisen, auf die man ihn füllen kann, liegt in der Regel bei einer 1, auf die 10^{25} Nullen folgen. Das ist gleichbedeutend mit $10^{10^{25}}$, und diese Zahl ist ungeheuer viel größer als

---

* In der Physik hat k den Wert $1{,}38 \times 10^{-23}$ Joule pro Grad Kelvin, wenn man den natürlichen Logarithmus verwendet. In den hier verwendeten Einheiten und unter Benutzung der Logarithmenbasis 10 ist $k = 7{,}9 \times 10^{-24}$ Kalorien je Grad Kelvin.

ein einzelnes Googol. Andererseits ist sie weniger als ein Googolplex.

Was ist ein *Googolplex*? Diese gigantische Zahl ist definiert als eine 1, auf die 1 Googol Nullen folgen. (Es war auch der Name, den Anderson ursprünglich für Google vorgeschlagen hatte.) Man kann sie als $10^{10^{100}}$ schreiben. Sie ist so riesig, dass vielfach die Ansicht herrscht, sie habe keinen Bezug zur Realität. Sie ist größer als die Zahl der Kubikmillimeter im bekannten Universum. Und doch kommt sie in der statistischen Physik vor, wenn wir die Entropie des Universums berechnen: Diese wurde von Chas Egan und Charles Lineweaver auf $3 \times 10^{104}\ k$ geschätzt. Und wie gesagt: Diese riesige Zahl ist der Logarithmus der Multiplizität W. W selbst ist also noch wesentlich größer.* Die Zahl der Arten und Weisen, mit der man die Bestandteile des Universums umordnen könnte, ohne den Gesamtzustand des Universums zu ändern (dieselben Sterne und so weiter) – also das W des Universums – ist größer als ein Googolplex, viel größer, nämlich ungefähr $10^{10^{104}}$. Demnach ist die Multiplizität des Universums um den Faktor einer 1, gefolgt von 10 000 Nullen, größer als 1 Googolplex.

Die Tyrannei der Entropie

Wie verteilen sich reale Moleküle in einem realen Behälter? Wie teilen sie die verfügbare Energie unter sich auf? Boltzmann gelangte zu der entscheidenden Einsicht, dass der Zustand mit der größten Multiplizität W dominiert. Die höhere Entropie gewinnt, und das mit großem Vorsprung, denn die relativen Wahrscheinlichkeiten werden nicht durch log W be-

---

* Der Logarithmus einer Zahl mit der Basis 10 ist ungefähr die Zahl der Nullen in dieser Zahl. Der Logarithmus von 1 000 000 ist beispielsweise 6.

stimmt, sondern durch *W* selbst, und diese Zahl ist viel größer als ihr Logarithmus.

Die Befunde der statistischen Physik setzen voraus, dass die Wahrscheinlichkeit jedes einzelnen Zustandes von der Zahl der Arten und Weisen abhängt, auf denen er zustande kommen kann, das heißt von der Multiplizität. Diese Annahme liegt nicht ohne weiteres auf der Hand. Man bezeichnet sie als *ergodische Hypothese*. Eigentlich stimmt sie nicht ganz. Wenn wir zwei Behälter haben, von denen einer mit Gas gefüllt und der andere leer ist, wäre im Zustand der höchsten Entropie in jedem Behälter die Hälfte des Gases. Sind die Behälter aber nicht miteinander verbunden, kann das Gas sich nicht von dem einen in den anderen bewegen. Dann ist der Zustand mit der höchsten Wahrscheinlichkeit unerreichbar.

Das hört sich nach einer trivialen Einschränkung an, aber sie wird sich als äußerst wichtig erweisen, wenn wir die Zeit verstehen wollen. Sie zwingt uns, die Entropie folgendermaßen neu zu definieren: Entropie ist demnach nicht der Logarithmus der Zahl der Arten und Weisen, auf denen die Behälter gefüllt werden können, sondern die Zahl der *verfügbaren* Arten und Weisen. Um sie zu ermitteln, zählen wir diejenigen Arten und Weisen zum Füllen der Behälter nicht mit, die irgendwelche physikalischen Gesetze verletzen und beispielsweise voraussetzen, dass Moleküle durch Wände gehen. Von nun an bezeichnet die Multiplizität *W* in diesem Buch die Zahl der verfügbaren Arten und Weisen, auf denen die Behälter gefüllt werden können.

Wir Menschen mögen nicht in der Lage sein, dem Entropiezuwachs Einhalt zu gebieten, aber über die erreichbaren Zustände können wir eine gewisse Kontrolle ausüben. Wie ich später in diesem Buch noch darlegen werde, ist eine solche Lenkung der Schlüssel zur Entscheidungsfreiheit der Menschen. Die Entropie des Universums können wir nicht verringern, aber wir können wählen, ob wir die beiden Gasbehälter verbinden wollen oder nicht. Verbinden wir sie nicht, ist die Entropie des Universums geringer.

Wir können auch die lokale Entropie verändern, sie nach Wunsch verringern. Dasselbe tut auch eine Klimaanlage. Sie kühlt die Luft im Zimmer, verringert damit die Entropie im Haus und strahlt die Wärme nach außen ab. Die Entropiesteigerung der geringfügig wärmeren Umgebungsluft ist größer als der Entropieverlust im Inneren. Wenn wir eine solche Anlage laufen lassen, kühlt sie uns und verringert unsere eigene Entropie, aber die Entropie des Universums steigt dabei an.

Leben stellt eine lokale Abnahme der Entropie dar. Eine Pflanze nimmt den gering konzentrierten, fein verteilten Kohlenstoff aus der Luft auf, verbindet ihn mit Wasser, das sie aus dem Boden angereichert hat, nutzt die Energie aus dem Sonnenlicht zur Herstellung komplexer Stärkemoleküle und ordnet sie zu stark organisierten Strukturen an. Die Entropie der Moleküle, aus denen die Pflanze besteht, wird herabgesetzt, aber unter dem Strich nimmt die Entropie – vor allem durch Wärme, die in die Atmosphäre abgegeben wird – zu.

Entropie ist Durcheinander

Häufig sagt man, Entropie ist ein Maß für das Durcheinander, für den Zustand der Unordnung. Ein Gas mit geringer Entropie, dessen Moleküle sich alle in einer Ecke des Behälters befinden, ist hoch organisiert. Der Zustand hoher Entropie, in dem die Moleküle sich verteilt haben, ist unorganisiert. *Hohe Entropie* charakterisiert einen Zustand, der sehr wahrscheinlich durch Zufallsprozesse entstanden ist. Bei *niedriger Entropie* liegt ein unwahrscheinlicher Organisationsgrad vor.

Ein stark organisierter Zustand ist fast definitionsgemäß nicht durch zufällige natürliche Vorgänge entstanden.

Wenn man mit einem System etwas tut – beispielsweise indem man eine ideale Carnot-Wärmekraftmaschine laufen lässt, um aus heißem Gas nützliche mechanische Arbeit zu gewinnen –, könnte die Gesamtentropie im Prinzip konstant bleiben. Eine solche perfekte Maschine wurde aber noch nie gebaut. In der Praxis wird die Entropie stets größer, das heißt, eine Zunahme der Unordnung ist unvermeidlich. Wenn Wärme von einem heißen zu einem kalten Gegenstand fließt, steigt die Entropie. Das Universum verliert insgesamt an Organisation und wird langsam, aber sicher immer zufälliger.

Wenn wir eine Teetasse zerbrechen, steigern wir die Entropie ihrer Moleküle. Die Scherben sind dem natürlichen, zufälligen Zustand, aus dem sie entstanden sind, näher. Wenn wir die Tasse vollständig zermalmen, ihre einzelnen Moleküle verdampfen lassen und diese Moleküle in den Weltraum befördern, wo sie sich gleichmäßig verteilen, verlieren wir sämtliche Ordnung, und die größtmögliche Entropie stellt sich ein. Wenn wir eine Teetasse herstellen, vermindern wir die lokale Entropie auf Kosten des restlichen Universums. Was wir unter Zivilisation verstehen, basiert zum größten Teil auf einer lokalen Abnahme der Entropie.

Entropie und Quantenphysik

Die statistische Physik entwickelte sich in einer sehr überraschenden Richtung und mündete in die Entdeckung der Quantenphysik. Heizt man ein Objekt auf mehrere tausend Grad auf, so sendet es sichtbares Licht aus; es glüht rot. Die statistische Physik führte diese Strahlung auf die schwingenden Moleküle in dem Objekt zurück, denn schwingende elek-

10 Die Mystifizierung der Entropie

trische Ladungen senden Lichtwellen aus. Dabei stellte sich nur ein Problem: Die statistisch-physikalischen Rechnungen zeigten, dass diese Strahlung eine unendlich große Energie transportieren würde. Da die Unendlichkeit sich auf kurzwelliges (ultraviolettes) Licht bezog, wurde das Problem, das man als *Ultraviolettkatastrophe* bezeichnete, zu einer Peinlichkeit und einem Fehlschlag für die statistische Physik.

Eine aussagekräftige, unphysikalische Lösung schlug der deutsche Physiker Max Planck vor. Er fand eine Gleichung, mit der man die tatsächlichen Beobachtungen erklären konnte. Seine *Planck-Formel*, wie wir sie heute nennen, war nicht physikalisch, sondern rein mathematisch. Anschließend suchte er nach einer Annahme, einem neuen physikalischen Prinzip, aus dem man die Gleichung ableiten konnte, wenn es stimmte. Ein solches Prinzip fand er auch: Er kam auf den Gedanken, dass Atome das Licht nur in abgegrenzten Mengen oder *Quanten* abgeben können. Diese erstaunliche Idee wurde zum Grundprinzip der Quantenphysik.

Planck musste unterstellen, dass die Energie von Licht mit der Frequenz f, das von einem Atom abgegeben wird, stets ein Vielfaches einer Energie-Grundeinheit sein muss; das Prinzip formulierte er in der Gleichung

$$E = hf$$

Die Zahl h wählte er so, dass die beobachtete Strahlung heißer Gegenstände zu seiner Formel passte. Heute bezeichnen wir sie als *Planck-Konstante*, und sie ist eine der berühmtesten Zahlen in der Physik. Häufig sagen Physiker, eine Formel, die h nicht enthält, sei eine Gleichung aus der »klassischen Physik«, und wenn h in ihr vorkommt, gehöre sie zur »Quantenphysik«.

Planck machte seine Annahme ad hoc und willkürlich. Seine Gleichung passte zu den Daten, aber für die postulierte, in Quanten aufgeteilte Lichtemission gab es in der Physik keine Rechtfertigung. Das war 1901. Vier Jahre später erkannte Einstein, dass man mit einer geringfügig abgewandelten Interpretation von Plancks Gesetz ein vollkommen anderes rätselhaftes Phänomen erklären konnte: den photoelektrischen Effekt. Dieser Effekt bildet die Grundlage der heutigen Solarzellen und Digitalkameras. Er war 1887 von dem deutschen Physiker Heinrich Hertz entdeckt worden, der auch die Radiowellen nachgewiesen hatte und nach dem die Einheit Hertz für elektromagnetische Frequenzen benannt ist.

Hertz hatte herausgefunden, dass Licht, das auf eine Oberfläche trifft, dort Elektronen herausschlägt. Nach seinen Feststellungen hängt die Energie der ausgesandten Elektronen aber nicht von der Intensität des Lichtes ab, sondern von seiner Farbe (das heißt seiner Frequenz). Das war ein vollkommen rätselhafter Befund. Wenn Hertz die Intensität des Lichts steigerte, erhielt er keine energiereicheren Elektronen, sondern nur eine höhere Zahl von ihnen. Auch diese Beobachtung war nicht plausibel, wenn es sich beim Licht um elektromagnetische Wellen handelte.

Wie Einstein erkannte, kann man den von Hertz beobachteten photoelektrischen Effekt erklären, wenn man davon ausgeht, dass das Licht selbst in Form von Quanten vorliegt. (Planck hatte stattdessen angenommen, dass das Atom, das die Strahlung aussendet, quantisiert sei.) Einstein bezeichnete solche Strahlungspakete als *Lichtquanten*, spätere Wissenschaftler nannten sie *Photonen*. Letztlich war Einstein also der Entdecker des Photons; oder zumindest erkannte er als Erster, dass es existiert. Jedes Photon schlägt ein Elektron heraus. Auf dieses Elektron überträgt es seine Energie hf, und deshalb hängt die Energie des Elektrons von der Frequenz des Lichtes ab. Intensiveres Licht besteht einfach aus mehr

10 Die Mystifizierung der Entropie

Photonen, und deshalb werden mehr Elektronen freigesetzt. Einsteins Erklärung des photoelektrischen Effekts brachte ihm 1921 den Nobelpreis ein.

Dass Einstein, weil er den photoelektrischen Effekt mit Quanten erklärte, damit auch zu einem der Begründer der Quantentheorie wurde, ist eine Ironie des Schicksals. Er selbst erkannte diese Theorie nämlich nie an, zumindest nicht in der Form, in der sie zunehmend die Physik beherrschte.

Die Entropie nimmt zu. Die Zeit schreitet fort. Besteht zwischen beiden nur eine Korrelation oder ein Kausalzusammenhang? Arthur Eddington vertrat die Ansicht, sie seien gekoppelt, allerdings nicht auf naheliegende Weise. Die Entropie nimmt demnach nicht einfach mit der Zeit zu, wie es die statistischen Physiker abgeleitet hatten. Nach Eddingtons Auffassung war es genau andersherum: Die Entropie war die Triebkraft. Sie war für ihn der Grund, warum die Zeit sich vorwärts bewegt.

KAPITEL 11

Die Zeit wird erklärt

Eddington erklärt, wie die Entropie den Zeitpfeil ausrichtet.

> Probleme, wenn sie widersteh'n
> Sind's umso mehr wert anzugeh'n.
>
> Piet Hein

Das Einzige, was wir haben

Fragen wir einmal einen zufällig ausgewählten Physiker: »Was treibt die Zeit voran?« Ich weiß nicht, wie viele zufällig ausgewählten Physiker Sie persönlich kennen, aber ich kenne eine ganze Reihe und habe es bei vielen von ihnen mit dieser Frage versucht. Die Antworten, die ich bekomme, lauten in der Regel »vermutlich die Entropie« oder so ähnlich. Dann aber schränkt der Physiker die Antwort ein: »Ich bin nicht sicher, ob das stimmt, aber es scheint mir das Einzige zu sein, was wir haben.«

Vielleicht der interessanteste Teil der Antwort besteht darin, dass der zufällig ausgewählte Physiker tatsächlich über die Frage nachgedacht hat. Eine solche Frage hätte man noch vor 100 Jahren nicht einem Wissenschaftler, sondern einem Philosophen gestellt. Betrachten wir die Aussagen von Schopenhauer, Nietzsche oder Kant (der allerdings auch Naturwissenschaftler war), so stellen wir fest, dass alle sich tatsächlich

11 Die Zeit wird erklärt

Abb. 11.1 Arthur Eddington 1928.

zu dem Thema geäußert haben. Vor der Aufklärung hätte man vermutlich einen Geistlichen oder Theologen wie Augustinus oder Wilhelm von Ockham gefragt. Dank Einstein sind solche Themen mittlerweile zu einem Teil der Physik geworden. Wie aber können wir uns heute auch nur ansatzweise mit einer solchen Frage beschäftigen, wenn wir nichts über die Relativitätstheorie wissen und nicht verstehen, welche wichtigen neuen Erkenntnisse Einstein über das Verhalten von Raum und Zeit gewonnen hat?

Das 1928 erschienene Buch *Das Weltbild der Physik und ein Versuch seiner philosophischen Deutung*, in dem Arthur Eddington die Ansicht vertrat, der Zeitpfeil werde durch die Entropie vorgegeben, war (obwohl Eddington die höhere Mathematik gut beherrschte) nicht in einer ausgeprägten Fachsprache geschrieben; und obwohl Fachleute die Zielgruppe waren, hatte es keinen entsprechenden Stil. Es ist ein Buch, dessen Lektüre auch heute noch Spaß macht (und da das Urheberrecht abgelaufen ist, steht es kostenlos im Internet zur Verfügung). Es war zwar eigentlich kein Rückgriff auf die Kindheit nach der Art Einsteins, aber in ihm spiegelte sich sicher die These wider, dass man bei einem Thema wie der Zeit nach Einfachheit streben sollte.

Eddington vertrat die Ansicht, nur ein einziges physikalisches Gesetz beinhalte einen Zeitpfeil: der Zweite Hauptsatz der Thermodynamik. Alle anderen physikalischen Theorien – die klassische Mechanik, Elektrizität und Magnetismus, ja selbst die in der Entwicklung befindliche Quantenphysik – schienen nicht in der Lage zu sein, zwischen Vergangenheit und Zukunft zu unterscheiden. Planeten könnten sich in ihren Umlaufbahnen nach genau den gleichen Gesetzmäßigkeiten auch rückwärts bewegen. Eine Antenne, die Radiowellen aussendet, könnte ebenso gut eine Antenne für den Empfang solcher Wellen sein. Atome geben Licht ab, absorbieren es aber auch; beide Vorgänge werden durch dieselben Gleichungen beschrieben. Auch wenn wir einen Film rückwärtslaufen lassen, verletzen wir keine physikalischen Gesetze – außer dem Zweiten Hauptsatz der Thermodynamik, wonach die Entropie mit der Zeit stetig zunimmt.

Heute sprechen überzeugende Indizien dafür, dass ein Zeitpfeil in das Fundament von mindestens einem weiteren Bereich der Physik eingebaut ist: der Physik des radioaktiven Zerfalls, aus historischen Gründen mit dem Begriff »schwache Wechselwirkung« belegt; heute spricht vieles dafür, dass in manchen solchen Zerfallsvorgängen die »Zeitumkehr-Symmetrie« verletzt wird. Aber diese Tatsache hat die Vorstellungen der Physiker vom Zeitpfeil nicht verändert; sie bleiben immer noch dabei, ihn mit der Entropie zu erklären. Auf das Thema werde ich zurückkommen, nachdem ich Eddingtons Entropiepfeil erläutert habe.

Filme, rückwärts abgespielt

Zuvor haben wir uns bereits einen Film vorgestellt, in dem eine Teetasse von einem Tisch fällt. In welcher Richtung man den Film abspielen sollte, können wir beurteilen, weil Teetassen zwar theoretisch vom Boden auf den Tisch springen und sich wieder zusammensetzen könnten, es in Wirklichkeit aber nicht tun. Bewerkstelligen könnten es kleine Molekülkräfte, die zufällig alle in die gleiche Richtung wirken, aber die Wahrscheinlichkeit, dass so etwas geschieht, ist verschwindend gering. Selbst wenn man uns also nicht sagt, in welcher Richtung der Film laufen sollte, ist der Zeitpfeil deutlich zu erkennen. Die Tasse ist ein Lieblingsbeispiel, aber zweifellos kann man sich auch viele andere ausdenken. Sterne brennen aus. Erdölreserven gehen zur Neige. Berge erodieren. Wir selbst sterben und verwesen. Die Zunahme der Entropie ist unausweichlich.

Angenommen, man würde uns gottähnliche, vollständige Kenntnisse über das Universum zu zwei verschiedenen Zeitpunkten verleihen, und dann sollten wir herausfinden, welcher dieser beiden Augenblicke der erste war. Wie würden wir das anstellen? Die einfache Antwort: Wir berechnen die Entropie der beiden Momentaufnahmen. Diejenige mit der niedrigeren Entropie war zuerst da. Physiker sind überzeugt, dass die Entropie einen recht überzeugenden Zeitpfeil liefert.

Primäre und sekundäre physikalische Gesetze

Der Zweite Hauptsatz der Thermodynamik, wonach die Entropie zunimmt, ist eigentlich ein seltsames Gesetz. Er trägt zur Physik nichts anderes bei als die Aussage, dass ein wahrscheinlicheres Verhalten auch mit größerer Wahrscheinlichkeit stattfindet. Warum hat eine solche Aussage den Status eines physikalischen Gesetzes? Ist sie nicht eine selbstverständliche, triviale Tautologie? Und wenn die Gleichungen der Mechanik, der Elektrizität und des Magnetismus – die eigentliche Physik – für die Zeit keine Richtung vorgeben, warum sollte dann ein triviales Gesetz, das auf ihnen aufbaut, diese Aufgabe erfüllen?

Eddington war sich des Paradoxons durchaus bewusst. Er traf sogar eine Unterscheidung zwischen primären und sekundären physikalischen Gesetzen. Die Entropiezunahme war demnach eindeutig ein sekundäres Gesetz, das sich aus den anderen ableiten ließ und allein keinen Bestand hatte.

Ich möchte das Paradoxon noch etwas verstärken. Gehen wir einmal davon aus, dass die klassische Physik, auf die sich der Zweite Hauptsatz gründet, gültig ist. In dieser Physik kennen wir die Position und Bewegung jedes Teilchens (wobei wir das Unschärfeprinzip der Quantenphysik außer Acht lassen); könnten wir dann nicht zumindest im Prinzip die Zukunft genau vorhersagen? Für Wahrscheinlichkeitsberechnungen, für Zufallsgesetze bestünde dann kein Bedarf. Wie können demnach die fundamentalen Gesetze, denen der Zeitpfeil fehlt, ein sekundäres Gesetz hervorbringen, in dem es einen solchen Pfeil gibt?

Die Antwort: Unser derzeitiges Universum ist aus Gründen, von denen Eddington anfangs keine Ahnung hatte, hoch organisiert. Die Entropie ist niedrig. Wenn ein Gas, das in einer Ecke eines Behälters zusammengedrängt ist, sich über den gesamten Behälter verteilt, erhalten wir eine gewaltige Entropiezunahme. Im Universum ist die Materie größtenteils kompakt wie das Gas in der Ecke. Der größte Teil der sichtbaren Masse liegt in den Sternen, ein wenig auch in den Planeten, und alles ist von vorwiegend leerem Raum umgeben. (Die dunkle Materie lasse ich vorerst außer Acht, denn von ihr wusste Eddington noch nichts.) Es gibt eine Menge leeren Raum, den wir füllen und damit die Entropie steigern könnten. Oder anders formuliert: Die Organisation, die wir um uns herum beobachten, ist höchst unwahrscheinlich. Dank der Tatsache, dass das Universum überraschend gut organisiert ist und sich höchstwahrscheinlich in Richtung einer größeren Unordnung bewegen wird, läuft die Zeit vorwärts.

Wenn man davon ausgeht, dass das Universum unendlich alt ist, hatte es auch unendlich viel Zeit für seine Entwicklung, die Entropie konnte über unendlich lange Zeit hinweg zunehmen, und man sollte vermuten, dass die maximale Entropie schon vor langer Zeit erreicht wurde. Warum ist das nicht so?

Warum ist das Universum so unwahrscheinlich?

Manche Menschen sind der Ansicht, der derzeitige Zustand des Universums mit seiner relativ hohen Organisation und geringen Entropie (im Vergleich zu dem, was sein könnte) sei ein Hinweis auf die Existenz Gottes. Eddington formulierte es eleganter. In seinem 1928 erschienenen Buch schrieb er:

> Die Richtung des Zeitpfeils konnte nur durch jene widersprüchliche Mischung aus Theologie und Statistik festgelegt werden, die als Zweiter Hauptsatz der Thermodynamik bekannt ist;

oder, um es ausdrücklicher zu sagen: Die Richtung des Pfeils konnte durch statistische Gesetzmäßigkeiten bestimmt werden, aber seine Bedeutung als entscheidende Tatsache, »die der Welt einen Sinn gibt«, lässt sich nur aus teleologischen Annahmen ableiten.

Für diejenigen, die mit philosophischen Fachbegriffen nicht vertraut sind, nenne ich hier die Definition des *Oxford English Dictionary* für das Wort *teleologisch*:

> Bezogen auf oder in Verbindung stehend mit Zielen oder letzten Ursachen; handelnd von Planung oder Absicht, insbesondere bei Naturphänomenen.

Die Zeit bewegt sich vorwärts, weil unser derzeitiger Zustand höchst unwahrscheinlich ist. Wir haben große Massenansammlungen, viel leeren Raum und uneinheitliche Temperaturen. Deshalb kann Wärme fließen, Objekte können auseinanderbrechen und Masse kann sich im leeren Raum verteilen. Das Universum zu organisieren, erfordert nicht zwangsläufig einen Gott, aber organisiert ist das Universum tatsächlich.

Wenn ein Gott das Universum mit niedriger Entropie erschaffen hat, könnte es sich natürlich um eine Spinoza-Version handeln – um einen Gott, der als Schöpfer tätig wurde und die Entwicklung der Welt von da an einfach laufen ließ. Diesen Ansatz bezeichnet man als Deismus. Ob es einen solchen Gott kümmert, wenn er angebetet wird, oder ob er dessen überhaupt wert ist, ist nicht geklärt. Viele Theologen halten den Deismus für eine Spielart des Atheismus – für einen Weg, um zu behaupten, man würde an Gott glauben, obwohl man es eigentlich nicht tut.

Tatsächlich nahm gerade zu der Zeit, als Eddington sein Buch schrieb, auf der anderen Seite des Globus – im kalifornischen Pasadena – eine weitere phantastische Entdeckung ihren Lauf. Was Edwin Hubble dort herausfand, führte zu einer Theorie, mit der sich der hohe Organisationsgrad, der die Voraussetzung für den Zeitpfeil bildet, physikalisch erklären ließ. Diese Erklärung lautete: Das Universum ist organisiert, weil es noch relativ jung ist. Den Namen, den wir dieser Theorie heute geben, wurde von dem Astronomen Fred Hoyle geprägt, als er sich darüber lustig machen wollte. Er sprach vom *Big Bang* oder Urknall.

KAPITEL 12

Unser unwahrscheinliches Universum

Damit die Entropie wie von Eddington gefordert zunehmen kann, muss das Universum derzeit eine geringe Entropie haben. Wie ist es dazu gekommen?

> Wenn du lange in einen Abgrund blickst,
> blickt der Abgrund auch in dich hinein.
>
> Friedrich Nietzsche

Im Jahr 1929 machte Edwin Hubble eine Entdeckung, die die Wissenschaft scheinbar um 400 Jahre zurückwarf. Ja, die Erde kreiste immer noch um die Sonne, wie Kopernikus es behauptet hatte, aber im größeren Maßstab schien Ptolemäus recht gehabt zu haben. Unsere Galaxie, die Ansammlung von Sternen, die uns umgibt, die Milchstraße, schien im Zentrum des Universums zu stehen.

Wenn wir verstehen wollen, was Hubble entdeckte, müssen wir zuerst der Frage nachgehen, was er eigentlich untersuchte. Hubble studierte Galaxien, riesige Anhäufungen von Sternen, die unserer Milchstraße ähneln. Abbildung 12.1 zeigt, wie die Milchstraße vermutlich aussehen würde, wenn wir von einem Standpunkt außerhalb von ihr ein Foto machen würden. In Wirklichkeit handelt es sich um ein Bild der Nachbargalaxie im Sternbild Andromeda.

Auf diesem Foto kreisen ungefähr eine Billion Sterne auf

12 Unser unwahrscheinliches Universum

Abb. 12.1 So würde unsere Galaxis, die Milchstraße, von außen aussehen. (In Wirklichkeit zeigt das Foto die Andromeda-Galaxie.)

nahezu kreisförmigen Bahnen. Würde es sich wirklich um die Milchstraße handeln, wäre die Sonne einer davon, und sie würde ungefähr auf halbem Weg zwischen Mitte und Rand stehen. Praktisch alle Sterne, die wir nachts sehen, gehören zu unserer eigenen Galaxie. Blicken wir in einer klaren Winternacht abseits der Großstadtlichter zum Himmel, erkennen wir fast genau über unseren Köpfen einen kleinen Fleck, der ungefähr die Größe des Vollmondes hat. Das ist die auf dem Foto gezeigte Andromeda-Galaxie.

Wenn wir aber mit unseren besten Teleskopen zwischen den nahe gelegenen Sternen hindurch in den Nachthimmel spähen, erkennen wir Billionen solcher Galaxien. Ihre Zahl ist größer als die der Sterne in unserer eigenen Galaxie. Die einzelnen Sterne, die wir auf dem Foto in Abbildung 12.1 erkennen, stehen nicht im Hintergrund, sondern im Vordergrund.

Zwischen ihnen hindurch erkennen wir die dahinterliegende Andromeda-Galaxie.

Der helle Fleck in der Mitte der Galaxie besteht aus mehreren Milliarden Sternen; diese gruppieren sich nach der Vermutung der Astronomen um ein supermassives schwarzes Loch, das seinerseits die Masse von ungefähr 4 Millionen Sternen enthält.

Bevor Hubble seine Untersuchungen anstellte, hielten die meisten Astronomen solche Galaxien für nahe gelegene Gaswolken, und man glaubte, die Sterne stünden dahinter. Im Jahr 1926 jedoch fand Hubble den überzeugenden Beweis, dass es sich bei ihnen in Wirklichkeit um riesige Ansammlungen von Sternen handelt, die viel weiter entfernt sind als die Sterne in den mit Namen versehenen Sternbildern. Dann folgte seine erstaunliche Entdeckung, dass die 24 von ihm untersuchten Galaxien sich alle nach einer bemerkenswerten Gesetzmäßigkeit von unserer eigenen wegbewegen. Je weiter eine Galaxie entfernt war, desto schneller wich sie von uns zurück. Es war, als hätte es genau bei uns eine gewaltige Explosion gegeben, und die Brocken, die nun am schnellsten wanderten, waren am weitesten entfernt.

Hubble schätzte, dass die Explosion vor ungefähr 4 Milliarden Jahren stattgefunden hat, aber seine Entfernungsmessungen waren falsch. Wenn wir diesen Fehler korrigieren und ansonsten die gleichen Daten verwenden, können wir heute die Zeit seit der Explosion auf 14 Milliarden Jahre schätzen. Außerdem wissen wir, dass Hubbles Entdeckung richtig war, und zwar nicht nur für die 24 nächstgelegenen Galaxien, sondern auch für die vielen hundert Milliarden anderen, die man mit unserem heutigen, zu seinen Ehren als »Hubble-Weltraumteleskop« bezeichneten Instrument beobachten kann.

Es war eine der wichtigsten experimentellen Entdeckungen des 20. Jahrhunderts, ja vielleicht sogar die wichtigste – und

12 Unser unwahrscheinliches Universum

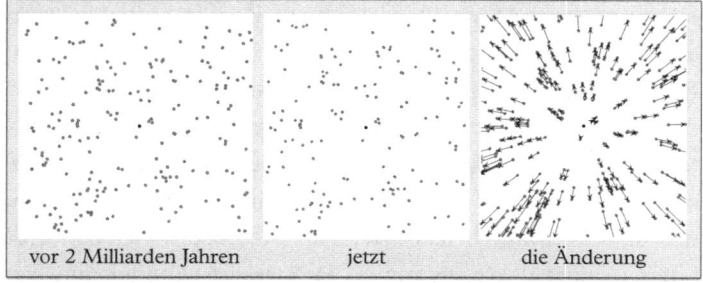

| vor 2 Milliarden Jahren | jetzt | die Änderung |

Abb. 12.2 Die Hubble-Expansion mit zufällig verteilten Galaxien in der Vergangenheit (links), heute (Mitte) und zu beiden Zeiten, wobei Pfeile den Positionswechsel der einzelnen Galaxien anzeigen. Wie man bei genauer Betrachtung erkennt, zeigt das mittlere Diagramm die gleiche Verteilung wie das linke, nur leicht erweitert. Die Galaxien scheinen sich von der Galaxie in der Mitte wegzubewegen, aber von einer anderen Galaxie aus gesehen, würde die Ausdehnung von dort auszugehen scheinen.

in diesem Jahrhundert gab es viele große Entdeckungen. Für die Teleologie war es mit Sicherheit die bedeutsamste Entdeckung, seit Nikolaus Kopernikus 400 Jahre zuvor erkannt hatte, dass die Erde um die Sonne kreist. Es schien, als habe Hubble die Milchstraße in den Mittelpunkt gestellt.

Aber diese Interpretation stimmte nicht. Hubbles Entdeckung stellte uns nicht wieder in den Mittelpunkt, und das wusste Hubble auch. Begeben wir uns einmal in das Bezugssystem einer solchen nach außen strebenden Galaxie. Alle Galaxien entfernen sich immer weiter voneinander. In ihrem eigenen Bezugssystem bewegen sich alle Objekte von ihr weg. Dabei spielt es keine Rolle, in welcher Galaxie man mitfliegt; Hubbles Gesetz gilt für alle gleichermaßen.

Diese bemerkenswerte Eigenschaft des Hubble-Gesetzes kann man sich am einfachsten mit der Rosinenbrot-Metapher vor Augen führen. Stellen wir uns vor, wir sind eine

Rosine in einem Laib Brot, der beim Backen aufgeht. Dann entfernen sich alle anderen Rosinen immer weiter von uns. Rosinen, die doppelt so weit entfernt sind, bewegen sich mit der doppelten Geschwindigkeit von uns weg. Daraus könnten wir die Schlussfolgerung ziehen, dass wir uns im Mittelpunkt befinden, es sei denn, wir können die Kruste sehen, was aber vermutlich nicht der Fall ist. Zu der gleichen Gesetzmäßigkeit gelangen wir im Bezugssystem jeder anderen Rosine. Während also die Öffentlichkeit fälschlicherweise glaubte, die Entdeckung habe die Erde wieder in den Mittelpunkt gestellt, beeilte sich Hubble zu erklären, dass dem nicht so sei.

Eine Kruste wird nicht gebraucht

Noch phantastischer war eine andere Interpretation der Ausdehnung. Die Idee wurde schon zwei Jahre vor Hubbles Entdeckung von Georges Lemaître geäußert, einem belgischen Geistlichen und Physikprofessor an der Katholischen Universität von Louvain. Lemaître hatte auf der Grundlage der allgemeinen Relativitätstheorie ein Modell vorgeschlagen, in dem er das frühe Universum als »kosmisches Ei« bezeichnete, das »im Augenblick der Schöpfung explodiert ist«. Diesen Gedanken nannte er auch die »Hypothese vom Uratom«. Nach Ansicht mancher Fachleute gebührt eigentlich nicht Hubble, sondern Lemaître das Verdienst, die Ausdehnung des Universums entdeckt zu haben, aber der Belgier stützte sich mit seinen Arbeiten auf einige vorläufige Ergebnisse von Hubble und veröffentlichte sie in einer belgischen Fachzeitschrift, die außerhalb des Landes kaum gelesen wurde. Lemaître wurde auch »der größte Wissenschaftler, von dem Sie noch nie gehört haben«, genannt.

12 Unser unwahrscheinliches Universum

Abb. 12.3   Georges Lemaître, Urheber der Theorie vom expandierenden Universum.

Lemaître war Experte für die allgemeine Relativitätstheorie und wandte sie auf das Universum als Ganzes an. Aufgrund von Hubbles Entdeckungen gelangte er zu dem Schluss, dass das Universum sich tatsächlich ausdehnt. Aber nach seinen Berechnungen explodierte dabei nicht die Materie innerhalb eines festgelegten Raumes, sondern der Raum selbst. Dieses Konzept ließ sich leicht mit Einsteins Gleichungen vereinbaren.

Einstein hatte angenommen, dass das Universum unbeweglich ist, und in seine Gleichungen hatte er eine Größe namens *kosmologische Konstante* eingefügt, um mit einer Abstoßungskraft die gegenseitige Gravitation auszugleichen, die ansonsten zum Zusammenbruch des Universums geführt hätte. Lemaîtres Vorstellung von einem expandierenden Universum hielt er für lächerlich. Zu dem Belgier sagte er: »Ihre Berechnungen sind richtig, aber Ihre Physik ist fürchterlich.«

Nach Hubbles Entdeckung war Lemaître plötzlich berühmt. Am 19. Januar 1931 lautete die Schlagzeile der *New York Times*: »Lemaître vermutet, dass ein einziges, großes Atom, das alle Energie enthielt, das Universum in Gang setzte.« Einstein zog nicht nur seine kosmologische Konstante zurück, sondern er bedauerte es seitdem immer, dass er sie überhaupt eingeführt hatte. George Gamow behauptete, Einstein hätte die Einführung des Begriffs als »größte Eselei meines Lebens« bezeichnet. (In dieser Aussage liegt eine gewisse Ironie: Heute nehmen wir an, dass die kosmologische Konstante in Wirklichkeit existiert und für die Kosmologie wichtig ist. Genauer werde ich auf das Thema im Zusammenhang mit der dunklen Energie eingehen.)

Im Jahr 1933 berichtete eine Zeitung, Einstein sei in Princeton nach einem Vortrag von Lemaître aufgestanden und habe gesagt: »Das ist die schönste und befriedigendste Erklärung für die Schöpfung, die ich jemals gehört habe.« Was Lemaîtres »entsetzliche Physik« anging, hatte er seine Meinung offensichtlich geändert. Lemaître äußerte auch die Vermutung, die 1912 entdeckte kosmische Strahlung aus dem Weltraum könne ein Überbleibsel der Explosion sein. In diesem Punkt hatte er unrecht. Zwar gab es ein Überbleibsel, aber das bestand, wie sich herausstellte, nicht aus kosmischer Strahlung, sondern aus Mikrowellen. Die falschen Theorien der Theoretiker vergisst man gern; man erinnert sich nur an jene, die richtig sind. Für die experimentelle Forschung gilt das Gleiche leider nicht.

Nach Lemaîtres Berechnungen befand sich jede Galaxie an einem festen Punkt im Raum. Das Hubble-Gesetz war demnach nicht auf eine Bewegung der Galaxien zurückzuführen, sondern auf die Ausdehnung des Raumes zwischen ihnen. Es war ein weiteres Beispiel dafür, wie Einsteins Gleichungen eine gummiartige Natur des Raumes zulassen. Wir haben die Flexibilität des Raumes bereits anhand mehrerer Aspekte der Relativitätstheorie (Kapitel 2) kennengelernt, so auch beim Scheunenparadoxon (Kapitel 4) und bei den beiden Schlupflöchern im Zusammenhang mit der Lichtgeschwindigkeit (Kapitel 5).

Das Lemaître-Modell ist bis heute in Gebrauch, manchmal wird es allerdings nach anderen Kosmologen, die ähnliche Ansätze entwickelt hatten, auch als Friedman-Lemaître-Robertson-Walker- oder FLRW-Modell bezeichnet. Im weiteren Verlauf bestätigten sich seine Vorhersagen über das Wesen des sehr weit entfernten Universums. Wenig später prägten Kosmologen den Begriff *kosmologisches Prinzip*, der diese Näherungslösung in sich zusammenfasste: Das Universum ist überall so wie hier.

Vor rund 14 Milliarden Jahren war die Materie dicht zusammengepresst, und dann explodierte der Raum. Die Materie befand sich an festen Raumkoordinaten und wurde mitgenommen – sie bewegte sich nicht, sondern rückte immer weiter auseinander. Lokal bildete die Materie mit ihrer Gravitation große Klumpen, die wir heute als Galaxiengruppen bezeichnen. Innerhalb der Klumpen führte die Gravitation zur Bildung von Galaxien, und in diesen wiederum bildeten sich Molekülwolken, Sterne, Planeten und wir. (Ein Gedicht, das diese Geschichte wiedergibt, findet sich im Anhang 4.)

Warum ist Lemaîtres Name nicht so bekannt wie der von Hubble? Zum Teil liegt es daran, dass nach Lemaître kein wichtiges Weltraumteleskop benannt wurde. (Ich bin in New York groß geworden und hatte dennoch nie von dem italienischen Entdecker Verrazano gehört, bis die größte Brücke der Stadt seinen Namen erhielt.) Aber alle Astronomen und Kosmologen kennen Lemaître. Und dass wir von der

Hubble-Expansion statt von der Lemaître-Expansion sprechen, hat unter anderem den Grund, dass Lemaître sich mit seiner Analyse auf eine frühe Version von Hubbles Daten stützte, die seine bahnbrechenden Schlussfolgerungen nicht zu bestätigen schien.

In der ersten Stichprobe von Galaxien, die Lemaître untersuchte, entfernten sich 36 von 38 Galaxien (die Andromeda-Galaxie kommt uns sogar näher), aber die Geschwindigkeit, mit der sie sich von uns weg bewegten, war im Gegensatz zu den Postulaten des Modells nicht proportional zu ihrer Entfernung; in Wirklichkeit sprachen die Messpunkte im Durchschnitt sogar für eine reine Zufallsverteilung. Offensichtlich hielt Lemaître diese Diskrepanz aber nicht für eine Schwäche seiner Theorie, sondern nur für einen experimentellen Fehler. Bevor man die Frage klären konnte, musste man bessere Daten gewinnen. Und damit möglichst niemand seine Theorie bemerkt, sollte sie sich als falsch herausstellen, publizierte er sie lieber in einer unbekannten Fachzeitschrift.

Eigentlich hätte man die vorläufigen Daten sogar so interpretieren können, als würden sie Lemaîtres Vorhersage widerlegen. Hätte er geschrieben: »Ich sage vorher, dass wir mit genaueren Messungen zeigen werden, dass die Galaxien auf einer geraden Linie liegen, wobei die Geschwindigkeit, mit der sie sich von uns entfernen, proportional zu ihrem Abstand ist«, und wäre er dann auch noch so kühn gewesen, seine Behauptung an auffälliger Stelle zu erheben, so würden wir heute vielleicht von der Lemaître-Expansion sprechen, und vielleicht wäre auch ein Teleskop nach ihm benannt.

Am Anfang ...

Ein Schlüsselelement des Lemaître-Modells, das heute von den meisten Fachleuten anerkannt wird, ist die Expansion des Raumes. Das Konzept der Expansion verdankt ihre Entstehung natürlich Einsteins Gedanken über einen gummiartigen Raum und insbesondere den Gleichungen der allgemeinen Relativitätstheorie. Schweifen wir aber einmal zu etwas weiter gefassten Gedanken ab, so gelangen wir zu faszinierenden philosophischen Folgerungen.

Der Urknall war nicht die Ausdehnung der Materie innerhalb des Raums, sondern die Ausdehnung des Raumes selbst. Raum kann geschaffen werden und wird ständig geschaffen, wenn das Universum expandiert. Was geschah im »Augenblick« des Urknalls? Existierte der Raum schon davor?

Auf diese Frage lautet meine Lieblingsantwort (die allerdings nicht auf wissenschaftlichen Kenntnissen, sondern auf Spekulation basiert): Nein, vor dem ersten Augenblick des Urknalls existierte der Raum nicht. Woher kam er dann? Diese Frage kann man natürlich nicht beantworten, denn jede Antwort würde davon ausgehen, dass da bereits ein »Da« da war (um eine Formulierung von Gertrude Stein zu verwenden). Aber ohne Raum gibt es auch nichts, woher etwas kommen könnte. Wir könnten (um Rod Serling zu zitieren) annehmen, dass es »eine fünfte Dimension jenseits derer gibt, die dem Menschen bekannt sind«. Vielleicht liegt dort der Ursprung des Raumes, aber das ist nur eine Ausflucht. Also machen wir einen anderen Rückzieher: Wir übergehen die Frage und stellen andere Fragen.

Physiker stellen sich den Raum in der Regel nicht als große Leere vor, sondern als Substanz. Es ist keine materielle Substanz, sondern etwas Grundsätzlicheres. Raum kann auf vielerlei Weise schwingen. Der schwingende Raum findet seinen

II Ein gebrochener Pfeil

Abb. 12.4   Calvin und Hobbes stürzen durch ein Wurmloch.

Ausdruck in Materie und Energie. Eine Form der Schwingung manifestiert sich als Lichtwelle, eine andere als das, was wir Elektron nennen. Wenn der Raum vor dem Urknall nicht existierte, dann konnte er auch nicht schwingen, und weder Materie noch Energie war möglich. Erst die Entstehung des Raumes erlaubte die Existenz von Materie. Bevor der Raum erschaffen wurde, existierte keines der Dinge, die in unserer

Vorstellung »real« sind. Wir haben keine Möglichkeit, sie zu beschreiben.

Solche Gedanken sind nicht Teil der Wissenschaft. Es sind nur die Grübeleien eines Wissenschaftlers, und mit Sicherheit bin ich nicht der erste, der sie anstellt. Für die wissenschaftliche Literatur eignen sie sich nicht, aber mit solchen Gedanken spielen Wissenschaftler, wenn sie sich von den Anstrengungen ihres Berufes erholen. Vielleicht führen die Überlegungen irgendwohin, aber vorerst sind es nur Träumereien.

Raum und Zeit sind durch die Relativität verknüpft. Wir leben nicht in Raum und Zeit, sondern in der Raumzeit. Denken wir einmal daran, welche philosophischen Folgerungen sich daraus ergeben. Wenn der Raum mit dem Urknall seinen Anfang nahm, gilt das Gleiche vielleicht auch für die Zeit. »Vor« dem Urknall gab es weder Raum noch Zeit; tatsächlich hat das Wort »vor« in diesem Bild keine Bedeutung. Die Frage, was vor dem Anbeginn der Zeit geschah, ist sinnlos, weil es kein »Vor« gibt. Es ist, als würde man fragen: Was geschieht, wenn man zwei Objekte in eine Entfernung bringt, die geringer als null ist? Was geschieht, wenn man ein klassisches Objekt unter den absoluten Nullpunkt abkühlt, so dass seine Bewegung langsamer als der Stillstand ist? Derartige Fragen kann man nicht beantworten, weil sie keinen Sinn ergeben.

Augustinus hätte sich mit solchen Gedanken sicherlich angefreundet. Er vertrat die Ansicht, die Existenz Gottes gehe über die Zeit hinaus und Gott existiere außerhalb der Zeit. Würde Augustinus heute noch leben, er würde vermutlich predigen, dass Gott es war, der sowohl den Raum als auch die Zeit erschuf.

Calvin – nicht der Religionsführer, sondern die Cartoonfigur – schlägt sich mit der Bedeutung der Zeit herum, während er durch ein Wurmloch stürzt (Abbildung 12.4). Hobbes kümmert sich offensichtlich mehr um das *Jetzt*.

Des Rätsels Lösung

Mit der Entdeckung der Hubble-Expansion hatten wir eine Erklärung dafür, warum das Universum so geordnet ist – warum es den Zustand hat, den Eddington bemühte, um den Zeitpfeil zu erklären. Das frühe Universum war kompakt, ganz gleich, ob man es sich als dichten Gesteinsklumpen vorstellt, der in einem ansonsten unendlichen Raum schwebt, oder als Lemaître-Modell, in dem die Masse das gesamte Universum ausfüllt. Als rund um die Materie der Raum entstand, war mehr Platz, und damit gab es mehr mögliche Wege, Materie und Energie zu verteilen.

Wegen der Expansion des Raumes befand sich die Materie im Vergleich zu dem, was möglich wäre, in einem Zustand relativ geringer Entropie. Nach der Entstehung des Raumes gab es viel leeren Raum für zusätzliche, erreichbare Zustände, das heißt für zusätzliche Entropie. Und das Universum, das heute erst 14 Milliarden Jahre alt ist, hatte noch keine Gelegenheit, den wahrscheinlichsten Zustand mit der höchsten Entropie zu erreichen. Dieser Gedanke – dass die Entropie zwar weiterhin zunimmt, dass aber der maximal erlaubte Wert für die Entropie des Universums noch schneller wächst – wurde vielleicht zum ersten Mal von David Lazer formuliert, einem Physiker an der Harvard University.

Wie die Expansion neuen Raum für mehr Entropie schaffen kann, wird an dem folgenden Beispiel deutlich: Wir stellen uns einen Zylinder vor, der auf einer Seite mit Gas gefüllt ist, während auf der anderen Seite, durch einen Kolben davon getrennt, ein Vakuum herrscht. Weiterhin nehmen wir an, dass der Zylinder schon eine Zeitlang diesen Zustand hat, so dass das Gas sich in einem Zustand maximaler Entropie befindet. Plötzlich, sehr plötzlich, bewegt sich der Kolben und schafft doppelt so viel Raum, den das Gas ausfüllen kann. Er bewegt sich so schnell, dass sich das Gas noch einen kurzen Augenblick lang auf der einen Seite des Zylinders und das Vakuum auf der anderen befindet. Jetzt hat das Gas nicht mehr den Zustand maximaler Entropie. Es bleibt nicht auf der einen Seite, sondern strömt, füllt den leeren Raum und dehnt sich so weit aus, bis der neue, höhere Wert der Entropie erreicht ist und das Gas sich in dem gesamten, jetzt größeren Zylinder verteilt.

Genau das geschah in einem gewissen Sinn beim Urknall. Es stand mehr Raum zur Verfügung, und die Materie, die sich in dem früheren, kleinen Raum vielleicht in einem Zustand maximaler Entropie befand, hatte in dem neuen, größeren Raum nicht mehr die größtmögliche Entropie. Demnach veränderte sich nicht die Materie, sondern die Zahl der möglichen Arten und Weisen, auf die sie das Universum ausfüllen konnte. Diese Erklärung liefert eine Antwort auf das Rätsel der derzeit niedrigen Entropie und gibt – nach Eddingtons Ansicht – eine eindeutige Richtung für den Zeitpfeil vor. Aber wenn man in der Wissenschaft eine Frage beantwortet, wirft man natürlich oftmals viele neue Fragen auf. Jetzt müssen wir nicht mehr fragen, warum wir uns in einem Zustand niedriger Entropie befinden, sondern die Frage lautet jetzt: Warum kam es zu der Expansion? Was war ihre Ursache? Und wird sie jemals zu Ende sein?

Werden wir darauf jemals eine endgültige Antwort erhalten? Ich glaube nicht. Wir entdecken immer wieder neue Dinge, die Auswirkungen auf die Antwort haben. Die in jüngster Zeit entdeckte *dunkle Energie* (auf die ich später noch zu sprechen kommen werde) hat die Gleichungen für die weitere Ausdehnung des Universums dramatisch verändert. Die Gesetze der Physik kennen wir recht gut, aber unsere Kenntnisse über das Universum und seinen Inhalt sind noch neu und unsicher. Vielleicht werden wir im Zusammenhang mit der Ausdehnung des Universums in einigen Jahrzehnten oder Jahrhunderten etwas völlig Neues entdecken, was unsere Schlussfolgerungen wieder völlig verändert. In meinen Augen können wir uns über den Gedanken freuen, dass uns wichtige Dinge, die es zu entdecken gilt, nicht ausgehen werden.

In einem antiken griechischen Mythos ist Sisyphos, der König von Korinth, für alle Zeiten dazu verdammt, im Hades einen riesigen Stein einen Berg hinaufzurollen, und kurz bevor er oben ankommt, entgleitet ihm der Brocken und rollt wieder hinunter. Seine Anstrengung ist nie zu Ende. Der große existenzialistische Philosoph Albert Camus sah darin eine Parallele zum Leben: Wir werden geboren, wir leben, wir sterben – und zu welchem Zweck? Camus erklärte, die Lebensführung sei das Ziel, und entsprechend gelangte er zu dem Schluss, dass Sisyphos glücklich ist.

Das Gleiche könnte man über Wissenschaftler sagen. Wir werden nie alle Fragen beantworten können; haben wir für eine davon eine Antwort gefunden, tauchen neue, schwierigere Fragen auf. Eine andere klassische Analogie wären die Köpfe der Hydra: Für jeden Kopf, den man abschneidet, wachsen zwei neue Köpfe nach. Wissenschaftlern gefällt so etwas. Die Arbeit wird uns nie ausgehen, und das macht uns glücklich.

KAPITEL 13

Das Universum bricht aus

Die Physik der Schöpfung – die Natur des Urknalls

> Eine mächtige Flamme entsteht aus einem
> winzigen Funken.
>
> Dante Alighieri

> Dies ist das urtümliche Signal,
> murmelnder Mikrowellen-Hintergrund,
> Geformt vom alten Urplasma bei drei Kelvin-Grad
> Verschwommen im Licht der Sterne.
>
> Entschuldigung an
> Henry Wadsworth Longfellow

Das Lemaître-Modell hat unter anderem die großartige Konsequenz, dass es uns eine Möglichkeit verschafft, in der Zeit zurückzublicken – und zwar sehr, sehr weit. Ich persönlich habe 14 Milliarden Jahre in die Vergangenheit geschaut.

Wir blicken ständig in der Zeit zurück. Wenn wir Menschen sehen, die eineinhalb Meter entfernt sind, sehen wir sie nicht so wie sie jetzt sind, sondern wie sie vor fünf Milliardstelsekunden waren; so lange braucht das Licht, um eineinhalb Meter zurückzulegen. Den Mond sehen wir nicht so, wie er jetzt ist, sondern wie er vor 1,3 Sekunden war. Und die Sonne sehen wir in ihrem Zustand vor 8,3 Minuten. Wäre die Sonne vor sieben Minuten explodiert, wir wüssten es nicht – wir hätten noch nicht die geringste Ahnung.

Die fernsten, ältesten Signale, die wir bisher beobachtet haben, sind die kosmischen Mikrowellen – das »urtümliche Signal«. Nach heutiger Kenntnis begann ihre Reise vor 14 Milliarden Jahren, und wenn wir sie (mit einer Mikrowellenkamera) betrachten, erkennen wir, wie das Universum damals aussah. Natürlich zeigt uns dieses Licht (Mikrowellen sind Licht mit niedriger Frequenz), was vor sehr langer Zeit sehr weit entfernt existierte; bevor es uns erreicht hat, musste es 14 Milliarden Lichtjahre zurücklegen.

Wenn wir behaupten, wir würden in der Zeit zurückblicken, müssen wir davon ausgehen, dass das weit entfernte Universum vor 14 Milliarden Jahren ganz ähnlich aussah wie die näher gelegenen Teile des Universums zu jener Zeit. Wie ich bereits erwähnt habe, hat man diesem Postulat einen phantasievollen Namen gegeben: Es heißt *kosmologisches Prinzip*. Insbesondere besagt es, dass das Universum nicht nur homogen ist (wie homogenisierte Milch – es ist einheitlich zusammengesetzt und hat keine großen Klumpen), sondern auch isotrop (das heißt, es gibt keine bevorzugten Richtungen und keine großen, organisierten Bewegungen – beispielsweise rotiert es nicht). Wenn andere nicht erkennen sollen, dass man eine sehr drastische Annahme macht, spricht man am besten von einem »Prinzip«. *Kosmologisches Prinzip* ist ein ehrfurchtgebietender Name; würde man vom Rosinenbrotmodell sprechen, es wäre weniger überzeugend. Noch eindrucksvoller ist der Begriff *vollkommenes kosmologisches Prinzip* für eine Erweiterung des »gewöhnlichen« Prinzips, aber diese Bezeichnung hat sich als falsch erwiesen; ich werde in Kürze genauer darauf zu sprechen kommen.

Stichhaltigen Belegen zufolge ist das kosmologische Prinzip im Großen und Ganzen richtig, und zumindest ist es für

13 Das Universum bricht aus

Abb. 13.1 Die fernste jemals fotografierte Region des Universums. Praktisch alle hellen Flecken sind keine einzelnen Sterne, sondern Galaxien.

unsere Zwecke richtig genug. Wenn wir uns im Universum und insbesondere in unserer Nähe umsehen, finden wir Dinge, die denen in unserer unmittelbaren Nachbarschaft sehr ähnlich sind. Wir befinden uns in der Milchstraßengalaxis (alle einzelnen Sterne, die wir mit bloßem Auge erkennen können, gehören zu diesem rotierenden Haufen aus mehreren hundert Milliarden Sternen), es scheint aber auch eine Riesenzahl ähnlicher Galaxien zu geben, die sich weiter entfernt im Raum verteilen. Wenn wir uns einen kleinen Abschnitt des Himmels aussuchen, mit Hilfe unserer besten Teleskope die Galaxien zählen und dann auf die nicht untersuchten Regionen hochrechnen, so gelangen wir zu dem Schluss, dass es mehr als 100 Milliarden sichtbare Galaxien gibt – von denen die meisten allerdings weniger Sterne umfassen als unsere Milchstraße.

Das Foto in Abbildung 13.1 wurde vom Hubble-Weltraumteleskop mit maximaler Vergrößerung aufgenommen. Es scheint, als wären auf dem Bild etwa 2000 Sterne zu erkennen, in Wirklichkeit handelt es sich aber bei praktisch allen diesen kleinen Flecken um Galaxien, von denen jede im Normalfall einige Milliarden Sterne enthält. Die Kamera richtete sich dabei zwischen den Sternen unserer eigenen Galaxis hindurch auf die Bereiche dahinter. Auf dem Foto sind aber auch mindestens zwei nahe gelegene Sterne zu sehen; man erkennt sie an den kleinen kreuzförmigen Beugungsmustern, die aufgrund ihrer punktförmigen Größe entstehen. Die am weitesten entfernte Galaxie in dem Bild befindet sich in ungefähr 12 Milliarden Lichtjahren Entfernung, das heißt, wir sehen sie so, wie sie vor 12 Milliarden Jahren war. Wenn das kosmologische Prinzip stimmt, können wir durch die Erforschung solcher Galaxien etwas darüber erfahren, wie unsere Milchstraße zu jener Zeit aussah.

Im Weltraum gibt es zwar Galaxienhaufen, diese sind aber anscheinend mit ungefähr gleicher Dichte überall verteilt. In den 1970er Jahren konnte meine Arbeitsgruppe in Berkeley mit Mikrowellenmessungen nachweisen, dass das Universum im sehr großen Maßstab mit einer Abweichung von weniger als 0,1 Prozent einheitlich ist. In jüngerer Zeit zeigten Messungen der Raumsonde WMAP (Wilkinson Microwave Anisotropy Probe), dass das Universum sogar zu mehr als 0,01 Prozent einheitlich ist, bei noch höherer Empfindlichkeit beobachten wir allerdings auch Uneinheitlichkeiten.

Der Feuerball des Urknalls

Die Entdeckung, die den überzeugendsten Beleg für den Urknall bildete, waren die Mikrowellen-Überreste der Explosion. Hätte man dieses Signal nicht gefunden, wäre die Urknalltheorie widerlegt gewesen. Die Theorie wurde Anfang der 1960er Jahre von Robert Dicke und James Peebles,

13 Das Universum bricht aus

zwei Physikern der Princeton University, formuliert und besagte: Wenn die Hypothese vom Urknall stimmt, sollte man die Mikrowellen beobachten können. Wenn die beiden sie tatsächlich fanden, wäre die Entdeckung eine der größten des 20. Jahrhunderts gewesen, vergleichbar in ihrer Bedeutung mit Hubbles Entdeckung der Expansion. Die beiden stellten eine Arbeitsgruppe zusammen, zu der auch Dave Wilkinson und Peter Roll gehörten, und machten sich an den Bau eines Instruments, mit dem sie den Beleg finden wollten.

Die Theorie war einfach – jedenfalls so einfach wie eine kosmologische, auf der allgemeinen Relativitätstheorie aufbauende Theorie sein kann. Sie war eine Weiterentwicklung der ursprünglichen Urknalltheorie, die George Gamow und Ralph Alpher formuliert hatten. Im frühen Universum, dessen Raum 30 Billionen Mal stärker zusammengedrängt war als heute, war die Materie, die ihn ausfüllte – die gleiche Materie, die wir heute in Form von Sternen und Galaxien beobachten – ungeheuer dicht und heiß. Das gesamte Universum war mit Plasma gefüllt, das so feurig war wie die heutige Oberfläche der Sonne, und wie die Sonne war es auch mit intensivem Licht gefüllt. Dieses heiße Plasma bezeichneten Gamow und Alpher als *ylem* oder »Urplasma«.

Gamow behauptete, *ylem* sei das jiddische Wort für »super«, aber in einem jiddischen Wörterbuch habe ich es nicht gefunden; vielleicht war es eine Dialektvariante. Alpher schrieb, es sei ein veraltetes Wort, das in *Webster's New International Dictionary* steht und die »Ursubstanz, aus der die Elemente sich bildeten« bezeichnet. Aber auch in den Ausgaben von *Webster's Revised Unabridged Dictionary* von 1913 und 1828 fand ich es nicht. Das *Oxford English Dictionary* nennt als einzige Quelle John Gowers *Confession amantis* III.91 von 1390 mit dem mittelenglischen Zitat »That matere universall, Wich hight Ylem in speciall«.

Gamow und Alpher prägten vielleicht für das Wort *ylem* eine neue Bedeutung, aber der Begriff »Urknall« (*Big Bang*) stammt nicht von ihnen, sondern von Fred Hoyle, einem angesehenen Astronomen, der nicht an die Theorie glaubte und sie so nannte, um sich darüber lustig zu machen. Vielleicht zu Hoyles Missfallen erkannte Gamow die Bezeichnung bereitwillig an und verwendete sie dann auch selbst. Gamows Sinn für Humor zeigt sich auch in einem anderen Beispiel: Als er zusammen mit Alpher den Fachartikel schrieb, fügte Gamow auch den Namen seines Freundes, des angesehenen Physikers Hans Bethe, als Autor hinzu, obwohl dieser weder zu dem Artikel beigetragen noch ihm die Erlaubnis dazu erteilt hatte und erst nach Erscheinen des Aufsatzes erfuhr, dass er als Mitautor genannt wurde. Dann erklärte Gamow, das Ganze sei ein Scherz gewesen; er habe sich nicht die Gelegenheit entgehen lassen, einen Artikel mit den Autoren Alpher, Bethe und Gamow zu verfassen, denn diese Kombination erinnerte ihn so stark an die ersten drei Buchstaben des griechischen Alphabets – Alpha, Beta und Gamma. Noch heute wird die Arbeit manchmal mit diesen Buchstaben als »αβγ-Artikel« bezeichnet.

Gamow konnte Wissenschaft auch gut für="Laien erklären. Heute ist mir im Rückblick klar, dass sein Buch *1, 2, 3 … Unendlichkeit*, das ich als Teenager so liebte, für mich zur Anregung wurde, *Jetzt* zu schreiben. Ebenso las ich das 1955 erschienene Buch *Das grenzenlose All* von Fred Hoyle: Darin vertritt er seine Theorie des »Fließgleichgewichts«, die er als Alternative zum Urknall formulierte. Hoyle war der Ansicht, die Expansion des Universums sei eine Illusion, Materie werde ständig neu erschaffen und zerstört, und das Universum verändere sich nicht. (Wer recht hatte, konnte ich als Kind nicht beurteilen.)

Hoyle entwickelte das *perfekte kosmologische Prinzip*, wie er

13 Das Universum bricht aus

es nannte – er behauptete, das Universum sei nicht nur im Raum einheitlich, sondern es verändere sich auch in der Zeit nicht. Im Rückblick finde ich es besonders interessant, dass Hoyle sich dabei auf *Ockhams Rasiermesser* berief, das wissenschaftliche Prinzip, dass die einfachste Theorie die richtige ist; deshalb behauptete er, seine Theorie sei besser als die über den Urknall. Aus dieser Geschichte kann man eine wichtige Lehre ziehen: Hüte dich vor *Prinzipien*. Sie sind Annahmen und basieren nicht immer auf Tatsachen. Eine andere Lektion lautet: Ockhams Rasiermesser ist häufig ein schlechter Wegweiser zur Wahrheit.

Als Alpher und Gamow erstmals die Urknalltheorie formulierten, gab es keine Möglichkeit, sie zu überprüfen oder zu widerlegen – aber für diese Schwierigkeit hatten Dicke und seine Arbeitsgruppe eine Lösung gefunden. Ihren Berechnungen zufolge kam es eine halbe Million Jahre nach dem Urknall zu einem entscheidenden Augenblick: Der expandierende Raum hatte sich so weit abgekühlt, dass das Plasma durchsichtig wurde. Zu diesem Zeitpunkt konnte das intensive, sonnenartige Licht sich frei bewegen, ohne von Elektronen hin und her geworfen zu werden, und so bewegt es sich ohne Ablenkung bis heute. Dieses Licht aus dem frühen Feuerball wollten die Wissenschaftler der Princeton University finden. Sie rechneten damit, dass es aus allen Richtungen kommen würde, denn der Urknall war vollkommen einheitlich; das ist das kosmologische Prinzip. Dieses Licht müsste 14 Milliarden Lichtjahre zurückgelegt haben, das heißt, es brauchte 14 Milliarden Jahre, um uns zu erreichen.

Natürlich war vor 14 Milliarden Jahren auch die Materie heiß, hell und voller Licht; und dieses Licht bewegte sich seither immer nach außen. Heute erreicht Licht, das von unserer Position ausgeht, die sehr weit entfernte Materie, deren Licht derzeit bei uns eintrifft.

II Ein gebrochener Pfeil

Da das Universum sich so schnell ausdehnt, hat die helle Strahlung, die in einer Entfernung von 14 Milliarden Lichtjahren ausgesandt wurde, eine Farbverschiebung durchgemacht; ihre Quelle, die weit entfernte heiße Materie, wich (wegen der Hubble-Expansion) schnell von unserer derzeitigen Position zurück, und das Licht erlebte eine Doppler-Verschiebung (ganz ähnlich wie beim Doppler-Radar, das die Geschwindigkeit anhand einer Frequenzveränderung misst). Entsprechend hat die Strahlung in unserem Bezugssystem nicht die Frequenz sichtbaren Lichts, sondern die Frequenz von Mikrowellen, wie sie ganz ähnlich auch in einem Mikrowellenofen erzeugt werden; ihre Intensität ist allerdings wesentlich geringer.

Während Dicke, Peebles, Roll und Wilkinson ihre Instrumente für die Suche nach diesem urtümlichen Signal bereitmachten, richtete das Forscherteam um Arno Penzias und Robert Wilson von den Bell Telephone Laboratories eine große, empfindliche Mikrowellenantenne in den Weltraum. Sie suchten nicht nach dem Urknall, sondern rechneten damit, dass sie *kein* Signal empfangen würden, wenn sie auf den leeren Himmel zielten; demnach wäre dann alles, was ihr Empfänger aufnahm, auf das elektronische Rauschen der eigenen Apparatur zurückzuführen. Ihr Ziel war es, dieses Rauschen so weit wie möglich zu vermindern.

Aber dabei stießen sie an eine Grenze: Ein gewisses Rauschen, das etwa 3 Grad Kelvin entsprach (das Rauschen wurde in Form einer Temperaturerhöhung gemessen), konnten sie nicht loswerden. Ganz gleich, in welche Richtung sie mit ihrer Antenne zielten, immer blieb das 3-Grad-Rauschen erhalten. Deshalb gelangten sie zu dem Schluss, es müsse sich um ein Signal aus dem Weltraum handeln, aber sie hatten keine Ahnung, worum es sich dabei handelte, woher es kam, warum der Weltraum es aussandte oder was seine Ursache war.

13 Das Universum bricht aus

Eigentlich war es eine absurde Vorstellung, dass ein einheitliches Signal aus allen Richtungen des Weltraums kam. Zumindest erschien sie damals absurd. Penzias und Wilson kannten ihr Instrument offensichtlich außergewöhnlich gut, so dass sie zu einer offenkundig lächerlichen Schlussfolgerung gelangen konnten. Jeder andere experimentelle Wissenschaftler wäre davon ausgegangen, dass eine Strahlung, die unabhängig von der Richtung ist, aus der Apparatur selbst stammen muss.

Während Peebles' Arbeitsgruppe ebenfalls ihr Instrument vorbereitete, hielt Peebles selbst einen Vortrag über die Vorhersagen seines Teams. Unter den Zuhörern war Ken Turner; der berichtete Bernard Burke davon, und der wiederum erzählte es Arno Penzias. Penzias rief Dicke an. Während des Anrufs waren Dickes Mitarbeiter zufällig gerade im Zimmer. »Man ist uns zuvorgekommen«, sagte er zu seinem Team.

Als Penzias und Wilson den Fachartikel über ihre Entdeckung veröffentlichten, erwähnten sie den Urknall nicht. Die zurückhaltende Überschrift lautete: »Messung überhöhter Antennentemperaturen bei 4080 Mc/s [Megazyklen je Sekunde]«. In dem Aufsatz stellten sie ganz einfach fest: »Eine mögliche Erklärung für die beobachtete überhöhte Temperatur des Rauschens geben Dicke, Peebles, Roll und Wilkinson (1965) in einem Brief, der diese Ausgabe begleitet.« Noch im gleichen Jahr jedoch wurde die Mikrowellenstrahlung als eindeutiger Beleg für die Entstehung des Universums durch eine Explosion anerkannt. Die Vorhersage hatte sich bewahrheitet. Man hatte den Urknall beobachtet.

Da Peebles den Vortrag gehalten hatte und da die Information über den wissenschaftlichen Flurfunk zu Penzias gelangt war, machten Penzias und Wilson die Entdeckung, und die Arbeitsgruppe in Princeton konnte das Signal wenige Monate später nur noch bestätigen. Penzias und Wilson erhielten für ihre Arbeit gemeinsam den Nobelpreis; dem Princeton-Team wurde keine solche offizielle Anerkennung zuteil, außer von Kollegen (darunter auch ich). Der Preis hätte mindestens an Penzias, Wilson, Dicke und Peebles gehen müssen, aber das Testament von Alfred Nobel verbietet es, den Preis unter mehr als drei Personen aufzuteilen.

Die Suche nach dem Anbeginn der Zeit

Im Jahre 1972, kurz nachdem ich an der University of California in Berkeley meinen Doktor in Elementarteilchenphysik gemacht hatte, stand ich im Begriff, in demselben Fachgebiet tätig zu werden und mein erstes größeres, eigenständiges Forschungsprojekt in Angriff zu nehmen. Die Grundlage bildeten dabei meine eigenen Arbeiten, Interessen, Fähigkeiten und Hoffnungen – es war das erste Vorhaben, mit dem ich nicht mehr von meinem Mentor Luis Alvarez abhängig war. Ich hatte das Buch *Physical Cosmology* von Peebles gelesen und entschloss mich, selbst die Urknall-Mikrowellenstrahlung zu beobachten. Ich wollte wissen, wie das Universum vor 14 Milliarden Jahren aussah, und gleichzeitig die Gültigkeit des kosmologischen Prinzips überprüfen. Das Projekt, mit dem ich schließlich anfing, führte zu einer Landkarte des frühen Universums; sie zeigte, wie es aussah, als es noch ein Baby war und nur das 0,00004-fache seines heutigen Alters hatte. Zum Vergleich: Wenn jemand 20 Jahre alt ist, entspricht das 0,00004-fache den ersten sechs Lebensstunden.

Penzias und Wilson hatten herausgefunden, dass die Mikrowellen mit einer Genauigkeit von ungefähr zehn Prozent einheitlich waren. Sie hatten keine *Anisotropie* gefunden, das heißt keinen Intensitätsunterschied in verschiedenen Richtungen. Weitere Experimente hatten die Grenze bis auf ein

Prozent heruntergeschraubt. Bei 0,1 Prozent sollte es eine Anisotropie geben, die auf die Bewegung der Erde im Kosmos zurückzuführen ist. Genau wie unser Gesicht von mehr Wasser getroffen wird als der Hinterkopf, wenn wir durch den Regen laufen, so sollte auch die Intensität der Mikrowellen in der Vorwärtsrichtung geringfügig größer sein. Dabei sollte sich eine eindeutige Abhängigkeit vom Kosinus der Richtung zeigen, der gleichen Form, die man auch beim Laufen durch den Regen erhält. Darüber hinaus sollten wir auf der Ebene von 0,01 Prozent auch Überreste der Klumpenbildung finden, die in der Frühzeit des Universums zur Entstehung der Galaxienhaufen führte.

Die Bewegung der Erde im Verhältnis zum weit entfernten Universum bezeichnete Peebles in seinem Buch als »den neuen Ätherwind«. Es war keine Messung im Hinblick auf den absoluten Raum; dass dies unmöglich ist, hatte Einstein gezeigt. Es gibt aber nur ein Bezugssystem, in dem die Materie des Universums um uns herum vollkommen symmetrisch und einheitlich ist – nur ein Bezugssystem, in dem das kosmologische Prinzip gilt. Es ist das »kanonische System« der Urknalltheorie, Lemaîtres System – das einzige, in dem alle Galaxien nahezu ruhen, während das Universum sich ausdehnt, und zwar nicht durch die Bewegung der Galaxien, sondern durch die Expansion des Raumes zwischen ihnen.

Um die Messung anzustellen, mussten wir nach meiner Einschätzung zwei Frequenzen gleichzeitig beobachten: die eine, um die von unserer eigenen Atmosphäre ausgesandten Mikrowellen zu erfassen, die andere zum Empfang des kosmischen Signals. Das Experiment musste in großer Höhe stattfinden – mindestens auf einem Berggipfel, noch besser in einem Ballon oder Flugzeug. Nachdem ich bereits mit Ballons experimentiert hatte, gelangte ich zu dem Schluss, dass ihre Handhabung zu schwierig ist – sie neigen unter anderem zu

Abb. 13.2 Marc Gorenstein (links) und der Autor installieren die Mikrowellendetektoren im Heck des NASA-Flugzeuges U-2 (1976).

Abstürzen. Um zudem die Sache möglichst einfach zu halten, musste das Projekt nach meiner Überzeugung mit Instrumenten durchgeführt werden, die bei normaler Raumtemperatur arbeiten, und nicht mit gekühlten, rauscharmen Detektoren. Die Verwendung relativ warmer Antennen setzte voraus, dass das Empfangsgerät, der Radiometer, hervorragende Wärmeleitungseigenschaften hatte, damit das Instrument nicht nur eine scheinbare Anisotropie maß. Also beschäftigte ich mich zum ersten Mal in meinem Leben mit der Lenkung von Wärmeströmungen.*

---

* Eine längere Liste von Problemen, mit denen wir uns befassen mussten, findet sich in meinem Artikel »The Cosmic Background Radiation and the New Aether Drift«, der im Mai 1978 in der Zeitschrift *Scientific American* erschien.

13 Das Universum bricht aus

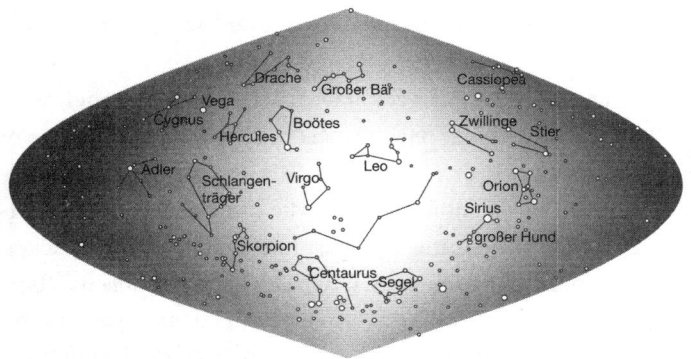

Abb. 13.3 Der kosmische Kosinus. Eine Sternenkarte, in der die Intensität des Kosinus-Verlaufs durch die Hintergrundhelligkeit dargestellt wird. So würde der Himmel aussehen, wenn wir Mikrowellen sehen könnten. Das stärkste Signal (unmittelbar südlich des Sternbilds Löwe [= Leo]) zeigt die Richtung unserer Eigenbewegung. An anderen Stellen der Karte ist die Intensität proportional zum Kosinus des Winkels zum Maximum.

Ich fragte George Smoot, ebenfalls Physiker am Space Sciences Laboratory in Berkeley, ob er sich der Arbeitsgruppe anschließen wolle, und er sagte zu. Hans Mark, der Direktor des Ames Research Center der NASA, bot uns die Benutzung des NASA-Forschungsflugzeugs U-2 an, und wir bauten unser Instrument so um, dass es hineinpasste. Um die von der Erde ausgehende Strahlung abzuschirmen, mussten wir *apodisierte* Mikrowellen-Hornantennen verwenden, das heißt Antennen, die mit einem hochentwickelten Verfahren aus der Optik alle Signale reduzierten, die in breitem Winkel einfielen. Smoot fand in der Literatur eine solche apodisierte Konstruktion, die eigentlich funktionieren sollte; wir bauten mehrere Antennen, die ich anschließend in einem Mikrowellenlabor auf dem Universitätsgelände von Berkeley testete, unterstützt von Marc Gorenstein, meinem ersten Doktoranden, der am

Ende für die Mitarbeit an diesem Projekt seinen Doktortitel erhielt.

Es war eine langwierige, harte Arbeit, aber nach mehreren U-2-Flügen hatten wir nachgewiesen, dass die Strahlung nicht vollkommen einheitlich ist. Die hellste Region liegt unmittelbar südlich des Sternbildes Löwe, die dunkelste in genau entgegengesetzter Richtung im Sternbild der Fische. Zwischen diesen Grenzen beobachteten wir einen bruchlosen Übergang, der dem Kosinus des Winkels zum Helligkeitsmaximum im Löwen proportional war – eine eindeutige Bestätigung, dass die Strahlungsunterschiede auf die Bewegung der Erde im Verhältnis zur weit entfernten Materie des Universums zurückzuführen waren. Aus der Größe dieses *kosmischen Kosinus* berechnete ich die Geschwindigkeit der Milchstraße: Sie liegt demnach bei rund 1,6 Millionen Kilometern in der Stunde – ein eindrucksvolles Ergebnis. Den kosmischen Kosinus mit den eingezeichneten Sternen und Sternbildern zeigt Abbildung 13.3. Das Bild basiert auf den aktualisierten Ergebnissen genauerer Messungen des modernen WMAP-Satelliten, sie stimmen aber im Rahmen der Messgenauigkeit mit den Werten überein, die wir 1976 veröffentlichten.

Wir bewegen uns also mit 1,6 Millionen Stundenkilometern; wie kann unsere Galaxis dann in Lemaîtres Bild ruhen? Die Antwort: Sie ruht nicht. Lemaîtres Modell erlaubt für einzelne Galaxien eine kleine lokale Bewegung, die sogenannte *Pekuliarbewegung*; vielleicht kreisen sie in einem lokalen Galaxienhaufen, oder sie werden von einer Nachbargalaxie angezogen – im Fall unserer Milchstraße von der Andromeda-Galaxie. Lemaître ging nur davon aus, dass solche lokalen Bewegungen im Durchschnitt gering und in ihrer Richtung zufällig sind.

13 Das Universum bricht aus

Wir sind eine Quantenfluktuation

Im nächsten Schritt mussten wir für das Projekt einen Satelliten einsetzen, um die störenden, von der Atmosphäre ausgehenden Mikrowellensignale ganz zu beseitigen. Als es so weit war, übernahm Smoot die Leitung (und Geldbeschaffung) für das Projekt, während ich mich nach und nach zurückzog. Für mich war klar, dass er meine Hilfe nicht brauchte, und ich wollte die Bürokratie der NASA vermeiden. Tatsächlich erwies sie sich als das Haupthindernis; die Veränderungen an dem Instrument waren klein, aber der Amtsapparat der US-Regierung war groß. George machte weiter, aber es dauerte mehr als 14 Jahre (1978–1992), bevor wir das Instrument in den Weltraum befördern und unsere Messungen anstellen konnten.

Dass es so lange dauerte, hatte keine tieferen Gründe – vier Jahre wären plausibler gewesen –, aber die Zusammenarbeit mit den Behörden war bürokratisch kompliziert und häufig nicht von wissenschaftlichen Interessen geleitet. Alle paar Jahre, so schien es, sagte die NASA zu Smoot, das Instrument müsse erneut umgebaut werden, damit es in wieder eine andere Raumsonde passte. Eine Zeitlang sollte es in einer unbemannten Rakete mitfliegen; dann entschied die NASA, dass im Spaceshuttle mehr Wissenschaft betrieben werden müsse (um die Kosten für den Shuttle zu rechtfertigen!), was das Projekt verzögerte. Hinzu kam, dass der nun geplante Einsatz in einer bemannten Mission viele weitere Prüfungen des Messapparats nach sich zog, damit das Leben der Astronauten nicht gefährdet würde. Schließlich überlegte man es sich bei der NASA wiederum anders und entschied sich erneut für eine unbemannte Rakete, wobei es dieses Mal aber zu einem vollkommen anderen Experiment passen musste, mit dem das Spektrum der Strahlung (das heißt, ihre Intensität bei verschiedenen Frequenzen) bestimmt werden sollte.

Abb. 13.4 Das frühe Universum, aufgenommen mit der WMAP-Mikrowellenkamera. Der glatte kosmische Kosinus wurde entfernt, weil er sonst das Bild völlig beherrschen würde.

Draußen im Weltraum, ohne Störungen aus der Atmosphäre, erhielten Smoot und seine Arbeitsgruppe neue Befunde, die 30-mal empfindlicher waren als unsere Messungen mit der U-2. Zum ersten Mal konnten sie eine intrinsische Anisotropie beobachten, das heißt eine Anisotropie, die eine geringfügige Abweichung vom kosmologischen Prinzip darstellte. Die beobachteten Klumpen und Haufen entsprachen genau dem, was man aufgrund der Urknalltheorie erwartete. Diese geht davon aus, dass das Universum zu Beginn ziemlich, aber nicht vollkommen einheitlich war; »Quantenfluktuationen«, die sich aus dem Heisenberg'schen Unschärfeprinzip ergaben, sorgten demnach für die Ausbildung kleiner Klumpen, die aufgrund der lokalen Gravitation wuchsen und Strukturen bildeten, aus denen am Ende die großen Galaxienhaufen hervorgingen.

Es war eine faszinierende und verblüffende Erkenntnis: Die Kosmologie, der Bereich des Allergrößten, konnte am besten durch Phänomene aus der Quantenphysik erklärt werden, die man zuvor nur im Bereich des Allerkleinsten beobachtet

13 Das Universum bricht aus

hatte. Stephen Hawking bezeichnete diese Erkenntnis als »die spannendste Entwicklung in der Physik«, die er je erlebt habe. Die kosmische Mikrowellenstrahlung, deren Entdeckung die Urknalltheorie bestätigt hatte, war jetzt die genaueste Quelle von Informationen über die erste halbe Million Jahre nach der Explosion. Für seine Arbeiten erhielt Smoot den Nobelpreis.

Den Anbeginn der Zeit hatten wir damit noch nicht ganz erreicht – uns trennte noch etwa eine halbe Million Jahre. Nach menschlichen Maßstäben hört sich eine halbe Million Jahre nach viel an, aber im Vergleich zu den vierzehntausend Millionen Jahren, die seither verstrichen sind, hatten wir ein Universum fotografiert, das einem neugeborenen, erst wenige Stunden alten Baby glich. Und was am wichtigsten war: Es handelte sich nicht um eine Theorie, sondern um eine tatsächliche Beobachtung.

Später wurden die Ergebnisse durch eine Messung des WMAP-Satelliten verbessert (der nach David Wilkinson, einem der ursprünglichen Mitglieder der Arbeitsgruppe in Princeton, benannt ist). Das beobachtete Muster, die genaue Struktur des Universums eine halbe Million Jahre nach dem Urknall, zeigt Abbildung 13.4. Man kann sich das Bild als Foto des sehr weit entfernten Himmels in dem für unsere Augen unsichtbaren Mikrowellenlicht vorstellen; es zeigt aus einer Entfernung von 14 Milliarden Lichtjahren die Struktur des Universums, wie es vor 14 Milliarden Jahren war. Bei seiner Betrachtung sieht man, dass das Universum schon nach einer halben Million Jahre nicht mehr vollkommen einheitlich war, sondern bereits die ersten Klumpen enthielt.

Das Thurston-Universum

Ich hatte das Glück, dass Bill Thurston, einer der größten Mathematiker der jüngeren Zeit, mein Schwager war. Bill und ich wohnten in Berkeley nur wenige Häuserblocks voneinander entfernt und unterhielten uns häufig über Karrieren (als Doktorand war er überzeugt, er werde nie eine gute Stelle finden), Mathematik und Physik. Er war fasziniert davon, wie ich unsere damaligen Kenntnisse über das Universum beschrieb. Unter anderem wollte er wissen, ob jemand schon einmal ernsthaft über ein mehrfach zusammenhängendes Universum nachgedacht habe. Meinte er damit Wurmlöcher, Durchgänge, die potentiell verschiedene Teile des Universums verbanden? Nein, er hatte etwas viel Einfacheres und Eleganteres im Sinn.

Berühmt wurde Bill am Ende mit seinen Fortschritten in der Topologie, die sich mit komplexen Geometrien befasst, die weit über unser normales Vorstellungsvermögen hinausgehen. Er erklärte mir, er beherrsche tatsächlich die Fähigkeit, in vier Dimensionen zu denken. Das mochten ihm die wenigsten Menschen glauben, bis er eine lange Reihe großartiger Theoreme aufstellte, die er seinen eigenen Behauptungen zufolge einfach dadurch entdeckt hatte, dass er im Geist Oberflächen im vierdimensionalen Raum betrachtet hatte. Seltsamerweise stellt sich heraus, dass mathematische Fragestellungen in drei und weniger Dimensionen relativ einfach sind, und auch in fünf oder mehr Dimensionen sind sie nicht besonders schwierig; der Umgang mit vier Dimensionen ist dagegen sehr anspruchsvoll. Dank seiner Arbeit in vier Dimensionen wurde Bill noch vor seinem 40. Geburtstag mit der Fields-Medaille ausgezeichnet, dem »Nobelpreis für Mathematik«.

In der Topologie kann man sich im Raum vorwärts bewegen, und irgendwann stellt man fest, dass man wieder am

13 Das Universum bricht aus

Ausgangspunkt ist. Eine solche Folge ist in einem gekrümmten Raum (beispielsweise auf der Erdoberfläche) etwas Banales, sie kann aber auch in einem nicht gekrümmten Raum eintreten. Diesen bezeichnen Kosmologen häufig als »flachen Raum«, obwohl er in Wirklichkeit drei Dimensionen hat. Die Bezeichnung bedeutet nur, dass Licht im großen Maßstab tatsächlich in gerader Linie reist und keine Kurven beschreibt; hier gilt nach wie vor die gewöhnliche Geometrie, die Winkel eines Dreiecks addieren sich immer noch zu 180 Grad.

Bill stellte sich jedoch die Frage, ob das tatsächliche Universum einfach oder mehrfach verbunden ist. Er wollte wissen, ob man mit kosmologischen Messungen die mehrfach verbundene Version ausschließen kann. Ich konnte mir keine solche Messung vorstellen. Wie sollte man so etwas bewerkstelligen? Das war einiger ernsthafter Gedanken wert.

Ich halte ein solches »Thurston-Universum« (wie ich es nenne) für eine großartige und originelle Spekulation. Es ist mehrfach verbunden wie durch Wurmlöcher, aber ohne starke räumliche Verzerrung, und es hat den spannenden Vorteil, dass man es überprüfen kann. Ich halte es nicht annähernd für so verrückt wie die elfdimensionale Raumzeit, die in manchen String-Theorien vorkommt.

Mehrere Wochen lang versuchte ich zu beweisen, dass unser Universum kein Thurston-Universum ist, und ich suchte auch nach Möglichkeiten herauszufinden, ob dies doch der Fall ist. Um letztere Vermutung zu bestätigen, müsste man in den fernen Weltraum blicken und unsere eigene Galaxie, die Milchstraße sehen können. Vielleicht handelte es sich ja bei einer der Galaxien in der Fernaufnahme des Hubble-Teleskops (Abbildung 13.1, Seite 187) in Wirklichkeit um unsere eigene! Dann würde ich sie allerdings nicht so sehen, wie sie heute ist, sondern so, wie sie vor einer Milliarde Jahre aussah. Wow! Wenn Bill mit seiner Spekulation recht hatte, könnten wir in der Zeit auf eine Weise zurückblicken, die nicht von einem einheitlichen Universum ausgehen müsste. Wir könnten uns selbst tatsächlich *sehen*. Die Schwierigkeit besteht darin, uns zu *erkennen*. Galaxien entwickeln sich in einer Milliarde Jahre erheblich weiter, und auch Galaxienhaufen machen eine Entwicklung durch. Ich dachte eingehend darüber nach, wie man diesen Gedanken überprüfen könnte, aber schließlich gab ich auf. Kein Wunder, es war ja erst Anfang der 1980er Jahre. Doch Instrumente verbessern sich, heute gehe ich erneut der Frage nach.

Das Beispiel macht deutlich, was experimentelle Wissenschaftler in ihrer Freizeit tun. Mein Physikmentor Luis Alvarez legte großen Wert darauf, den Freitagnachmittag für verrückte Gedanken zu reservieren. Wenn man sich die Zeit nicht nimmt, findet man nie die Zeit, es zu tun. Es ist genau wie mit dem Sport.

KAPITEL 14

Das Ende der Zeit

Nun wissen wir also, was in den letzten 14 Milliarden Jahren geschehen ist – aber was können wir über die nächsten 100 Milliarden Jahre sagen?

> Die Welt sehn in einem Körnchen Sand,
> Den Himmel in einem Blütenrund,
> Die Unendlichkeit halten in der Hand,
> Die Ewigkeit in einer Stund.
>
> Willam Blake,
> *Weissagungen der Unschuld*

Als ich Ende der 1990er Jahre Kosmologie unterrichtete, erklärte ich meinen Studierenden, ich könne ihnen zwar nichts über die langfristige Zukunft des Universums sagen, ich sei aber zuversichtlich, dass ich eine unmittelbar bevorstehende größere Entdeckung prophezeien könne. Innerhalb von fünf Jahren, so behauptete ich, würden wir wissen, ob das Universum unendlich oder endlich ist, ob es sich für alle Zeiten weiter ausdehnen oder irgendwann zum Stillstand kommen, in sich selbst zurückstürzen und in einem großen Kollaps, dem »Big Crunch« enden werde. Wenn es wirklich zu einem solchen Kollaps kommt, dann kann man plausiblerweise annehmen, dass er das Ende von Raum und Zeit darstellt – und zwar für alle Zeiten, falls der Gebrauch dieses Wortes überhaupt noch sinnvoll ist, wenn es keine Zeit mehr gibt.

Ich behauptete auch, es wäre möglich, dass wir uns am Ende in einem heiklen Gleichgewicht genau auf der Grenze zwischen Endlichem und Unendlichem (im Hinblick auf Raum und Zeit) wiederfinden, so dass wir vielleicht eine genaue Schätzung über das Universum abgeben können, ohne aber damit die Frage zu beantworten, ob »für immer« wirklich für immer bedeutet.

Ich war mir absolut sicher, dass ich mit meiner Prophezeiung, wir würden bald die Antwort kennen, recht hatte. Das lag daran, dass ich selbst das wissenschaftliche Experiment vorbereitet hatte, das die Antwort liefern sollte. Und ich hatte Vertrauen in meinen früheren Studenten Saul Perlmutter, der die Leitung des Projekts übernommen hatte.

Die Suche nach dem Ende der Zeit

Mit dem im vorherigen Kapitel beschriebenen Mikrowellenprojekt sollte die Struktur des Urknalls aufgeklärt werden – man wollte wissen, wie das Universum in den allerersten Augenblicken aufgebaut war. Das nächste experimentelle Vorhaben verfolgte das Ziel, etwas über die Zukunft des Universums zu erfahren. Zu diesem Zweck mussten wir genauer als je zuvor die Eigenschaften der Hubble-Expansion messen.

Nach den Vorhersagen der Theorie müsste sich die Expansion wegen der Eigengravitation verlangsamen, das heißt wegen der gegenseitigen Anziehung der Galaxien, die sich schnell immer weiter voneinander entfernen. Diese Verlangsamung müsste man messen können, wenn man die Hubble-Expansion an nahe gelegenen und weiter entfernten Galaxien untersucht. Die weit entfernten Galaxien würden zeigen, wie das Hubble-Gesetz vor Jahrmilliarden aussah, und daran sollte man ablesen können, wie stark sich die Expansion seither verlangsamt hat. Die Geschwindigkeit der Galaxien konnten wir mit der Polizeiradar-Methode messen: der Dopplerverschiebung.

Der schwierige Teil bestand darin, die Entfernungen der Galaxien möglichst genau zu bestimmen. Ich war zu der Erkenntnis gelangt, dass Supernovae der Schlüssel zu diesem Ziel sind. Wenn wir eine Verlangsamung des Universums nachgewiesen hätten, könnten wir daraus berechnen, ob die Expansion sich für alle Zeiten fortsetzen wird oder nicht. Es waren ganz ähnliche Überlegungen wie bei der Berechnung der Fluchtgeschwindigkeit. Würden die Galaxien im expandierenden Raum entkommen, oder würden sie in einem *Big Crunch* zusammenstürzen?

Dem Parameter für die Verlangsamung hatten die Kosmologen ein Symbol zugeordnet: Ω, den griechischen Großbuchstaben Omega. Wir hatten uns das Ziel gesetzt, Omega zu ermitteln, und deshalb bezeichnete ich unser Experiment vorläufig als »Omega-Projekt«. Omega sollte uns Auskunft über das mögliche Ende der Zeiten geben.

Die Anregung zu dem Omega-Projekt hatte ein Vortrag von Robert Wagoner gegeben, den ich 1978 in Stanford gehört hatte. Er hatte darauf hingewiesen, dass man die Eigenhelligkeit weit entfernter Supernovae des Typs II ermitteln kann, wenn man die Expansionsgeschwindigkeit der Supernovahülle und die Zeit, die sie für die Ausdehnung braucht, beobachtet; die Geschwindigkeit, multipliziert mit der Zeit, ergibt dann die Größe. Wenn wir weit entfernte Supernovae fanden, ihre Helligkeit maßen und anhand der Dopplerverschiebung der Galaxien, in denen sie sich befanden, ihre Geschwindigkeit ermittelten, konnten wir sie als »Standard-Kerzen« verwenden. Aus dem Vergleich zwischen beobachteter und eigener Helligkeit konnten wir ihre Entfernung ableiten.

Entscheidend war, dass wir Daten für eine große Zahl weit

II Ein gebrochener Pfeil

entfernter Supernovae sammeln mussten. Aber Supernovae sind seltene Phänomene; in jeder einzelnen Galaxie findet man nur ungefähr alle 100 Jahre eine solche Explosion, und wenn man sie zur Informationsgewinnung nutzen will, muss man sie in den ersten paar Tagen beobachten. Man muss Tausende von Galaxien im Auge behalten und jede von ihnen im Abstand von wenigen Nächten beobachten; nur dann bekommt man die entscheidende Expansionsphase zu sehen.

Als ich meinem Mentor und früheren Doktorvater Luis Alvarez von Wagoners Vortrag berichtete, erzählte er mir von Stirling Colgate, einem Physikprofessor am New Mexico Institute of Technology. Dieser hatte vor kurzem ein Projekt zur automatisierten Entdeckung von Supernovae in Angriff genommen. Ich besuchte Colgate und erfuhr, dass er das Projekt aufgegeben hatte, weil er es für zu schwierig hielt. Er ermutigte mich aber, es zu versuchen, und gab mir viele Ratschläge, mit denen ich vielleicht Erfolg haben konnte, wo er gescheitert war.

Ich brauchte ein Teleskop und einen sehr leistungsfähigen Computer. Glücklicherweise hatte mir meine Entdeckung der Kosinus-Anisotropie der Mikrowellenstrahlung den Alan T. Waterman Award der National Science Foundation eingebracht – 150 000 Dollar an Forschungsmitteln, die in ihrer Verwendung nicht beschränkt waren, so dass ich sie für das geplante Projekt einsetzen konnte. Es war ein großartiger Preis! Ich konnte mit meiner Suche nach Supernovae beginnen, ohne irgendwelchen Gutachtern beweisen zu müssen, dass ich dazu qualifiziert war. Der Waterman-Preis machte das Projekt möglich. Ich kaufte von dem Geld den benötigten Computer (zu jener Zeit waren leistungsfähige Computer noch sehr teuer) und stellte den Physiker Carl Pennypacker, der gerade seinen Doktor gemacht hatte, als Helfer ein.

Es war ein entmutigendes Projekt, und ich musste mir

dafür zusätzliche Finanzmittel beschaffen. Wir bekamen sie, aber nur, um sie wieder zu verlieren. Zweimal wurde das Projekt von Beamten gestrichen (einmal vom Direktor der physikalischen Abteilung am Lawrence Berkeley Laboratory, das zweite Mal vom Direktor des Berkeley Center for Particle Astrophysics). Aber schließlich gelang es mir, Mittel zu erhalten und die Arbeiten weiterzuführen. Es war großartig, dass ich eine unbefristete Stelle hatte; meine fortgesetzte Tätigkeit (und das Gehalt) hingen nicht davon ab, dass ich die Anweisungen irgendeines Vorgesetzten befolgte. Es schien, als seien die bürokratischen Hürden wie bei George Smoot und der NASA wieder einmal größer als die physikalischen.

Im Jahr 1986, acht Jahre nachdem ich mit der Suche nach Supernovae begonnen hatte, schloss sich mein ehemaliger Doktorand Saul Perlmutter als Postdoc wieder unserer Arbeitsgruppe an (nachdem er unmittelbar zuvor bei mir seinen Doktor gemacht hatte). Sehr schnell stellte er erstaunliche Führungsqualitäten unter Beweis. Saul schrieb unsere Software für die automatisierte Computersuche vollkommen neu. Als wir Hunderte von Galaxien immer wieder durchmusterten, fanden wir die ersten Supernovae. Bis 1992 konnten wir die Entdeckung von 20 solcher Objekte vermelden, darunter die am weitesten entfernte Supernova, die man bis dahin gefunden hatte.

Die meisten unserer Supernovae lagen nach kosmologischen Maßstäben ganz in der Nähe. Saul und Carl wollten einen Schritt weitergehen und begannen, nach sehr weit entfernten Supernovae zu suchen – um sie zu finden, brauchte man zwar größere Teleskope, aber sie gaben auch Grund für die Hoffnung, dass man die erwartete Verlangsamung der Expansion beobachten konnte. Ich war zwar skeptisch, hatte aber Vertrauen in die beiden und befürwortete die neue Forschungsrichtung. Saul entwickelte eine innovative Methode,

Daten mittels der Mathematik der *Fraktale* über die langsamen internationalen Netzwerke jener Zeit zu übertragen. Soweit mir bekannt ist, bediente er sich als Erster dieser hochentwickelten Methode für wissenschaftliche Messungen; heute ist sie weithin im Gebrauch.

Dann löste Saul ein wichtiges Problem, an dem ich immer wieder gescheitert war. Er entwickelte eine Methode, mit der man in einer einzigen Nacht unmittelbar vor dem (dunklen) Neumond viele Supernovae entdecken konnte, und einen Zeitplan, um mit einem großen Teleskop (beispielsweise dem Weltraumteleskop) in einer weiteren dunklen Nacht Nachfolgebeobachtungen anstellen zu können. Ich erinnere mich, dass es diese neue Methode war, die letztlich den Durchbruch gebracht hat.

Wer nicht experimentell arbeitet, den mag es überraschen, dass ich zu Beginn des Projektes nicht darüber nachdachte, wie wir das wichtige Problem der Folgemessungen angehen sollten. Ich hatte aber von Luis Alvarez gelernt, dass solcher Wagemut notwendig ist – sonst stellt man sich nie großen Herausforderungen. Man muss die Zuversicht aufbringen, dass man selbst (oder ein Mitglied der Arbeitsgruppe) bei Bedarf eine Lösung finden wird. Hätte ich nicht die Finanzmittel aus dem Waterman-Preis gehabt, ich wäre nicht in der Lage gewesen, einen derart abenteuerlichen Ansatz weiterzuverfolgen; Gutachter hätten Antworten auf jede Frage verlangt und meine Finanzierungsanträge abgelehnt, bis wir in allen Fällen zufriedenstellende Antworten gefunden hatten.

Saul stellte seine Lösung bei einer unserer Besprechungen vor, bei denen Gutachter von außen unsere Arbeit bewerteten und Empfehlungen abgaben, ob weitere Finanzmittel bewilligt werden sollten. Es war die gleiche Gruppe, die zuvor empfohlen hatte, das Supernova-Projekt aufzugeben. Nach Sauls Präsentation war für die Gutachterkommission klar zu erken-

14 Das Ende der Zeit

Abb. 14.1 Der Autor versperrt 1984 die Sicht vor dem kleinen Teleskop, das wir anfangs für das Supernova-Projekt benutzten.

nen, dass wir mit unserem Vorhaben Erfolg haben würden. Robert Kirschner, einer der Gutachter, fand die Idee sogar so überzeugend, dass er nach der Sitzung bei sich zu Hause an der Schaffung einer unabhängigen Forschungsgruppe mitwirkte, die mit unserem Team in Berkeley in einen Wettlauf um die Antwort eintrat.

In meinen Augen war Saul zum eigentlichen Projektleiter geworden; deshalb bat ich ihn 1992, 15 Jahre nach Beginn des Projekts und sechs Jahre nachdem er sich der Arbeitsgruppe angeschlossen hatte, die Verantwortung zu übernehmen. Ich selbst zog mich immer weiter zurück und nahm andere Projekte in Angriff. Fünf Jahre später hatte Saul so große Fortschritte gemacht und war damit einer Antwort so nahe gekommen, dass ich meinen Studierenden in Berkeley sagte, wir würden schon bald wissen, ob die Zeit für immer mit einem *Big Crunch* zu Ende gehen würde.

Das beschleunigte Universum und dunkle Energie

Im Jahr 1999 machten Saul und seine Arbeitsgruppe, die inzwischen zu einem internationalen Team herangewachsen war, eine erstaunliche und geradezu unglaubliche Entdeckung. Mit ihren Messungen, die beträchtlich genauer waren als je zuvor und sich auf sehr weit entfernte Galaxien bezogen, entdeckten sie eine Abweichung vom Hubble-Gesetz. Die Ausdehnung des Universums verlangsamte sich nicht, wie man es aufgrund der gegenseitigen Gravitation erwartet hätte, sondern es gab eine noch größere Kraft, die für eine Beschleunigung der Expansion sorgte. Das war ein völlig unerwarteter, verblüffender Befund. Als Saul mir darüber berichtete, war ich äußerst skeptisch. Sein Team hatte sich große Mühe gegeben, irgendeinen Grund zu finden, warum sie zu einer falschen Schlussfolgerung gelangt sein könnten, aber es war ihnen nicht gelungen. Sie konnten ihre eigene Arbeit nicht widerlegen. Sie hatten entdeckt, dass sich die Expansion des Universums beschleunigt!

Praktisch zur gleichen Zeit gab die Arbeitsgruppe, zu deren Gründung Kirschner beigetragen hatte, ähnliche Ergebnisse bekannt. Einige Jahre später erhielt Saul gemeinsam mit Brian Smith und Adam Riess aus dem Konkurrenzteam für ihre Entdeckung den Nobelpreis.

Mit der Erkenntnis, dass sich die Ausdehnung des Universums beschleunigt, war die Frage nach dem *Big Crunch* beigelegt. Es wird ihn nicht geben. Der Raum dehnt sich immer weiter aus, und auch die Zeit geht immer weiter – es sei denn, es gibt ein anderes, noch nicht entdecktes Phänomen, das vielleicht seine Wirkung noch nicht gezeigt hat, am Ende aber im Universum für eine Umkehr sorgen könnte. Und letztlich ermöglicht die von Saul und seiner Arbeitsgruppe entdeck-

Abb. 14.2 Saul Perlmutter (rechts) mit dem Autor im schwedischen Königspalast nach der Nobelpreisverleihung 2011.

te Beschleunigung möglicherweise die experimentelle Überprüfung einer Theorie, die ich später in diesem Buch noch erläutern werde: die Theorie des vierdimensionalen Urknalls, die meiner vorgeschlagenen Erklärung für die Bedeutung des *Jetzt* zugrunde liegt.

Dass die Ausdehnung des Universums sich beschleunigt, hatte ich nicht vorhergesehen. Niemand hatte es vorhergesehen. Ich hatte meinen Studierenden aber zu Recht prophezeit, dass wir bald wissen würden, ob das Universum sich immer weiter ausdehnt. Nachdem Saul die Ergebnisse bekannt gegeben hatte und noch bevor die Zeitungen darüber berichteten, konnte ich in meiner Physikvorlesung verkünden, dass wir die Antwort hatten.

Einsteins größte Eselei

Die Beschleunigung des Universums lässt sich leicht mit Einsteins allgemeiner Relativitätstheorie in Einklang bringen. Erinnern wir uns: Bevor Hubble entdeckte, dass das Universum sich ausdehnt, hatte Einstein es für unbeweglich gehalten und geglaubt, die Galaxien würden einfach bleiben, wo sie sind. Als Ausgleich für ihre gegenseitige Gravitationsanziehung hatte er die *kosmologische Konstante* eingeführt, eine Abstoßungskraft, die das Universum statisch machen sollte. Diese Konstante bezeichnete Einstein mit dem Symbol Λ, dem griechischen Großbuchstaben Lambda. Es sollte als abstoßende Kraft oder eine Art Antigravitation wirken, hatte seinen Ursprung aber nicht in der Masse, sondern im leeren Raum. Ich stelle sie mir so vor, als würde der Raum sich selbst abstoßen.

Als Hubble entdeckt hatte, dass das Universum sich ausdehnt, wurde der Begriff Lambda nicht mehr gebraucht, und die Gemeinde der Kosmologen setzte seinen Wert einfach auf null. Wie ich in Kapitel 12 bereits erwähnt habe, bezeichnete Einstein die Einführung von Lambda nach Angaben von George Gamow als die »größte Eselei« seines Lebens. Hätte er Lambda nicht hinzugefügt, er hätte bereits die *Expansion* des Universums vorhersagen können! Was wir heute wissen, halte ich für die größte Ironie in Einsteins Leben: Sein größerer Fehler lag nicht darin, Lambda in die Gleichungen hineinzustecken, sondern es wieder herauszunehmen. Hätte er den Begriff dort stehen lassen, er hätte sogar die *Beschleunigung* des Universums vorhersagen können. Einsteins größte Eselei bestand darin, die kosmologische Konstante als Eselei zu bezeichnen.

Wenn man die kosmologische Konstante Lambda in die Gleichung der allgemeinen Relativitätstheorie einbauen will, besteht eine bequeme Methode darin, sie (mathematisch) in den Energieteil der Gleichung zu überführen; dazu kombiniert man sie mit der Größe T, die die Energiedichte bezeichnet. Damit stellt man sich Lambda als Energiebegriff vor. Dieser Ansatz ist heute allgemein üblich, und die kosmologische Konstante erklärt man mit der Behauptung, der leere Raum sei voller *dunkler Energie*, deren Dichte und Druck vom konkreten Wert von Lambda abhängt. Bezieht man die kosmologische Konstante auf diese Weise mit ein, bleibt die Gleichung der allgemeinen Relativitätstheorie unverändert; der Lambda-Term ist weg, aber dafür sind Energie und Druck des leeren Raumes nicht mehr null.

Dunkle Energie, die den leeren Raum füllt – das hört sich an, als wäre der Äther zurückgekehrt, und so ist es auch. Der leere Raum ist in der modernen Kosmologie nicht wirklich leer. Nach der heutigen Vorstellung der Physiker enthält der »leere« Raum vielmehr neben der dunklen Energie auch ein *Higgs-Feld*: Dieses sorgt dafür, dass Teilchen scheinbar eine größere Masse haben, als es sonst der Fall wäre. Und Paul Dirac äußerte sogar die Vermutung, der leere Raum sei mit einem unendlichen Meer aus Elektronen mit negativer Energie angefüllt – sicher das Erstaunlichste, was ein angesehener Physiker jemals postulierte. (Mehr darüber in Kapitel 20.) Das Vakuum ist alles andere als leer.

Dass Theoretiker es vorziehen, Lambda auf die Energieseite der Gleichung zu ziehen und es damit zu dunkler Energie zu machen, liegt unter anderem daran, dass man aufgrund quantenphysikalischer Überlegungen bereits mit einem ähnlichen Begriff gerechnet hatte. Man erwartete, dass »Fluktuationen des Quantenvakuums« dunkle Energie transportieren würden, die mit einem negativen Druck verbunden ist wie die von Saul entdeckte dunkle Energie. Warum also rechnen wir den Quantenphysikern nicht das Verdienst zu, die dunkle Energie vorhergesagt zu haben? Es liegt daran, dass sie zu den falschen Zahlen gelangten. Wir wissen, dass die dunkle Energie, die für die Expansion des Universums sorgt, eine Massedichte von ungefähr 10^{-29} Gramm je Kubikzentimeter hat; die theoretische Quantenphysik sagt dagegen einen Wert von 10^{+91} vorher. Damit liegt die Theorie um den Faktor 10^{120} falsch. Diese Diskrepanz wurde als »die schlechteste theoretische Vorhersage in der Geschichte der Physik« bezeichnet. Die quantentheoretische Vorhersage der dunklen Energie ist um 100 Quadrillionen Googols falsch.

Könnten Quantenfluktuationen dennoch die Quelle der dunklen Energie sein? Vielleicht. Manche Theoretiker bemühen sich darum, ihre Theorie um den notwendigen Betrag anzupassen, aber einen plausiblen Weg, um die Zahlen um einen derart gewaltigen Faktor zu ändern, hat bisher offenbar niemand gefunden. Nach meiner eigenen Vermutung wird sich herausstellen, dass der richtige Wert für die Energie der Quantenfluktuationen null lautet (jedenfalls wenn wir die richtige Quantentheorie haben), und außerdem wird sich zeigen, dass die dunkle Energie etwas völlig anderes, zum Higgs-Feld (das ich in Kapitel 15 erörtern werde) analoges ist. Aber das ist nur eine Vermutung.

Inflation

Die überlichtschnelle Ausdehnung des Universums ist ein entscheidender Teil der *Inflationstheorie*, die ursprünglich von den Physikern Alan Guth und Andrei Linde formuliert und später von Andreas Albrecht, Paul Steinhardt und anderen weiterentwickelt wurde. Sie beschäftigten sich mit der bemerkenswerten Einheitlichkeit des Universums. Wenn wir in eine Entfernung von 14 Milliarden Lichtjahren blicken, beobachten wir die Stelle, die vor 14 Milliarden Jahren Mikrowellen aussandte. Diese Strahlung erreicht uns gerade jetzt, nachdem sie 14 Milliarden Jahre lang unterwegs war. Blicken wir aber in die entgegengesetzte Richtung, sehen wir ebenfalls Strahlung, die von dort kommt und 14 Milliarden Jahre unterwegs war.

Die beiden Regionen haben also einen Abstand von 28 Milliarden Lichtjahren. Das Universum ist nur 14 Milliarden Jahre alt. Die Zeit reichte also nicht aus, damit ein Signal von einer Seite zur anderen wandern konnte. Selbst in den ersten Augenblicken nach dem Urknall, als diese Regionen eng benachbart waren, wichen sie zu schnell auseinander, als dass sie in Kontakt hätten treten können. Woher also »wussten« sie, dass sie die gleiche Dichte, die gleiche Temperatur und die gleiche Strahlungsintensität erreichen sollten? Wie können sie sich ähneln, wenn sie keine Zeit hatten, miteinander in Wechselbeziehung zu treten und ein Gleichgewicht zu erreichen? Wir beobachten, dass Signale von Stellen, die 28 Milliarden Lichtjahre voneinander entfernt sind, sich sehr stark ähneln. Wie konnten sie das schaffen?

Wie Guth und Linde zeigten, waren diese heute weit entfernten Punkte einander zu der Zeit, als die Expansion des Universums noch langsam genug verlief, so nahe, dass sie interagieren konnten. Ihre Entfernung war so gering, dass sie eine ähnliche Temperatur und Dichte erreichen konnten; dann plötzlich veränderte sich der Theorie zufolge die Natur des Vakuums, und sie trennten sich mit einer Geschwindigkeit, die ungeheuer weit über der Lichtgeschwindigkeit lag. Die Punkte bewegten sich dabei nicht; ihre Trennung war darauf zurückzuführen, dass zwischen ihnen sehr schnell mehr Raum entstand. Diese Zunahme des Raumes bezeichneten Guth und Linde als *Inflation*. Die entsprechenden mathematischen Grundlagen arbeiteten sie aus. Sie mussten als Ursache ein neuartiges Feld postulieren, das sich mit der Expansion veränderte und am Ende in einen Zustand überging, in dem die Inflation zum Stillstand kam; ein solches Feld ließ sich leicht mit der allgemeinen Relativitätstheorie in Einklang bringen.

Die Vorstellung von einer Inflation war viele Jahre lang vor allem deshalb beliebt, weil sie die einzige bekannte Lösung für die rätselhafte Frage bot, wie das Universum so einheitlich werden konnte. Die Antwort der Inflationstheorie: Früher stand alles in engem Kontakt. In jüngster Zeit jedoch wurden auch einige andere Vorhersagen der Inflationstheorie bestätigt, darunter solche über die Muster, die man in den Mikrowellen beobachten kann. Und noch plausibler wurde das Bild der Inflation, als man die beschleunigte Expansion des Universums entdeckte.

KAPITEL 15

Die Entropie kommt unter die Räder

Ich bekenne mich zu meinen Zweifeln an Eddingtons Erklärung für den Zeitpfeil ...

> Die gesamte Unordnung im Universum, gemessen als die Größe, die Physiker als Entropie bezeichnen, nimmt auf dem Weg von der Vergangenheit in die Zukunft ständig zu. Andererseits nimmt die gesamte Ordnung im Universum, gemessen als Komplexität und Dauerhaftigkeit organisierter Strukturen, auf dem Weg von der Vergangenheit in die Zukunft ebenfalls zu.
>
> Freeman Dyson

Haben Sie jetzt den Eindruck, dass das Rätsel des Zeitpfeils gelöst ist? Hat Eddingtons Argumentation und mein Versuch, sie wiederzugeben, Sie überzeugt? Oder sind Sie wie meine von mir befragten Physikerkollegen nicht ganz sicher, ob er recht hat?

Hier muss ich ein Geständnis machen. Nach meiner Überzeugung ist die Erklärung, die den Zeitpfeil auf die Entropie zurückführt, zutiefst fehlerhaft und mit ziemlicher Sicherheit falsch. Die letzten Kapitel – seit dem Kapitel 11 »Die Zeit wird erklärt« – zu schreiben, war für mich nicht einfach, aber ich wollte Eddingtons Position so gut wie möglich darstellen, bevor ich meine Einwände präsentiere.

Gibt es auch andere Erklärungsmöglichkeiten für den Zeitpfeil? Ja, sogar mehrere; darunter ist auch die Möglichkeit, dass die Quantenphysik – ein Bereich, der noch viel rätselhafter ist als die Relativitätstheorie – den Pfeil vorgibt. Eine andere besagt, der Pfeil sei darauf zurückzuführen, dass der Urknall nicht nur ständig neuen Raum schafft, sondern auch neue Zeit. Ich kann nicht beweisen, dass eine dieser Vorstellungen richtig ist, aber ich bin überzeugt, dass Eddingtons Erklärung nicht stimmt.

Mit welchen Methoden überprüfen wir, ob eine Theorie gültig ist?

Die erfolgreiche Prüfung einer Theorie

Den Qualitätsmaßstab für Theorien setzte Einstein. Als er seine ursprüngliche Relativitätstheorie entwickelte – später wurde sie als »spezielle Relativitätstheorie« bezeichnet – formulierte er eindeutige Vorhersagen über das Verhalten von Zeit und Länge. Zehn Jahre später sagte er zusätzlich vorher, wie sich diese Größen in Gravitationsfeldern verändern würden. Im Jahr 1919 bestätigte Eddington Einsteins Vorhersagen über die Ablenkung von Licht durch die Sonne. Der erste Nachweis der Äquivalenz von Energie und Masse findet sich wahrscheinlich in einem 1930 erschienenen Artikel, in dem George Gamow darauf hinweist, dass der »Massendefekt«, den man an Atomkernen beobachten kann, im Zusammenhang mit der negativen Energie der Kernkräfte steht. Auf der Grundlage von Einsteins Theorie sagte Dirac die Existenz von Antimaterie vorher, die dann 1932 von Carl Anderson entdeckt

15 Die Entropie kommt unter die Räder

wurde. Im Jahr 1938 wiesen Herbert Ives und George Stilwell die Zeitdilatation nach und verifizierten damit Einsteins Gleichungen. Die Äquivalenz von Masse und Energie konnte man in den 1940er Jahren sehr augenfällig an der gegenseitigen Vernichtung von Elektronen und Positronen beobachten. Und die Standardwirkungen der Relativität – Zeitdilatation, Längenkontraktion, Äquivalenz von Masse und Energie – machen sich heute in modernen physikalischen Labors täglich bemerkbar.

Was die Widerlegung seiner Theorien anging, machte Einstein sehr genaue Angaben. Im Jahr 1945 bestand eine auffällige Diskrepanz zwischen dem Alter der Erde (gemessen an radioaktivem Gestein) und dem Alter des Universums (das man anhand der Hubble-Expansion ermittelt hatte). Als Einstein im gleichen Jahr sein Buch *Grundzüge der Relativitätstheorie* aktualisierte, schrieb er:

> Das Alter des Universums in dem hier verwendeten Sinne muss sicherlich das der festen Erdkruste übersteigen, wie sie ausgehend von radioaktivem Gestein festgestellt wird. Da die Bestimmung des Alters durch dieses Gestein in jeder Hinsicht zuverlässig ist, wäre die hier vorgestellte kosmologische Theorie widerlegt.
>
> In diesem Fall sehe ich keine vernünftige Lösung.

Einstein musste die allgemeine Relativitätstheorie nicht zurückziehen; nicht seine Theorie war falsch, sondern das Experiment. Hubble hatte nicht erkannt, dass er bei seinen Messungen zwei Typen sehr ähnlicher Sterne verwechselt hatte. Nachdem man den Irrtum entdeckt und verbesserte Berechnungen angestellt hatte, stellte sich heraus, dass das Universum bei weitem älter war als die Erde, was natürlich auch so sein musste. Aber es ist erfrischend zu lesen, wie Albert Einstein feststellte, dass seine Theorie widerlegt sei, wenn die Ergebnisse der Experimente sich nicht veränderten – denn dann gebe es dafür »keine vernünftige Lösung«.

Im nächsten Absatz möchte ich aufzählen, welche Vorhersagen Eddingtons Theorie von 1928 über den Zeitpfeil machte, und dabei auch alle anderen Vorhersagen nennen, die andere Theoretiker später hinzufügten.

[Diese Zeile ist absichtlich leer.]

Diese leere Zeile gibt die Vorhersagen von Eddington und anderen Physikern wieder, die den Zeitpfeil mit der Entropie in Verbindung bringen. Es gab keine, und es gibt keine. Moderne Autoren, die eine theoretische Verbindung zwischen Entropie und Zeitpfeil herstellen, räumen diesen Mangel in manchen Fällen ein. Manchmal geben sie auch ihrem Optimismus Ausdruck, dass Vorhersagen unmittelbar vor der Tür stehen. Aber 2016 – in dem Jahr, in dem dieses Buch erscheint – sind 88 Jahre vergangen, seit Eddington seine Theorie als Erklärung für den Zeitpfeil formulierte, und immer noch gibt es keine experimentelle Überprüfung – sie ist nicht gelungen, ja sie wurde noch nicht einmal vorgeschlagen.

Oder doch? Hätte sich herausgestellt, dass bestimmte Effekte im Einklang mit Eddingtons Entropie-Zeitpfeil-Theorie stehen, sie wären weithin als Beweis für deren Gültigkeit zitiert worden. Beobachtet man dagegen keine derartigen Effekte, wird ein solches negatives Ergebnis nicht als Beleg gegen die Theorie interpretiert. Das liegt daran, dass Eddingtons Theorie keine Vorhersagen macht; sie »erklärt« nur Phänomene. Eine Theorie, die keine Vorhersagen macht, lässt sich nicht falsifizieren. Ich schlage vor, für solche angeblichen Theorien, die verifiziert, aber nicht falsifiziert werden können, den Begriff *Pseudotheorie* zu verwenden.

Angenommen, die Zeit stünde im Zusammenhang mit der Entropie: Würde man dann damit rechnen, dass man bestimmte Effekte beobachten kann? Die Relativitätstheorie ist

15 Die Entropie kommt unter die Räder

voller solcher Phänomene. Die lokale Gravitation wirkt sich auf die Laufgeschwindigkeit von Uhren aus; sollte die lokale Entropie nicht den gleichen Effekt haben? Wenn die Entropie der Erdoberfläche nachts abnimmt, sollten wir dann nicht auch eine Veränderung im Lauf der Zeit beobachten, beispielsweise eine lokale Verlangsamung? Das alles geschieht aber nicht. Warum nicht? Hätte man eine solche Verlangsamung beobachtet, sie hätte sicher als Triumph für Eddingtons Theorie gegolten, obwohl er sie nie vorhersagte.

Nach dem Standardmodell bestimmt die Entropiezunahme des *Universums* über den Zeitpfeil. Sehen wir uns also die Entropie des Universums einmal genauer an. Wo ist sie?

Die Entropie des Universums

Bei der Entropie, die Eddington kannte, handelte es sich um die Entropie der Erde, der Sonne, des Sonnensystems, anderer Sterne und Nebel, des Sternenlichts und weiterer Dinge, die wir sehen und nachweisen können. Seit seiner Zeit haben wir entdeckt, dass diese Entropie nur ein winziger Teil der Gesamtentropie des Universums ist.

Dass es eine ungeheuer große, unerwartete Entropie gibt, wurde zum ersten Mal klar, als Penzias und Wilson die kosmische Mikrowellenstrahlung entdeckten. Es muss nicht viel Entropie je Kubikmeter sein, aber im Gegensatz zur gewöhnlichen Materie füllt sie den gesamten Raum aus. Deshalb ist die Entropie dieser Mikrowellen nach Schätzungen rund 10 Millionen Mal größer als die Entropie aller Sterne und Planeten zusammen.

Wie verändert sich diese gewaltige Entropie der kosmischen Mikrowellen im Laufe der Zeit? Interessanterweise überhaupt nicht. Da das Universum sich ausdehnt, füllen die Mikrowellen immer mehr Raum aus, aber dabei verlieren sie Energie; unter dem Strich bleibt ihre Entropie konstant. Dieses gewaltige Entropiereservoir, das so viel größer ist als die Entropie der Sterne, verändert sich nicht. Können wir das Fehlen einer Entropieveränderung als Widerlegung des Entropie-Zeitpfeils auffassen?

Nach Ansicht der Physiker gibt es im Universum noch drei weitere große Entropievorräte, die man aber noch nie beobachten oder bestätigen konnte; sie sind ausschließlich theoretischer Natur. Der erste besteht aus den Neutrinos, die vom Urknall übrig geblieben sind. Sie sind fast ebenso zahlreich wie die Photonen der Mikrowellenstrahlung, interagieren aber noch weniger mit Materie. Es gibt drei Typen von Neutrinos; da sie nicht interagieren, ist ihre Entropie ebenfalls konstant und mit jener der Mikrowellenphotonen vergleichbar.

Die zweite große Quelle verborgener Entropie liegt in den supermassiven schwarzen Löchern. Die Entropie eines schwarzen Loches wurde erstmals von Jacob Bekenstein und Stephen Hawking berechnet. Die meisten Theoretiker erkennen ihre Arbeiten offenbar an, es gibt dafür aber bisher keinerlei experimentelle Bestätigung. Da diese Berechnungen an der vordersten Front unserer Kenntnisse über Relativitätstheorie und Quantenphysik stehen, könnten sie in jedem Fall wichtig sein, ganz gleich, ob sie sich nun als richtig oder falsch erweisen.

Nehmen wir um der Argumentation willen einmal an, dass Bekenstein und Hawking mit ihren Annahmen über diese Entropie recht haben. Man rechnet damit, dass eine derartige Entropie zunimmt, wenn sich immer mehr Masse in den supermassiven schwarzen Löchern ansammelt. Schätzungen für die derzeitige Entropie der supermassiven schwarzen Löcher legen die Vermutung nahe, dass sie mehrere Milliarden Mal größer ist als die Entropie der Mikrowellen. Das nächst-

15 Die Entropie kommt unter die Räder

gelegene supermassive schwarze Loch verbirgt sich in der Mitte unserer Milchstraße und scheint immer mehr Materie anzuziehen. Demnach nimmt seine Entropie zu.

Legt man die Bekenstein-Hawking-Formel zugrunde, ist die Entropie der supermassiven schwarzen Löcher ungeheuer viel größer als die Entropie der Materie, der Mikrowellen und der Neutrinos im Universum. Bestimmt das schwarze Loch in der Mitte der Milchstraße demnach über den Zeitpfeil auf der Erde?

Hier muss man sich im Zusammenhang mit der Entropie etwas Wichtiges klarmachen. Nominell ist das schwarze Loch 14 000 Lichtjahre entfernt. Die Energie ist aber tief unten in der Nähe der Oberfläche des schwarzen Loches begraben. Wenn man davon ausgeht, dass die Bildung des schwarzen Loches tatsächlich abgeschlossen ist, hat diese Entropie eine unendliche Entfernung zu uns. In der Realität ist der Abstand einfach sehr groß: Er errechnet sich näherungsweise aus der Lichtgeschwindigkeit, multipliziert mit der Zeit, seit das schwarze Loch sich auszubilden begann. Diese Entropie ist also mindestens einige Milliarden Lichtjahre entfernt. Wie kann eine derart weit entfernte Entropie sich auf unsere Zeit auswirken?

Es könnte noch einen anderen, nochmals größeren Entropiespeicher geben. Er liegt in dem etwa 14 Milliarden Lichtjahre entfernten *Ereignishorizont* des Universums, wie man ihn nennt. Diese Entropie nimmt mit der Expansion des Universums schnell zu. Sie bewegt sich aber auch praktisch mit Lichtgeschwindigkeit von uns weg, und sie ist sehr weit entfernt.

Denken wir noch einmal daran: Es besteht kein nachgewiesener Zusammenhang zwischen dem Anstieg der Entropie und dem Strom der Zeit; das Ganze ist nur eine Spekulation, die sich auf eine Korrelation stützt – auf die Tatsache, dass beide sich vorwärts bewegen. Es gibt eigentlich keine *Theorie* in dem Sinn, wie die allgemeine Relativitätstheorie eine Theorie ist. Vielleicht wird es eines Tages eine echte Theorie geben. Das kann ich nicht ausschließen, aber dass eine solche Theorie zeigen wird, dass die weit entfernten Entropien über den Zeitpfeil bestimmen, oder dass sie eine Verbindung zwischen uns und der unveränderlichen (und fast nicht interagierenden) Entropie der Mikrowellen herstellen wird, ist schwer zu glauben.

Wir alle wissen, dass Korrelation nicht gleichbedeutend mit Verursachung ist. Für diesen Denkfehler gibt es sogar einen lateinischen Ausdruck: *cum hoc ergo propter hoc*, was wörtlich übersetzt »mit diesem, deshalb wegen diesem« bedeutet. Gemeint ist damit die falsche Annahme, zwischen zwei Ereignissen, zwischen denen eine Korrelation besteht, müsse zwangsläufig auch ein Kausalzusammenhang bestehen, das heißt, das eine müsse die Ursache des anderen sein. Mit einer solchen Logik könnte man zu dem Schluss gelangen, dass man einen Kater bekommt, wenn man mit Schuhen schläft, oder dass der Speiseeisumsatz die Ursache dafür ist, dass Menschen häufiger ertrinken, oder etwas ähnlich Absurdes. Nur allzu oft aber erkennen Physiker nicht, dass sie in die gleiche Falle tappen, wenn sie die Ansicht vertreten, die Entropie bestimme über den Zeitpfeil.

Nach Ansicht des großen Wissenschaftsphilosophen Karl Popper kann man eine Theorie nur dann als wissenschaftlich bezeichnen, wenn sie auch etwas darüber aussagt, wie man sie widerlegen könnte. Die Entropietheorie für den Zeitpfeil erfüllt Poppers Kriterium nicht.

Zu den Theorien, die sich nicht falsifizieren lassen, gehören Spiritualismus, *intelligent design*, Astrologie und der Zusammenhang zwischen Zeitpfeil und Entropie. Vermutlich fallen einem noch andere ein. Unter diesen kommt die Astrologie

15 Die Entropie kommt unter die Räder

der Möglichkeit, sie zu widerlegen, noch am nächsten. Ein sorgfältiges Experiment von Shawn Carlson (bei dem ich als wissenschaftlicher Berater mitwirkte und einen Teil meines Waterman-Preises zur Erstellung der astrologischen Karten verwendete) wurde in dem angesehenen Wissenschaftsjournal *Nature* veröffentlicht.* Shawn überprüfte die Grundthese der Astrologie, wonach der genaue Geburtszeitpunkt in Zusammenhang mit Persönlichkeitsmerkmalen steht; sein Doppelblindversuch wurde (bis die Ergebnisse vorlagen) von einigen der angesehensten Astrologen der Welt unterstützt. (Ja, solche Menschen gibt es tatsächlich; die meisten von ihnen haben einen Doktortitel in Psychologie.) Nachdem er mit seinen Ergebnissen die Grundthese widerlegt hatte, waren die Astrologen schockiert und enttäuscht (sie nehmen ihr Fachgebiet tatsächlich ernst), aber keiner von ihnen wandte sich deshalb von der Astrologie ab. Für Wissenschaftler ist die Astrologie also falsifizierbar – und sie wurde falsifiziert –, aber die Astrologen halten dennoch an ihrem derart in Misskredit geratenen Fachgebiet fest.

In einer griechischen Sage behielt der Ringkämpfer Antaeus seine gewaltige Kraft nur so lange, wie er den Erdboden berührte. Nach meiner Vermutung war er eine Metapher für den vornehmen Bauern: Sobald er sich die Hände nicht mehr jeden Tag schmutzig macht, kommt es zu einer Missernte. Antaeus vertrieb sich die Zeit damit, jeden, der vorüber kam, zu einem Ringkampf aufzufordern. Er gewann immer, tötete seine Gegner und baute aus ihren Schädeln einen Tempel. Am Ende kämpfte Antaeus gegen Herkules. Dieser stand im Begriff zu verlieren, bis er sich an die geheime Notwendigkeit der Bodenhaftung erinnerte. Es gelang ihm, Antaeus hoch-

---

* Shawn Carlson, »A Double-Blind Test of Astrology«, *Nature* 318 (5. Dezember 1985): 419–425; doi:10 1038/318 419a0.

zuheben, und nun konnte er ihn mit seinen Armen erdrücken.

Als experimenteller Wissenschaftler spüre auch ich manchmal den Antaeus-Effekt. Wenn ich einige Monate lang nicht in der Maschinenhalle gearbeitet habe, vergesse ich, warum es zehn Minuten dauert, eine Schraube festzudrehen, und dann bin ich mit meinen Studierenden übermäßig streng. (Eine richtige Schraube erfordert sorgfältige Messung, zwei Bohrlöcher und den richtigen Schraubenzieher. Unter Umständen dauert es zehn Minuten, eine einzige Schraube einzudrehen, aber fünf Schrauben festzuziehen, erfordert dann nur zwölf Minuten.)

Die theoretische Physik darf die Bodenhaftung nicht verlieren, sondern muss darauf bestehen, dass es überprüfbare und falsifizierbare experimentelle Ergebnisse gibt. Hätte Eddington für die Ablenkung des Lichts durch die Sonne bei einer Sonnenfinsternis einen anderen Wert beobachtet, wäre Einstein widerlegt gewesen. Wenn Teilchen bei hoher Geschwindigkeit keine längere Lebensdauer hätten, wäre ebenfalls gezeigt, dass Einstein unrecht hatte. Und wenn man die GPS-Signale nicht wegen der gravitations- und geschwindigkeitsbedingten Zeitdilatation korrigieren müsste, wäre Einsteins Theorie falsifiziert.

Tatsächlich sah es so aus, als sei Einsteins Theorie über die Brown'sche Bewegung schon kurz nach ihrer Veröffentlichung widerlegt worden. Eine Reihe von Experimenten falsifizierte seine Arbeit. Es war die Zeit, in der Ludwig Boltzmann, der Vater der damals noch umstrittenen statistischen Physik, sich das Leben nahm. Spätere experimentelle Arbeiten zeigten jedoch, dass die ersten Experimente fehlerhaft gewesen waren, und nun wurden Einsteins Vorhersagen bestätigt. Das Ganze dauerte vier Jahre.

15 Die Entropie kommt unter die Räder

Das Gottesteilchen durchbricht den Entropiepfeil

Ich möchte eine andere Vorhersage formulieren. Sie wurde von Eddington nicht gemacht, aber nach meiner Überzeugung könnte man sie aus seiner Theorie ableiten. Nach unserem kosmologischen Standardmodell hatte im sehr frühen Universum kein Teilchen eine Masse; Elektronen, Quarks und alle anderen waren ebenso masselos wie das Photon. Dieser bemerkenswerte Zustand war entscheidend dafür, dass das frühe Universum funktionieren konnte – er trug dazu bei, dass die großen Vereinheitlichungstheorien mathematisch plausibel sind. Später, während der weiteren Evolution des Universums, nahmen die Teilchen (nach der Standardtheorie) eine Masse an, und zwar durch den sogenannten *Higgs-Mechanismus*.

Einfach ausgedrückt meint man mit dem Higgs-Mechanismus, dass das ganze Universum plötzlich aufgrund eines Prozesses, den man *spontanen Symmetriebruch* nennt, mit einem Higgs-Feld gefüllt war. Als die zuvor masselosen Teilchen sich durch dieses Feld bewegten, verhielten sie sich, als hätten sie eine Masse. Im Higgs-Mechanismus ist Masse eine Illusion, aber sie behält alle Eigenschaften, die man aufgrund der Relativitätstheorie erwartet.

Die Theorie sagte voraus, dass ein Stück Higgs-Feld durch eine ausreichend energiereiche Kollision geschaffen werden kann, und die Vorhersage bestätigte sich am 4. Juli 2012: An diesem Tag gab CERN, das große Teilchenforschungszentrum bei Genf, die Entdeckung bekannt. Abbildung 15.1 zeigt die Explosionstrümmer, die beim radioaktiven Zerfall eines Higgs-Teilchens entstanden sind.

Leon Lederman, der für die Entdeckung des Myon-Neutrinos den Nobelpreis erhielt und an der Columbia University mein Lehrer war, schrieb über das Higgs-Feld ein Buch

II Ein gebrochener Pfeil

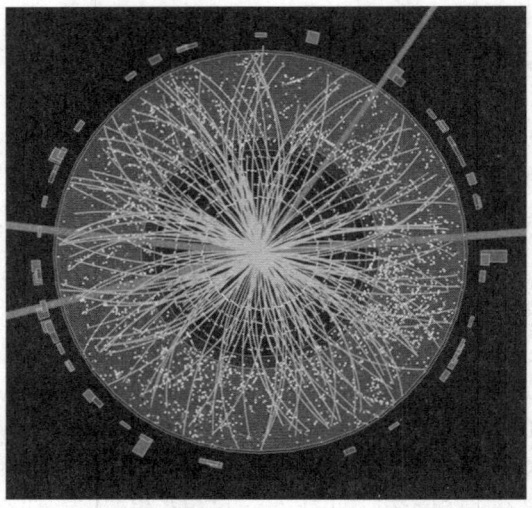

Abb. 15.1 Eine (für Physiker) überzeugende Aufnahme eines explodierenden Higgs-Teilchens, aufgenommen im CERN-Labor bei Genf.

mit dem Titel *The God Particle* [dt. *Das schöpferische Teilchen*]. Er behauptet, die Idee für den Titel habe sein Lektor gehabt; vermutlich sorgte er mindestens für eine Verzehnfachung der Auflage. Der Name liegt darin begründet, dass das Higgs-Feld den Teilchen ihre Masse verlieh, und ohne diesen Vorgang hätte es weder Atome noch Moleküle, Planeten oder Sterne geben können. Das stimmt, aber aufgrund der gleichen Überlegung könnten wir auch das Elektron als Gottesteilchen bezeichnen, denn ohne Elektronen würden wir ebenfalls nicht existieren – Gleiches gilt für das Photon oder praktisch jedes andere Teilchen in der Liste der Elementarteilchen. Unter Physikern herrscht allgemein Einigkeit, dass »Gottesteilchen« der schlechteste Name ist, den man sich für ein Teilchen vorstellen kann – er ist sogar noch schlechter als die Namen »Wahrheit« und »Schönheit«, die manche Physiker

15 Die Entropie kommt unter die Räder

zwei Quarks geben wollten. Dennoch hat er die Aufmerksamkeit der Öffentlichkeit erregt, und ich habe ihn sogar in der Überschrift für diesen Abschnitt verwendet.

Ihren wissenschaftlichen Ritterschlag erhielt die Higgs-Theorie 2012, als Peter Higgs und François Englert für die mit ihrer Hilfe gemachten Vorhersagen den Nobelpreis erhielten. Natürlich war der Preis für Higgs nur eine Kleinigkeit im Vergleich zu der Unsterblichkeit, die ihm zuteilwurde, weil man diesen entscheidenden Aspekt der Physik nach ihm benannte. Der arme Englert musste sich mit dem Nobelpreis zufrieden geben.

Die Entdeckung des Higgs-Teilchens ist ein weiterer Schlag für Eddingtons Behauptung, es gebe zwischen Entropie und Zeit einen Kausalzusammenhang. Das hat folgenden Grund. Beim ursprünglichen Urknall, bevor das Higgs-Feld auftauchte, waren alle Teilchen masselos. Außerdem kann man mit gutem Grund annehmen, dass die masselosen Teilchen in dieser Phase trotz der Expansion des Universums eine »thermische« Energieverteilung hatten, das heißt, sie entsprachen der Verteilung, die man erhält, wenn man eine möglichst große Entropie unterstellt.

Nun weiß man schon seit den 1970er Jahren, dass eine solche Ansammlung masseloser Teilchen ihre Entropie nicht verändert, wenn das Universum sich ausdehnt. Im frühen Universum lag nämlich die Entropie der gesamten Materie in masselosen, thermischen Teilchen, und deshalb nahm sie nicht zu. Würde der Zeitpfeil wirklich durch die Entropiezunahme vorangetrieben, hätte es zu jener Zeit keinen Pfeil geben können. Die Zeit wäre stehen geblieben. Wir hätten dieses Zeitalter nie verlassen. Wenn die Zeit stehen bliebe, würde auch die Expansion zum Stillstand kommen (oder von vornherein nicht ablaufen). Ohne Zeit wären Sie nicht hier und könnten dieses Buch nicht lesen.

Die Zeit blieb aber nicht stehen. Das Universum expandierte, das Urplasma aus masselosen Teilchen kühlte sich ab, das Higgs-Feld entstand durch spontanen Symmetriebruch, und irgendwann verhielten die Teilchen sich so, als ob sie eine Masse hätten. Und da sind wir.

Über die Frage, was Zeit im sehr frühen Universum (während der ersten Millionstelsekunde) bedeutete, haben die Physiker lange nachgegrübelt. Da der Raum so gleichmäßig heiß war, machten sie sich Sorgen, man könne nicht ohne weiteres etwas finden, was während dieser Periode als Uhr dienen könnte. Wegen der Energie der Teilchen und der hohen Dichte würde sogar der radioaktive Zerfall sich umkehren. Wie also konnte die Zeit definiert werden?

Kern dieses Dilemmas ist die falsche Annahme, der Strom der Zeit würde durch die Entropie vorangetrieben. Damit zäumt man das Pferd von hinten auf.

Wie hat Eddington uns hinters Licht geführt?

Warum war Eddingtons Argumentation über die Entropie und den Zeitpfeil so überzeugend? Mir gefällt eine Erklärung, die E. F. Bozman unabsichtlich in seiner Einleitung zu Eddingtons 1928 erschienenem Buch lieferte. Er erklärte, Eddington habe seine Ansicht mit »ausgezeichneter Analogie und sanfter Überzeugungskraft« vertreten. Das ist ein deutlich anderer Ansatz als die experimentelle Bestätigung, die Physiker üblicherweise verlangen, bevor sie eine Theorie als richtig anerkennen. Popper hätte sich davon nicht beeindrucken lassen.

Eddington (und praktisch alle Autoren, die allgemeinverständlich über das Thema geschrieben haben) nennen gern Beispiele für eine Entropiezunahme. Eine Teetasse, die wir

15 Die Entropie kommt unter die Räder

fallen lassen, zerschellt zu Scherben. Ein Film, den wir rückwärtslaufen lassen, sieht falsch aus. Teetassen formen sich nicht von selbst. Und doch haben wir Teetassen. Wie werden sie zusammengesetzt? Sehen wir uns statt des Films mit der zerbrechenden Teetasse einen anderen an, der in einer Teetassenfabrik gedreht wurde, so bekommen wir den gegenteiligen Eindruck. Menschen konstruieren Teetassen. Menschen haben Ausgangsmaterialien mit hoher Entropie organisiert und angeordnet, das Material verfeinert, die Einzelteile zusammengesetzt und die Teetassen hergestellt. Ohne diesen Herstellungsprozess gäbe es keine Teetasse, die man zerbrechen könnte. Spielen wir den Film wiederum rückwärts ab, so dass eine Teetasse zu Ton und Wasser wird, wäre die Umkehr der Zeit offenkundig.

Wir sind umgeben von Beispielen für abnehmende Entropie. Wir schreiben Bücher; wir bauen Häuser; wir gründen Städte; wir lernen. Kristalle wachsen. Bäume absorbieren selektiv Kohlendioxid (ein Gas, das in der Atmosphäre nur in Spuren vorhanden ist), trennen Wasser und gelöste Mineralstoffe aus dem Boden ab und nehmen es auf, und bauen daraus großartige, organisierte Strukturen auf. Die Entropie eines Baumes ist ungeheuer viel geringer als die Entropie von Gas, Wasser und gelösten Mineralstoffen, aus denen er entstanden ist.

Menschen nehmen diese großartigen Bäume mit ihrer niedrigen Entropie, zerschneiden sie zu Brettern und bauen daraus Häuser. Wenn man im Film sieht, wie ein Haus entsteht, so erkennt man die Richtung des zeitlichen Ablaufs nicht am wachsenden Durcheinander, sondern an der zunehmenden Ordnung; wir erkennen sie an der *abnehmenden* Entropie. Die Überlegungen, die einige Autoren über zerbrochene Teetassen anstellen, sind keine allgemeingültigen Argumente. Sie haben sich gezielt die Beispiele herausgepickt, in denen eine Entropiezunahme zu erkennen ist; in Wirklichkeit leben wir aber in einer Welt, die durch eine lokale Abnahme von Entropie immer weiter verbessert wird. (Eine solche Rosinenpickerei ist übrigens selbst eine Form der lokalen Entropieabnahme. Das Gleiche gilt für das Schreiben eines Buches.)

Die Entropie des *Universums* nimmt natürlich zu, wenn wir ein Haus bauen. Zu einem großen Teil ist die Zunahme auf die Wärmestrahlung zurückzuführen, die in den Weltraum abgegeben wird. Lokal nimmt die Entropie ab. Beziehen wir die Photonen ein, die in die Unendlichkeit davonfliegen, so wächst die Gesamtentropie.

Überall im Weltraum können wir sehen, wie Entropie abnimmt. Aus der urtümlichen, gemischten Suppe mit Gasen, Teilchen und Plasma wird ein Stern, dann ein Planet, der ihn umkreist, und schließlich entsteht auf diesem Planeten das Leben. Die Erde war in ihrer Frühzeit ein homogenes, gemischtes, heißes, flüssiges Durcheinander. Erst als sie abkühlte, differenzierte sie sich und wurde höher organisiert: Das Eisen wanderte zum größten Teil in den Kern, das Gestein näher an die Oberfläche, die Gase in die Atmosphäre. Ihre Organisation nahm ungeheuer stark zu wie die einer abkühlenden Kaffeetasse, die Entropie verliert. Natürlich wird dabei eine Menge Wärme abgegeben, die die Entropie des Universums ansteigen lässt. Diese Entropie wurde vorwiegend in unendliche Weiten abgegeben, die Entropie der Erde aber ging zurück.

Wenn wir den Film von der Entstehung der Erde vorwärts und rückwärts ablaufen lassen, wird klar, dass die Version, in der die Entropie geringer wird, die richtige ist; wir sehen zu, wie sich Strukturen bilden, aber nicht wie die Erde zerstört wird und ins Chaos fällt. Die Geschichte der Erde vom Gas über die Flüssigkeit zum Feststoff, die Geschichte des Lebens, die Geschichte der Menschheit – all das war keine Geschichte zunehmender, sondern abnehmender lokaler Entropie. Die

15 Die Entropie kommt unter die Räder

Abb. 15.2 Calvin wundert sich: »Was ist schiefgegangen? Ich dachte, bei dem Zeug geht's um Planeten und Sterne! ... Was ist denn das für eine Wissenschaft?«

Geschichte der Zivilisation war keine Geschichte des Zerbrechens von Teetassen, sondern eine Geschichte ihrer Herstellung.

Eddington verleitete uns auch zu der Vorstellung, er zeige uns wissenschaftliche Befunde, aber in Wirklichkeit ähnelten seine Arbeiten nicht denen eines Newton, Maxwell oder Einstein. Sie lagen eher auf der Linie von Augustinus, Schopenhauer oder Nietzsche. Es war Philosophie, lohnende Philosophie, aber keine Naturwissenschaft.

Eddingtons Verbindung von Entropie und Zeitpfeil war nie falsifizierbar. Und was noch schlimmer ist: Sie hatte keine empirische Grundlage, und eine solche wurde in den neunzig Jahren, seit er sie formulierte, auch nie entwickelt. Es gab für sie nur eine einzige Rechtfertigung: Sowohl die Entropie als auch die Zeit nehmen zu. Das ist Korrelation, aber keine Verursachung. *Cum hoc ergo propter hoc.* Wie führte Eddington uns hinters Licht?

Wie Calvin im dritten Bild des Comics in Abbildung 15.2 sagt: »Was ist schiefgegangen? Ich dachte, bei dem Zeug geht's um Planeten und Sterne! Wie kann man die falsch verstehen? Was ist denn das für eine Wissenschaft?«

Eddington hat uns nicht getäuscht. Wir haben uns selbst getäuscht.

KAPITEL 16

Der Zeitpfeil: Alternativen

Wenn die Entropie dem Zeitpfeil nicht seine Richtung gibt:
Was ist dann die Ursache?

> [Ein lebender Organismus] »nährt sich von negativer Entropie«, indem er sozusagen einen Strom negativer Entropie zu sich hinzieht, um die Entropieerhöhung, welche er durch sein Leben verursacht, auszugleichen ... Der Kunstgriff, mittels dessen ein Organismus sich stationär auf einer ziemlich hohen Ordnungsstufe (einer niedrigen Entropiestufe) hält, besteht in Wirklichkeit aus einem fortwährenden »Aufsaugen« von Ordnung aus seiner Umwelt.
>
> Erwin Schrödinger, *Was ist Leben?*

Zu dem entropiebedingten Zeitpfeil wurden zahlreiche Alternativen vorgeschlagen. Als Ursachen für den Zeitpfeil wurden schwarze Löcher, die Verletzung der Zeitsymmetrie, die Kausalität, die Strahlung, die Psychologie, die Quantenmechanik und die Kosmologie genannt. Alle diese Überlegungen sind es wert, diskutiert zu werden, am überzeugendsten finde ich aber die beiden letzten Alternativen in der Liste: den Quanten-Zeitpfeil und den kosmologischen Zeitpfeil.

Der Zeitpfeil der abnehmenden Entropie

Den Zeitpfeil der abnehmenden Entropie könnte man für eine Variante von Eddingtons Entropietheorie halten, in Wirklichkeit ist er aber vom Konzept her etwas grundsätzlich anderes. Man kann ihn sich so vorstellen, dass wir uns nicht auf das Zerbrechen einer Teetasse konzentrieren, sondern auf ihre Herstellung, die uns erst ein Objekt zum Zerbrechen verschafft. Nach diesem Denkansatz läuft die Zeit vorwärts, weil der Raum leer und kalt ist, so dass wir in ihn eine Menge Entropie wie Abfall abgeben und dann vergessen können, was uns in die Lage versetzt, unsere lokale Entropie zu vermindern. Nach der Theorie der abnehmenden Entropie bestimmt deren lokale Verminderung die Richtung der Zeit.

Mit der Vorstellung von einem Zeitpfeil der abnehmenden Entropie gehe ich von der unausgesprochenen Annahme aus, dass Erinnerung eine verminderte Entropie erfordert, das heißt, Erinnerungen sind nur möglich, wenn das Gehirn nicht weniger, sondern stärker organisiert ist: Zufällige Verknüpfungen zwischen Neuronen werden durch organisierte Verknüpfungen ersetzt, so dass Neuronen die Einzelheiten früherer Ereignisse und Gedankengänge zurückholen können. Wie ich im vorangegangenen Kapitel dargelegt habe, ist die Verminderung von Entropie ein Schlüsselaspekt für die Entstehung von Leben und Zivilisation. Die gleiche Frage sprach Schrödinger in seinem Buch *Was ist Leben?* an, aus dem ich zu Beginn dieses Kapitels zitiert habe.

Wie kommt es, dass die Zeit einheitlich fließt? Der Beleg für einen solchen einheitlichen Strom der Zeit ist die Tatsache, dass weit entfernte Ereignisse, die wir beobachten, in der Regel in einem Tempo ablaufen, das dem unseren entspricht. Würde die Zeit schubweise fließen, so würden diese Schübe bei entfernten Ereignissen nicht mit denen bei uns übereinstimmen, und wir würden Unregelmäßigkeiten bemerken. Die Zeit könnte sich aber allmählich beschleunigen (oder verlangsamen); eine solche geringfügige Veränderung würde uns nicht auffallen.

Das Thema, um das es hier geht, ist aber nicht das Tempo der Zeit, sondern der Zeitpfeil, das heißt die Richtung, in der Erinnerungen geschaffen werden. Unser eigenes psychologisches Erleben entsteht durch die Bildung von Erinnerungen. Meist erleben wir die Zeit in grundlegenden Einheiten. Filme mit 24 unbeweglichen Bildern pro Sekunde werden vom Gehirn zu einer scheinbar ununterbrochenen Bewegung zusammengefügt. Für eine Fliege, die in einer Welt der Millisekunden lebt, ist das Erlebnis ein ganz anderes. Dann gibt es Tolkiens bewegliche Bäume, die Ents (die in keinem Zusammenhang mit der Ent-ropie stehen), für die nicht Millisekunden, sondern Tage die natürlichen Zeiteinheiten sind.

Der Zeitpfeil der abnehmenden Entropie leidet in vielerlei Hinsicht an den gleichen Problemen wie Eddingtons Standardtheorie. Lokal nimmt die Entropie im Laufe des Tages (durch den Temperaturanstieg – heiße Dinge sind weniger organisiert als kalte) zu und nachts wieder ab. Die Zeit, wie wir sie erleben, bewegt sich aber weiterhin vorwärts. Gibt es eine Art Schwungrad, das die kurzfristigen Schwankungen ausgleicht und uns ein einheitliches Fortschreiten der Zeit erleben lässt? Dieser Gedanke wurde vorgeschlagen, aber auch er ist eine willkürliche Ergänzung, die sich nicht falsifizieren lässt.

Vielleicht können wir dieses Problem umgehen, wenn wir uns auf die wichtige Entropie – die Entropie unseres Geistes – konzentrieren und die Entropie der Biosphäre außer Acht lassen. Ich meine damit nicht die gesamte physische Entropie unseres Gehirns, die vor allem durch die Temperatur bestimmt wird, sondern die Entropie von Gedanken, Erinnerungen, Organisation und Fortpflanzung.

Die Entropie des Geistes zu definieren, ist praktisch unmöglich; wir können es allerdings mit den Methoden probieren, die von Claude Shannon ursprünglich für die Entropie von Informationen entwickelt wurden. Auf diesem Gebiet der *Informationstheorie* wurde in den letzten Jahren tatsächlich viel erreicht. Die Entropie von Informationen hat viel mit der Entropie der physikalischen Welt gemeinsam, und in vielen Fällen gelten die gleichen Grundsätze. In der Entropie der Information stecken aber auch Paradoxa. Wie viel Information ist in der Zahl 3,1415926535 ... gespeichert? Ist sie unendlich groß oder nicht größer als jene, die in dem Symbol π steckt?

Trotz solcher Gemeinsamkeiten halte ich ein Modell für den Zeitpfeil, das sich auf die Entropie der Information stützt, für weitaus plausibler als Eddingtons Modell der physikalischen Entropie. Bisher ist es uns allerdings nicht gelungen, die Informationsentropie im menschlichen Gehirn abzuschätzen und festzustellen, ob sie im Laufe der Zeit zu- oder abnimmt. (Wenn Erinnerung eine Menge von Null-Bits in eine Mischung aus Einsen und großen Nullen verwandelt, kann man mit Fug und Recht behaupten, dass sie eine Entropie*zunahme* darstellt.) Unsere Erinnerungen werden mit Sicherheit neu organisiert, und wir geben uns große Mühe, wichtige Dinge zu lernen, aber bisher hat niemand ein passendes Maß für wichtige Informationen entwickelt, was vermutlich der Schlüssel wäre, um eine solche Theorie stichhaltig begründen zu können.

Der Zeitpfeil der schwarzen Löcher

Viele Objekte in unserem Universum gelten allgemein als schwarze Löcher, die entweder bereits existieren oder nahezu fertig ausgebildet sind. Dazu gehören »kleine« Objekte, was

16 Der Zeitpfeil: Alternativen

in diesem Zusammenhang bedeutet, dass sie nur einige Male schwerer sind als die Sonne (und nur in der Astronomie gilt das als klein), andere sind aber auch recht groß: Die massereichen schwarzen Löcher im Zentrum von Galaxien wiegen (um den Begriff metaphorisch zu gebrauchen) eine Million bis eine Milliarde Mal so viel wie die Sonne.

Lässt man etwas in ein schwarzes Loch fallen, so kommt es nie wieder heraus. Dinge fallen hinein, nicht heraus. Die jüngsten theoretischen Vorhersagen einer Strahlung schwarzer Löcher ändert an dieser Asymmetrie nichts; bei den größeren schwarzen Löchern, um die es hier geht, ist diese Strahlung verschwindend gering, und sie kommt auch eigentlich nicht von der Oberfläche des schwarzen Loches, sondern aus einem Bereich knapp darüber. Man kann also den Zeitpfeil erkennen, wenn man beobachtet, wie Dinge in schwarze Löcher fallen.

Stephen Hawking war jahrelang davon überzeugt, Objekte, die in schwarze Löcher fallen, würden den Zweiten Hauptsatz der Thermodynamik verletzen. Der Grund: Ein solches Objekt verschwindet eigentlich aus dem Universum und nimmt dabei seine Entropie mit, so dass die Entropie des Universums scheinbar abnimmt. Ich fand diese Argumentation nie überzeugend; wir brauchen dazu keine schwarzen Löcher – auch wenn wir ein Photon in die Unendlichkeit entlassen, verschwindet Entropie aus dem sichtbaren Universum. (Ein solches Photon kann man nie wieder einholen.) Am Ende überlegte auch Hawking es sich anders; sein Student Jacob Bekenstein überzeugte ihn, dass schwarze Löcher auch selbst Entropie enthalten, und wenn ein Objekt hineinstürzt, nimmt die Entropie des schwarzen Loches zu; wenn man also diesen Bestandteil berücksichtigt, wird die Entropie des Universums insgesamt tatsächlich größer, und der Zweite Hauptsatz ist gerettet.

Wie steht es mit dem Zeitpfeil der schwarzen Löcher? Er hält einer sorgfältigen Analyse nicht stand. Das liegt im Grundsatz daran, dass das Objekt, gemessen in einem Bezugssystem außerhalb des schwarzen Lochs (beispielsweise dem der Erde), das schwarze Loch nie ganz erreicht. Das Thema habe ich in Kapitel 7 »Bis zur Unendlichkeit und noch viel weiter« erörtert. Prinzipiell könnte also das Objekt, das in ein schwarzes Loch stürzt, in einem endlichen Zeitraum (gemessen im Bezugssystem der Erde) immer noch entkommen.

Formal bestätigt wird diese Möglichkeit des Entkommens durch die postulierten »weißen Löcher«. Ein weißes Loch ist ein schwarzes Loch, in dem die Zeit sich umgekehrt hat. Nach den Gleichungen der allgemeinen Relativitätstheorie könnten solche Objekte tatsächlich existieren. Gibt es sie auch? So weit wir bisher wissen: nein. Aber allein die Möglichkeit zeigt, dass die Gleichungen zur Beschreibung der schwarzen Löcher keine Zeit-Asymmetrie in sich tragen – jedenfalls nicht in unserem eigenen äußeren Bezugssystem, in dem der Zeitpfeil ein Rätsel ist.

Der Strahlungspfeil

Anfang des 20. Jahrhunderts führte eine Besonderheit in der klassischen Theorie des Elektromagnetismus zu einer Debatte zwischen dem angesehenen Schweizer Physiker Walter Ritz und Albert Einstein. Grundlage war die bekannte Tatsache, dass das Hin- und Herbewegen eines Elektrons zur Abgabe elektromagnetischer Wellen führt. Nichts anderes tun wir mit einer Funkantenne: Wir sorgen dafür, dass die Elektronen in einem Drahtabschnitt hin und her oszillieren und damit Radiowellen aussenden. Im kleineren Maßstab ist jedes heiße Objekt (beispielsweise der Wolframfaden in einer Glühbirne)

16 Der Zeitpfeil: Alternativen

voller heißer Elektronen; diese vibrieren mit hoher Frequenz und sind der Grund, warum das Objekt rot oder weiß glüht. Die schwingenden Elektronen erzeugen die hochfrequenten elektromagnetischen Wellen, die wir sichtbares Licht nennen.

Wie solche Strahlung ausgesandt wird, lässt sich mit den klassischen, von Maxwell abgeleiteten Gleichungen berechnen, aber dabei muss man offensichtlich eine Annahme über die Richtung der Zeit voraussetzen. Das war der Ausgangspunkt für den Gedanken, dass Strahlung die Zeit vorwärtstreiben kann. Man braucht nur in einem modernen Anfänger- oder Fortgeschrittenen-Physiklehrbuch über Elektromagnetismus den Abschnitt über Strahlung zu lesen. Die Gleichung, mit der die Strahlung beschrieben wird, ist nach dem irischen Physiker Joseph Larmor benannt, der sie 1897 erstmals ableitete. Die Bücher behaupten, die Ableitung der Strahlungsgleichung setze ein Prinzip der »Kausalität« voraus, das heißt, man muss (jedenfalls nach den meisten Büchern, in denen ich nachgesehen habe) davon ausgehen, dass die Vibrationen der Strahlung vorausgehen. Ausdrücklich benannt wird die Kausalität durch Hinzunahme des *retardierten Potentials*, wie es genannt wird; dagegen wird das *avancierte Potential* ausdrücklich weggelassen. Mit anderen Worten: Man muss dem Zeitpfeil eine Richtung zuordnen, um die Strahlung von Licht- oder Radiowellen berechnen zu können.

Da man auf Kausalität zurückgreifen muss, um die Strahlungsgleichungen ableiten zu können, nahmen viele Physiker an, dass der Prozess der klassischen Strahlung – ein Phänomen, das einem überall in der Physik (nicht nur beim Licht, sondern auch bei Wasser-, Schall- und Erdbebenwellen) begegnet – für den Zeitpfeil verantwortlich ist. Auch in den Beispielen, mit denen ich die Abnahme der lokalen Entropie erläutert habe (beispielsweise der Herstellung einer Teetasse oder eines Gebäudes), ist die ausgesandte Strahlung für die

Abnahme der Entropie verantwortlich, denn sie transportiert mehr Entropie ab, als zu ihrem Ausgleich notwendig wäre. Die Strahlung gibt also den Zeitpfeil vor.

Ritz war überzeugt, dass die Gleichungen des Elektromagnetismus und insbesondere die eindeutige Berechnung der Strahlung eine Richtung für die Zeit vorgeben; Einstein dagegen vertrat die Ansicht, dies sei nicht der Fall. Es erscheint seltsam, dass es in einer mathematischen Frage solche Meinungsverschiedenheiten geben konnte; das Problem lag aber nicht in der Mathematik, sondern in ihrer Interpretation. Die Diskussion wurde öffentlich und mit einer Reihe von Leserbriefen in der angesehenen *Physikalischen Zeitschrift* weitergeführt. Am Ende bat der Redakteur der Zeitschrift die beiden Physiker, ihre Meinungsverschiedenheiten in einem gemeinsamen Brief zu artikulieren. Diesen Brief schrieben sie und betonten darin, sie seien sich »einig, dass wir uns nicht einig sind«. In der Debatte ging es um die Hinzunahme des avancierten Potentials, jenes Teils in den Gleichungen, der scheinbar der Strahlung ein Vorwissen darüber verschaffte, was das schwingende Elektron demnächst tun würde. Ritz erklärte, so etwas sei unphysikalisch; Einstein war überzeugt, man solle es als Teil der Theorie hinzunehmen.

Wenn ich die Diskussion im Rückblick betrachte, kommt es mir so vor, als sei Ritz' Beweggrund nicht eine überzeugende mathematische Tatsache gewesen, sondern die Schlussfolgerung, zu der er gern gelangen wollte. Er hatte sich noch nicht einmal davon überzeugen lassen, dass Einsteins neue Relativitätstheorie richtig war, und Einsteins Name war noch nicht gleichbedeutend mit Genie; das alles lag noch einige Jahre in der Zukunft. Einstein blieb objektiv. Es erscheint seltsam, dass er die mathematischen Grundlagen nicht ausarbeitete; das geschah erst 1945, als ein junger Student namens Richard Feynman dem betagten Einstein seine Arbeiten vorstellte.

16 Der Zeitpfeil: Alternativen

Feynmans Fortschritte

Richard Feynman war 1945 gerade vom Manhattan-Atombombenprojekt zurückgekehrt, wo er (noch ohne Doktortitel) als sehr junger Wissenschaftler mitgearbeitet hatte. Er behauptete, er habe als Einziger die Anweisungen missachtet und mit geöffneten Augen die erste Atombombenexplosion in New Mexiko beobachtet (obwohl er dabei natürlich durch einen dunklen Filter sah). John Wheeler, Feynmans Doktorvater in Princeton, forderte den jungen Mann auf, die Asymmetrie in der Ableitung der Strahlungsgleichung genauer zu studieren und herauszufinden, ob man Strahlung nicht nur mit dem retardierten, sondern auch mit dem avancierten Potential erzeugen kann. Man kann sich die Frage so vorstellen, als wollte man wissen, ob man mit Kenntnissen über die Zukunft etwas über die Vergangenheit sagen kann. Setzen die klassischen Strahlungsgleichungen voraus, dass die Zeit sich vorwärts bewegt, oder könnte Strahlung auch bei rückwärtslaufender Zeit entstehen?

Feynman konnte nachweisen, dass die Gleichungen sowohl mit dem avancierten als auch mit dem retardierten Potential funktionieren – ein Befund, der Einsteins Haltung stützte. Er zeigte, dass die Strahlungsgleichungen in der Zeit symmetrisch sind; einen Zeitpfeil enthalten sie nicht. Dieser Nachweis war für einen jungen Doktoranden eine bemerkenswerte Errungenschaft und ein Vorgeschmack auf Feynmans spätere großartige Leistungen, darunter seine Neuerfindung der Quantenphysik und seine Interpretation der Antimaterie als Materie, die sich rückwärts in der Zeit bewegt.

Wheeler war von Feynmans Ergebnissen begeistert und bat ihn, seine Arbeiten bei dem wöchentlichen Seminar vorzustellen, das von Eugene Wigner organisiert wurde, dem Physiker, der mit seinem genialen mathematischen Verständnis die

Grundlagen für große Teile der modernen theoretischen Physik schuf. Es war Feynmans erster wissenschaftlicher Vortrag, und die Aussicht, ihn vor Wigner halten zu müssen, machte ihm Angst, aber er sagte zu. Dann sagte Wigner zu Feynman, er habe auch Henry Norris Russell eingeladen, der mit seinen Beiträgen zur Theorie der Sterne wie auch zur Atomtheorie berühmt geworden war. Jetzt wurde Feynman noch nervöser. Schließlich lud Wheeler auch noch John von Neumann ein, eines der herausragenden Genies jener Zeit, der nicht nur zur Physik und Mathematik entscheidende Beiträge geliefert hatte, sondern auch zur Statistik, Informatik und Wirtschaftswissenschaft. Und zu allem Überfluss bat Wheeler auch noch einen der gefürchtetsten großen Physiker des Quantenzeitalters dazu: Wolfgang Pauli, Mitbegründer der modernen Physik und Entdecker des Pauli-Ausschlussprinzips, das eine Erklärung für die Stabilität der Atome liefert. Pauli war bekannt für seine scharfe, erbarmungslose Kritik an Arbeiten, die er für minderwertig hielt. Jetzt glaubte Feynman, es könne nicht mehr schlimmer kommen.

Es kam noch schlimmer. Einstein nahm die Einladung ebenfalls an.

Feynman erklärte, er sei völlig eingeschüchtert. »Vor mir sitzen alle diese Geistesriesen«, erinnerte er sich in seinem Buch *Sie belieben wohl zu scherzen, Mr. Feynman!* Wheeler bemühte sich, ihn mit alles andere als beruhigenden Worten zu trösten: »Machen Sie sich keine Sorgen. Ich werde alle Fragen beantworten.«

Als Feynman mit seinem Vortrag begann, fiel plötzlich alle Nervosität von ihm ab. Er vertiefte sich in die reine Physik und entdeckte dabei, dass der Fachmann für das Gebiet nicht Wigner war, nicht von Neumann, nicht Pauli, ja nicht einmal Einstein, sondern Richard Feynman. Nicht Wheeler, sondern er selbst beantwortete die Fragen, und alles ging gut aus.

16 Der Zeitpfeil: Alternativen

Abb. 16.1 Richard Feynman und seine Arbeit, geehrt auf einer US-Briefmarke. Im Hintergrund erkennt man mehrere »Feynman-Diagramme«. Die Pfeile an den Linien für die Positronen links deuten an, dass die Positronen sich rückwärts in der Zeit bewegen.

Feynman wies nach, dass die klassische Strahlungstheorie nicht zwischen Vergangenheit und Zukunft unterscheidet. Nicht Ritz, sondern Einstein hatte recht (hat es Sie überrascht?). Die elektromagnetische Strahlung definiert den Zeitpfeil nicht.

Der psychologische Zeitpfeil

Dies ist unter allen Zeitpfeilen, die vorgeschlagen wurden, in vielerlei Hinsicht der faszinierendste. Angenommen, physikalische Vorgänge sind zeitlich vollkommen umkehrbar, und der rückwärtslaufende Film verletzt keine Naturgesetze: Könnte es dann dennoch einen Zeitpfeil geben, der durch das Leben festgelegt wird? Sorgt irgendetwas dafür, dass wir uns an die

Vergangenheit und nicht an die Zukunft erinnern, obwohl die Gesetze der Physik symmetrisch sind?

Nach Ansicht der meisten Physiker hat die Richtung des Zeitpfeils nichts Spirituelles, und er steht in keiner Beziehung zu irgendeiner besonderen Eigenschaft des Lebendigen, sondern die Antwort liegt ausschließlich im Bereich der Physik. Stephen Hawking beispielsweise behauptet, der psychologische Zeitpfeil habe seine Grundlage eigentlich im Entropie-Zeitpfeil. Aber das ist eine heikle Schlussfolgerung. Sie wird in der Regel nicht begründet, sondern einfach als selbstverständlich hingestellt. Hawking sagt: »Die Unordnung nimmt im Laufe der Zeit zu, weil wir die Zeit in der Richtung messen, in der die Unordnung zunimmt. Eine sicherere Behauptung gibt es nicht!« Diese Aussage ist ein Beispiel für einen logischen Fehlschluss, der als *ipse dixit* bezeichnet wird – für den Beweis durch leidenschaftliche Behauptung einer Autorität.

Was ist Erinnerung? Wie sich herausstellt, ist dieser Begriff schwieriger zu definieren und zu verstehen, als man vielleicht erwarten würde. Wenn wir etwas lernen, haben wir alle das Gefühl, dass die Unordnung in unserem Gehirn dabei geringer wird. Handelt es sich um eine Abnahme der Entropie? Man kann darin auch eine Zunahme sehen: Vielleicht ist unser Gehirn einfach ein sehr gut organisiertes leeres Blatt (wie ein Computerspeicher, der voller Nullen ist und keine Einsen enthält) und mit dem Lernen machen wir es komplexer oder im Sinn von Informationen »ungeordneter«. Nach allgemein anerkannter Ansicht jedoch ist die Bildung von Erinnerungen eine Abnahme der Unordnung; der Lernprozess erzeugt eine Menge Wärme, die zwar die Entropie des Universums ansteigen lässt, aber abgegeben wird. Obwohl also die Entropie in unserem Gehirn abnimmt, steigt sie im Universum als Ganzem an. Die größte Bedeutung für uns hat aber die lokale Entropieabnahme.

Manchmal hört man die Ansicht, Leben und Bewusstsein seien Phänomene, die über den Bereich der Physik hinausgehen. Auf diesen Gedanken werde ich später noch zu sprechen kommen. So weit wir den Menschen jedoch für ein großes, komplexes Gebilde aus chemischen Substanzen halten, das auf äußere Reize reagiert, brauchen wir keinen psychologischen Zeitpfeil zu postulieren. Wir lassen uns einfach mit dem Strom – und der Schaffung neuer Entropie – treiben. Computer, die ausschließlich aufgrund physikalischer Gleichungen funktionieren, sind durchaus in der Lage, sich an die Vergangenheit zu erinnern, ohne dafür »Psychologie«, Bewusstsein oder Leben zu benötigen, und auch sie haben ziemliche Schwierigkeiten, über die Zukunft auch nur halbwegs interessante Voraussagen zu machen. In diesem Bild hatte Mary beim Tachyonenmord-Paradoxon keine andere Wahl, als den Abzug zu betätigen; ihr freier Wille war eine Illusion, und über ihr Verhalten bestimmten ausschließlich physikalische Gleichungen.

Der anthropische Zeitpfeil

Anthropisch bedeutet »auf den Menschen bezogen«. Der älteste Beleg, den das *Oxford English Dictionary* für das Wort nennt, stammt von 1859 und bezieht sich auf die Beobachtung von Gorillas mit ihrem menschenähnlichen Verhalten. Bei vielen heutigen Theoretikern, insbesondere den Verfechtern der Stringtheorie, ist das *anthropische Prinzip* beliebt. Es besagt, dass wir die Parameter des Universums, darunter sein Alter, seine Größe und seinen Aufbau sowie vielleicht auch die Richtung der Zeit herausfinden können, weil nur ein sehr schmales Spektrum von Möglichkeiten zu intelligentem Leben führen kann.

Nach dem anthropischen Prinzip können wir heute nur deshalb über den Ursprung des Universums nachdenken, weil unser Universum etwas ganz Besonderes war. Ich denke, also bin ich – und das bedeutet auch, dass die Zeit sich nicht rückwärts, sondern nur vorwärts bewegen kann. Nach Hawkings Ansicht ist das anthropische Prinzip so leistungsfähig, dass es sogar darüber bestimmt, warum unser psychologischer Zeitpfeil in die gleiche Richtung weist wie der Entropie-Zeitpfeil. Wäre es anders, so seine Behauptung, gäbe es uns nicht, und wir könnten nicht über das Thema diskutieren. Was zu beweisen war.

Ich persönlich halte das anthropische Prinzip für nutzlos. Nach meiner Erfahrung dient es Physikern, denen es nicht gelungen ist, irgendetwas zu berechnen, als Ausrede: Sie behaupten, die Dinge müssten so sein, wie sie sind, weil es uns sonst nicht gäbe und wir nicht darüber diskutieren könnten. Solche Überlegungen gehen von der Annahme aus, dass jede Form von intelligentem Leben unserer eigenen sehr ähnlich sein muss. Die Zeit muss voranschreiten, weil die Realität anders aussähe, wenn sie rückwärtsliefe.

Holger Müller, einer meiner Kollegen (aber, soweit wir wissen, kein Verwandter), macht an einem Beispiel deutlich, wie inhaltsleer das anthropische Prinzip ist. Man stelle sich vor, Wissenschaftler würden über die Frage nachdenken, warum die Sonne existiert. Die anthropische Antwort würde lauten: »Wenn es sie nicht gäbe, wären auch wir nicht da!« Eine solch simplizistische Antwort könnte von einem Philosophen aus dem 18. Jahrhundert stammen. Die viel erfüllendere, lohnendere Antwort gibt die Physik: Eine Trümmerwolke, die nach einer Supernova übrig geblieben war, fand sich durch ihre Eigengravitation zusammen. Als die Stücke in sie hineinstürzten, verwandelten sich die Bewegungsgeschwindigkeit und die gravitationsbedingte Kompression in Wärme, und die

16 Der Zeitpfeil: Alternativen

Temperatur stieg so stark an, dass die Kernverschmelzungsreaktionen in Gang kamen. Und so weiter. Solche Antworten passen zum naturwissenschaftlichen Paradigma und gehen weit über den inhaltsleeren Ansatz des anthropischen Prinzips hinaus.

Wolfgang Pauli, einem der Begründer der Quantentheorie, wurde zu Beginn des 20. Jahrhunderts einmal ein Artikel vorgelegt, den er für nachlässig verfasst und verworren hielt. Angeblich soll er gesagt haben, die Arbeit sei »nicht einmal falsch«. Für ihn war es einer der Vorzüge einer wissenschaftlichen Theorie, dass sie widerlegt werden kann; die Theorie, die man ihm hier gezeigt hatte, erfüllte dieses Kriterium nicht. Der mathematisch orientierte Physiker Peter Woit von der Columbia University vertrat sehr wortreich die Ansicht, dass das anthropische Prinzip (wie auch die Stringtheorie) ebenfalls unter Paulis Kategorie fällt »nicht einmal falsch« zu sein. Seine Argumentation legt er in einem Buch und seinem Blog dar, die beide (natürlich) den Titel *Not Even Wrong* tragen. Nach meiner Ansicht beschreibt die Formulierung *nicht einmal falsch* ebenso auch die Erklärung des Zeitpfeils mit der Entropie.

Verletzung der Zeitumkehr

Da wir uns mit dem *Jetzt* beschäftigen, werden wir demnächst auch in den Bereich der Quantenphysik vordringen, der zweiten theoretischen Revolution des 20. Jahrhunderts (neben der Relativitätstheorie). Einige wichtige Konzepte der Quantenphysik sind ebenso besorgniserregend wie die verstörendsten Aspekte der Relativitätstheorie, etwa der Verlust der Gleichzeitigkeit und die Umkehr der Reihenfolge von Ereignissen – ja vielleicht sind sie sogar noch besorgniserregender. Dazu gehören Teilchen, die sich in der Zeit rückwärts bewegen (Antimaterie) und das rätselhafte, als *quantenmechanische Messung* bezeichnete Phänomen, das seinen eigenen Zeitpfeil zu haben scheint. Aber bevor ich diese Themen erörtere, muss ich auf einen Quanteneffekt zu sprechen kommen, der noch direkter mit dem Zeitpfeil zu tun hat. Er wurde 2012 entdeckt und heißt *Verletzung der Zeitumkehr* oder *Verletzung der T-Symmetrie* (kurz T-Verletzung).

»Verletzung der Zeitumkehr« bedeutet, dass man eindeutig feststellen kann, ob ein Film von den Interaktionen eines Elementarteilchens vorwärts- oder rückwärtsläuft. In die mikroskopische Welt der Elementarteilchen ist tatsächlich eine Richtung der Zeit eingebaut, die von jedem Zusammenhang mit der Entropie völlig unabhängig ist. Die Entdeckung eines solchen Prozesses war lange ein wichtiges Ziel (ich weigere mich, die überstrapazierte Metapher vom »Heiligen Gral« zu verwenden), das nur sehr langsam erreicht wurde, experimentell eine große Herausforderung darstellte und am Ende eine großartige Leistung war. Dass es die T-Verletzung gibt, hatte man schon lange vermutet, weil die frühere Beobachtung wichtiger Unterschiede im Verhalten von Teilchen und Antiteilchen darauf hindeutete, dass man auch mit einer T-Verletzung rechnen sollte.

In den 1960er Jahren erforschte ich als Doktorand zusammen mit Phil Dauber die Interaktionen von Teilchen. Dauber war damals ein Neuzugang in der Arbeitsgruppe, die von meinem Mentor Luis Alvarez am Lawrence Berkeley Laboratory geleitet wurde. Zu meiner großen Aufregung zeigte eines der von uns untersuchten Teilchen, ein sogenanntes *Kaskaden-Hyperon*, bei seinem Zerfall anscheinend eine T-Verletzung. Da eine solche Entdeckung sehr wichtig gewesen wäre, beschäftigte sich Phil eingehend mit den Daten, unterzog sie jeder Prüfung, die er sich nur vorstellen konnte, suchte intensiv nach möglichen systematischen Fehlern und gab sich wirklich alle Mühe, die Entdeckung zu widerlegen.

Am Ende teilte er mir mit, es sei ihm gelungen, die beobachtete T-Verletzung bis auf zwei Standardabweichungen zu reduzieren; das hieß, dass sie mit einer Wahrscheinlichkeit von »nur« 95 Prozent richtig und mit fünfprozentiger Wahrscheinlichkeit falsch war. Solche Wahrscheinlichkeiten, so erklärte er, seien für eine wichtige Entdeckung nicht ausreichend. Es bestand immer noch eine Chance von fünf Prozent, dass wir völligen Unsinn veröffentlichen würden. Ich war verärgert. Nach meiner Überzeugung war eine Wahrscheinlichkeit von 95 Prozent für eine derart großartige Entdeckung sehr gut. Nein, so erklärte Dauber mir geduldig, das sei sie nicht. In der Teilchenphysik, so sagte er, legen wir strenge Maßstäbe an. Er schrieb den größten Teil des Artikels (ich war Co-Autor) und wies darauf hin, dass der Parameter, der auf die T-Verletzung hindeutete, nur zwei Standardabweichungen von der Null entfernt war und deshalb (wie er es formulierte) statistisch mit dem Wert null vereinbar war. Wir berichteten nicht über eine T-Verletzung. Es gab keine Schlagzeilen.

Man kann sich vorstellen, wie enttäuscht ich war. Ich hatte mich einer Arbeitsgruppe angeschlossen, die eine der wichtigsten potentiellen Entdeckungen aller Zeiten gemacht hatte, von der meine Nachkommen eines Tages in ihren Geschichtsbüchern lesen würden, und es bestand eine Wahrscheinlichkeit von 95 Prozent, dass wir recht hatten! Aber Phil war einfach nicht überzeugt, dass eine Chance von 95 Prozent, recht zu haben, gut genug war.

Jahrzehnte später überprüfte ich die Sache noch einmal. In der Zwischenzeit hatte man noch genauere Messungen des T-Parameters für das Kaskaden-Hyperon vorgenommen, und interessanterweise lag der richtige Wert am Ende tatsächlich bei null, innerhalb viel kleinerer Fehlergrenzen als wir damals erreichen konnten. Phil hatte mit seinen strengen wissenschaftlichen Maßstäben völlig recht gehabt, und ich hatte im Zusammenhang mit Entdeckungen eine wichtige Lektion gelernt.

Was war schiefgegangen? Wie konnte unsere Entdeckung mit einer Wahrscheinlichkeit von 95 Prozent richtig sein und sich am Ende doch als falsch erweisen? Die Antwort lag darin, dass wir eine gewaltige Zahl unterschiedlicher Phänomene studiert hatten. Wir beschäftigten uns mit dem Zerfall verschiedener Teilchentypen, ihren Wechselwirkungen, ihren Maßen und ihrer voraussichtlichen Symmetrie. In unserem Artikel berichteten wir über mehr als 20 neue Befunde. Wenn jeder davon mit einer Wahrscheinlichkeit von fünf Prozent falsch war, mussten wir tatsächlich damit rechnen, dass einer von 20 Befunden nicht stimmte. Es gibt nur einen Weg, um schwerwiegende Fehler zu vermeiden: Man muss an strengen Maßstäben festhalten.

Wenn ich heute über die Geschichte der Arbeitsgruppe von Alvarez nachdenke, wird mir klar, dass ich großes Glück hatte, in einem so atemberaubenden Team weltweit führender Wissenschaftler arbeiten zu können. Von den 1960er bis Anfang der 1970er Jahre stand die Gruppe an der vordersten Front der Teilchenphysik, und wir berichteten praktisch jeden Monat über neue Entdeckungen. Es könnte durchaus sein, dass die Zahl wichtiger Entdeckungen, die diese Wissenschaftler veröffentlichten, größer war als die jeder anderen Physiker-Arbeitsgruppe in der Geschichte. Dennoch ist mir kein einziger Fall bekannt, in dem sie über etwas berichtet hätten, was sich hinterher als falsch erwies. Das ist eine verblüffende Leistung. Um sie zu erzielen, braucht man strenge Maßstäbe.

Im Jahr 2012 berichtete eine Arbeitsgruppe des Stanford Linear Accelerator Center über die Ergebnisse einer Studie an zwei verschiedenen Reaktionen, die im Zusammenhang mit dem radioaktiven Zerfall eines seltenen Teilchens namens *B* standen. Das *B* kommt in mehreren Formen vor, darunter zwei, die als $\overline{B}^0$ (sprich »B null Strich«) und B_- (B minus) bezeichnet werden. Die Gruppe studierte zwei Reaktionen: In der einen verwandelt sich ein $\overline{B}^0$ in ein B_-, in der zweiten geschieht genau das Umgekehrte – ein B_- wird zu einem $\overline{B}^0$. Es sind Reaktionen mit Zeitumkehr: Würde man eine davon in einem Film sehen, könnte es ebenso gut der Film der anderen sein, der rückwärts abgespielt wird. Bei der Untersuchung der beiden Reaktionen beobachtete die Arbeitsgruppe aber eine Abweichung von der Symmetrie, die sich auf 14 Standardabweichungen summierte. Nach der statistischen Theorie ist ein solcher Befund nur mit einer Wahrscheinlichkeit von 1 zu 10^{44} falsch. Das ist eine Chance von eins zu 100 Septillionen, und sie hätte sicher ausgereicht, um selbst Phil Dauber zufriedenzustellen.

Die Entdeckung war kein Zufall. Es gab stichhaltige Gründe, gerade diese Reaktionen genau zu studieren; Grundlage waren frühere Beobachtungen am seltsamen Verhalten ähnlicher Teilchen, der Kaonen. Die Wissenschaftler suchten nach der Verletzung der Zeitumkehr und hofften, sie beobachten zu können. Heute sind wir zu einer eindeutigen Aussage in einer Frage fähig, über die wir vor 2012 nur spekulieren konnten: Die Zeitumkehr ist keine perfekte Symmetrie der Gesetze der Quantenphysik. Die vorwärtslaufende Zeit unterscheidet sich in ihrem physikalischen Kern von der rückwärts laufenden Zeit.

Das ist für unsere Frage nach dem Wesen der Zeit eine äußerst wichtige Erkenntnis. Aber spielt dieser Effekt eine Rolle für die Richtung der Zeit, ihr Fließen oder für die Bedeutung des *Jetzt*? Ich glaube nicht. Die Verletzung der Zeitumkehr ist ein winziger Effekt. Oder, um eine Metapher zu gebrauchen:

II Ein gebrochener Pfeil

Das Gesetz der Zeitinvarianz wird verletzt, aber es ist wohl keine größere Ordnungswidrigkeit als ein Strafzettel wegen falschen Parkens, und mit Sicherheit ist es kein Kapitalverbrechen. Der einzige Beleg, über den wir verfügen, stammt von einer ganz bestimmten Form der Radioaktivität (des B-Zerfalls), den man ausschließlich in exotischen Hochenergiephysik-Labors beobachtet. Wie kann ein so kleines, schwierig zu beobachtendes Phänomen eine Rolle spielen, wenn es darum geht, die Richtung der Zeit festzulegen?

Diese Aussagen legen für mich die Vermutung nahe, dass die Verletzung der Zeitumkehr für unser gegenwärtiges Erleben der Zeit keine Rolle spielt. Das heißt nicht, dass sie in den ersten Augenblicken des Universums unwichtig gewesen wäre, als der gesamte Raum mit einem dichten, heißen Teilchen-Urplasma gefüllt war, zu dem (in der allerersten Frühzeit des Universums) auch zahlreiche Kaonen und B-Teilchen gehörten.

Es wurde sogar mit guten Argumenten gezeigt, dass die eng verwandte Verletzung der Symmetrie von Materie und Antimaterie für die Entstehung des Universums, wie wir es kennen, von entscheidender Bedeutung gewesen sein dürfte. Der Physiker Andrej Sacharow, der hinter dem sowjetischen Wasserstoffbombenprogramm stand und (für den Mut, mit dem er sich der Sowjetregierung widersetzte) den Friedensnobelpreis erhielt, wies schon 1967 darauf hin, dass eine solche Verletzung der Symmetrie von Materie und Antimaterie, der sogenannten CP-Symmetrie, dazu geführt haben könnte, dass in den allerersten Augenblicken nach der Entstehung des Universums ein geringfügiger Überschuss (ein Teil in 10 Millionen) von Materie gegenüber der Antimaterie entstanden sein könnte. Dann jedoch, in den hektischen ersten Augenblicken des Universums, wurde bei der Abkühlung die gesamte Antimaterie durch Materie annihiliert und in Photonen verwandelt. Wegen des geringfügigen Überschusses blieb aber eine kleine Menge zurück: der Stoff, den wir heute *Materie* nennen und der die gesamte Substanz des Universums bildet. Sterne, Planeten Menschen – sie alle bestehen aus jener winzigen Materiemenge, die bei der großen Annihilierung übrig blieb. Die Verletzung der CP-Symmetrie war nur geringfügig, und es gab nur diesen winzigen Überschuss an Materie – aber *vive la différence!*

Die Verletzung der Zeitumkehr zu beobachten, ist auch aus einem anderen Grund zutiefst wichtig: Sie wurde auf der Basis grundlegender Aspekte der Quantentheorie vorausgesagt, nämlich durch einen abstrakten Befund, der als *CPT-Theorem* bezeichnet wird. Dass dieses Theorem ein ungewöhnliches Phänomen vorhersagte und dennoch bestätigt wurde, ist wieder einmal ein Hinweis darauf, dass die Quantentheorie auf festem Boden steht.

Der Quantenpfeil

Eine Zeit-Asymmetrie könnte auch in der *Messung* lauern, einem rätselhaften Aspekt der Quantentheorie; sie ist ein Prozess, der anscheinend die Quantenzustände der Zukunft beeinflusst, nicht aber die der Vergangenheit. In den nächsten Kapiteln werden wir das Thema noch im Einzelnen erörtern. Der Rückgriff auf die Theorie der Messung hat allerdings einen entscheidenden Nachteil: Sie ist selbst so schlecht verstanden, dass eine Erklärung, die von ihr abhängt, eigentlich keine Erklärung ist, sondern nur die Hoffnung, dass man zwei Rätsel (Zeit und Messung) auf ein einziges reduzieren kann. Dennoch muss man einen Quanten-Zeitpfeil ernsthaft in Erwägung ziehen.

Der kosmologische Zeitpfeil

Eddington postulierte den Entropie-Zeitpfeil, weil die Zunahme der Entropie das einzige physikalische Gesetz war, das eine zeitliche Richtung zu haben schien. Damit blieb aber die Frage: Warum nimmt die Entropie zu? Die Antwort fand man im Urknall; es war eine phantastische Entdeckung, mit der man erklären konnte, warum unser Universum kein völliges Durcheinander ist. Der Urknall schuf die Möglichkeit, dass unser Universum noch jung und damit nicht vollkommen zufällig durchmischt ist, und die Expansion des Raumes ließ viel Platz für eine weitere Entropiezunahme.

Mit der Entdeckung des Urknalls sollten wir allerdings auch einen neuen Blick auf die Frage des Zeitpfeils werfen. Der Entropiemechanismus funktioniert eigentlich nicht gut. Brauchen wir ihn? Wenn wir uns das Universum unter dem Gesichtspunkt der Raumzeit vorstellen, warum sollte das Universum sich dann eigentlich nur räumlich ausdehnen? Warum nicht auch in der Zeit? Eigentlich tut es das ganz offensichtlich; mit jeder Sekunde fügen wir der Zeit eine neue Sekunde hinzu. Vielleicht sollte man sich den Zeitstrom genauer als eine solche Schaffung neuer Zeit vorstellen. Wir malen uns keinen dreidimensionalen Urknall aus, sondern einen vierdimensionalen, in dem ständig sowohl neuer Raum als auch neue Zeit geschaffen wird.

In Kapitel 11 habe ich folgende Frage gestellt: Angenommen, wir besäßen für zwei Zeitpunkte vollständige, gottähnliche Kenntnisse über das Universum und sollten herausfinden, welcher der beiden der erste war. Wie würden wir vorgehen? Die Antwort, die ich dort gegeben habe, lautete: Wir berechnen die Entropie der beiden Momentaufnahmen. Diejenige mit der niedrigeren Entropie war zuerst da. Ebenso gut könnten wir uns aber auch einfach die Größe des Universums ansehen. Das kleinere Universum existierte schon früher.

Um das in vollem Umfang zu verstehen, müssen wir uns näher mit der zweiten großen revolutionären Entdeckung des 20. Jahrhunderts beschäftigen. Es war eine Entdeckung, die in vielerlei Hinsicht noch beunruhigender ist und der Intuition noch stärker widerspricht als die Relativitätstheorie. Ich meine die faszinierende Realität der Quantenphysik.

TEIL III

GESPENSTISCHE PHYSIK

KAPITEL 17

Eine Katze, tot und lebendig

Zur Einführung in die Quantenphysik beginnen wir
mit dem absurdesten Beispiel ...

»Ich kann es nicht definieren ... aber
ich erkenne es, wenn ich es sehe.«

Peter Stewart, Richter am
US-Bundesgerichtshof
(nicht zum Thema der Messung)

Als hätten die gehirnakrobatischen Konzepte der Relativitätstheorie im 20. Jahrhundert noch nicht für genug Aufregung gesorgt, spielte sich unmittelbar danach eine weitere, ebenso beunruhigende, aber auch ebenso wichtige wissenschaftliche Revolution ab: die Entwicklung der Quantenphysik. Einer ihrer Begründer war Albert Einstein: Er gelangte zu dem Schluss, dass Lichtenergie quantisiert ist und sich nur in Form von Paketen – heute sprechen wir von *Photonen* – nachweisen lässt. Aber die Quantenphysik setzte sich nicht so schnell durch wie die Relativitätstheorie. Sie hatte derart seltsame, rätselhafte Aspekte, dass sogar ihre Erfinder selbst lange darüber nachdachten und diskutierten, was sie bedeutete, wie man sie interpretieren sollte und ob es sich nur um eine vorübergehende Näherungslösung handelte, hinter der sich eine vollständigere, noch nicht entdeckte Beschreibung der Realität verbarg. Diese Diskussion ist bis heute nicht beendet.

III Gespenstische Physik

Das Problem mit der Quantentheorie ergibt sich schon aus ihrer Formulierung. Nach den Postulaten der Quantenphysik lässt sich die Wirklichkeit durch etwas Schattenhaftes, Flüchtiges beschreiben, das schon im Prinzip nicht messbar ist und als *Amplitude* bezeichnet wird. Eine Amplitude kann eine einzelne Zahl sein (eine komplexe Zahl mit reellen und imaginären Teilen) oder eine Ansammlung von Zahlen, die man *Wellenfunktion* nennt. Die Quantenphysik postuliert, dass die Amplitude spukhaft ist, ein unerreichbarer Geist im Hintergrund, der die gesamte Realität in sich trägt. Selbst wenn man die Amplitude genau kennt, kann man das Ergebnis einer Messung nicht exakt voraussagen, sondern nur Angaben darüber machen, mit welcher Wahrscheinlichkeit die Messung ein bestimmtes Ergebnis erbringen wird.

Das alles klingt rätselhaft und provisorisch, aber genau diese Prinzipien dienen heute zur Konstruktion der elektronischen Bauteile, aus denen unsere Smartphones, Tablets, Fernsehgeräte, Digitalkameras und Computer bestehen. Praktisch jeder Physiker arbeitet mit den geisterhaften Amplituden und Wellenfunktionen. Die meisten lassen dabei die unmessbaren Aspekte der Quantentheorie außer Acht und beschäftigen sich weiter mit ihren Aufgaben.

Nicht so Einstein. Alle seine bahnbrechenden Erkenntnisse in der Physik erreichte er, indem er sich auf paradoxe Befunde und unerklärte Phänomene konzentrierte, Dinge, die für ihn physikalisch keinen Sinn zu haben scheinen. Die neue Quantenphysik hatte Aspekte, die genau in diese Kategorien gehörten – sie waren rätselhafter als Zeitdilatation und Längenkontraktion, eigenartiger als schwarze Löcher, schwerer vorstellbar als die zeitliche Umkehrbarkeit von Ereignissen. Den vielleicht beunruhigendsten Aspekt verdeutlicht bis heute eine Geschichte, die der Physiker Erwin Schrödinger sich ausdachte; sein Name ist jedem Physikstudenten durch die *Schrödinger-Gleichung* bekannt, der wichtigsten Gleichung in der elementaren Quantenphysik. Er war ein Kollege und Bewunderer von Einstein und teilte dessen Unbehagen bezüglich der Quantenphysik.

Schrödingers Katze

Schrödinger dachte sich ein anschauliches Beispiel zur Unterstützung von Einsteins Überzeugung aus, dass die Quantenphysik fundamental widersprüchlich war. Das Szenario ist einfach, allerdings auch absichtlich grausam – vermutlich wollte Schrödinger damit Aufmerksamkeit erregen und den Leser zwingen, sich mit dem kognitiven Widerspruch, den die Geschichte auslöst, auseinanderzusetzen.

Schrödinger erklärte, wir sollten uns eine Katze in einer Kiste vorstellen. Die Kiste enthält außerdem ein radioaktives Atom, das mit einer Wahrscheinlichkeit von 50 Prozent im Laufe der nächsten Stunde zerfallen wird. Wenn es zerfällt, löst es einen Mechanismus aus, der die Katze tötet. Schrödinger schlug ganz plastisch einen Hammer vor, der ein Gefäß mit Blausäure zerschlägt. Wer eine bildliche Darstellung sehen möchte, kann im Internet nach »Schrödingers Katze« suchen.

Öffnet man nach einer Stunde die Kiste, so besteht eine Chance von jeweils 50 Prozent, dass man eine lebende oder eine tote Katze vorfindet. Das erscheint zwar unmenschlich, aber doch recht einfach. (Zu Hause sollte man das nicht ausprobieren.)

Seltsam und sowohl für Einstein als auch für Schrödinger besorgniserregend war jedoch die Methode, mit der diese Situation in der Sprache der Quantenphysik beschrieben wird. Nach dem üblichen Ansatz, dessen sich praktisch alle Physiker bedienen, entwickelt sich die Amplitude, die das Atom und die Katze beschreibt, im Laufe der Stunde weiter. Anfangs beschreibt sie eine lebende Katze und ein nicht zerfallenes Atom. Im Laufe der Zeit jedoch verändert sich die Amplitude. Am Ende der Stunde besteht die weiterentwickelte Amplitude aus zwei gleichen Teilen: der eine beschreibt eine tote Katze mit Fragmenten des zerfallenen Atoms, und ihm überlagert ist eine zweite mit einer lebenden Katze und einem nicht zerfallenen Atom. Bis jemand nachsieht, ist die Katze gleichzeitig tot und lebendig. Gemäß der Theorie stellt der Akt, die Kiste zu öffnen und nachzusehen, eine *Messung* dar, und wenn man etwas misst, bricht die Wellenfunktion sofort zusammen; dann bleibt nicht mehr die Superposition von zwei Realitäten übrig, sondern nur noch eine. Wenn man die Katze beobachtet, ist

Abb. 17.1   Schrödingers Katze auf einem Filmstreifen. Im Laufe der Zeit entwickeln sich zwei Quantenzustände: einer mit einer lebenden und einer mit einer toten Katze. Erst wenn ein Mensch in die Kiste blickt, wird einer dieser Zustände zufällig ausgewählt und repräsentiert dann die Realität. (Zeichnung von Christian Schirm.)

17 Eine Katze, tot und lebendig

sie entweder vollständig lebendig oder vollständig tot, aber nicht mehr beides. Diese Vereinfachung findet erst dann statt, wenn man in die Kiste schaut.

Ich bat meine Frau Rosemary (eine Architektin), dieses Kapitel zu lesen. Sie fand den Abschnitt über Schrödingers Katze bis hierher vollkommen unglaubwürdig. Sie weigerte sich zu glauben, dass ein Wissenschaftler ernsthaft eine Katze postulieren kann, die gleichzeitig lebendig und tot ist. Diese Vorstellung war so absurd, so lächerlich, dass sie sich weigerte weiterzulesen, solange ich nicht die dumme Passage korrigiert hatte, die den Eindruck vermittelte, als käme in der Quantenphysik solcher Unsinn vor.

Aber fragen Sie einen beliebigen Physiker. Es ist nun einmal so. Trösten Sie sich damit, dass Sie sich am gleichen Thema stören wie Einstein und Schrödinger, an jenem Problem, das Schrödinger dazu anregte, sein verrücktes Beispiel zu formulieren. Genau das sagte ich auch zu Rosemary, und sie erklärte sich einverstanden, weiterzulesen – wenn auch unter Protest. (Und sie erteilte mir die Erlaubnis, ihr Erlebnis als Trost für andere zu schildern.)

Schrödinger und Einstein hielten diese Geschichte für eine *reductio ad absurdum*, eine »Zurückführung auf das Absurde«; nach ihrer Meinung war durch die lächerliche Schlussfolgerung bewiesen, dass die Quantenphysik unsinnig und damit falsch ist. Solange man nicht hinsieht, ist die Katze sowohl tot als auch lebendig? Na hören Sie mal! Nach Einsteins und Schrödingers Auffassung hätte dieses Beispiel den Sieg davontragen, die Diskussion beenden und gleichzeitig nachweisen sollen, dass die Quantenphysik grundsätzlich fehlerhaft war.

Aber Max Born und Werner Heisenberg, die Urheber und Unterstützer der wahrscheinlichkeitsorientierten Interpretation, gaben nicht auf. Ja, die Geschichte von Schrödingers Katze klingt lächerlich, aber genauso erging es auch der Zeitdilatation und der Kontraktion des Raumes, als Einstein sie erstmals formulierte. Selbst die Theorie, wonach gewöhnliche Materie aus Atomen besteht, widersprach früher dem gesunden Menschenverstand. Die Geschichte von der Katze enthält keinen Widerspruch, sondern nur eine Situation, die der Intuition widerspricht.

Diese Diskussion fand vor 80 Jahren statt. Wie ist die Situation heute? Die bemerkenswerte Antwort: Praktisch alle Physiker haben sich der Sichtweise von Born und Heisenberg angeschlossen. Dennoch wurde die Absurdität von Schrödingers Katze nie befriedigend aus der Welt geschafft. Wie reagieren Physiker heute auf die *reductio ad absurdum*, auf das lächerliche Beispiel mit Schrödingers Katze? Überhaupt nicht. Schrödingers Katze bereitet ihnen heute noch Sorgen, wenn sie darüber nachdenken, aber dann entschließen sie sich, das Problem zu ignorieren und weiterzuarbeiten.

Die Kopenhagener Interpretation

Die Sichtweise von Born und Heisenberg (die ebenfalls zu den Gründervätern der Quantenphysik gehören) wurde unter dem Namen *Kopenhagener Interpretation* bekannt, weil Heisenberg sie nach der Stadt benannte, in der er als Assistent von Niels Bohr gearbeitet hatte. Heute erkennen die meisten Physiker die Kopenhagener Interpretation an. Einstein stellte sie bis zu seinem Tod 1955 in Frage. Noch heute finden Tagungen statt, auf denen einige wenige Hartnäckige über die Realität der Quantenphysik diskutieren; dabei kommt es zu langen mathematischen und esoterischen Debatten über mögliche Alternativen, aber die meisten Physiker nehmen solche Konferenzen nicht zur Kenntnis. Die Quantenphysik

17 Eine Katze, tot und lebendig

funktioniert, und der schweigenden Mehrheit der Physiker reicht das. Fragt man einen von ihnen, so wird man wahrscheinlich sinngemäß folgende Antwort erhalten: »Ich weiß, dass es verrückt klingt, aber wir können nichts darüber sagen, ob die Katze tot oder lebendig ist, ohne das Ergebnis zu beeinflussen – also können wir zwischen beiden Möglichkeiten nicht unterscheiden.«

Manche Wissenschaftler missverstehen die Quantenphysik und glauben fälschlicherweise, die Katze sei entweder tot oder lebendig, aber nicht beides, und der Beobachter könne es nur nicht wissen, bevor er die Kiste öffnet. Genau das glaubten Einstein und Schrödinger. Ihr Ansatz wird heute als *Theorie der verborgenen Variablen* bezeichnet. Die verborgene Variable ist in diesem Fall die Lebendigkeit der Katze. So wird die Angelegenheit häufig in Anfängervorlesungen dargestellt, aber die Kopenhagener Interpretation besagt etwas anderes. Wie ich noch genauer erläutern werde, legen Versuche mit einem Aspekt der Quantenphysik, der als Verschränkung bezeichnet wird, die Vermutung nahe, dass nicht Einsteins und Schrödingers Vorstellung von verborgenen Variablen, sondern die Kopenhagener Interpretation richtig ist. In Kapitel 19 werde ich das erste derartige Experiment schildern, das von Stuart Freedman und John Clauser angestellt wurde. (Nein, sie haben dazu keine Katze benutzt.) Nach der besten derzeit verfügbaren Theorie ist die Kopenhagener Interpretation tatsächlich richtig; die Katze ist bis zum Augenblick der Messung tot *und* lebendig.

Könnten wir nicht aufgrund des Zustandes des Kadavers, der Körpertemperatur oder anderen physiologischen Anzeichen etwas darüber aussagen, ob die Katze schon früher gestorben ist? Eigentlich umfassen die Amplituden des Atoms und der Katze alle möglichen Zerfallszeitpunkte, und sie sind so gewichtet, dass sich in ihnen die Wahrscheinlichkeit eines früheren oder späteren radioaktiven Zerfalls widerspiegelt. (Schließt man diesen zusätzlichen Aspekt in die Messung ein, wird die Amplitude ein wenig komplizierter als eine einzelne Zahl.) Wenn man hineinschaut oder ein Thermometer einführt, ist dies eine Messung. Wenn wir die Kiste öffnen, sehen wir vielleicht eine kürzlich gestorbene Katze oder aber eine, die aussieht, als läge sie bereits seit fast einer Stunde tot da – und das, obwohl ihr Schicksal nach der Kopenhagener Interpretation noch im Augenblick zuvor nicht entschieden war.

Kann die Katze selbst nichts darüber sagen? Was meinen wir eigentlich mit *Messung*? Erfordert sie einen Menschen, oder kann auch eine Katze die Messung anstellen? Was wäre, wenn wir einen Menschen an die Stelle der Katze setzen? So verblüffend und beunruhigend das auch klingt, die Antwort auf alle diese Fragen lautet: *Wir wissen es nicht*. Eine echte Theorie der Messungen existiert noch nicht. Sie ist ein Traum vieler Physiker. Und in dieser noch nicht formulierten Theorie der Messungen könnte nach Ansicht mancher Physiker der Ursprung der Zeit, ihres Pfeils und ihres Tempos liegen. Wenn wir hinsehen, beeinflussen wir nur die zukünftige Amplitude; die Zukunft enthält entweder eine lebendige oder eine tote Katze. Auf die vergangene Amplitude, die aus einer lebenden und gleichzeitig toten Katze bestand, haben wir keinen Einfluss. Hier liegt also eine Asymmetrie, etwas Neues in der Physik, das die Vergangenheit von der Zukunft unterscheidet.

Das Gespenst hinter der Realität

Bei Schrödingers Katze war die Tot/Lebendig-Amplitude einfach eine Zahl, die, ins Quadrat gesetzt, die Wahrscheinlichkeit am Ende eines Zeitraumes angab. Man bezeichnet eine Amplitude, die von Ort und Zeit abhängt, als Wellen-

17 Eine Katze, tot und lebendig

Abb. 17.2   Erwin Schrödinger im *New Yorker*.

funktion. Schrödinger, der sich die Geschichte mit der Katze ausgedacht hatte, wurde vor allem durch eine von ihm aufgestellte Gleichung berühmt, mit der man ausrechnen kann, wie die Wellenfunktion auf äußere Kräfte reagiert und wie sie sich in Raum und Zeit bewegt und verändert. Die berühmte *Schrödinger-Gleichung* ist Stoff für alle Studierenden der Physik und Chemie.

Eine Wellenfunktion kann beschreiben, wie sich ein Elektron durch den Raum bewegt oder um einen Atomkern kreist. In der Chemie wird die Wellenfunktion als *Orbital* bezeichnet. Da Wellenfunktionen nicht punktförmig, sondern ausgebreitet sind, ist die Position des Teilchens (der Ort, an dem es nachgewiesen wird) unscharf. Die Geschwindigkeit des Teilchens, die durch das Muster der Wellenfunktion definiert wird, ist ebenfalls unscharf. Alle Wellenfunktionen schwanken in Abhängigkeit von der Zeit, und die Energie eines Teilchens steht durch dieselbe Formel $E = hf$, die Einstein für Photonen entdeckte, in direktem Verhältnis zur Frequenz. Wenn die Frequenz nicht präzise ist, wenn das Vibrationsmuster dem eines musikalischen Akkords (der aus vielen Tönen besteht) ähnelt, oder – noch schlimmer – wenn es einem Rauschen gleicht, dann ist auch die Energie nicht genau bestimmt.

Um die voraussichtliche Position eines Teilchens zu finden, setzt man den Zahlenwert der Wellenfunktion überall ins Quadrat. Damit erhält man die relative Wahrscheinlichkeit, das Teilchen an einem beliebigen Punkt zu finden. Mit einer Wellenlängenanalyse kann man feststellen, wie schnell sich das Teilchen bewegt. Geringe Wellenlängen entsprechen einer hohen Geschwindigkeit. Wie der französische Physiker Louis de Broglie zeigen konnte, ergibt sich der Impuls der Wellenfunktion (Masse mal Geschwindigkeit) aus der Planck-Konstante h, dividiert durch die Wellenlänge: h/L.

In manchen Fällen ist die Wellenfunktion eine komplizierte Überlagerung komplexer Zahlen. Wenn man eine Messung anstellt, »kollabiert« die Wellenfunktion: Sie verwandelt sich in etwas, das mit der Messung übereinstimmt. Diese Veränderung wird als *Kollaps* bezeichnet, weil die Wellenfunktion durch sie in der Regel einfacher wird. Öffnen wir die Kiste, um nach Schrödingers Katze zu sehen, so kollabiert die Wellenfunktion und repräsentiert dann entweder eine lebende oder eine tote Katze, aber nicht beides. Wir sehen immer nur die einfachen Ergebnisse der Messungen, und diese enthalten keine seltsamen Kombinationen wie tot und lebendig, sondern nur tot *oder* lebendig.

Diese Wellenfunktion ist wirklich etwas Gespenstisches. Man kann sie nicht direkt messen. Jeder Punkt in der Funktion besteht im typischen Fall aus zwei Zahlen (einem reellen und einem imaginären Teil) oder auch aus mehreren Zahlen, wenn es sich um eine Superposition handelt. Machen wir eine Messung, ist die sich ergebende Wellenfunktion viel einfacher.

17 Eine Katze, tot und lebendig

Das war Teil des Kopenhagener Konzepts von Born und Heisenberg, und es ist auch heute allgemein anerkannt. Heute bemühen sich Physiker sogar darum, die verborgenen, gespenstischen Aspekte der Wellenfunktion nutzbar zu machen und in Quantencomputern einzusetzen. Im Computerjargon bezeichnet man ein Amplitudenbit als *Quantenbit* oder *qubit*.*

Die Wellenfunktion eines Elektrons könnte klein in der Ausdehnung sein und um einen Atomkern kreisen, sie könnte aber auch groß sein und den Raum zwischen Erde und Sonne ausfüllen. Wenn man ihre Vergangenheit kennt und weiß, welche Kräfte auf sie einwirken, könnte man (zum Beispiel durch Anwendung der Schrödinger-Gleichung) herausfinden, wie die Wellenfunktion in Zukunft aussehen wird, aber man kann sie nicht mit Instrumenten untersuchen, ohne dass man ihre Veränderung – ihren Kollaps – verursacht. Misst man die Position eines Elektrons, könnte die neue, kollabierte Wellenfunktion entweder streng lokalisiert oder aber ausgebreitet sein, wobei ihre Größe der Messungenauigkeit entspricht.

Welche Voraussetzungen müssen gegeben sein, damit die Wellenfunktion kollabiert? Wir wissen es nicht. Das meine ich ernst. Wenn Physiker etwas nicht verstehen, geben sie ihm häufig einen Namen, einfach damit sie über das Rätsel reden können. In diesem Fall handelt es sich bei der Ursache, die die Wellenfunktion zusammenbrechen lässt, um eine *Messung*. Wie ich bereits erwähnt habe, wissen wir nicht genau, was wir damit meinen. In der Regel lassen Physiker das Problem außer Acht und ziehen sich auf die berühmte Zeile von Potter Stewart zurück: »Ich kann es nicht definieren ... Aber ich erkenne es, wenn ich es sehe.« In Wirklichkeit wissen wir aber nicht genau, wann wir eine Messung sehen. Manchmal hört man die

---

* Genau genommen, stehen einem qubit zwei *Zustände* zur Verfügung, während ein Bit zwei Werte (0 oder 1) haben kann.

Ansicht, dazu sei eine Art von »Bewusstsein« erforderlich. Das hilft uns aber nicht weiter, denn auch vom Bewusstsein haben wir keine genaue Vorstellung. Einstein machte sich über diese Behauptung lustig, als er ironisch bemerkte: »Glauben Sie wirklich, der Mond sei erst dann da, wenn wir ihn ansehen?«

Katzen in Kisten waren nicht das Einzige, was Einstein Sorgen bereitete.

Die Quantentheorie verletzt die Relativitätstheorie

Um auf Quantenparadoxa zu stoßen, braucht man keine Katze zu töten. Stellen wir uns einmal ein Elektron vor, das von einer räumlich sehr ausgedehnten Wellenfunktion beschrieben wird, die sich von hier bis zur Sonne erstreckt. Weisen wir dieses Elektron mit einem Teilchendetektor nach, kollabiert die Wellenfunktion sofort und augenblicklich, und die neue Wellenfunktion ist nicht größer als der Detektor. Wir wussten bereits, dass es sich um ein Elektron handelt, und nun wissen wir auch, dass es sich auf der Erde befindet. Demnach wissen wir auch, dass es jetzt nicht auf der Sonne ist. Die Theorie sagt, dass die Wellenfunktion *instantan* – das heißt augenblicklich – kollabiert. Verträgt sich das mit unseren Erkenntnissen über die Relativität?

Ich habe das Wort *instantan* (augenblicklich) gebraucht, aber was es bedeutet, hängt vom Bezugssystem ab. Nach der Relativitätstheorie laufen die beiden getrennten Ereignisse (Nachweis auf der Erde und Verschwinden der Wellenfunktion auf der Sonne) selbst dann nicht in allen Bezugssystemen gleichzeitig ab, wenn sie im Ruhesystem der Nachweisapparatur gleichzeitig sind. Demnach gibt es ein Bezugssystem, in dem das Verschwinden der Wellenfunktion der Messung

17 Eine Katze, tot und lebendig

vorausgeht. Außerdem gibt es auch ein Bezugssystem, in dem die Wellenfunktion danach noch eine Zeitlang erhalten bleibt. Nach den Regeln der Quantenphysik gibt es also ein Bezugssystem, in dem das auf der Erde nachgewiesene Elektron auf der Sonne noch einen Wert hat, der nicht null ist. Demnach besteht nach wie vor eine Chance, dass das Elektron dort nachgewiesen werden kann. Aber das ist unmöglich. Das Elektron wurde bereits auf der Erde nachgewiesen, und es gab nur ein Elektron. (Ja, wir können es so einrichten, dass mit Sicherheit nur ein Elektron vorhanden ist.) Irgendetwas stimmt nicht.

Eine naheliegende Erklärung lautet: Das Elektron ist in Wirklichkeit kein ausgedehntes Objekt, sondern punktförmig, und die Wellenfunktion ist nur der Ausdruck unseres Unwissens über seinen tatsächlichen Aufenthaltsort. So wird die Quantenphysik häufig gelehrt, und auch viele praktizierende Physiker stellen sie sich so vor – aber die Vorstellung ist falsch. Der Gedanke, dass es eine größere Realität gibt und dass die Quantenphysik einfach unser Unwissen beschreibt, ist einfach die Theorie der verborgenen Variablen, wobei die *tatsächliche*, aber unbekannte Position des Elektrons die verborgene Variable darstellt. Man hat versucht, mit Experimenten herauszufinden, welche Theorie die richtige ist. Bisher hat die Quantentheorie in allen derartigen Versuchen gewonnen, und die Theorie der verborgenen Variablen wurde widerlegt.

Demnach gehorcht die Wellenfunktion also nicht der Relativitätstheorie. Das ist ziemlich beunruhigend: Die Relativitätstheorie wurde im Laufe des Jahrhunderts mit zahlreichen Experimenten in großem Umfang überprüft. Wie können wir den Konflikt zwischen Relativitätstheorie und Quantenphysik auflösen?

KAPITEL 18

Das Quantengespenst wird gekitzelt

Das rätselhafte Thema der Messung und die unzureichend erforschte Quanten-Wellenfunktion ...

> [Das ist] wie mit einer Pralinenschachtel.
> Man weiß nie, was man bekommen wird.
>
> Forrest Gump

Wellenfunktionen haben viele Eigenschaften, die den Vergleich mit Gespenstern nicht nur als Metapher erscheinen lassen. Wie wir bereits erfahren haben, ist ihr Kollaps nicht durch die Lichtgeschwindigkeit begrenzt. In bestimmten Bezugssystemen bewegt sich ihr Kollaps deshalb in der Zeit rückwärts. Der einzige Bezug der Wellenfunktion zur Realität ergibt sich, wenn wir sie untersuchen, wenn wir Position oder Energie des durch sie repräsentierten Teilchens messen wollen. Sobald wir das tun, verändert sich die Wellenfunktion der Quantenphysik zufolge so, dass es unserer Intuition widerspricht und scheinbar auch unsere Kenntnisse über die Relativität verletzt.

Ist es erschreckend, dass es in der modernen Physik ein solches Ungeheuer gibt? Niels Bohr, einer der Gründerväter der Quantenphysik, sagte einmal: »Wer von der Quantentheorie nicht schockiert ist, hat kein einziges Wort davon begriffen.« Und Richard Feynman sagte: »[Ich kann] mit Sicherheit be-

haupten, dass niemand die Quantenmechanik versteht.«*
Feynmans Lehrer John Wheeler, auch er eine Schlüsselfigur in der Entwicklung der Quantenphysik, erklärte: »Wer von der Quantenmechanik nicht vollkommen verwirrt ist, hat sie nicht verstanden.« Und Roger Penrose, in unserer Zeit einer der führenden Experten für Quantenphysik, schrieb: »Die Quantenmechanik ergibt absolut keinen Sinn.«

Diese verrückte Theorie der Quantenphysik, die man unmöglich verstehen kann, ist trotz ihrer gespenstischen, verwirrenden Eigenschaften das Kernstück der gesamten modernen Physik. Sie mag schwer fassbar sein, aber sie liefert genaue, zutreffende Vorhersagen. Wenn man die gespenstischen Aspekte außer Acht lässt und lernt, wie man die Gleichungen lösen kann, lässt sich die Zukunft mit bemerkenswerter (allerdings nicht vollkommener) Genauigkeit berechnen.

Mit der Schrödinger-Gleichung und den anderen Gleichungen der Quantenphysik kann man berechnen, wie sich beispielsweise die Wellenfunktion eines Elektrons verändert, wenn eine Kraft darauf einwirkt. Aber die Wellenfunktion ist eigentlich nicht das Elektron, sondern die Amplitude, der Geist des Elektrons, seine Erscheinungsform, seine Seele. Die Wellenfunktion können wir nie unmittelbar nachweisen oder messen. Wir können sie nur berechnen oder ihren Wert an einer Stelle untersuchen. Wenn wir aber diese Untersuchung machen, wenn wir eine Messung vornehmen, verändern wir

---

* Feynman verwendete den älteren Begriff *Quantenmechanik*. Als die Quantenphysik erstmals formuliert wurde, konzentrierte sie sich tatsächlich auf Fragestellungen aus der Mechanik, auf Objekte und ihre Bewegungen; die moderne Quantenphysik deckt aber auch das Quantenverhalten von Feldern ab, darunter insbesondere elektromagnetische Felder und die Felder der Kernkräfte; deshalb halte ich es für zutreffender, den modernen Begriff *Quantenphysik* zu verwenden.

die Wellenfunktion ein für alle Mal – sofort, augenblicklich und unwiderruflich.

Pwaves und Wavicles

Angenommen, wir stellen vor einer Elektronen-Wellenfunktion ein Messinstrument auf – beispielsweise einen Draht, der elektrische Ströme misst. Hat das Elektron eine breite Wellenfunktion, trifft nur ein Teil davon auf den Draht. Demnach besteht nur eine geringe Chance, dass das Elektron nachgewiesen wird. Aus der Wellenfunktion und der Größe des Drahtes kann man berechnen, mit welcher Wahrscheinlichkeit das Elektron ihn trifft und gemessen wird.

Wenn sich das Elektron bewegt, verhält sich die Wellenfunktion als Welle – daher ihr Name. Man kann die Welle eines einzigen Elektrons gleichzeitig auf zwei verschiedene, getrennte Wege lenken, genau wie eine einzelne Schallwelle, die zu unseren beiden Ohren wandert. Wird das Elektron aber nachgewiesen, geschieht dies in Form eines Ausbruchs, einer plötzlichen Einwirkung, eines *Quants*. Dann scheint es in vielerlei Hinsicht ein Teilchen zu sein.

Was ist es nun – Teilchen oder Welle? Die richtige Antwort lautet: keines von beiden. Wir können das Elektron nur als neues Konstrukt verstehen, als Teilchenwelle, Wellenteilchen oder wie wir es sonst nennen wollen. Einige Male ließ ich meine Studierenden darüber abstimmen, ob wir es lieber *Wavicle* oder *Pwave* nennen sollten. In den Umfragen ergab sich aber keine eindeutige Mehrheit. Es ist keine Welle, und es ist kein Teilchen; von beiden hat es einige Eigenschaften, aber in einer seltsamen Mischung. Es bewegt sich durch den Raum wie eine Welle; es reagiert auf Messungen wie ein Teilchen; es ist eine Welle, die Masse und elektrische Ladung transportieren kann. Es kann sich ausbreiten, reflektiert werden und selbst auslöschen wie geräuschneutralisierende Kopfhörer, die Schallwellen auslöschen. Wenn wir es aber nachweisen, ist es in der Regel ein plötzliches, abruptes Ereignis. Das nachgewiesene Elektron existiert weiterhin, aber die Wellenfunktion hat sich unwiderruflich verändert. Weisen wir es mit einem kleinen Instrument nach, wird die zuvor große Wellenfunktion plötzlich klein.

Den Abfluss hinunter

Der Erste, der Vermutungen über den Teilchen-Welle-Dualismus anstellte, war Einstein selbst: In seinem 1905 erschienenen Artikel über den photoelektrischen Effekt beschrieb er, wie Licht ein Elektron aus einem Metallstück herausschlägt. Er äußerte die Vermutung, das Licht sei tatsächlich eine Welle, aber wenn man es nachweist, wenn es das Elektron aus der Oberfläche herauslöst, geschieht das immer auf einen Schlag – ein Verhalten, das nicht an eine Welle, sondern an ein Teilchen erinnert. Manchmal erzielt es diese Wirkung schnell, noch bevor eine klassische elektromagnetische Welle ausreichend viel Energie liefern könnte. Wie bereits erwähnt, erklärte Einstein, die Energie des Lichtquants stehe durch die Gleichung $E = hf$ in Beziehung zur Frequenz der Welle, wobei h die Planck-Konstante ist, jene Zahl, die Planck aus der Untersuchung des Lichts glühend heißer Objekte abgeleitet hatte.

Einstein kam nie auf die Idee, dass die gleiche Gleichung auch für Elektronen gelten würde. Diese Vermutung äußerte Louis de Broglie 1924 in seiner Doktorarbeit. Es war der Durchbruch, der die schnelle Weiterentwicklung der Quantenphysik in Gang setzte. Dank de Broglie wurde deutlich, dass Elektronen und Photonen sich sehr ähnlich sind; die Unterschiede, die früher als entscheidend gegolten hatten (das eine hat eine Ruhemasse von null, das andere eine elektrische Ladung) wurden zweitrangig. Beide waren einfach Quanten-Partikelwellen (Pwaves? Wavicles?). Es war eine große Vereinheitlichung der Physik.

Innerhalb von drei Jahren arbeiteten Schrödinger, Born, Heisenberg und andere die Gleichungen aus, nach denen Wellen auf Kräfte reagieren. Dann zeigte Dirac, wie man die Gleichung für das Elektron mit der Relativitätstheorie in Einklang bringen konnte (allerdings beschäftigte er sich nicht mit dem Dilemma der Messung); er entwickelte dafür eine *relativistische Wellengleichung*. Die 1920er Jahre waren eine Zeit der unglaublich schnellen Entwicklung. Sogar den Physikern selbst wurde dabei schwindlig.

Der gespenstische Eindruck der Quantenphysik bereitete damals vielen Physikern Sorgen, und so ist es bis heute geblieben. Studierende der Physik und Chemie brauchen in der Regel mehrere Jahre, um sich daran zu gewöhnen. Der Physiker und Mathematiker Freeman Dyson sagte mir einmal, im Laufe dieser Gewöhnung an die Quantenphysik würden Studierende in der Regel drei Phasen durchmachen. In der ersten fragen sie sich, wie es so sein kann. In der zweiten lernen sie, die gesamten mathematischen Manipulationen vorzunehmen, und dabei entdecken sie, wie leistungsfähig quantenphysikalische Berechnungen sind. Die Mathematik sagt die Ergebnisse von Experimenten mit erstaunlicher Genauigkeit vorher. Im letzten Stadium, so Dyson, erinnern sich die Studierenden nicht mehr daran, dass ihnen das Thema ursprünglich so rätselhaft vorkam.*

---

* Dies ist vergleichbar mit den drei Stadien beim Erkennen der Wahrheit, wie Schopenhauer sie beschrieben haben soll. Siehe das Zitat zu Beginn von Kapitel 4.

Nicht alle Physiker erreichen dieses letzte Stadium der Zufriedenheit. Einsteins größter Nachfolger war nach meiner Einschätzung Richard Feynman. Mehr als jeder andere im 20. Jahrhundert (vielleicht mit Ausnahme von Enrico Fermi) verfügte Feynman über eine weitreichende Intuition, die ihm in verschiedenen Teilgebieten der Physik außergewöhnliche Erkenntnisse und Entdeckungen ermöglichte. Aber von der »Interpretation« der Quantenphysik hielt er sich fern. In seiner farbigen, lockeren Art warnte Feynman: »Wenn Sie es vermeiden können, sagen Sie nicht ständig zu sich selbst: ›Aber wie kann das sein?‹, denn dann gehen Sie ›den Abfluss hinunter‹ und geraten in eine Sackgasse, aus der noch nie jemand wieder herausgekommen ist.«

Vom Wesen her unscharf

Ein entscheidender Aspekt der neuen Quantenphysik war eine Entdeckung, die Studierenden und Professoren bis heute Unbehagen bereitet: die *Heisenberg'sche Unschärferelation*.

Schon wenn wir den Elektronen wellenähnliche Eigenschaften zuschreiben, stoßen wir mit unserem klassischen Verständnis auf Probleme. Stellen wir uns einmal gewöhnliche Wellen vor, beispielsweise Wasserwellen. Solche Wellen haben keine genaue Position, sondern sie sind ausgebreitet. Überraschender ist vielleicht, dass viele Wasserwellen auch keine genaue Geschwindigkeit haben. Werfen wir einmal einen Stein in einen mäßig tiefen Teich und sehen wir zu, wie die Wellenringe größer werden. Welche Geschwindigkeit haben die Wellen? Vielleicht glauben wir es zu wissen: Wir beobachten einen einzelnen Wellenkamm und sehen zu, wie er sich bewegt. Aber dann sehen wir, dass der Wellenkamm verschwindet; die Welle ist noch da, aber der Wellenkamm, den wir uns ausgesucht haben, ist weg! An seiner Stelle ist ein neuer aufgetaucht, aber der ist hinter demjenigen erschienen, den wir beobachtet haben. Es ist eindeutig dieselbe Welle; sie ist nur deshalb vorhanden, weil wir den Stein ins Wasser geworfen haben.

Physikern ist klar, dass eine Welle, wie sie durch einen ins Wasser geworfenen Stein oder ein vorüberfahrendes Boot erzeugt wird, in der Regel aus einer Gruppe von Wellenbergen und Wellentälern besteht. Die einzelnen Wellenberge von Wasserwellen bewegen sich mit einer anderen Geschwindigkeit als die ganze Gruppe. In tiefem Wasser ist die Geschwindigkeit der Wellenberge (manchmal auch *Phasengeschwindigkeit* genannt) doppelt so groß wie die Geschwindigkeit der Gruppe. Welches ist nun die Geschwindigkeit der Welle? In der Quantenphysik ist die Geschwindigkeit der Gruppe entscheidend, wenn wir das Teilchen weit von seinem Ursprungsort entfernt nachweisen wollen.

Was vielleicht noch verwirrender ist: Die Gruppe wird mit dem Fortschreiten der Welle breiter. Zu Beginn war sie vielleicht sehr schmal, aber nachdem sie eine große Entfernung zurückgelegt hat, ist sie breiter. Was ist nun die Geschwindigkeit der Welle: die Geschwindigkeit der Wellenberge, die Geschwindigkeit der vordersten Front der Gruppe, die Geschwindigkeit des Gruppen-Hinterendes, oder der Durchschnitt? Alle diese Effekte (auftauchende und verschwindende Wellenberge, eine Gruppe breiter werdender Wellen) erkennt man in der Luftaufnahme in Abbildung 18.1, die ein Boot und die von ihm erzeugten Wellen zeigt.

Wasserwellen scheinen kompliziert zu sein, aber die gleichen seltsamen Eigenschaften haben auch Teilchenwellen. Ihre breite Struktur und die unterschiedlichen Geschwindigkeiten sind die Ursachen des Unschärfeprinzips von Werner Heisenberg. Vielfach herrscht die Ansicht, dieses Prinzip gebe

18 Das Quantengespenst wird gekitzelt

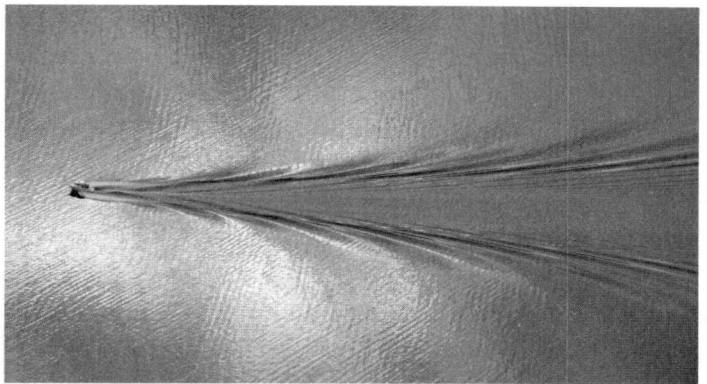

Abb. 18.1   Wasserwellen hinter einem Boot.

es erst seit der Quantenphysik, aber das stimmt nicht: Es war in der Theorie der Wellen und in der Optik bereits bekannt; entwickelt wurde es im 19. Jahrhundert, lange bevor irgendjemand seine Anwendung in der Quantenphysik vorschlug.

Heisenberg machte über die Unschärfe eine genaue Aussage. Kurz gesagt, lautet sie: Schmale Wellen haben eine genaue Position, aber solche Wellen (ob Wasser- oder Materiewellen) haben ein ganzes Spektrum von Geschwindigkeiten; die vordere Front der Wellengruppe bewegt sich bei Wellen vieler Typen mit einer anderen Geschwindigkeit als das Hinterende. Misst man die Geschwindigkeit – in der Regel durch Messung des Impulses (Masse mal Geschwindigkeit) –, so erhält man einen von vielen Werten. Misst man die Position, so erhält man einen beliebigen Wert innerhalb der Breite der Welle. Praktisch alle Wellen sind, was ihre Geschwindigkeit und ihre Position angeht, mit einer gewissen Unschärfe behaftet.

Die mathematische Behandlung des Heisenberg'schen Unschärfeprinzips folgt genau der Mathematik klassischer

Wellen. Ausdrücklich gezeigt wird dies im Anhang 5 »Die Mathematik der Unschärfe«. Die mathematische Formulierung von Heisenbergs Prinzip wird häufig als $\Delta x \Delta p \geq h/4\pi$ geschrieben* und gleicht (mit Ausnahme der Multiplikation mit der Planck-Konstante h) genau der Gleichung, die klassische Wellen beschreibt, darunter Wasser-, Schall- und Radiowellen.

Die Unschärfe hat zur Folge, dass die Physik keine eindeutigen Vorhersagen mehr machen kann: Man kann die zukünftige Position eines Teilchens nicht präzise voraussagen, denn dazu brauchte man genaue Werte für Position und Geschwindigkeit. Und was noch schlimmer ist: In Verbindung mit unserem heutigen Verständnis des Chaos, können die kleinen, quantenphysikalischen Unschärfen schnell anwachsen und dann auch großen Einfluss auf unsere makroskopische Welt gewinnen. Manchen Theorien zufolge ist die Quantenunschärfe im sehr frühen Urknall der Grund, warum es Galaxien und Galaxienhaufen gibt, also die Strukturen, die in Abbildung 13.4 (Seite 200) zu sehen sind.

Einstein gefiel der Unschärfeaspekt der neuen Quantenphysik gar nicht, obwohl er zur Entstehung dieses Fachgebiets maßgeblich beigetragen hatte. Die Unschärfe hatte zur Folge, dass die Physik unvollständig war: Nicht nur die Vergangenheit, sondern auch etwas anderes bestimmte über die Zukunft. Die Quantenphysik konnte keine Aussage über dieses Etwas machen; sie besagte nur, dass es offenbar zufällig war. Im Jahr 1926 schrieb Einstein an Max Born:

> Die Quantenmechanik ist sehr achtunggebietend. Aber eine innere Stimme sagt mir, daß das noch nicht der wahre Jakob ist.

---

* Δx ist die Unschärfe der Position; Δp ist die Unschärfe des Impulses; das Symbol $\geq$ bedeutet »gleich oder größer als«; h ist die Planck-Konstante.

> Die Theorie liefert viel, aber dem Geheimnis des Alten bringt sie uns kaum näher. Jedenfalls bin ich überzeugt, daß der nicht würfelt.

Werner Heisenberg erinnerte sich daran, dass Einstein auf einer Konferenz eine ähnliche Bemerkung machte, worauf Niels Bohr erwiderte: »Dennoch steht es uns nicht an, Gott zu sagen, wie er die Welt lenken soll.«

Die kleinste Entfernung

Es gibt eine sehr kurze Strecke, die vermutlich die kleinste ist, über die man sinnvoll reden kann. (Und selbst ob wir das wirklich können, ist nicht geklärt.) Die sogenannte *Planck-Länge* ergibt sich aus den Versuchen, die Relativitätstheorie mit der Quantenphysik zu vereinbaren, und sie beträgt etwa $1{,}6 \times 10^{-35}$ Meter.

Die Planck-Länge ist eine Folge des Unschärfeprinzips, nach welchem eine kleine Region des »leeren« Raumes nicht die Energie null haben kann, denn dies wäre ja ein scharf bestimmter Wert. Deshalb schreibt die Quantenphysik in der Regel selbst dem ansonsten leeren Raum eine geringe Vakuumenergie zu. Diese ist umso größer, je kleiner die Raumregion ist. Hat die Region ausreichend geringe Ausmaße, entspricht die Kombination aus hoher Energie und kleinem Radius den Anforderungen der Schwarzschild-Formel, und das Vakuum enthält ein mikroskopisch kleines schwarzes Loch.*

---

* Eine Schätzung für die Planck-Länge lässt sich aus den im Text beschriebenen allgemeinen Prinzipien folgendermaßen ableiten: Eine typische Mindestenergie in einem Quader mit den Abmessungen L wird in der

Die Kombination von Quantenphysik und allgemeiner Relativitätstheorie scheint also die Folgerung nahezulegen, dass das Vakuum ein mikroskopisch kleiner Schaum aus winzigen, aber überall vorhandenen schwarzen Löchern ist. Außerdem fluktuiert jedes schwarze Loch sehr schnell, das heißt, es taucht auf und verschwindet wieder; den Zeitmaßstab gibt dabei die Planck-Zeit vor, der Zeitraum, in dem Licht eine Planck-Länge durchquert. Manche Theoretiker postulieren, dass der Raum vielleicht wie unsere Computer »digital« ist und nur in Form abgegrenzter Punkte existiert, die ungefähr durch eine Planck-Länge voneinander getrennt sind.

Allen derartigen Spekulationen stehe ich ganz allgemein kritisch gegenüber. Problematisch ist vor allem, dass die Theorie weit über die Experimente hinausgeht. Früher waren Messungen und experimentelle Befunde die Triebkraft der Theorien. Wenn etwas geschieht, muss es auch möglich sein. Für Theorien gibt es kein entsprechendes Theorem; wenn die Theorie eine Vermutung nahelegt, kann diese stimmen oder auch nicht. Solche neuen Theorien einschließlich aller Diskussionen über die Planck-Länge erklären keine experimentellen Tatsachen; ihr Motiv ist ausschließlich das Streben nach mathematischer Eleganz. Wenn das der Weg ist, um weiterzukommen, gibt es dafür in der Physik kein Vorbild. Wir haben praktisch keine Möglichkeit, die allgemeine Relativitätstheorie für starke Gravitation zu überprüfen (überprüft wurde sie nur im schwächeren Bereich, weit entfernt vom Einfluss der

---

Quantenphysik angegeben als $E = hc/(2\pi L)$, wobei h die Planck-Konstante ist. Aus der Quantenphysik ergibt sich, dass die Energie des »Nullpunkts« die Hälfte davon ist, also $hc/(4\pi L)$. Für ein schwarzes Loch legen wir L auf den Schwarzschild-Radius für Masse $M = E/c^2$ fest. Die Gleichung lautet dann $R_S = L = 2GM/c^2$. Fassen wir diese Gleichungen zusammen, so erhalten wir $L = \sqrt{(Gh/(2\pi c^3)}$, die Gleichung für die Planck-Länge.

schwarzen Löcher), wir haben keine überzeugenden Belege für die Eigenschaften schwarzer Löcher (wir wissen nur, dass es massereiche Objekte gibt, die kein sichtbares Licht aussenden), und auch die Strahlung oder die Entropie der schwarzen Löcher können wir nicht experimentell verifizieren.

Alles, was an theoretischen Überlegungen zu diesen Themen geschrieben wurde, ist möglicherweise nicht mehr als phantasievolle Spekulation. In der Vergangenheit hat die Physik sich nicht auf diese Weise weiterentwickelt. Neben den traditionellen »vier Kräften« (Elektromagnetismus, die starke Kernkraft, die auch »schwache Kernkraft« genannte Kraft der Radioaktivität sowie die Gravitation) könnte es weitere Kräfte geben, die man zunächst einmal entdecken müsste, damit man sie in eine geeignete Theorie aufnehmen kann.

Einstein ging in die Falle, als er seine vereinheitlichte Feldtheorie entwickelte und sich damit bemühte, die falschen Kräfte zu vereinheitlichen. Den gleichen Fehler macht man möglicherweise auch derzeit mit den großen vereinheitlichten Theorien.

Manche Theoretiker vertreten die Ansicht, es gebe keine anderen Kräfte; damit könnten sie recht haben, aber ich finde ihre Überlegungen nicht überzeugend. Die Gravitation ist eine äußerst schwache Kraft, deren wir uns nur aus zwei Gründen bewusst geworden sind: Erstens gibt es für ihre Ladung nur ein Vorzeichen (Masse ist immer positiv), so dass sie sich nicht selbst auslöschen kann; und zweitens hat sie eine große Reichweite, so dass sie sich auch über weite Entfernungen als Summe der Kraft vieler einzelner Teilchen bemerkbar macht. Eine ähnlich schwache Kraft, deren Ladungen sich auslöschen (wie beim Elektromagnetismus mit Protonen und Elektronen) oder die eine kurze Reichweite hat, wäre nicht entdeckt worden.

Verstärkt wird die Unsicherheit der Quantenphysik in der

Welt, die wir wahrnehmen und erleben, durch ein Phänomen namens *Chaos*.

Die Unsicherheit des Chaos

Das nachfolgende kleine Gedicht existiert in verschiedenen Versionen mindestens seit 1390:

> Ein Nagel fehlte, und das Hufeisen ging verloren.
> Ein Hufeisen fehlte, und das Pferd ging verloren.
> Ein Pferd fehlte, und der Reiter ging verloren.
> Ein Reiter fehlte, und die Nachricht ging verloren.
> Die Nachricht fehlte, und die Schlacht ging verloren.
> Die Schlacht fehlte, und das Königreich ging verloren.
> Und alles, weil ein Nagel fehlte.*

Diese Verse verdeutlichen den wesentlichen Inhalt der modernen Chaostheorie: Winzige Ursachen können am Ende zu ungeheuren Wirkungen führen. In dem Film *Jurassic Park* beschreibt der überhebliche Mathematiker Ian Malcolm das klassische Beispiel des *Schmetterlingseffekts*: Ein Schmetterling (so sagt er) schlägt mit den Flügeln, und als Folge scheint eine Woche später im Central Park nicht die Sonne, sondern es regnet. In der Umgangssprache ist der Begriff *Schmetterlingseffekt* älter als die Chaostheorie: Er geht mindestens bis 1941 zurück, als G.R. Stewart ihn in seinem Bestseller *Sturm* erwähnte.

Chaos beobachten wir bei der Bewegung der Planeten, beim Wettergeschehen, in der Populationsdynamik. Die mathematische Chaostheorie zeigt, dass die Folgen einer kleinen

---

* Eine modernere Version könnte anfangen mit »Eine AAA-Batterie fehlte, und die Computermaus streikte ...«; am Ende stünde dann der Atomkrieg.

Veränderung zumindest anfangs exponentiell anwachsen können. Um die Zukunft vorauszusagen, benötigte man also eine unendlich große Genauigkeit. Dies hat zur Folge, dass wir das Wetter zwar auf einige Stunden und manchmal sogar auf einige Tage vorhersagen können, aber was die Vorhersage für eine Woche oder einen Monat angeht, sind wir sehr schlecht.

Oft werden die Auswirkungen des Chaos aber eingeschränkt; manchmal wechseln die Folgen einfach zwischen zwei sehr begrenzten Verhaltensweisen hin und her. Das exponentielle Wachstum setzt sich nicht auf Dauer fort. Ganz gleich, wie viele Schmetterlinge mit den Flügeln schlagen, immer folgt auf den Frühling der Sommer. Klimaveränderungen erfordern größere Kräfte als die eines Schmetterlings, so beispielsweise eine Veränderung der Erdumlaufbahn oder die Emission von Milliarden Tonnen Kohlendioxid in die Atmosphäre. Und allen schulmeisterlichen Äußerungen von Ian Malcolm in *Jurassic Park* zum Trotz haben wir keine Ahnung, ob die Bewegung eines Schmetterlingsflügels das Verhalten eines Gewitters verändern kann. Seine Behauptung ist keine Wissenschaft, sondern Spekulation.

Die Chaostheorie leugnet weder Kausalität noch Determinismus. Sie besagt nur, dass Messungen von außerordentlich großer Genauigkeit notwendig sind, wenn man wissen will, was auf lange Sicht geschehen wird. In dieser Hinsicht unterscheidet sich das Chaos grundsätzlich von Heisenbergs Unschärfe. In der Quantenphysik kann man genaue Werte für Position und Geschwindigkeit prinzipiell nicht kennen. In einem tieferen Sinn existieren diese Zahlen nicht einmal, solange man sie nicht misst.

Wenn wir die Chaostheorie mit der Quantenunschärfe zusammennehmen, gelangen wir zu der Schlussfolgerung, dass die winzige Quantenunschärfe sogar Einfluss auf makroskopische Verhaltensweisen haben kann. Vielleicht wird mein eigener freier Wille durch Quantenfluktuationen in wenigen Atomen bestimmt, die sich in einer chaotischen Kette in meinem Nervensystem aufschaukeln und dann Verhaltensweisen auslösen, die für meine Freunde, meine Angehörigen und sogar mich selbst unerwartet kommen und unerklärlich sind.

Leider wird die Chaostheorie in der Unterhaltungsbranche häufig gewaltig übertrieben. In echten physikalischen Systemen ist das Chaos meist nur in recht engen Grenzen wirksam. Die Erdumlaufbahn ist chaotisch, aber die Abweichungen sind recht klein; außergewöhnlich groß werden sie nicht, zumindest nicht über Jahrmilliarden hinweg. Die Bahn, auf der wir uns um die Sonne bewegen, ist nach wie vor nahezu (mit einer Abweichung von wenigen Prozent) kreisförmig. Man hat nie herausgefunden, ob das Flattern eines Schmetterlingsflügels tatsächlich große Ereignisse auslösen kann oder ob seine chaotischen Wirkungen klein und lokal begrenzt bleiben.

Der Film *Jurassic Park* ist, was die Chaostheorie angeht, voller Übertreibungen und falscher Interpretationen. (In dem Roman geht es etwas vernünftiger zu.) Malcolm warnt: »Wissen Sie, ein Tyrannosaurus folgt keinem vorgegebenen Muster und keiner Parkordnung; sein Verhalten ist das Wesen des Chaos.« Er behauptet, man könne Dinosaurier niemals in Schranken weisen und diese Schlussfolgerung ergebe sich aus der Chaostheorie.

Solche Aussagen sind völliger Unsinn. Die beste Entgegnung auf Malcolms Übertreibungen liefert der Paläontologe Jack Horner, der wissenschaftliche Berater des Films. Wie er deutlich macht, liegt die Ursache der Probleme mit den unkontrollierbaren Dinosauriern im Film nicht in unausweichlichem, exponentiell chaotischem Verhalten, sondern in schlechter Zooverwaltung. Löwen, Tiger und Bären entkommen so gut wie nie aus einem Zoo; dass Dinosaurier es tun, war nicht unvermeidlich. Alles hätte verhindert werden können, wenn die Filmgestalt John Hammond, der Erbauer des Parks, einen Zooexperten eingestellt hätte.*

Das Skelett im Quantenschrank

Nichts ist für uns Physiker peinlicher als die Tatsache, dass wir überhaupt nicht definieren können, was wir mit »Messung« meinen. Wir lachen in uns hinein, wenn wir etwas über Schrödingers Katze erzählen, aber tief in unserem Inneren wissen wir, dass die Sache nicht zum Lachen ist. Wenn wir keine gute Antwort auf die Fragen unserer Studierenden geben können, entschuldigen wir uns; wir befolgen schlicht und einfach Feynmans Ratschlag, möglichst nicht daran zu denken, damit wir nicht den Abfluss hinuntergespült werden.

Über die »Theorie der Messung« gibt es Bücher, Buchkapitel, Tagungen und Aufsätze. Google liefert 239 Millionen Treffer, bei Bing sind es 17,8 Millionen. Diese Ergebnisse könnten den falschen Eindruck erwecken, es gebe eine solche Theorie. Sieht man aber genau hin, so stellt man fest, dass wir in Wirklichkeit nur eine Ansammlung verschiedener Gedanken haben, von denen sich viele gegenseitig widersprechen und von denen noch keiner zu einer befriedigenden Schlussfolgerung geführt hat.

Eine Möglichkeit bestünde darin, dass an einer gültigen

---

* In *Jurassic Park* sind pflanzenfressende Dinosaurier auch stets sanft und ungefährlich. Ich frage mich, ob der Drehbuchautor Michael Crichton und der Regisseur Steven Spielberg wohl glaubten, dass das Gleiche auch für alle pflanzenfressenden Säugetiere gilt, so für Elefanten, Nashörner, Büffel und Flusspferde.

Messung stets ein Mensch beteiligt sein muss – ein fühlendes, sich seiner selbst bewusstes, denkendes Wesen. Genau diese Idee griff Schrödinger an, indem er eine Katze in sein Bild aufnahm. Kann man wirklich glauben, dass die Katze sowohl tot als auch lebendig ist, bis ein Mensch in die Kiste blickt? Über diese bemerkenswerte Überzeugung, eine Messung finde erst dann statt, wenn ein Mensch beteiligt ist, machte Martin Rees sich lustig. Er sagte:

> Am Anfang waren nur Wahrscheinlichkeiten. Das Universum konnte erst ins Dasein treten, als jemand es beobachtete. Dass die Beobachter erst einige Milliarden Jahre später auf der Bildfläche erschienen, spielt keine Rolle. Das Universum existiert, weil wir uns seiner bewusst sind.

Ich interpretiere dies als Rees' Karikatur der egoistischen Vorstellung, eine Messung erfordere die Mitwirkung von Menschen – die gleiche Vorstellung, über die auch Einstein sich mit seiner Aussage lustig machte, der Mond würde nicht existieren, solange wir ihn nicht ansehen, und die auch Schrödinger mit seiner Geschichte über die Katze ins Lächerliche ziehen wollte.

Roger Penrose äußerte die Vermutung, dass das Universum selbst Messungen anstellt. Wir bemerken sie normalerweise nicht, weil sie nicht in einem Augenblick geschehen, sondern eine gewisse Zeit in Anspruch nehmen. Der Mond brauchte keinen Einstein, der ihn ansah; er ist so weit weg, dass das Universum ihn irgendwie zur Realität machen konnte, bevor Einstein einen Blick darauf warf. Penrose bezeichnet das als »objektive Reduktion« oder »objektiven Kollaps«. Nach seiner Vermutung geschieht das immer, »wenn zwei Raumzeitgeometrien und damit zwei Gravitationseffekte sich signifikant unterscheiden«. Nach meinem Eindruck ist Penrose damit auf der richtigen Spur, aber seine Theorie muss quantitativ untermauert werden; sie muss Vorhersagen machen. Irgendetwas sorgt dafür, dass die Wellenfunktion zusammenbricht, lange bevor sie die Menschen erreicht. Was das für ein Etwas ist, weiß ich nicht, und ebenso wenig weiß ich, wie viel Zeit es in Anspruch nimmt. Auch Penrose behauptet nicht, eines von beiden sei ihm bekannt; aber er ist auf der richtigen Spur. Große Gedanken sind wertvoll, aber den harten physikalischen Fragen müssen wir uns mit Experimenten annähern. Experimente mit verschränkten Variablen (von denen im nächsten Kapitel die Rede sein wird) legen die Vermutung nahe, dass es sich bei dem magischen Zeitraum zumindest im Labor um mindestens eine Millionstelsekunde handelt.

Ein anderer Versuch, mit dem Dilemma der Messungen zurechtzukommen, wird als Viele-Welten-Interpretation bezeichnet. Auch mit ihr werde ich mich im nächsten Kapitel befassen.

Bisher gab es einen großartigen experimentellen Durchbruch, der viel mehr Licht auf das Thema wirft als alles Geschnatter streitender Theoretiker. Stuart Freedman und John Clauser veröffentlichen ihre Entdeckung 1972. Mit ihren Arbeiten bewiesen sie, dass Einstein unrecht hatte.

KAPITEL 19

Einstein bekommt Angst

Einsteins Überzeugung, dass die Quantenphysik falsch ist, wird durch ein Schlüsselexperiment widerlegt ...

> Alles, was wir real nennen, besteht aus Dingen, die man nicht als real bezeichnen kann.
>
> Niels Bohr, einer der Gründerväter der Quantenphysik
>
> Es gibt mehr Ding' im Himmel und auf Erden, Als Eure Schulweisheit sich träumt.
>
> Hamlet

Einstein fand das richtige Wort: *spukhaft*. Damit meinte er die Quantenphysik, in der es etwas gab, was er für unmöglich hielt. Die gewöhnliche Quantenphysik schien zu erfordern, dass Wellenfunktionen sich mit Überlichtgeschwindigkeit verändern. Das konnte nicht stimmen. Und doch stellte sich heraus, dass es stimmt. Experimente zeigen, dass es tatsächlich geschieht, und wenn es geschieht, muss es auch möglich sein.

Das entscheidende Experiment machten Stuart Freedman und John Clauser an der University of California in Berkeley. Ich weiß noch, wie ich über ihr äußerst schwieriges Projekt staunte. Sie mussten äußerst vorsichtig vorgehen, denn was sie auch finden würden, es konnte eine ganze Klasse von

19 Einstein bekommt Angst

Theorien in den Grundfesten erschüttern, und sie konnten damit einer ganzen Klasse von Theoretikern die Stirn bieten. Stuart wurde für mich zu einem engen Freund, und er sagte häufig im Scherz, er habe eigentlich nie etwas entdeckt, sondern nur bewiesen, dass andere Physiker unrecht haben. Nun, der Physiker, den er in diesem Fall widerlegte, war Einstein, und das hielt ich für eine recht große Leistung.

Einer der Gründe für Einsteins Einwände gegen die Quantenphysik war die peinliche Eigenschaft der Wellenfunktion, instantan zu kollabieren. Diesen Kollaps und andere plötzliche Veränderungen nannte er »spukhafte Fernwirkung«. Eine Messung der Position eines Teilchens kann sich nach der Kopenhagener Interpretation sofort und augenblicklich auf die Amplitude eines Teilchens auswirken, das Lichtjahre entfernt ist. Einstein hatte zuvor in seiner Relativitätstheorie gezeigt, dass schon die Vorstellung von einer Augenblicklichkeit für voneinander getrennte Objekte sinnlos ist. Selbst die Reihenfolge, in der Ereignisse stattfinden, kann vom Bezugssystem abhängen. Wenn also ein Ereignis ein anderes verursacht, kann das verursachende Ereignis in einem anderen Bezugssystem nach dem verursachten Ereignis stattfinden (wie in meinem Tachyonenmord-Paradoxon). Einstein untersuchte dieses Problem in einem bahnbrechenden Fachartikel zusammen mit seinen Coautoren Boris Podolsky und Nathan Rosen; ihre Analyse wurde nach den Initialen der drei Urheber als *EPR-Paradoxon* bekannt.

Es gab dafür allerdings eine einfache Lösung, die auch Einstein selbst bevorzugte. Er postulierte eine andere Interpretation der Wellenfunktion. Sie ist demnach kein physikalisches Objekt, das die gesamte Realität abbildet, sondern nur eine statistische Funktion, in der sich unsere unsicheren Kenntnisse widerspiegeln. Einstein glaubte, das Elektron habe immer eine tatsächliche, aber verborgene Position, und die Quantenphysik wisse einfach nicht, welches diese Position ist. Danach verschwindet in Wirklichkeit keine Welle, und ein Kollaps muss nicht stattfinden. In der Quantenphysik fehlt einfach eine verborgene Variable (beispielsweise die tatsächliche Position). Setzt man sie ein, wird die Physik wieder *vollständig*, und die Vergangenheit bestimmt ausnahmslos über die Zukunft.

Eine Analogie finden wir in unseren Kenntnissen über Gase. Wir wissen nicht, wo sich jedes einzelne Molekül befindet, aber wir haben eine Theorie, mit der wir die gemittelten Eigenschaften beschreiben können. Der Druck, den wir messen, und die Temperatur sind nur gemittelte Eigenschaften einer Riesenzahl von Molekülen. Es handelt sich um eine statistische Theorie. Das *Gesetz der idealen Gase*, das einen Zusammenhang zwischen Volumen und Temperatur eines Gases herstellt, ist nichts anderes als ein solcher statistischer Mittelwert. In einem bestimmten Augenblick kann der Druck, der nur durch den Aufprall zahlreicher Moleküle auf eine Wand gemessen wird, anders sein – dies erkennt man an der Brown'schen Bewegung. Etwas Ähnliches, so glaubte Einstein, müsse auch in der Quantenphysik gelten: Nach seiner Überzeugung waren die verborgenen Variablen die eigentliche Theorie, und die Quantenphysik war nur eine statistische Zusammenfassung.

Dann verbiss sich John Bell im Einstein-Podolsky-Rosen-Paradoxon. Er bewies, dass Theorien, die sich auf verborgene Variablen stützen, nicht alle Vorhersagen der Quantenphysik nachvollziehen können. Demnach waren sowohl die Quantentheorie als auch die Theorie der verborgenen Variablen falsifizierbar. Welche davon stimmt, konnte man mit einem geeigneten Experiment herausfinden. Er analysierte eine Situation, in der zwei Teilchen in entgegengesetzten Richtungen ausgesandt wurden (eine Anordnung, die David Bohm vorgeschlagen hatte) und vertrat die Ansicht, ein guter experimenteller Wissenschaftler könne herausfinden, welcher Ansatz – die Kopenhagener Interpretation oder die Theorie der verborgenen Variablen – richtig sei, indem er eine Grenze überprüfte, die heute als *Bell'sche Ungleichung* bezeichnet wird. John Clauser ließ sich durch Bells Arbeit zur Planung eines Experiments anregen, mit dem man den Kollegen in Kopenhagen zeigen konnte, dass die Theorie der verborgenen Variablen, Einsteins Erklärung für das quantenphysikalische Verhalten, die richtige war.

Der Verborgene-Variablen-Killer

John Clauser war ein junger theoretischer Physiker, der gerade in Berkeley bei Charles Townes, dem Erfinder des Lasers, eine neue Stelle angetreten hatte. Clauser sagte zu Townes, er wolle experimentell nachweisen, dass die Theorie der verborgenen Variablen die physikalischen Befunde am besten erklärte und dass die Kopenhagener Interpretation falsch sei. Townes beriet sich mit Professor Eugene Commins, der experimentelle Methoden zur Beobachtung der *Verschränkung* entwickelt hatte, wie wir sie heute nennen. Commins und Townes kamen überein, gemeinsam das Experiment zu unterstützen. Den größten Teil der experimentellen Arbeiten sollte Commins' Doktorand Stuart Freedman übernehmen.

Freedman und Clauser hatten vor, nach dem Effekt der verborgenen Variablen in den Photonenemissionen aus einem Strom von Calciumatomen zu suchen; die Auswahl ihres Untersuchungsobjekts ging auf einen Vorschlag ihres Kollegen Eyvind Wichmann zurück, eines großartigen Theoretikers, der sich (in meinen Augen) stets von Kontroversen reizen ließ. Sie wollten die Polarisierung messen, das heißt, die Orientierung der beiden Photonen, die von einem Calciumatom ausgesandt wurden. Diese Photonen sollten ähnlich sein, aber die Quantentheorie sagt eine andere Ähnlichkeit vorher als die Theorie der verborgenen Variablen. Das alles werde ich in Kürze genauer darlegen.

Ich kannte sowohl Freedman als auch Clauser (zu jener Zeit war ich zuerst Doktorand in Berkeley und dann Postdoc), und das Projekt kam mir ungeheuer schwierig vor. Ich möchte diese Schwierigkeit hier außen vor lassen und davon ausgehen, dass die beiden vom Calcium ausgesandten Photonen nicht nur eine ähnliche, sondern eine genau gleiche Polarisierung aufweisen. Ich werde davon ausgehen, dass die Photonen von dem gleichen Ort ausgehen und dass die Atome sich (anders als im tatsächlichen Experiment) nicht bewegen. Ich werde davon ausgehen, dass beide Photonen in genau entgegengesetzte Richtungen ausgesandt werden. Ich werde davon ausgehen, dass die optische Konstruktion einfach ist und nicht durch Abweichungen erschwert wird. Ich werde davon ausgehen, dass durch die Anregung der Atome, die Photonen abgeben sollen, kein weiteres Licht hinzukommt, das die Detektoren durcheinanderbringen könnte, und dass es keine störenden Reflexe gibt. Ich werde davon ausgehen, dass die Detektoren ihre Photonen mit einer Effizienz von 100 Prozent registrieren und nicht nur mit den tatsächlichen 20 Prozent. Mit Hilfe dieser Vereinfachungen werde ich das Wesentliche an dem Experiment zutreffend darstellen können, aber gleichzeitig lasse ich damit das Experiment zu Unrecht einfacher aussehen, als es in Wirklichkeit war.

Nach der Theorie der verborgenen Variablen (und mit meinen Vereinfachungen) werden die beiden Photonen vom Calcium in entgegengesetzten Richtungen ausgesandt, sie weisen aber die gleiche, unbekannte Polarisierung auf. Mit *Polarisie-*

19 Einstein bekommt Angst

Abb. 19.1 Stuart Freedman mit dem Experiment, wodurch Einstein widerlegt wurde.

rung meint man dabei die Orientierung im elektrischen Feld des Photons; sie steht im rechten Winkel zur Bewegungsrichtung des Photons, kann aber senkrecht, waagerecht oder irgendwo dazwischen liegen. Die Gläser vieler Sonnenbrillen filtern horizontal polarisiertes Licht aus, das unter anderem von Oberflächen reflektiert wird und uns blendet. Dreht man die Sonnenbrille um 90 Grad, wird (wenn es eine gute Brille ist) das gesamte horizontal polarisierte Licht durchgelassen und wir werden geblendet. Hält man sie um 45 Grad schräg, kommt die Hälfte des Lichtes durch. Polarisationsbrillen wurden auch für 3-D-Filme benutzt: Mit ihnen sieht das eine Auge nur horizontal, das andere nur vertikal polarisiertes Licht. Werden die Bilder mit entsprechend polarisiertem Licht projiziert, sieht jedes Auge ein anderes Bild, so dass sich der räumliche Effekt ergibt.* Eine solche Brille funktioniert außerhalb des Kinos nicht sonderlich gut; die Blendung wird nur auf einem Auge reduziert.

Aber zurück zu dem Experiment von Freedman und Clauser. Stellen wir uns jetzt einmal vor, dass die beiden Photonen in unterschiedlichen Richtungen vom Calciumatom kommen. Auf beiden Seiten stellen wir Detektoren und davor Polarisatoren auf. Die Polarisatoren ordnen wir rechtwinklig zueinander an wie in Abbildung 19.2. Sind beide Photonen vertikal polarisiert, lässt nur der vordere Polarisator das Licht durch, und nur der entsprechende Detektor registriert es. Sind beide Photonen horizontal, spricht nur der hintere Detektor an. Kommen die Photonen in einem Winkel von 45 Grad heraus, besteht für jeden Detektor eine Chance von 50 Prozent. Bei solchen schräg polarisierten Photonen besteht also eine Chance von 25 Prozent, dass beide Detektoren gleichzeitig ein Photon registrieren.

Erstaunlicherweise sagt dies zwar die Theorie der verborgenen Variablen vorher, nicht aber die Quantenphysik. In der Quantenphysik enthält jedes schräg polarisierte Photon zwei Amplituden, nämlich eine für die vertikale und eine für die horizontale Richtung. Diese beiden Amplituden entsprechen denen für eine tote und eine lebendige Katze; die Situation entspricht nicht einer Mischung in der Mitte, sondern einer Überlagerung von zwei Möglichkeiten. Wenn ein Photon einen Polarisator – beispielsweise den vertikalen – trifft, hindurchgeht und aufgefangen wird, verändert sich sofort die Amplitude des anderen Photons. Der horizontale Bestandteil

---

* Echte 3-D-Brillen funktionieren in der Regel mit Licht, das bei +45 und −45 Grad polarisiert ist, oder sie bedienen sich der »zirkularen« Polarisation, so dass der Effekt nicht mehr davon abhängt, in welchem Winkel der Betrachter den Kopf hält.

19 Einstein bekommt Angst

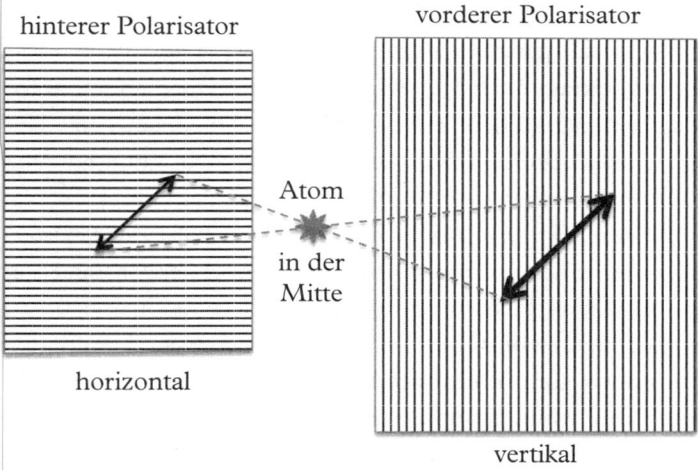

Abb. 19.2 Das Experiment, mit dem Einstein widerlegt wurde, in vereinfachter Darstellung. Licht mit einem Polarisationswinkel von 45 Grad kann jeder Polarisator mit einer Wahrscheinlichkeit von 50 Prozent passieren, aber nach der Theorie der verborgenen Variablen besteht keine Korrelation zwischen der Wahrscheinlichkeit für den vorderen und hinteren Polarisator. In der Quantenphysik macht der Durchgang durch den einen Polarisator den Durchgang durch den anderen unmöglich, weil die beiden Photonen »verschränkt« sind.

seiner Wellenfunktion verschwindet – er kollabiert –, und nur die vertikale Komponente bleibt übrig. Da der andere Polarisator horizontal ausgerichtet ist, wird dieses Photon *nicht* durchkommen.

Ist eins der Photonen einmal nachgewiesen, bricht die Wellenfunktion unabhängig vom Winkel sofort zusammen, und die Polarisierung des anderen Photons passt nie zur Ausrichtung des Polarisators, durch den es hindurchgehen muss, um zum Detektor zu gelangen. Dieses Ergebnis ist unabhängig vom Polarisationswinkel immer das gleiche. Daraus folgt, dass beide Detektoren *niemals* gleichzeitig ein Photon registrieren! Das ist die quantentheoretische Vorhersage für dieses idealisierte Experiment. Die Theorie der verborgenen Variablen dagegen sagt vorher, dass man 12,5 Prozent gleichzeitige Detektorklicks finden sollte, wenn man den Durchschnitt über alle Winkel bildet.

Nehmen wir nun einmal an, die beiden Polarisatoren würden weit voneinander entfernt stehen – in einem Abstand von einer Million Kilometern. Nach der Quantentheorie bricht mit dem Nachweis eines Photons sofort eine der Amplituden zusammen – sie verschwindet überall im gleichen Augenblick, auch eine Million Kilometer entfernt. Das bezeichnete Einstein als »spukhafte Fernwirkung«.

Außerdem sagt die Quantentheorie vorher, dass alle Ereignisse zusammenfallen, wenn beide Polarisatoren vertikal angeordnet sind. Die Hälfte der Photonen kommt durch, aber wenn dies einem der Photonen gelingt, lässt auch der andere Polarisator ein Photon durch. Nach der klassischen Theorie werden viele Photonen nicht in Form von Koinzidenzen aufgezeichnet; beträgt der Polarisationswinkel beispielsweise 45 Grad, überwindet nur ein Viertel solcher Ereignisse beide Polarisatoren und wird in beiden Detektoren aufgezeichnet.

Im Jahr 1972 berichteten Freedman und Clauser über ihre Ergebnisse. Die Quantentheorie, in der Kopenhagener Interpretation, sagte die experimentellen Befunde richtig vorher. Die Theorie der verborgenen Variablen war widerlegt. Das reichte fast, damit man an Geister glauben konnte. Leider war Einstein schon 1955 gestorben. Man hatte die spukhafte Fernwirkung im Labor beobachtet, eindeutig.

Wie Bruce Rosenblum und Fred Kuttner in ihrem Buch *Quantum Enigma* berichten, sagte Clauser betrübt: »Meine ... eitlen Hoffnungen, die Quantenmechanik über den Haufen zu werfen, wurden durch die Daten zunichte gemacht.«

Freedman und Clauser hatten gezeigt, dass Einstein unrecht hatte. Dies ist auf der ganzen Welt nur wenigen Menschen gelungen. Fortgesetzt und verbessert wurden ihre Arbeiten durch Alain Aspect: Er nahm sich einige mögliche Schlupflöcher vor, die von den skeptischen Quantenhassern entdeckt worden waren. Rosenblum und Kuttner erklären eindeutig, nach ihrem Eindruck hätten die Arbeiten einen Nobelpreis verdient. Der gleichen Ansicht bin auch ich. Freedman und Clauser haben die Kopenhagener Interpretation, eine Grundannahme der Quantenphysik, experimentell überprüft und festgestellt, dass sie der Theorie der verborgenen Variablen überlegen ist; damit lösten sie gemeinsam mit Commins das heutige Interesse an der Verschränkung aus. Dass ihr Experiment nicht mehr Aufmerksamkeit auf sich zog, lag meines Erachtens daran, dass die meisten Physiker das Problem einfach ignorierten. Sie gaben sich alle Mühe, nicht daran zu denken, damit sie nicht durch den Abfluss gespült wurden.

Verschränkung

Das Freedman-Clauser-Experiment ist das anschaulichste Beispiel für *Verschränkung*, wie sie heute allgemein genannt wird. Zwei Teilchen, die nachgewiesen werden, sind weit voneinander entfernt, haben aber eine gemeinsame Wellenfunktion. Oder anders formuliert: Ihre individuellen Wellenfunktionen (wenn man sie sich lieber so vorstellt) sind miteinander verschränkt. Wenn die Teilchen nachgewiesen werden, können sie durch einen Meter, 100 Meter oder 100 Kilometer getrennt sein, aber der Nachweis des einen wirkt sich sofort auf den Nachweis des anderen aus. Es ist eine sofortige »Fernwirkung« – ein ortsunabhängiges Verhalten, wie es in früheren Theorien nie vorgekommen war.

Dass elektrische, magnetische und Gravitationsfelder sich in Übereinstimmung mit der Kausalität nicht schneller als mit Lichtgeschwindigkeit verändern können, stimmt nach wie vor. Die Quanten-Fernwirkung dagegen verbirgt sich in der Wellenfunktion oder irgendeinem anderen geisterhaften Quantenmerkmal, das unbeobachtet hinter den Kulissen wirkt. Die Fernwirkung findet sofort statt, obwohl Einstein uns gelehrt hat, dass *sofort* nicht in allen Bezugssystemen das Gleiche bedeuten kann.

Damit die Quantenphysik die Relativitätstheorie verletzt, brauchen wir nicht einmal zwei Teilchen. Es geschieht auch mit der Wellenfunktion eines einzelnen Elektrons, die unendlich schnell kollabiert, wenn das Teilchen nachgewiesen wird. Als *Verschränkung* bezeichnet man aber in der Regel nur Fälle, in denen die Wellenfunktionen mindestens zwei Teilchen beschreiben. Nach meiner Vermutung liegt das daran, dass das Bild der zwei Teilchen irgendwie noch beunruhigender wirkt.

Hätte Einstein noch gelebt, als Freedman und Clauser ihre Befunde veröffentlichten, ich denke, ihr Experiment hätte selbst ihn überzeugt, dass seine Liebe zu verborgenen Variablen fehl am Platz war und dass die Kopenhagener Interpretation stimmt. Gern hätte er sich aber nicht überzeugen lassen. Er klagte, die Kopenhagener Interpretation habe zur Folge, dass die Quantenphysik unvollständig sei. Vollständige Kenntnisse über die Vergangenheit ermöglichen keine vollständige Vorhersage der Zukunft. Nach seiner Ansicht musste es eine bessere Theorie geben.

Wie ich später noch genauer darlegen werde, ist nicht nur die Quantentheorie unvollständig; vielleicht mangelt es der Physik und aller Naturwissenschaft grundsätzlich an Vollständigkeit.

19 Einstein bekommt Angst

Botschaften, schneller als das Licht

Könnten wir den Kollaps der Wellenfunktion nutzen, um Signale augenblicklich über beliebig große Entfernungen zu übertragen? Könnten wir mit Hilfe der 2-Photonen-Methode von Freedman und Clauser Informationen schneller als das Licht von einem Polarisator zum anderen schicken? Viele Menschen denken über diese Frage nach und glauben, es müsse einen Weg geben. Vielleicht könnte ich ein Signal senden, indem ich mich entschließe, ein Photon nachzuweisen oder es nicht nachzuweisen. Aber wenn man länger darüber nachdenkt, wird klar, dass man Signale auf diese Weise nicht übermitteln kann. Bei dem entfernten Detektor wird immer noch die Hälfte der Photonen beobachtet. Für eine Person, die sich an diesem Ort befindet, wird keine Information nachweisbar sein. Die nachgewiesenen Photonen erscheinen als Zufallsauswahl aus den eintreffenden Photonen. Der entfernte Experimentator hat keine Möglichkeit, zu erkennen, dass seine Messungen in irgendeiner Beziehung zu unserer eigenen stehen.

Vielleicht könnte ich eine Botschaft übermitteln, indem ich die Orientierung meines Polarisators verändere? Nein, auch das funktioniert nicht. Der Nachweis wird an dem weit entfernten Ort immer noch zufällig aussehen. Ganz zufällig ist er nicht: Er steht in Korrelation zu den von mir nachgewiesenen Photonen, und die wiederum hängen von der Orientierung meines Polarisators ab, aber sie scheinen dennoch zufällig zu sein. Der Versuch, Informationen zu übermitteln, schlägt fehl, weil die Experimentatoren keinen Einfluss darauf haben, wann sie das Teilchen nachweisen.

Alle Bemühungen, einen Weg zu finden, um den Kollaps der Wellenfunktion zur überlichtschnellen Übermittlung eines Signals zu nutzen, sind fehlgeschlagen. Jeder kann es selbst versuchen – aber zu viel Zeit sollte man nicht darauf verwenden. Heute wissen wir, dass unsere Anstrengungen nutzlos sein werden. Im Jahr 1989 wurde das No-Communication-Theorem bewiesen:* Es besagt, dass man Informationen nicht mit Hilfe der kollabierenden Wellenfunktion übermitteln kann – nicht mit Überlichtgeschwindigkeit und nicht mit überhaupt einer Geschwindigkeit; das gilt jedenfalls dann, wenn die Regeln der Quantenphysik und die Kopenhagener Interpretation richtig sind.

Ich frage mich, ob dieses Theorem Einstein in seiner Gegnerschaft zur Quantentheorie besänftigt hätte. Es zeigt, dass keine messbare Größe die Relativitätstheorie verletzt; das tut nur die nicht messbare Wellenfunktion. Nach meiner Vermutung hätte er sich auch davon nicht erweichen lassen. Wenn in einer Theorie eine Größe vorkommt, die die Relativitätstheorie verletzt, ist das auch dann besorgniserregend, wenn die Größe sich nicht nachweisen lässt. Und dass die Quantentheorie unvollständig ist, stimmt nach wie vor; sie enthält ein Element eines zufälligen, würfelnden Gottes, das nach Einsteins Auffassung die Physik untergräbt.

Es wird weiter an einer Theorie der Messung gearbeitet. In Kapitel 21 wird vom No-Cloning-Theorem die Rede sein, nach welchem man eine unbekannte Wellenfunktion nicht kopieren kann, ohne das Original zu zerstören. Das verhindert, dass ich Tausende von Kopien einer Wellenfunktion herstelle und dann jede davon auf geringfügig andere Weise messe, um ihre Struktur im Einzelnen zu bestimmen. Diese Struktur entzieht sich unseren Fähigkeiten zur Messung. Sie wird immer spukhaft bleiben.

---

* Das No-Communication-Theorem wurde ursprünglich 1989 von Philippe Eberhard und Ron Ross bewiesen, zwei meiner Kollegen in Berkeley; später wurde es von anderen weiterentwickelt, insbesondere 2003 von Asher Peres und Daniel Terno.

19 Einstein bekommt Angst

Krücken

Im Frühstadium meiner Berufslaufbahn hatte ich eine besondere Methode, mit der spukhaften Fernwirkung umzugehen. Ich hielt die Wellenfunktion einfach für eine Krücke, für etwas, das sich beim Nachdenken über Quantenphysik als nützlich erwiesen hat, aber eigentlich nicht notwendig ist. Eines Tages, so glaubte ich, würde man eine Theorie entwickeln, mit der man sie vermeiden kann – eine Theorie, in der keine kollabierende Wellenfunktion vorkommt. Dann aber machte das Experiment von Freedman und Clauser meine Hoffnungen zunichte. Der Nachweis an einem Polarisator hat Auswirkungen auf den Nachweis am anderen, obwohl die beiden Ereignisse nicht mit Lichtgeschwindigkeit »verbunden« sind und obwohl die Entfernung zwischen ihnen so groß ist, dass die Antwort auf die Frage, welcher Nachweis als erster erfolgte, vom Bezugssystem abhängt. Die spukhafte Fernwirkung ist nicht nur ein Aspekt der Theorie; sie ist ein Aspekt der Realität.

In der Physik gibt es eine lange Geschichte der Krücken – Konzepte, die man einführte, um das anfängliche Verständnis und die Akzeptanz einer Theorie zu fördern, und die man später aufgab, weil sie unnötig und möglicherweise irreführend waren. James Clerk Maxwell stellte sich in seiner Theorie des Elektromagnetismus vor, der Raum sei voller kleiner mechanischer Zahnräder, die Radiowellen und Licht übertragen. Das Diagramm in Abbildung 19.3 stammt aus seinem Originalartikel. Es zeigt einen Raum voller kleiner Rollen und Räder, die ihre Tätigkeit mechanisch über die Entfernung weitergeben. Vielleicht malte Maxwell es sich tatsächlich so aus, oder vielleicht war es auch nur sein Weg, um die Vorstellung vom Elektromagnetismus anderen Physikern zu vermitteln, die sich gut in der Mechanik auskannten, aber mit dem abstrakten Konzept von »Feldern«, die sich im ansonsten leeren Raum ausbreiten, nichts anfangen konnten.

Heute werden Maxwells Originalzeichnungen nur noch zu Unterhaltungszwecken wiedergegeben: Man kann damit den Studierenden zeigen, dass selbst ein großer Theoretiker manchmal törichte Bilder produziert. Aber wenn Licht eine Welle ist, was ist dann sein Medium? Schon bald entwickelte man eine neue Krücke: den »Äther«, ein Material, das schwingt und so elektromagnetische Wellen erzeugt. Die Vorstellung vom Äther wurde 1887 in Frage gestellt, als es Michelson und Morley nicht gelang, den Ätherwind nachzuweisen. Einstein

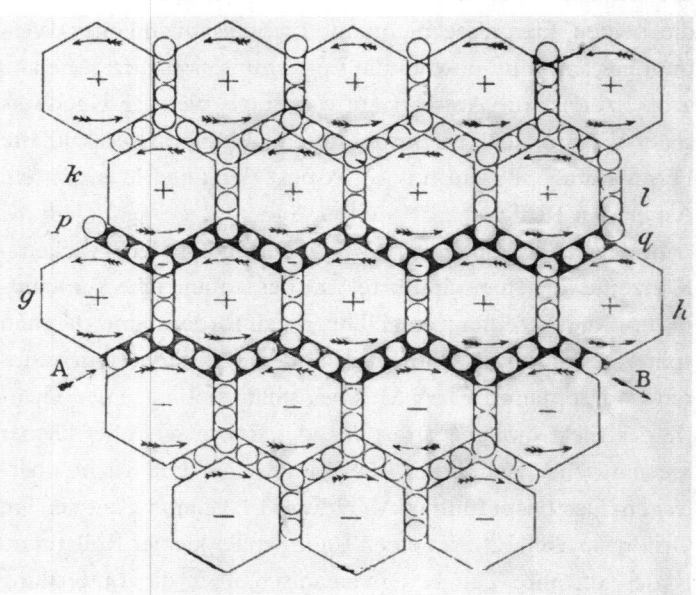

Abb. 19.3 Maxwells Vorstellung vom leeren Raum als Anordnung mechanischer Räder. Das Diagramm war für Wissenschaftler des 19. Jahrhunderts physikalisch plausibler als das abstrakte Konzept des »Feldes«.

19 Einstein bekommt Angst

zeigte in seiner Relativitätstheorie, dass solche Bewegungen grundsätzlich nicht nachweisbar sind, weil die Lichtgeschwindigkeit in allen Richtungen konstant ist. In einem gewissen Sinn war der Äther etwas Ähnliches wie die quantentheoretische Wellenfunktion: Man konnte ihn nicht beobachten.

Auch heute kommen in der Quantentheorie noch instantan kollabierende Wellenfunktionen vor. Sie haben keinen Nutzen; man kann sie nicht nachweisen; wir können mit ihrer Hilfe keine Signale übermitteln. Irgendeine kosmische Zensur scheint sie von der eigentlichen Realität zu trennen. (Erinnern wir uns noch einmal an Kapitel 7: Dort habe ich von der Zensur der schwarzen Löcher geschrieben, die eine Zeit »jenseits der Unendlichkeit« möglich macht.) Wie ich glaube, wird sich eines Tages herausstellen, dass instantan kollabierende Wellenfunktionen für die Berechnungen unnötig sind, und dann werden sie in Vergessenheit geraten. Aber dieser Tag ist noch nicht gekommen, denn bisher wissen wir nicht, wie wir Berechnungen ohne sie anstellen sollen.*

Das Freedman-Clauser-Experiment legt die Vermutung nahe, dass es unabhängig von den Wellenfunktionen ein Problem mit der Kausalität gibt. Die Ergebnisse eines Experiments können sich auf die Ergebnisse eines anderen, weit entfernten Experiments mit einer Geschwindigkeit auswirken, die größer ist als die Lichtgeschwindigkeit.

---

* Eine Anmerkung für die Experten: Das Heisenberg-Bild, eine andere Formulierung der Quantenphysik, enthält nicht ausdrücklich Wellenfunktionen, dafür aber Zustandsvektoren, die sich ebenfalls mit unendlicher Geschwindigkeit verändern können.

Was ist falsch an »spukhaft«?

In der Standard-Quantenphysik – der Kopenhagener Interpretation – kommt die spukhafte Fernwirkung vor. Na und? Keine ihrer Vorhersagen verletzt die Relativitätstheorie, warum kümmern wir uns also darum? Nun, ich jedenfalls tue es. Es tröstet mich nur wenig, dass man einen solchen Zusammenbruch nicht für überlichtschnelle Kommunikation nutzen kann. Der Kollaps der Wellenfunktion mit unendlicher Geschwindigkeit macht mir Sorgen, und ich halte ihn für einen Hinweis, dass die Formulierung falsch ist. Der gleichen Ansicht sind auch viele andere Physiker. Deshalb besuchen sie ständig Tagungen über die »Grundlagen der Physik«. Sie merken, dass etwas faul sein könnte. Für eine potentiell große Entdeckung nehmen sie die Gefahr auf sich, den Abfluss hinuntergespült zu werden.

Auf einer solchen Konferenz wurden die Teilnehmer kürzlich gebeten, über ihre Lieblingsinterpretation der Quantenphysik abzustimmen. Interessanterweise sprach sich eine große Mehrheit von 42 Prozent für die Kopenhagener Interpretation aus.[*] An zweiter Stelle weit abgeschlagen folgte eine »informationsbasierte« Interpretation mit 24 Prozent. Die faszinierende Idee der *Viele-Welten-Interpretation* kam nur auf 18 Prozent. Noch weniger beliebt war mit neun Prozent ein Gedanke, den ich in Kapitel 18 erwähnt habe: Penroses »objektiver Kollaps«, wonach das Universum sich ständig selbst misst (für ihn hätte auch ich meine Stimme abgegeben).

Es ist faszinierend: Selbst auf einer Konferenz, deren Teilnehmer eingehender über solche Themen nachdenken als die

---

[*] Siehe »The Most Embarrassing Graph in Modern Physics«, gepostet auf Sean Carrolls Blog am 17. Januar 2013, http://www.preposterousuniverse.com/blog.

19 Einstein bekommt Angst

meisten anderen, liegt die Kopenhagener Interpretation mit Abstand in Führung. Trotz ihres spukhaften Charakters hat sie experimentellen Prüfungen standgehalten.

Außerdem sind manche Alternativen nicht minder spukhaft. Große Aufmerksamkeit findet die (in der Umfrage weit abgeschlagene) Viele-Welten-Interpretation, was vielleicht daran liegt, dass sie mit Abstand den extravagantesten Namen trägt. Sie postuliert ganz einfach, dass Wellenfunktionen nie kollabieren; in der Darstellung von Schrödingers Katze, in der sich der Filmstreifen aufteilt (Abbildung 17.1, Seite 266) finden beide zukünftigen Ereignisse statt. Die Abbildung zeigt zwei Welten, aber in »Wirklichkeit« gibt es eine unendliche Anzahl von ihnen, und der Film spaltet sich jede Zigbillionstelsekunde (oder in noch kleineren Abständen) auf.

Ich halte dieses Szenario für ebenso spukhaft wie den unendlich schnellen Zusammenbruch der Wellenfunktion. Welche der vielen Welten, welches aus der unendlichen Zahl von Universen erlebe ich? Irgendwie sucht meine Seele sich eines aus. Aber irgendjemand anderes wandelt vielleicht auf einem völlig anderen Weg – und doch bin ich auch Teil dieses Universums. Ich finde mich lieber mit der Fernwirkung ab als mit der Vorstellung, ich würde in einer unendlichen Zahl von Universen gleichzeitig existieren.

Ist das ein Versagen meiner eigenen Phantasie? Vielleicht, aber der einzige potentielle Nutzen des Viele-Welten-Bildes würde darin bestehen, meine Phantasie zu besänftigen; die Theorie selbst lässt sich nicht überprüfen. Sie macht keine Vorhersagen, an denen man sie von der Kopenhagener Interpretation unterscheiden könnte. Dennoch behaupten manche ihrer Vertreter, allen voran Sean Carroll, sie verstehe sich doch von selbst. (Diese Behauptung ist sowohl *ipso facto* als auch *ipse dixit*.) Nach Ansicht ihrer Anhänger spiegelt die Viele-Welten-Interpretation einfach die Gleichungen wider, und gleichzeitig umgeht sie die Notwendigkeit, sich mit der Bedeutung des Begriffs *Messung* auseinanderzusetzen. An seine Stelle setzt sie ein neues Konzept: die Annahme, dass jeder von uns in vielen Welten existiert, aber nur eine davon erlebt. Ich weiß nicht, ob andere es auch spukhaft finden, aber mir kommt es so vor.

Rechnen mit Gespenstern

Zu der Zeit, als Freedman und Clauser ihre Experimente anstellten, wurde die Frage der Quantenmessungen weitgehend ignoriert. In jüngster Zeit ist das Fachgebiet aber sehr aktuell geworden, und es wird heute in den Vereinigten Staaten nicht nur von der National Science Foundation und dem Energieministerium finanziert, sondern auch von Verteidigungsministerium, CIA und NSA. Der Grund liegt in dem phantastischen Potential von Quantencomputern.

Der Clou bei Quantencomputern besteht darin, dass man Informationen in Wellenfunktionen speichern und handhaben kann. Es ist ein großer Vorteil, wenn man nicht mehr die gewöhnlichen Bits mit ihren begrenzten Einsen und Nullen nutzen muss, sondern *Qubits* verwenden kann, die jeweils aus einer Quantenamplitude bestehen. Ein Qubit kann man manipulieren und für Berechnungen benutzen. In einem relevanten Sinne enthält es weitaus mehr Information als ein gewöhnliches Bit. Betrachten wir beispielsweise die Quanten-Wellenfunktion im Experiment von Freedman und Clauser. Das Verhältnis der beiden Polarisationsamplituden ist dem klassischen Polarisationswinkel vergleichbar, der irgendeinen Wert zwischen 0 und 90 Grad haben kann. Das ist weitaus mehr Information, als wenn man eine 1 oder 0 speichert. Das Qubit ist eine Superposition zweier Zustände, und in deren

19 Einstein bekommt Angst

Verhältnis liegt die Information. Der Haken dabei ist allerdings, dass man die Zahl nicht abrufen kann. Man erhält nur eine Wahrscheinlichkeit einer von oben nach unten oder von links nach rechts orientierten Polarisation.

Dass man die Wellenfunktion nicht messen, sondern sie nur stichprobenhaft beobachten kann (und sie damit zusammenbrechen lässt), heißt nicht, dass man mit ihr nicht rechnen könnte. Wellenfunktionen werden von Kräften und Wechselwirkungen beeinflusst, und entsprechend kann man die Wellenfunktion auch manipulieren, ohne etwas zu messen. Selbst wenn man beispielsweise eine Polarisation nur unter Wahrscheinlichkeitsaspekten nachweisen kann, lässt sich ihre Wellenfunktion exakt drehen. Der Kunstgriff bei Quantenberechnungen besteht darin, alle Manipulationen an der unsichtbaren Wellenfunktion vorzunehmen, wo sie in Qubits gespeichert sind, und die Messung erst dann vorzunehmen, wenn die Berechnung abgeschlossen ist. Diese letzte Antwort lässt sich unter Umständen auch dann in wenigen Qubits speichern, wenn dies für die gesamte Berechnung nicht möglich ist.

Angenommen, wir haben eine sehr große Zahl – vielleicht mit 2048 Stellen – und würden sie gern zerlegen oder faktorisieren (die Faktorisierung ist ein wichtiges Element zum Knacken mancher hochentwickelter Verschlüsselungen). Um die fehlgeschlagenen Versuche der Faktorisierung kümmern wir uns nicht; wir brauchen nur zwei Zahlen von ungefähr 1024 Stellen als Faktoren. Das ist die Hoffnung der Quantencomputertechnik und einer der Gründe, warum Geheimdienste ihre Erforschung und Entwicklung finanzieren. Quantencomputer würden die Möglichkeit schaffen, ungeheuer komplexe Berechnungen parallel auszuführen, und das, ohne dabei Wärme zu erzeugen. In einem gewöhnlichen Computer entsteht jedes Mal eine Mindestmenge an Wärme, wenn ein Bit umgeschaltet wird.* Im Quantencomputer erzeugt man (im Prinzip) Wärme nur dann, wenn man am Ende der Berechnung das sich ergebende Qubit misst.

Werden solche Quantenberechnungen gelingen? Ich bin pessimistisch. Einige einfache Berechnungen (die Zerlegung von 6 in 2 × 3 und von 15 in 3 × 5) hat man bereits vorgenommen, aber komplexe Berechnungen sind viel schwieriger. Im Übrigen bin nicht nur ich pessimistisch; auch viele Fachleute, die viel Arbeit in das Fachgebiet stecken, teilen insgeheim ebenfalls meine Zweifel. Warum machen sie es dann überhaupt? Nach meiner Vermutung liegt es daran, dass die Frage der Quantenmessung sie fasziniert. Wegen der Aussicht auf Quantencomputer steht endlich Geld zur Verfügung für die Erforschung der Frage, was geschieht, wenn man Quantensysteme manipuliert und misst. Wir verfügen bereits über wunderbare neue Lehrsätze wie das No-Communication-Theorem, das man (im Prinzip) bereits in den 1940er Jahren hätte beweisen können. Und wenn solche Arbeiten zu einem bahnbrechenden, neuen Verständnis der Quantenmessungen führen, könnten sie in der Physik der Beginn einer weiteren Revolution sein.

---

* Nach der physikalischen Theorie ist die Mindestwärmemenge, die dabei entsteht, $\sqrt{2}kT$; dabei ist k unser alter Freund, die Boltzmann-Konstante aus der statistischen Physik, und T ist die absolute Temperatur.

KAPITEL 20

Die Rückwärts-Zeitreise wird beobachtet

Ein Positron wird entdeckt – und später postuliert Feynman, es sei ein Elektron, das sich rückwärts in der Zeit bewegt.

> Wenn meine Kalkulationen korrekt sind, und dieses Baby fährt 140 Sachen pro Stunde, dann kannst du einen Superknüller erleben.
>
> Dr. Emmett Brown, während er in *Zurück in die Zukunft* die Zeitreise auslöst.

Am 2. August 1932 entdeckte Carl Anderson so etwas wie ein Elektron, das aber die falsche Ladung trug: Es war nicht negativ, sondern positiv geladen. In dem Teilchen, das er in seinem Fachartikel mit »Positron« bezeichnete, erkannte er die Antimaterie, die Paul Dirac erst ein Jahr zuvor vorhergesagt hat. 17 Jahre später äußerte Richard Feynman die Vermutung, das von Anderson beobachtete Teilchen sei ein Elektron, das sich rückwärts in der Zeit bewegt.

Das Foto in Abbildung 20.1 nahm Anderson mit einer Nebelkammer auf, einem Instrument, das schnell bewegliche Elektronen und Protonen anhand von Nebelteilchen nachweist, die auf ihrem Weg kondensieren; diese Flüssigkeitströpfchen sind die schwarzen Flecken auf dem Foto. In dem Bild tritt das Positron von unten ein, durchquert eine dünne

III Gespenstische Physik

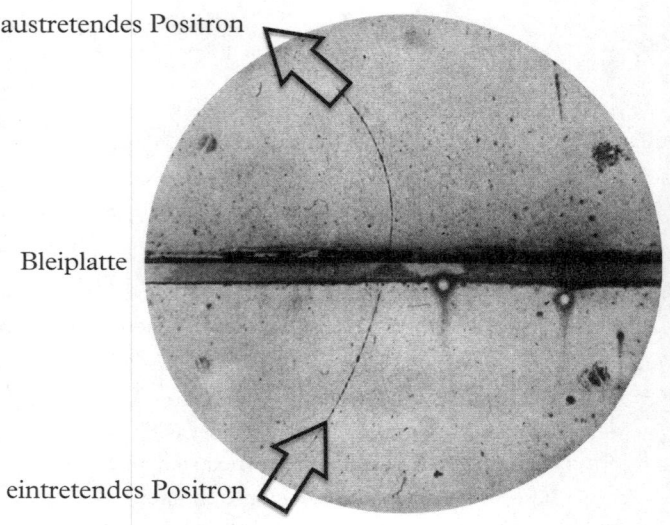

Abb. 20.1 Andersons Foto des ersten nachgewiesenen Positrons (Antielektrons); die Beschriftung wurde hinzugefügt. Nachdem das Positron die Bleiplatte passiert hat, beschreibt es in dem angelegten Magnetfeld eine engere Kurve, weil es abgebremst wurde. Oder handelt es sich um ein Elektron, das sich rückwärts in der Zeit bewegt?

Bleischicht und kommt dann oben wieder heraus. Sein Weg ist gebogen, weil Anderson die Nebelkammer in einem starken Magnetfeld montiert hatte. Aus der nach links gerichteten Krümmung konnte er ablesen, dass das Positron wie ein Proton eine positive Ladung hatte, aber die Form der Kurve wies darauf hin, dass es viel, viel leichter war. An der Tatsache, dass die Krümmung im oberen Teil des Bildes stärker war, erkannte er, dass das Teilchen sich verlangsamt hatte; damit war bestätigt, dass es von unten eingetreten war.

Dieses Phänomen als gewöhnliches Elektron zu betrachten, das sich rückwärts in der Zeit bewegt, mag seltsam erscheinen, aber es ist zur üblichen Methode geworden, solche Teilchen in hochentwickelten quantentheoretischen Berechnungen zu behandeln; entwickelt wurde der Ansatz von Richard Feynman. Eine Rückwärtsbewegung in der Zeit ist zu einem Standardhilfsmittel der Physik geworden, das viele Physiker tagtäglich nutzen. Studierende lernen in Fortgeschrittenenkursen zur Quantenphysik, wie man solche Methoden der Zeitumkehr anwendet. Selbst in »einfachen« Berechnungen, beispielsweise wenn es darum geht, wie Elektronen voneinander abprallen, kommen Teilchen (in der Regel Photonen) vor, die sich rückwärts in der Zeit bewegen.

Niemand würde eine Rückwärtsbewegung in der Zeit in Erwägung ziehen, wenn es dafür nicht stichhaltige Gründe gäbe. Ein solcher Grund war in diesem Fall Diracs verspottete Theorie über das Positron, die Feynmans Arbeiten vorausgegangen war.

Die absurdeste Theorie in diesem Buch

Als Anderson sein Positron beobachtete, hielt er es nicht für ein Elektron, das sich in der Zeit rückwärts bewegt. Er erkannte darin vielmehr eine Blase, einen leeren Raum, ein bewegtes Loch in einem unendlichen Meer von Elektronen mit negativer Energie, das den gesamten Raum dicht ausfüllte. Das meine ich ernst. So absurd es klingt, es war die Grundlage der Vorhersage, die Anderson bestätigte. Es handelte sich aber nicht um Andersons eigene Idee, sondern um ein Konzept von Paul Dirac, dem es gelungen war, die neuen Ideen der Quantenphysik (wonach das Elektron eine Welle ist) mit Einsteins Relativitätstheorie zu vereinbaren (mit der Frage des instantanen Zusammenbruchs der Wellenfunktion beschäftigte er sich allerdings nicht).

Schrödingers Gleichung war nicht relativistisch; sie bezog keinen der Effekte ein, die Einstein in seiner Relativitätstheorie behandelt hatte. Dirac hatte sich der Herausforderung gestellt, eine relativistische Quantentheorie des Elektrons zu schaffen. Dazu bediente er sich eines Ansatzes, den er selbst für logisch und einfach hielt. Er fällte ein Urteil darüber, wie die Gleichung aussehen sollte (insbesondere entschied er, dass sie eine einfache Zeitabhängigkeit enthalten sollte) und arbeitete dann die mathematischen Grundlagen aus. Diese erwiesen sich als bemerkenswert kompliziert – sie vollständig zu verstehen, ist noch heute selbst für einen fortgeschrittenen Physikstudenten eine Herausforderung. Aber mit ihnen erreichte Dirac sein Ziel, die Zeitabhängigkeit einfach zu halten.

Die Gleichung, die Dirac gefunden hatte, funktionierte erstaunlich gut. Ohne dass es notwendig gewesen wäre, mit weiteren Parametern nachzujustieren, beinhaltete sie automatisch

Abb. 20.2   Paul Dirac, der Vater der Antimaterie.

20 Die Rückwärts-Zeitreise wird beobachtet

die bereits bekannte Tatsache, dass das Elektron einen Spin hat; sie gab die erlaubten Werte dieses Spins richtig an und erklärte sogar die Tatsache, dass jedes Elektron nicht nur eine kleine elektrische Ladung trägt, sondern auch ein kleiner Magnet ist. Mit einer einfachen Annahme lieferte Diracs Gleichung einen genau zutreffenden Wert für die Stärke dieses Magnetismus.* Im Januar 1928 veröffentlichte er seine Theorie. Die Gleichung wurde zu einem bemerkenswerten Erfolg. Es war vielleicht die herausragendste Arbeit der theoretischen Physik, seit es Einstein gelungen war, die elliptische Umlaufbahn des Merkur mit Hilfe der allgemeinen Relativitätstheorie richtig zu erklären.

Es gab nur ein kleines (eigentlich großes) Problem. Diracs Theorie sagte vorher, dass das Elektron entweder eine positive oder eine negative Ruheenergie haben konnte: $+mc^2$ oder $-mc^2$. Das war nicht gut, denn eine negative Masse hatte noch nie jemand beobachtet. Und was vielleicht noch schlimmer war: Wenn es Zustände negativer Energie gab, war damit auch gesagt, dass Elektronen instabil sind. Ein Elektron mit positiver Energie konnte dann spontan in den Zustand negativer Energie springen, wobei $2mc^2$ verlorengingen (vermutlich in Form abgestrahlter Photonen). Kein Elektron mit positiver Masse würde auch nur eine Millionstelsekunde lang erhalten bleiben, bevor es sich in ein Elektron mit negativer Masse verwandelte. Und doch sind Elektronen mit positiver

---

* Anmerkung für die Experten: Dirac musste die zusätzliche Annahme der »minimalen elektromagnetischen Kopplung« machen, um den magnetischen Aspekt zu erhalten. Es war die einzige zusätzliche Annahme, zu der er gezwungen war. Für andere Teilchen, die man damals für Elementarteilchen hielt – beispielsweise das Proton – erwies sie sich als falsch. Heute wissen wir, dass ein Proton sich aus drei Quarks und einigen anderen Dingen zusammensetzt.

Masse diejenigen, die man kennt; sie zerfallen nicht. Teilchen mit negativer Masse hatte man nie beobachtet. In seinem ersten Artikel erklärte Dirac ausdrücklich, er werde dieses Problem vorerst außer Acht lassen, aber es sei der Grund, warum er seine Theorie noch nicht für vollständig hielt. Er schrieb:

> Die so entstandene Theorie ist also nur eine Näherung, aber sie scheint so gut zu sein, dass sie [den bekannten Spin und Magnetismus des Elektrons] ohne willkürliche Annahmen erklären kann.

Zwei Jahre später »löste« Dirac das Problem der negativen Energie mit einem der ungewöhnlichsten (ich würde sagen, lächerlichsten) Vorschläge, die jemals in der Physik gemacht wurden. Man wusste, dass Atome nur eine begrenzte Zahl von Elektronen enthalten können. Der Grund: Ihre *Orbitale*, die möglichen Positionen der Elektronen, können jeweils nur von zwei Elektronen besetzt sein. (Diese vorläufige Regel war von Wolfgang Pauli formuliert worden und wird heute als Pauli-Ausschlussprinzip bezeichnet. Später, als man die Theorie der Quantenphysik entwickelte, wurde sie auf eine festere Grundlage gestellt.) Eine ähnliche Lösung schlug Dirac auch für den leeren Raum vor. Er äußerte die Vermutung, alle Zustände negativer Energie – eine unendliche Anzahl – seien bereits mit Elektronen negativer Energie ausgefüllt. Das Vakuum wäre demnach mit Elektronen mit negativer Energie so vollgestopft, dass für nichts anderes mehr Platz bliebe. Elektronen mit positiver Energie könnten demnach ihre Energie nicht verlieren und in eines der Orbitale mit negativer Energie übergehen, weil diese Orbitale alle bereits gefüllt sind. Er bezeichnete den leeren Raum als *Meer* von Elektronen mit negativer Energie, das bis zum Rand gefüllt sei.

Wäre damit nicht auch gesagt, dass der leere Raum überhaupt nicht leer ist, sondern eine unendliche Ladung und

20 Die Rückwärts-Zeitreise wird beobachtet

auch eine unendliche (aber negative) Energiedichte besitzt? Ja. Wie kann das sein? Hätte es nicht auffallen müssen? Das verneinte Dirac. Dies sei eben das Vakuum. Da die Ladung gleichmäßig verteilt sei, lebten wir in ihr, ohne uns ihrer bewusst zu sein. Bemerken Fische das Wasser? Unsere gesamte Physik fußt auf den Dingen, die inmitten dieses konstanten Hintergrundes geschehen. Wir sind uns des unendlichen Meeres aus geladenen Teilchen nicht bewusst, weil es sich nie verändert. Im Vergleich zu Diracs Vorstellung erscheint Maxwells Bild von winzigen, rotierenden Rädern geradezu simpel.

Man würde erwarten, dass Diracs große Dichte an negativer Masse einen gewaltigen Gravitationseffekt hat, aber mit diesem Thema beschäftigte er sich nie; vermutlich lag es daran, dass die Expansion des Universums von Hubble erst neun Monate zuvor entdeckt und veröffentlicht worden war, und die Kenntnisse über die Dynamik dieser Expansion, die Lemaître in einer wenig bekannten Fachzeitschrift publiziert hatte, sich noch nicht allgemein herumgesprochen hatten. Die Gravitationseffekte von Diracs Meer aus negativer Energie stehen im Zusammenhang mit einem Problem unserer Zeit: Wie ich in Kapitel 14 erwähnt habe, ist eine theoretische Berechnung der dunklen Energie um den Faktor 10^{120} falsch.

Ein Physiker von geringeren Graden hätte ein neues »Ausschlussprinzip« formuliert und behauptet, Zustände negativer Energie seien ausgeschlossen und könnten von Elektronen nicht besetzt werden. Nicht so Dirac. Er sagte, wenn in der Gleichung solche Zustände vorkämen, müssten sie auch existieren, und mit den Problemen, die ihre Existenz aufwerfe, müsse man sich auseinandersetzen. Die beste Lösung, die er finden konnte, war das unendliche Meer aus negativer Energie. Er versuchte nie zu erklären, wie dieses unendliche Meer entstanden war, warum es nur von der negativen Unendlichkeit bis 0 gefüllt sein sollte, oder warum es kein Meer aus ausgefüllten Zuständen mit positiver Energie gibt.

Eine derart lächerliche Vermutung konnte nur in einer Welt der Physik ernst genommen werden, die kurz zuvor so viele atemberaubende Überraschungen erlebt hatte – Zeitdilatation, Längenkontraktion, gekrümmte Raumzeit, Licht in Quantenpaketen. Und sie wurde ernst genommen. Vielleicht war sie nicht absurd, sondern brillant. Tatsächlich liefert sie noch heute jenen psychologische Unterstützung, die modernere exotische Behauptungen aufstellen, darunter die, wir würden in einer elfdimensionalen Raumzeit leben.

Dirac trieb seine Überlegungen noch weiter. Von Zeit zu Zeit, so erklärte er, könne eines der Elektronen mit negativer Energie aus dem unendlichen Meer mit einem anderen Teilchen zusammenstoßen, Energie gewinnen und das Meer verlassen. Es könnte in einen Zustand positiver Energie springen (denn diese Zustände waren nicht ausgefüllt). Zurück würde dann eine Blase bleiben – Dirac sprach von einem Loch. Dieses könnte sich durch das unendliche Meer bewegen wie eine Luftblase durch Wasser (vorwiegend bewegt sich dabei das Wasser um die Blase herum, nicht die geringe Gasmenge in ihrem Inneren), und das Fehlen negativer Ladung in einem Meer aus negativen Ladungen würde sich wie eine positive Ladung verhalten.

Hatte er damit die Antimaterie vorhergesagt? Noch nicht. Dirac behauptete, solche Löcher seien Protonen! Seine Vorstellungen erläuterte er im Dezember 1929 in einem Artikel mit dem Titel »Theorie der Elektronen und Protonen«.

Dirac sagt widerwillig
die Antimaterie vorher

Diracs Blasen-Protonen-Theorie warf ein schwerwiegendes Problem auf. Wie Hermann Weyl zeigen konnte, würde die Blase sich so bewegen, als hätte sie die gleiche Masse wie ein Elektron – man wusste aber, dass ein Proton 1836-mal schwerer ist. Ein Fehler mit einem Faktor von 1836 ist nicht völlig ohne Beispiel, aber er stellte eine Schwierigkeit dar. Dirac hatte für die Massendiskrepanz keine gute Erklärung. Die Theorie war noch vorläufig und musste weiter verbessert werden. Er berief sich auf eine neue Berechnung von Eddington, die angeblich ein wenig Hoffnung bot, aber die abweichende Masse des Protons blieb ein ernstes, ungelöstes Problem, um das man sich kümmern musste.

Ein weiteres Problem ergab sich drei Monate nachdem Diracs Artikel über die Protonen erschienen war. Robert Oppenheimer, der später als Leiter des Manhattan-Atombombenprojekts berühmt werden sollte, wies in einem Fachartikel darauf hin, dass Diracs Protonen, seine Löcher, von Elektronen angezogen würden, und wenn sie zusammentrafen, würden beide Teilchen *annihiliert* – sie würden sich gegenseitig zerstören und ihre gesamte Energie in Form von Gammastrahlen aussenden. In gewöhnlicher Materie könnten dann weder Protonen noch Elektronen länger als eine Millionstelsekunde überleben. Aber das geschieht nicht; Elektronen und Protonen leben in den Atomen fröhlich nebeneinander und annihilieren sich nicht. Diracs Theorie widersprach grundlegenden experimentellen Beobachtungen.

Weyl und Oppenheimer hatten recht. Diracs Theorie steckte in großen Schwierigkeiten. Aber wie konnte seine Theorie falsch sein, wenn sie doch den Spin und den Magnetismus der Elektronen richtig erklärte?

Im Mai 1931 schrieb Dirac schließlich einen Artikel, in dem er eine verzweifelte Lösung vorschlug. Interessanterweise handelte der Artikel zum größten Teil von einem ganz anderen Thema, nämlich dem Zusammenhang zwischen elektrischen und magnetischen Feldern. Sein Titel »Quantisierte Singularitäten im elektromagnetischen Feld« gibt keinen Hinweis, dass darin auch ein kurzer Kommentar zu dem Problem der negativen Energie enthalten war; von den 36 Absätzen des Artikels nahmen nur zwei darauf Bezug. Offensichtlich misstraute Dirac selbst der Lösung, die zu erfinden er gezwungen gewesen war: der Vorhersage von Antimaterie. In seinem Artikel schrieb er:

> Wenn es ein Loch gäbe, wäre es ein Teilchen eines neuen Typs, das der experimentellen Physik bisher nicht bekannt ist und die gleiche Masse wie ein Elektron sowie eine entgegengesetzte Ladung besitzt. Ein solches Teilchen könnte man als Anti-Elektron bezeichnen.

Im weiteren Verlauf erklärte er, Anti-Elektronen seien in der Natur nicht vorhanden, weil sie sich sehr schnell mit den Elektronen annihilieren würden, genau wie Oppenheimer es gesagt hatte. Deshalb sehen wir sie nicht. Im Prinzip könne man Anti-Elektronen im Labor mit energiereichen Gammastrahlen erzeugen, aber nach Diracs Ansicht überstieg dies die zu seiner Zeit verfügbaren technischen Möglichkeiten. Er schrieb:

> Diese Wahrscheinlichkeit ist aber angesichts der derzeit verfügbaren Intensität von Gammastrahlen verschwindend gering.

Die Erkenntnis, dass man ein zuvor bereits bekanntes Rätsel wie den Magnetismus des Elektrons erklären kann, ist viel tröstlicher, als wenn man gezwungen ist, eine Vorhersage zu machen. Angenommen, Antimaterie existiert tatsächlich: War-

20 Die Rückwärts-Zeitreise wird beobachtet

um hatte man dann noch keine Anti-Elektronen beobachtet? Dirac war kein Experimentalphysiker und besaß nur begrenzte Kenntnisse über die tatsächlichen Grenzen und Möglichkeiten der experimentellen Wissenschaft seiner Zeit. Hätte er mehr gewusst, so hätte er sich vielleicht im Zusammenhang mit seiner Vorhersage noch größere Sorgen gemacht, denn die experimentellen Wissenschaftler waren schon seit mehreren Jahren in der Lage, sein vorhergesagtes Anti-Elektron zu beobachten. Seine abwehrende Entschuldigung, die Wahrscheinlichkeit sei »verschwindend gering«, war völlig falsch.

Wie wir heute wissen, hatte man Diracs Anti-Elektronen tatsächlich bereits beobachtet – sie waren allerdings nicht im Labor durch Gammastrahlen erzeugt worden (in diesem Punkt hatte Dirac recht), sondern durch die energiereiche kosmische Strahlung. Diese natürliche Strahlung, die sich auf der Erdoberfläche beobachten lässt, stammt aus dem Weltraum – dies zeigte der Physiker Victor Hess schon in den 1910er Jahren. Urtümliche kosmische Strahlen, die auf Teilchen der Atmosphäre treffen, erzeugen Anti-Elektronen und andere Antimaterie. Schon 1927, ein Jahr bevor Dirac seine ursprüngliche Theorie über die Elektronen veröffentlichte und mehr als drei Jahre bevor er das Positron vorhersagte, hatte der russische Wissenschaftler Dmitrij Skobelzin wahrscheinlich in seinen Untersuchungen an der kosmischen Strahlung erstmals Positronen beobachtet. Er konnte aber weder ihre elektrische Ladung (positiv oder negativ) messen noch die Annnihilation beobachten; deshalb war er nicht in der Lage, Materie und Antimaterie zu unterscheiden.

Im Jahr 1929 und damit ebenfalls bevor Dirac die Anti-Elektronen vorhersagte, hatte der Physiker Chung-Yao Chao, der am California Institute of Technology in einem Raum ganz in der Nähe von Carl Anderson arbeitete, einen seltsamen Effekt bei der Absorption von Elektronen aus der kosmischen Strahlung (oder zumindest solche, die er dafür hielt) durch Materie. Ihr Verhalten entsprach nicht den Erwartungen. Nachdem Diracs Theorie veröffentlicht war, vermutete Anderson zu Recht, man könne den Unterschied erklären, wenn Anti-Elektronen eine Rolle spielten. Diese Interpretation wurde für ihn zur Anregung, um eine raffinierte Nebelkammer mit einem starken Magnetfeld und einer Bleibarriere zu bauen, mit der er erkennen konnte, wie sich das Teilchen bewegte (weil es beim Durchgang durch die Kammer Energie verlor).

Nachdem Anderson seine Entdeckung gemacht und das in Abbildung 20.1 (Seite 316) wiedergegebene Foto veröffentlicht hatte, waren alle überzeugt, dass Antimaterie tatsächlich existiert. Dirac hatte recht gehabt. Die Redaktion der Fachzeitschrift schlug Anderson vor, die neu entdeckten Teilchen als *Positronen* zu bezeichnen, und der Name setzte sich durch.

Mein Mentor Luis Alvarez kannte Anderson und bewunderte dessen Arbeiten sehr. Er berichtete mir von einer Sorge, die Anderson hatte und über die nach meiner Kenntnis bisher nicht berichtet wurde. Die 1930er Jahre waren eine Zeit, in der Dummejungenstreiche bei Collegestudenten ganz groß in Mode waren. Alvarez selbst war stolz darauf, dass er anderen Physikern – insbesondere arroganten Professoren – den einen oder anderen klugen Streich gespielt hatte. Deshalb machte sich auch Anderson beim Anblick seines ersten Fotos eines Anti-Elektrons Sorgen, jemand könne ihn hinters Licht geführt haben. Ein Scherzbold hätte nur vor Andersons automatischer Kamera einen zusätzlichen Spiegel aufstellen müssen, dann hätte es so ausgesehen, als sei die Bahn des Elektrons in der entgegengesetzten Richtung gekrümmt. Also untersuchte er das Foto noch einmal sehr sorgfältig und verglich es mit der Apparatur, aber dabei gelangte er zu dem Schluss, dass die Aufnahme tatsächlich authentisch war. Er veröffentlichte sie und schrieb damit Geschichte.

Im darauffolgenden Jahr 1933 nahm Dirac in Stockholm den Nobelpreis für seine »Theorie der Elektronen und Positronen« entgegen, wie sie damals genannt wurde. In seinem Nobelvortrag erklärte er, was er erreicht hatte, aber er erwähnte weder Weyl noch Oppenheimer oder Anderson.

Die Wiedergeburt des Äthers

Seit Einstein und bis zu Dirac hatte man sich das Vakuum als leeren Raum vorgestellt. Einstein hatte gezeigt, dass Bewegung im Verhältnis zum absoluten Raum nicht nachweisbar ist, und deshalb war es nicht sinnvoll, über die Zusammensetzung des Nichts zu reden. Der Äther schien tot zu sein, gestrichen aus dem Lexikon der Physik. Das Vakuum war das Fehlen von allem; wie die Zahl Null existierte es nicht. Dann behauptete Dirac, es sei voller Elektronen mit negativer Energie. Demnach bestand das Vakuum nicht nur aus etwas, sondern es hatte eine unendliche negative Ladung und eine unendliche negative Energie.

Aber obwohl das Vakuum demnach eine Struktur hatte, konnte man Bewegung darin nach wie vor nicht messen. Dirac hatte seine Theorie auf der mathematischen Grundlage von Einsteins Relativitätstheorie konstruiert, und Bewegung im Verhältnis zu dem wogenden Meer aus Elektronen mit negativer Energie war nicht nachweisbar. In einem gewissen Sinn war damit der alte Äther wiedergeboren. Vielleicht bildete das unendliche Meer sogar das Medium, das Wellen schlug, wenn Licht sich fortpflanzte. Elektromagnetische Wellen waren demnach mit Ozeanwellen vergleichbar, nur bewegten sie sich nicht durch Wasser, sondern durch ein anderes Meer – durch den unendlichen Ozean der Elektronen mit negativer Energie.

III Gespenstische Physik

In den Anfängervorlesungen über Elektromagnetismus an der Columbia University lernte ich, dass der Äther nicht existiert, dass sich die Vorstellung von einem Äther als unnötig und bedeutungslos erwiesen habe und dass sie deshalb aufgegeben worden sei. Als ich aber dann als Doktorand an der University of California in Berkeley arbeitete, machte mich mein Professor Eyvind Wichmann (der auch vorgeschlagen hatte, im Freedman-Clauser-Experiment Calcium zu verwenden) mit einem Lächeln darauf aufmerksam, dass der Äther eigentlich nie aus der Physik verschwunden sei; vielmehr habe man ihm nur einen anderen Namen gegeben. Heutzutage heißt er *Vakuum*.

Schlägt man den Begriff *Vakuum* in einem Physiklehrbuch für Fortgeschrittene nach, so stellt man fest, dass das Vakuum weitaus komplizierter ist als Maxwells Äther. Es ist *Lorentz-invariant*, das heißt, man kann es nicht dadurch nachweisen, dass man sich hindurch bewegt; einen Vakuum-»Wind« gibt es nicht. Das Vakuum enthält Energie. Es kann polarisiert werden, das heißt es reagiert auf ein elektrisches Feld durch Trennung seiner »virtuellen« Ladungen. Diese Polarisierung kann man nachweisen und messen, indem man die Energieniveaus im Wasserstoffatom (durch die sogenannte Lamb-Verschiebung) betrachtet, und unmittelbar nachweisen lässt sie sich durch die Kraft, die das Vakuum auf Metallplatten ausüben kann (den Casimir-Effekt). Nach unserer heutigen Vorstellung produziert das Vakuum ständig Materie und Antimaterie, die sich fast ebenso schnell wieder annihilieren – außer wenn sie sich in der Nähe eines schwarzen Loches befinden. Dieser Aspekt gewann durch Stephen Hawkings Theorie über die Strahlung der schwarzen Löcher an Bekanntheit; in einer heuristischen Erklärung der Strahlung sorgt das starke Gravitationsfeld in der Nähe der Schwarzschild-Oberfläche dafür, dass Materie- und Antimaterie-Paare sich im Hintergrund trennen, bevor sie sich annihilieren können; das eine wird dann in das schwarze Loch gezogen, das andere in die Unendlichkeit abgestrahlt.

Nach unserer modernen Auffassung ist das Vakuum ein Objekt. Es bewegt sich nicht (zumindest nicht auf nachweisbare Weise), aber es kann sich ausdehnen, und das ist wichtig, wenn man den Urknall verstehen will. Es enthält ein konstantes Higgs-Feld, füllt den gesamten Raum aus und ist dafür verantwortlich, dass Teilchen eine Masse haben. Außerdem enthält es dunkle Energie, die für die beschleunigte Ausdehnung des Universums sorgt. Es ist viel komplizierter als die Anordnung aus Rädern und Zahnrädern, die Maxwell sich ausgemalt hatte.

Feynman kehrt die Zeit um

Siebzehn Jahre dauerte es, bis Diracs unendliches Meer überwunden war. Vielleicht hätte es früher so weit sein können, aber dann kam ein hässlicher Krieg dazwischen, der Richard Feynman, den Vorkämpfer der rückwärts gerichteten Zeit, ablenkte. Feynman arbeitete am Manhattan-Projekt mit, sah bei der ersten Atombombenexplosion zu und kehrte erst in Princeton zur physikalischen Grundlagenforschung zurück, als er seinen Vortrag vor den Geistesgrößen hielt und zeigte, dass Strahlung keine zeitliche Asymmetrie aufweist. Feynman war ein großartiger Universalgelehrter, der Licht in praktisch jedes physikalische Problem brachte, über das er nachdachte. Und er dachte über viele Aspekte der Physik nach, vom Elektromagnetismus über Teilchenphysik und Supraleitung bis hin zur statistischen Physik.

In Diracs Gleichungen – und sogar in allen Gleichungen der Quantenphysik – taucht der Begriff der Energie immer in Verbindung mit der Zeit auf wie beispielsweise in dem Produkt *Et*. Diracs Positronen enthielten den gleichen Term, aber mit einem negativen Vorzeichen: *−Et*. (Die Kombination war eine Folge der Arbeiten von Emmy Noether, von denen in Kapitel 3 die Rede war.) Dirac interpretierte das Minuszeichen als Anzeichen für negative Energie. Feynman äußerte stattdessen die Vermutung, die Gleichungen könnten auch auf positive Energie in Verbindung mit negativer Zeit hindeuten. Dass Zeit sich rückwärts bewegt, mag lächerlich erscheinen, aber ist es lächerlicher als ein unendliches Meer aus Elektronen mit negativer Energie?

Feynman hatte nicht als Erster eine rückwärtslaufende Zeit in Erwägung gezogen, aber als Erster hatte er daraus eine detaillierte Theorie gemacht. Er äußerte die Vermutung, ein Positron sei eigentlich ein Elektron, das sich rückwärts in der Zeit bewegt. Damit war erklärt, warum es die gleiche Masse hat wie ein Elektron: Es *ist* ein Elektron und hat positive Energie. Die Elektronen behalten demnach sogar ihre negative Ladung; nur die Rückwärtsbewegung in der Zeit vermittelt die Illusion einer positiven Ladung. Das unendliche Meer mit negativer Energie war beseitigt; das negative Vorzeichen war von der Energie auf die Zeit übergegangen.

Damit hatte Feynman einen ganz neuen Weg entwickelt, über die Quantenphysik und insbesondere über die Physik der *Felder* nachzudenken, jener Kraftlinien, die von Ladungen und Magneten ausgehen. Er entdeckte eine Reihe von Gleichungen, mit deren Hilfe man alle Quantenprozesse im Elektromagnetismus berechnen kann – und dann kam ihm eine noch faszinierendere Erkenntnis. Jede seiner Gleichungen ließ sich als einfaches Diagramm darstellen. Statt zur Berechnung einer Fragestellung komplizierte Gleichungen durchzuarbeiten, versucht man einfach, nach den von ihm entwickelten Regeln jedes mögliche Diagramm zu zeichnen, das man sich

20 Die Rückwärts-Zeitreise wird beobachtet

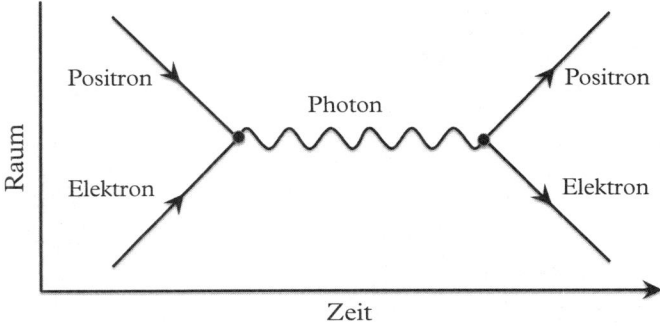

Abb. 20.3 Ein Feynman-Diagramm, das zeigt, wie ein Elektron an einem Positron gestreut werden (abprallen) kann. Das Positron verbindet sich mit dem Elektron zu einem Photon, das dann wieder zu einem Positron und einem Elektron zerfällt.

vorstellen kann, und anschließend mit einem weiteren Regelwerk die zugehörigen Gleichungen niederzuschreiben; dann hat man die Antwort, die quantenphysikalische Amplitude, bei der der Prozess (in der Regel eine Kollision zwischen Teilchen) stattfindet. Das Ergebnis war so einfach und spektakulär, dass Feynman die Vermutung äußerte, die Diagramme könnten von grundsätzlicherer Bedeutung sein als ihre Ableitung.

Feynmans Methode machte die Quantenphysik so intuitiv, dass heute die meisten Physiker sie sich in Form solcher *Feynman-Diagramme* vorstellen. Nehmen wir beispielsweise an, wir wollten wissen, wie ein Elektron und ein Positron sich verhalten, wenn sie im Raum aufeinandertreffen. Ein zugehöriges Feynman-Diagramm ist in Abbildung 20.3 gezeigt.

Diese einfache Zeichnung könnte man als »Annihilationsdiagramm« bezeichnen, denn das Positron und das Elektron verschwinden: Sie verwandeln sich in ein Photon, das anschließend wieder in ein Elektron und ein Positron zerfällt.

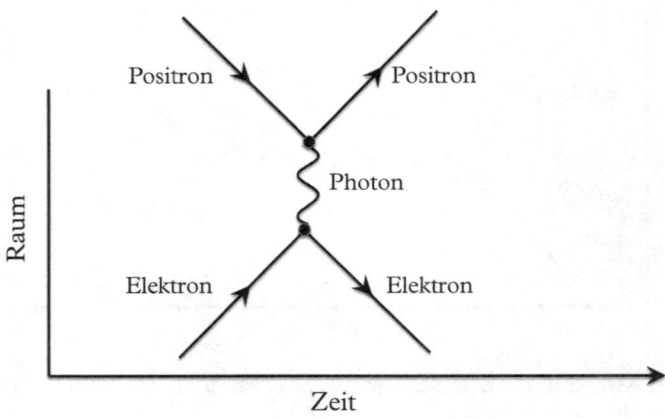

Abb. 20.4 Eine andere Möglichkeit, wie ein Elektron und ein Positron sich gegenseitig streuen können. In diesem Feynman-Diagramm tauschen das Elektron und das Positron ein Photon aus.

In Feynmans Ansatz entspricht das Diagramm einer ganz bestimmten Gleichung; diese nennt die Amplitude für die Streuung, und daraus können wir die Wahrscheinlichkeit der Streuung berechnen.

Aber nach Feynmans Regeln, die sich auf die Gleichungen stützen, muss man noch eine weitere Amplitude einbeziehen, die dem Diagramm in Abbildung 20.4 entspricht. Dieses Bild kann man als »Austauschdiagramm« bezeichnen. Genau wie in der vorhergehenden Zeichnung treten das Elektron und das Positron von links ein und nach rechts aus. Hier aber handelt es sich bei den Teilchen, die herauskommen, um dieselben, die eingetreten sind. Zu der Streuung kommt es, weil das Positron und das Elektron ein Photon austauschen. Der Photonenaustausch hat zur Folge, dass das Elektron und das Positron ihre Bahnen tauschen; er liefert die Entsprechung zu der Kraft zwischen ihnen. Interessant ist dabei, dass der ganze Begriff der Kraft beseitigt wurde; das Elektron wird nicht durch eine

20 Die Rückwärts-Zeitreise wird beobachtet

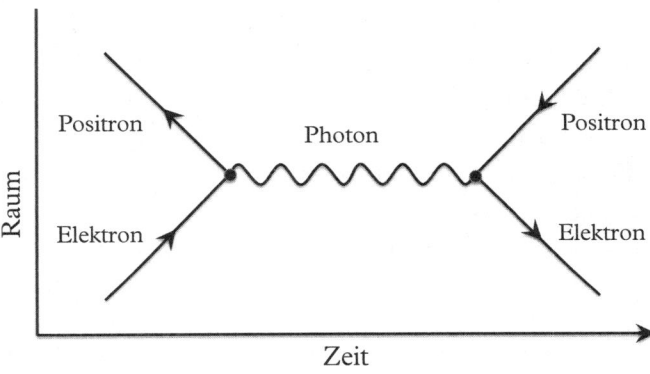

Abb. 20.5 Das gleiche Diagramm wie in Abbildung 20.3, nur sind die Positronen hier als Elektronen dargestellt, die sich rückwärts in der Zeit bewegen.

Kraft abgelenkt, sondern weil es ein Photon aufnimmt. In beiden Diagrammen ist das Photon der Beobachtung entzogen; es existiert nur vorübergehend und wird als *virtuelles Photon* bezeichnet. Da es kurzlebig ist, muss es nicht einmal masselos sein; in Feynmans Theorie haben virtuelle Photonen in der Regel eine Ruhemasse.

Um die Gesamtamplitude – die Größe, die uns die Gesamtwahrscheinlichkeit der Streuung angibt – zu berechnen, addiert man die Amplituden der einzelnen Diagramme. Das erscheint vernünftig, bis man genauer darüber nachdenkt. In dem ersten Diagramm verschwindet das ursprüngliche Elektron, und rechts tritt ein neu erzeugtes Elektron aus. Im zweiten handelt es sich um dasselbe Elektron, das ein- und austritt. Und doch spielen sich beide Vorgänge gleichzeitig ab. Die Physik kann nichts darüber aussagen, ob das austretende Elektron dasselbe ist oder nicht. Eigentlich ist es sogar dasselbe und nicht dasselbe. Die Teilchen sind wirklich identisch und nicht zu unterscheiden. Um es noch einmal zu wiederholen: Das austretende Elektron ist sowohl dasselbe, das eingetreten ist, als auch ein anderes, das gleichzeitig neu erschaffen wurde. Schrödingers Katze lässt grüßen! Die Wahrscheinlichkeit für den Vorgang besteht aus den Amplituden beider Diagramme: Sie werden addiert, und anschließend wird das Ergebnis ins Quadrat gesetzt.

Erinnern wir uns an Feynmans Rat. Denken wir lieber nicht darüber nach, wie es sein kann, denn sonst gehen wir den Abfluss hinunter.

Wenden wir uns nun der rückwärts gerichteten Zeit zu. In Feynmans neuer Betrachtungsweise für Positronen ist das erste Diagramm (Abbildung 20.3) vollkommen gleichbedeutend mit dem Diagramm in Abbildung 20.5 (das heißt, beide geben die gleiche Amplitude an). Aber achten wir auf die kleinen Veränderungen. Was zuvor als Positron betrachtet wurde, ist jetzt ein Elektron, das sich rückwärts in der Zeit bewegt.

Die Feynman-Diagramme sind heute in quantenphysikalischen Berechnungen ein unverzichtbares Element; Tausende von Menschen benutzen sie jeden Tag. Es gibt Computerprogramme, mit denen man die Amplituden komplizierter Feynman-Diagramme ausrechnen kann (darunter solche, in denen zwei oder mehr Photonen ausgetauscht werden; weitere Beispiele finden sich im Hintergrund der Feynman-Briefmarke in Abbildung 16.1, Seite 247). Darin wird Antimaterie als gewöhnliche Materie wiedergegeben, die sich rückwärts in der Zeit bewegt. Und wenn sich die Teilchen rückwärts in der Zeit bewegen, bringen sie Informationen über die Zukunft mit. Sie tragen den Impuls und die Energie der zukünftigen Teilchen, die auf der rechten Seite der Diagramme auftauchen. Die Anregung zu Feynmans Ansatz lieferten nach seinen eigenen Angaben seine Arbeiten über die Strahlung, die er vor Einstein und den anderen Geistesgrößen präsentierte und mit denen er zeigte, dass die klassische Strahlung in der Zeit sowohl vorwärts- als auch rückwärtslaufen kann.

Feynmans rückwärtslaufende Zeit hat zwar für unseren Realitätssinn beunruhigende Aspekte, in der Physik verursacht sie aber keine Probleme, denn physikalische Gleichungen sind weder auf das Fließen der Zeit angewiesen noch nutzen sie es.

Hawking erwähnt Feynmans Überlegungen zur rückwärts gerichteten Zeit in seinem Buch *Eine kurze Geschichte der Zeit*, sträubt sich aber dagegen, sie als Reise in die Vergangenheit anzuerkennen. Ohne nähere Erklärung behauptet er, nach seiner Überzeugung seien solche Rückwärtsbewegungen in der Zeit nur in der Welt des Allerkleinsten möglich, nicht aber in der größeren Welt der Menschen.

Ist es möglich, dass alle Elektronen in Wirklichkeit Positronen sind, die sich in der Zeit rückwärts bewegen? Oder dass wir aus Positronen bestehen, und dass die Elektronen in unserem Körper Positronen sind, die in der Zeit rückwärts wandern? Ja, alle diese Vermutungen sind nicht nur möglich, sondern Teil der derzeitigen Theorie – oder, wie manchmal gesagt wird, eine Interpretation der derzeitigen Theorie.

Welche Sichtweise ist die richtige – die von Dirac oder die von Feynman? Sind Positronen die Blasen in einem unendlichen Meer oder sind sie Elektronen, die sich in der Zeit rückwärts bewegen? Die meisten Physiker bevorzugen Feynmans Bild. Es scheint Ockhams Rasiermesser zu erfüllen, das Prinzip, dass wir die einfachste Erklärung eines Phänomens akzeptieren sollten. Man kann aber nicht auf empirischem Weg nachweisen, dass die Rückwärtsbewegung in der Zeit richtig und die Vorstellung vom unendlichen Meer aus Teilchen mit negativer Energie falsch ist. Und natürlich ist es möglich, dass keine der beiden Sichtweisen stimmt. Die Feynman-Diagramme wurden aus der Quantenfeldtheorie abgeleitet, und vielleicht treiben wir ihre Interpretation zu weit, wenn wir sie wörtlich nehmen und nicht nur als Gedächtnisstütze, mit der wir uns an die Feynman-Gleichungen erinnern. Vielleicht ist es aber auch nicht so.

Wir sind alle Eins

In seinem Nobelvortrag berichtete Feynman, er habe einmal einen aufgeregten Anruf von seinem Mentor John Wheeler erhalten, und der habe gesagt: »Feynman, ich weiß jetzt, warum alle Elektronen die gleiche Ladung und die gleiche Masse haben!« Feynman erkundigte sich, warum. Darauf erwiderte Wheeler: »Weil sie alle dasselbe Elektron sind!« Feynman verstand sofort, was Wheeler meinte. Betrachtet man das Feynman-Diagramm in Abbildung 20.5, so sieht man, dass das Elektron rückwärts in die Vergangenheit abprallt. Positron und Elektron haben natürlich die gleiche Masse, weil es sich um dasselbe Teilchen handelt. Aber nehmen wir einmal an, das Elektron, das sich rückwärts bewegt, würde in einer entfernten Vergangenheit wieder in der Zeit vorwärts abgelenkt werden. Dann hätten wir nebeneinander zwei Elektronen, die in Wirklichkeit dasselbe Teilchen sind. Vielleicht sind alle Elektronen auf diese Weise verbunden; es gibt nur ein Elektron, das in der Zeit rückwärts und vorwärts geworfen wird.

Feynman verwarf die Idee seinen eigenen Angaben zufolge nicht deshalb, weil sie zu verrückt war (zu verrückt ist in der Physik anscheinend überhaupt nichts), sondern weil sie vorherzusagen schien, dass es Positronen und Elektronen im Universum in gleicher Anzahl gibt. Wenn das stimmt, wo sind dann all die Positronen? (Es ist charakteristisch für einen großen Theoretiker wie Feynman, dass er sofort der Frage nachging, ob er die Theorie falsifizieren konnte.) Darauf ant-

20 Die Rückwärts-Zeitreise wird beobachtet

wortete Wheeler, sie könnten sich vielleicht irgendwo verstecken – beispielsweise im Inneren der Protonen.

Dieses Beispiel zeigt aber auch, dass zumindest Feynman und Wheeler die Interpretation von der rückwärtslaufenden Zeit nicht nur für eine Spielerei hielten. Feynman lehnte die Spekulationen über »alle sind dasselbe Elektron« nicht deshalb ab, weil die Rückwärtsbewegung in der Zeit nichts Reales wäre, sondern weil man im derzeitigen Universum experimentell eine ungleiche Anzahl von Elektronen und Positronen beobachtet hatte.

Heute erscheint Wheelers Idee plausibler. Wie ich bereits erwähnt habe, konnte Andrej Sacharow 1967 nachweisen, dass wir wegen eines winzigen Unterschiedes in den Mengen von Materie und Antimaterie (»Verletzung der CP-Symmetrie«) für das frühe Universum eine nahezu, aber nicht genau gleiche Anzahl von Teilchen und Antiteilchen postulieren können, und nachdem die meisten davon annihiliert waren, blieb unser heutiges Universum übrig, in dem die Materie dominiert.

Vielleicht wird eines Tages jemand auf der Grundlage von Wheelers Idee eine Religion begründen. Wenn wir sterben, bewegt sich unsere Seele in der Zeit rückwärts, wird gestreut und wird wiederum zu einer Seele, die sich vorwärts bewegt – zu einem anderen Menschen. Das geschieht viele Male. Vielleicht gibt es in Wirklichkeit im ganzen Universum nur eine Seele. Diese Religion hat den angenehmen Aspekt, dass wir keine Goldene Regel postulieren müssen. Die Goldene Regel ist dabei vielmehr die unvermeidliche Folge. Was wir auch anderen antun, wir tun es in Wirklichkeit uns selbst an.

III Gespenstische Physik

Können Menschen in der Zeit rückwärts reisen?

Feynmans Elektron, das sich in der Zeit rückwärts bewegt, scheint nicht von unmittelbarer Bedeutung für eine Frage zu sein, die Leser von Science-Fiction-Romanen beschäftigt: Wie steht es mit der Zeitreise für Menschen? In neuerer Zeit (seit dem 1895 erschienenen Roman *Die Zeitmaschine* von H. G. Wells) bemüht man sich in der Science-Fiction, mit neueren Entdeckungen im Einklang zu bleiben, und dann werden Zeitreisen in der Regel mit einem von zwei Mitteln bewerkstelligt: durch überlichtschnelle Reisen oder durch Wurmlöcher.

Als der Held in *Superman: der Film* merkt, dass Lois Lane tot ist, fliegt er schneller als das Licht, bewegt sich in der Zeit rückwärts und unternimmt etwas, um ihren Tod zu verhindern – der in dem neuen Ruhesystem noch nicht eingetreten ist. Aber auch wenn die Handlung ihre Anregung angeblich aus der Relativitätstheorie bezieht, verletzt Supermans Leistung Einsteins Gleichungen. Erinnern wir uns noch einmal: Wie ich gezeigt habe, kann eine überlichtschnelle Reise die Reihenfolge getrennter Ereignisse umkehren. Das Tachyonengewehr kann sein Ziel treffen, bevor es abgefeuert wurde. Aber auch wenn eine solche Waffe die Kausalität zu einer zweideutigen Angelegenheit macht, wird es zwischen den Beobachtern nie zu Meinungsverschiedenheiten kommen. Wenn Lois Lane in einem Bezugssystem stirbt, stirbt sie in allen Bezugssystemen, wenn auch zu unterschiedlichen Zeiten. Wenn man sie wie in dem Film retten will, müsste man also postulieren, dass mit der Relativität etwas nicht stimmt. Aber warum sollte man dann schneller reisen als das Licht? Wenn man sich nicht mehr bemüht, im Einklang mit der modernen Physik zu bleiben, könnte man doch auch einfach die Science-Fiction als begründet

20 Die Rückwärts-Zeitreise wird beobachtet

betrachten und Superman mit seinem Supergehirn eine Zeitmaschine nach Art von H. G. Wells bauen lassen.

Wir könnten auch versuchen, für Zeitreisen die Tatsache auszunutzen, dass ein Wurmloch eine Stelle in der Raumzeit mit einer anderen verbinden kann, die nicht nur eine andere Position hat, sondern auch eine andere – vielleicht frühere – Zeit. Stellen wir uns einmal eine Rolle mit (altmodischem) Film vor, der ein Raum-Zeit-Diagramm darstellt. Wir falten den Film und holen damit etwas, was bereits in der Vergangenheit geschehen ist, in die Gegenwart. Springen wir zurück, sind wir in der Vergangenheit. Durch ein solches Wurmloch fliegt Ellie Arroway in dem großartigen Roman *Contact* von Carl Sagan. Wer eine anschauliche Darstellung eines Wurmloches sehen will, sollte zusehen, wie Jodie Foster (in der Rolle der Ellie) in dem (nicht ganz so guten) auf dem Roman basierenden Film durch ein solches Loch hindurchstürzt. In jüngerer Zeit war Kip Thorne einer der wichtigsten Physiker, die Wurmlöcher mit Zeitreisen in Verbindung brachten; er war auch der Produzent eines wichtigen Science-Fiction-Films namens *Interstellar*, der sich um diese Möglichkeit drehte. Ein Wurmloch wurde in Abbildung 7.2 (Seite 124) gezeigt.

Die Zeitreise ist so spekulativ, dass sie normalerweise nicht als Thema für professionelle wissenschaftliche Veröffentlichungen taugt, aber 1988 gab es eine berühmte Ausnahme: Damals publizierten Thorne und zwei Kollegen vom California Institute of Technology in der höchst angesehenen Fachzeitschrift *Physical Review Letters* einen Artikel mit dem faszinierenden Titel »Wurmlöcher, Zeitmaschinen und die Bedingung der schwachen Energie«. (Dieser Begriff *Bedingung der schwachen Energie* hat mit der Frage zu tun, wie man ein langlebiges Wurmloch erzeugen kann.) Ich werde ihn hier als »Zeitmaschinenartikel« bezeichnen. In der Zusammenfassung heißt es:

III Gespenstische Physik

Wenn die Gesetze der Physik es einer hochentwickelten Zivilisation erlauben, im Weltraum ein Wurmloch für interstellare Reisen zu schaffen und aufrechtzuerhalten, wird hier die Ansicht vertreten, dass dieses Wurmloch zu einer Zeitmaschine gemacht werden kann, mit der die Gesetze der Kausalität verletzt werden können.

Der höchst fachspezifische, gründlich verfasste Artikel war vielleicht mehr als alle anderen Arbeiten der Grund, warum sich allgemein die Ansicht breitmachte, Zeitreisen durch Wurmlöcher seien möglich – auch wenn die Autoren dies nicht behaupten. Sie legen allerdings die Vermutung nahe, dass eine zukünftige, hochentwickelte Zivilisation prinzipiell ein Wurmloch konstruieren könnte, das sowohl im Raum als auch in der Zeit zwei verschiedene Regionen verbindet. Eine praktische Methode wird nicht vorgeschlagen; die Autoren vertreten nur die Ansicht, es gebe bei einer ausreichenden Fähigkeit, gewaltige Energiemengen nutzbar zu machen, in den bekannten Gesetzen der Physik nichts (nun ja, fast nichts), was eine solche Schaffung von Wurmlöchern verhindert. Die Reise durch das Wurmloch kann in beide Richtungen verlaufen, und deshalb, so die Ansicht der Autoren, kann man in ein solches Loch hineinspringen und nicht nur an einem anderen Ort, sondern auch in einer anderen Zeit – sogar in der Vergangenheit – wieder herauskommen.

Näher sind ernsthafte Physiker einem Vorschlag, wie der Mechanismus einer Zeitmaschine aussehen könnte, nie gekommen. Die Autoren gelangen zu dem Schluss:

> Infolgedessen könnte man in späteren Zeiten das Wurmloch von der rechten zur linken Mündung durchqueren und damit in der Zeit rückwärts reisen … Womit man vielleicht die Kausalität verletzt.

20 Die Rückwärts-Zeitreise wird beobachtet

Wie man am Tachyonenmord-Paradoxon erkennt, setzt eine Verletzung der Kausalität die Negation des freien Willens voraus. Als augenfälliges Beispiel nennen die Autoren des Zeitmaschinenartikels ausgerechnet Schrödingers Katze! Sie erklären:

> Diese Wurmloch-Raumzeit könnte als nützlicher Prüfstand für Gedanken über Kausalität, »freien Willen« und die Quantentheorie der Messungen dienen ...
> Ein berüchtigtes Beispiel: Kann ein hochentwickeltes Wesen messen, dass Schrödingers Katze beim Ereignis P am Leben ist (womit es »die Wellenfunktion zu einem lebendigen Zustand zusammenbrechen lässt«), dann durch das Wurmloch in der Zeit rückwärts reisen und die Katze töten (so dass ihre Wellenfunktion in einen »toten Zustand« kollabiert), bevor sie das Ereignis der lebenden Katze erreicht?

Nirgendwo in dem Zeitmaschinenartikel ist vom Zeitpfeil die Rede, von der Tatsache, dass der Pfeil selbst dann in der Richtung des Weges durch das Wurmloch zeigen muss, wenn dieser die Vergangenheit erreicht. Zeitreisende, die das Wurmloch passieren, müssen dies tun, ohne dass der Pfeil sich umkehrt, denn nur dann können sie ihren Bestimmungsort erreichen und gleichzeitig ein normales Fortschreiten der Zeit erleben. Das ist eine entscheidende Frage, mit der man sich bisher nicht beschäftigt hat.

Nach meiner Ansicht würde eine echte Zeitreise – wenn sie möglich wäre – bedeuten, dass der *Jetzt*-Begriff des Reisenden aus der Gegenwart in die Vergangenheit wandern muss. Der Zeitmaschinenartikel erörtert nicht die Frage, was eine Bewegung entlang dieses Weges für den *Jetzt*-Begriff des Reisenden bedeuten würde. Die Autoren erklären, das Wurmloch versetze sie in die Lage, eine »geschlossene zeitähnliche Kurve« zu zeichnen – damit meint man in der Fachsprache der

Physiker einen Weg, der einen Abschnitt enthält, der uns zurück in unsere Vergangenheit bringt. Aber könnte ein Mensch auf diesem Weg reisen und dennoch eine fortschreitende Zeit erleben, während er gleichzeitig die Erinnerungen an das behält, was nun zur Zukunft geworden ist? Ich kann immer einen Pfeil an einem Elektron umkehren und es als Positron bezeichnen, das in der Zeit rückwärts reist, aber ist dies das Gleiche wie die Reise eines H. G. Wells in die Vergangenheit?

Der Artikel hat noch einen anderen Haken: Das Wurmloch wird als so instabil und kurzlebig beschrieben, dass ein Mensch keine Zeit hätte, hindurchzureisen, bevor es wieder verschwindet. Es gibt allerdings ein Schlupfloch: Wenn Physiker und Ingenieure herausfinden könnten, wie man einer großen Raumregion eine »negative Energiedichte« verleiht, könnte das Wurmloch von Dauer sein. Bisher weiß man nicht, wie man das anstellen sollte, aber soweit bekannt ist, schließt keine Regel in der Physik es vollkommen aus. Mit dieser Anforderung bricht aber der ganze Nachweis, dass stabile Wurmlöcher machbar sind, unabhängig von allen anderen Einwänden zusammen. Sie sind zu einem spekulativen Objekt geworden, das neue physikalische Erkenntnisse voraussetzt. Den Autoren ist dies völlig klar. Sie erklären: »Die Frage, ob Wurmlöcher geschaffen und aufrechterhalten werden können, schließt weitreichende, schlecht erforschte Fragestellungen ein.« Die Existenz solcher Wurmlöcher erinnert an die Frage, ob Tachyonen möglich sind: Nur weil nichts in unserer derzeitigen physikalischen Theorie sie ausschließt, heißt das nicht, dass sie existieren.

Und schließlich bliebe selbst dann, wenn man die Frage nach dem Fortschreiten der Zeit beantworten und die erforderlichen Felder mit negativer Energie entdecken könnte, noch das Thema von Kausalität und freiem Willen. Der Zeitmaschinenartikel erörtert es zwar, aber nur um darauf

20 Die Rückwärts-Zeitreise wird beobachtet

hinzuweisen, dass es sich um eine *reductio ad absurdum* handelt – wobei Schrödingers Katze als Beispiel zitiert wird. Eng damit verwandt ist das *Großvater-Paradoxon*, in dem man in die Vergangenheit reist und den eigenen Opa umbringt. Wenn es keinen Großvater gibt, gibt es auch uns nicht, wie also können wir ihn umbringen, wo wir doch gar nicht existieren? Eine mögliche Antwort lautet: Wir haben keinen freien Willen, das heißt, selbst wenn wir in der Vergangenheit zurückreisen, können wir den Großvater gar nicht töten. Und die Tatsache, dass wir irgendwann geboren wurden, zeigt auch, dass wir es nicht getan haben.

Wenn man am freien Willen festhalten will, besteht eine Möglichkeit darin, eine Art kosmischer »Zensur« zu postulieren; das heißt, wir können zwar in die Vergangenheit reisen, aber nichts an dem ändern, was bereits geschehen ist. Genau das widerfährt Claire in dem Roman (und der Fernsehserie) *Outlander* [deutscher Titel des Romans: *Feuer und Stein*]. Sie nutzt ihre Kenntnisse über die Zukunft, um etwas zu verändern, aber die Umstände sorgen immer dafür, dass ihre Taten wirkungslos bleiben: (Spoilerwarnung). Sie glaubt, sie würde den Vorfahren ihres Ehemannes umbringen, stellt dann aber fest, dass ihr Ehemann nicht der leibliche Nachkomme dieses Vorfahren ist, sondern der Sohn eines adoptierten Kindes. In *Zurück in die Zukunft* verändert eine Zeitreise in die Vergangenheit tatsächlich die Gegenwart, und das hat humorvolle Folgen, die aus unerklärten Gründen die Erinnerungen des Reisenden nicht ungültig machen.

Wichtiger ist aber nach meiner Auffassung eine andere Frage: Welchen Wert hat es, in die Vergangenheit zu reisen, wenn man dort nichts verändern kann?

Oder, wie Sarah Connor in *Der Terminator* sagt, einem weiteren Film über Zeitreisen: »Du lieber Gott, man kann ja verrückt werden, wenn man über das alles nachdenkt.«

Physikalische Analysen der Zeitreise gehen von dem üblichen Diagramm einer festgelegten Raumzeit aus. Auf diese Weise werden derzeit die meisten physikalischen Berechnungen ausgeführt, und es ist der Weg, auf dem die physikalische Welt dargestellt wird, aber wir wissen alle, dass es nicht die Welt unserer eigenen Erfahrungen ist. Wenn alles in Zukunft und Vergangenheit bereits festgelegt ist, welchen Wert hätte dann eine Zeitreise? In dem üblichen Raum-Zeit-Diagramm gibt es keine Möglichkeit, das *Jetzt* anzuzeigen, aber in Zeitreisen ist es gerade das *Jetzt*, was wir verändern wollen.

Wurmlöcher sind ein interessantes Phänomen für physikalische Berechnungen und ziehen leicht die Aufmerksamkeit der Science-Fiction- (und Comic-)Gemeinde auf sich. Wurmlöcher könnten ein Weg sein, um Positionen mit effektiven Geschwindigkeiten zu wechseln, die höher sind als die Lichtgeschwindigkeit. Aber wenn wir *wirklich* durch die Zeit reisen wollen, müssen wir die Bedeutung des *Jetzt* verstehen.

TEIL IV
PHYSIK UND REALITÄT

KAPITEL 21

Über die Physik hinaus

*Eine Untersuchung von Kenntnissen, die sinnvoll sind,
sich aber nicht experimentell messen lassen ...*

Wer meinen Beutel stiehlt, nimmt Tand ...
Doch wer mir meine Zeit raubt, stiehlt mein Leben.

Mit Abbitte an W. Shakespeare

Einstein staunte nicht nur über die Physik, sondern auch über seine eigenen Beiträge. Warum hatte er Erfolg gehabt? Im Jahr 1921 schrieb er:

> Wie ist es möglich, dass die Mathematik, die doch ein von aller Erfahrung unabhängiges Produkt des menschlichen Denkens ist, auf die Gegenstände der Wirklichkeit so vortrefflich passt?

Eigentlich stimmt das nicht. Niemand hat gute Gleichungen, mit denen man Lebewesen, den Prozess des Denkens oder auch die wirtschaftlichen Wechselbeziehungen zwischen Menschen beschreiben könnte. Ach, könnte man sagen, das gehört doch nicht in die Physik. Stimmt, aber Vorsicht: Hier steckt ein Potential für Tautologien.

Man könnte behaupten, die Physik sei jene winzige Teilmenge der Realität, die der Mathematik zugänglich ist. Kein Wunder, dass die Physik der Mathematik den Vortritt lässt; wenn ein Aspekt des Daseins diese Unterwerfung nicht vollzieht, geben wir ihm einen anderen Namen: Geschichte, Politikwissenschaft, Ethik, Philosophie, Dichtung. Welcher Teil allen Wissens ist Physik? Aus Sicht der Informationstheorie lautet die Antwort: »ein sehr kleiner«. Welcher Anteil dessen, was wir wissen und für *wichtig* halten, gehört zur Physik? Ich stelle mir vor, dass auch dieser Anteil selbst für Einstein winzig klein war.

Die Grenzen der Naturwissenschaft

Als ich in der sechsten Klasse der Bronx Highschool of Science war, gab mir ein älterer Schüler (der mit meiner Schwester ausging) das Taschenbuch *The Limitations of Science* von John William Navin Sullivan. Das mit Randbemerkungen versehene Exemplar des ursprünglich 1933 erschienenen Klassikers besitze ich heute noch: Mentor Edition, Preis 50 Cent, 9. Aufl. 1959.

Ich hasste dieses Buch. Es brachte meinen Glauben durcheinander, dass die Naturwissenschaft der allein seligmachende Weg zum Wissen sei, dass sie darüber richtete, was Wahrheit ist, dass wir mit ihrer Hilfe eindeutig in die Zukunft blicken könnten. Ich war so desillusioniert, dass ich daran dachte, als Hauptfach nicht Physik, sondern Englisch zu belegen. Dennoch las ich jedes Wort, und einige Dutzend Absätze strich ich mir an, weil sie mir besonders beunruhigend oder wichtig erschienen. Ein solcher von mir unterstrichener Absatz auf Seite 70 lautete:

> Das Prinzip der Unbestimmtheit basiert auf der Tatsache, dass wir den Lauf der Natur nicht beobachten können, ohne ihn zu stören. Dies ist eine direkte Folge der Quantentheorie.

Es war für mich die erste Begegnung mit Heisenbergs Unschärfeprinzip; als Sullivan sein Buch schrieb, hatte das

Prinzip noch nicht seinen modernen Namen. Den Nebensatz »ohne ihn zu stören« würde man heute genauer als »ohne dass die Wellenfunktion kollabiert« formulieren. Wissenschaft kann demnach keine Vorhersagen machen, sondern nur Wahrscheinlichkeiten abschätzen. Ich war ernüchtert.

Was mir damals nicht klar war: Das Thema, das mir Sorgen bereitete, hatte auch Einstein Sorgen bereitet. Er konnte sich nicht mit der Vorstellung abfinden, dass die Physik *unvollständig* ist, dass sie keine vollständige Beschreibung der Realität darstellt und dass die Vergangenheit nicht vollständig über die Zukunft bestimmt.

Zu der Zeit, als Einstein sich mit solchen Fragen herumschlug, hatte eine neue Entwicklung den Ton angegeben – und die war vielleicht noch überraschender als die Begrenzungen der Physik. Einstein wusste, dass alle mathematischen Theorien *unvollständig* sind. Diese Tatsache hatte Kurt Gödel, sein Freund in Princeton, 1931 entdeckt und bewiesen.

Ein Schock von Gödel

Gödel hatte ein mathematisches Theorem bewiesen, das nicht nur für Mathematiker und Physiker zu einem Trauma werden sollte, sondern auch für Philosophen und Logiker. Es wird in Sullivans 1933 erschienenem Buch nicht erwähnt – vielleicht war es damals noch so neu, dass nur die wenigsten es verstanden, vielleicht glaubten auch nur die wenigsten daran, während viele andere hofften, es werde sich als fehlerhaft erweisen. Oder vielleicht zählte Sullivan die Mathematik auch nicht zur Naturwissenschaft; in großen Teilen Europas hält man sie wie Musik und Philosophie für eine freie Kunst oder Geisteswissenschaft. Seither ist viel Zeit vergangen, und heute gilt Gödels Theorem als faszinierend und ungeheuer wichtig;

vielfach wird es als größte mathematische Errungenschaft des 20. Jahrhunderts bezeichnet.

Das Gödel-Theorem lässt sich in einem täuschend einfachen Satz formulieren: *Alle mathematischen Theorien sind unvollständig*. Das bedeutet, dass es in jedem mathematischen System, das man entwickelt, nicht beweisbare Wahrheiten gibt – die man noch nicht einmal als Wahrheiten erkennen kann.

Gödel bewies nicht, dass die Mathematik unvollständig ist, sondern nur, dass jede Gruppe von Definitionen, Axiomen und Theoremen zwangsläufig unvollständig sein muss. So gibt es beispielsweise manche Theoreme, die man nicht mit Hilfe reeller Zahlen beweisen kann – dazu gehört die Vermutung, dass π^e eine irrationale Zahl ist. (Dabei ist π das Verhältnis des Umfangs eines Kreises zu seinem Durchmesser, und e ist die Basis der natürlichen Logarithmen.) Erweitert man das Zahlensystem aber auf die imaginären Zahlen, lässt sich das Theorem möglicherweise beweisen. (In Wirklichkeit wissen wir nicht, ob π^e irrational ist oder nicht; ich nenne es nur als Beispiel, um Gödels Befund anschaulich zu machen.) Wenn man aber dann die mathematischen Möglichkeiten auf diese Weise erweitert hat, muss es wiederum ein anderes Theorem geben, das wahr ist, sich aber nicht beweisen lässt.

Ein anderes mögliches Beispiel ist die Vermutung des deutschen Mathematikers Christian Goldbach, dass man jede gerade Zahl als Summe zweier Primzahlen schreiben kann. Auch dieser Gedanke wurde nicht bewiesen, und einen Weg, seinen Wahrheitsgehalt empirisch festzustellen, gibt es nicht. Es könnte sich um ein Theorem handeln, das mit den heutigen mathematischen Hilfsmitteln nicht zu beweisen ist. (Wer glaubt, er könne es beweisen, möge seine Lösung bitte nicht an mich schicken, sondern an einen Mathematikprofessor.) Die Vermutung könnte aber eines Tages einem Beweis zu-

21 Über die Physik hinaus

gänglich werden, oder vielleicht wird sie in eine zukünftige Erweiterung der Mathematik münden.

Dass man nicht erkennen kann, dass Theoreme wahr, aber nicht beweisbar sind, hat einen einfachen Grund: Könnte man es erkennen, wäre dies bereits ein Beweis für ihren Wahrheitsgehalt. Viele Theoreme lassen sich mit einem einzigen Gegenbeispiel widerlegen. Bei Gödel-Theoremen ist das nicht möglich.

Da die Mathematik das wichtigste Hilfsmittel der modernen Physik ist, muss auch jede physikalische Theorie zwangsläufig unvollständig sein. Es wird wahre Aussagen geben, die sich nicht beweisen lassen und deren Wahrheitsgehalt man nicht nachweisen kann. Stephen Hawking beklagt diese Tatsache, tröstet sich aber mit der Erkenntnis, dass man jede Unbekannte angehen kann, indem man eine vollständigere Theorie entwickelt und mehr Postulate oder »Prinzipien« hinzunimmt. Ausgehend von Gödels Theorem, gelangt er zu dem Schluss, dass alle bisherigen Theorien (und, da würde er sicher zustimmen, auch alle Theorien, die wir in der Zukunft haben werden) unvollständig sind. Humorvoll schließt er daraus, dass es immer Arbeitsplätze für Theoretiker geben wird.

Das Gödel-Theorem wirft auch die Frage nach der Vollständigkeit der Physik auf – nicht der Vollständigkeit einer bestimmten Theorie, sondern der Physik insgesamt. Liegen neben den Aspekten der Realität, die von dem Unschärfeprinzip betroffen sind, auch andere außerhalb der Reichweite der Physik? Wenn man erst einmal in eine solche Richtung denkt, stellt man fest, dass viele Aspekte der rauen Realität nicht nur von der derzeitigen Physik nicht berührt werden, sondern offensichtlich auch von allen zukünftigen Fortschritten der Physik unberührt bleiben werden. Ein Beispiel zeigt sich in der Frage, *wie etwas aussieht.*

IV Physik und Realität

Wie sieht Blau aus?

Angenommen, du siehst blau und ich sehe blau: Sehen wir dann dieselbe Farbe? Oder könnte es sein, dass du, wenn du blau siehst, in Wirklichkeit das siehst, was ich sehe, wenn ich rot sehe?

Diese Frage quälte mich in der fünften Klasse. Meine Lehrerin war keine Hilfe. »Natürlich sehen wir alle das Gleiche«, sagte sie. Aber ich gab nicht auf. Der Lehrer, der bei uns in der neunten Klasse Naturwissenschaften unterrichtete, schien eine Menge zu wissen, also ging ich nach dem Unterricht zu ihm und fragte ihn. Er erklärte mir, dass das Signal bei allen Menschen zum gleichen Teil des Gehirns weitergeleitet wird, und deshalb sehen wir natürlich alle das Gleiche. In meinen Augen war die Frage damit nicht beantwortet. Außerdem lernte ich, mich vor dem Wort »natürlich« zu hüten.

Wie konnte ich die Frage überzeugender formulieren? Das erwies sich als schwierig. Manche Menschen wussten offenbar, was ich meinte; andere taten die Frage als unsinnig ab. Heute weiß ich, dass viele der größten Philosophen der Welt sich mit dem gleichen Thema herumgeschlagen haben. Zusammenfassen lässt sich das Problem anhand der Unterscheidung zwischen dem Gehirn (dem physischen Gegenstand, der das Denken bewerkstelligt) und dem Geist (dem abstrakteren Begriff für ein Gebilde, dem das Gehirn als Werkzeug dient). Die Unterscheidung zwischen Gehirn und Geist war ein Problem aus einer Kategorie, die als *Dualismus* bezeichnet wird und mindestens bis ins alte Griechenland zurückreicht.

Die Frage nach den Farben kann man mit einem einfachen Experiment verdeutlichen. Halten wir einmal beide Augen offen und betrachten wir einen farbigen Gegenstand; anschließend decken wir abwechselnd das linke und das rechte Auge mit der Hand ab. Sind die Farben genau gleich? Für ältere

Menschen in der Regel nicht; die Augenlinse verfärbt sich in jedem Auge ein wenig anders, und dadurch verändert sich auch die Wahrnehmung. Es ist, als hätte man unterschiedlich gefärbte Brillengläser vor den Augen. Mein Augenarzt erklärte mir, dass viele Menschen Farben mit ihren beiden Augen ein wenig unterschiedlich sehen. Wenn Rot schon für unsere beiden Augen unterschiedlich aussieht, könnte es dann nicht für einen anderen Menschen einen ganz anderen Eindruck erzeugen? (Die Frage ist durch den physischen Austausch der Augen nicht beantwortet.)

Ich habe eine Störung namens *Diplacusis binauralis*. Sie ist nur eine kleine Unannehmlichkeit: Bei der gleichen Frequenz (beispielsweise der einer Stimmgabel) höre ich mit meinen beiden Ohren unterschiedliche Töne. Am unangenehmsten ist das für meine Kinder, denn die beklagten sich lange, ich könne keine Melodie durchhalten. Am Ende fand ich heraus, dass ich singen kann, wenn ich die Melodie zur gleichen Zeit in beiden Ohren unterschiedlich anpasse.

Das alles sind kleine Effekte, aber es gibt keinen Grund, warum sie nicht auch im Großen existieren sollten. Vielleicht ist mein Blau tatsächlich dein Rot.

Der australische Philosoph Frank Jackson formulierte die Frage aus meiner Kindheit 1982 auf eine Weise, die ich besonders überzeugend fand. Er dachte sich die Geschichte von der hervorragenden Wissenschaftlerin Mary aus: Sie war in geschlossenen Räumen und einer farblosen Umwelt aufgewachsen, in der es nichts zu sehen gab, was nicht schwarz, grau oder weiß war. Sie las ausschließlich Bücher ohne farbige Bilder und sah Schwarzweißfernsehen.

In dem Museum »Exploratorium« in San Francisco gibt es einen großartigen Raum, der eine solche farblose Umgebung nachstellt. Er wird mit nahezu monochromatischem Licht erleuchtet – eine Frequenz, eine einzige Farbe, gelblich, aus

Niederdruck-Natriumlampen. (Man kann eine solche Lampe kaufen und es zu Hause selbst ausprobieren; man darf aber keine Hochdrucklampe nehmen, denn die sendet ein ganzes Farbspektrum aus.) Der Raum im Exploratorium ist voller Gegenstände, die in weißem Licht farbig aussehen würden: Es gibt dort Stoffe und Bildmontagen, ja sogar einen Automaten mit Geleefrüchten; alle diese Farben bleiben unsichtbar und erscheinen nur als Gelbtöne: Hellgelb, Graugelb und Dunkelgelb. Wenn man sich länger in dem Raum aufhält, verblasst sogar die Gelbwahrnehmung, genau wie man nach einigen Minuten vergessen hat, dass man eine dunkle Sonnenbrille trägt. Die Augen »gewöhnen sich daran«, und man sieht nur noch schwarz, grau und weiß. In dem Raum stehen aber auch Taschenlampen zur Verfügung, und wenn man mit einer davon die Geleefrüchte beleuchtet, ist man plötzlich vollkommen verblüfft über die Farbexplosion. (Wer mit einem Kind ins Exploratorium geht, sollte nicht vergessen, einen Vierteldollar für den Geleefrüchte-Automaten mitzubringen.)

Jacksons imaginäre brillante Wissenschaftlerin Mary wächst in ihrem schwarzweißen Haus, abgesehen von den fehlenden Farben, vollkommen normal auf. Sie liest in ihren Physikbüchern etwas über Farben. Sie fragt sich, wie es sich wohl in einer farbigen Welt lebt. Die Theorie des Regenbogens findet sie elegant und wunderschön (im physikalischen Sinn), aber sie fragt sich: Wie würde ein Regenbogen eigentlich *aussehen*? Hätte er noch eine andere Schönheit als nur die physikalische?

Am Ende wird Mary eine »hervorragende Wissenschaftlerin«, die nicht nur die Physik beherrscht, sondern auch Neurophysiologie, Philosophie und andere Fachgebiete, die einem einfallen. (Wie gesagt: das Ganze ist eine imaginäre Geschichte.) Sie versteht, wie das Auge funktioniert, wie verschiedene Lichtfrequenzen dort unterschiedliche Sensoren anregen, wie das Auge eine erste Verarbeitung vornimmt und dann Signale an unterschiedliche Gehirnareale weiterleitet. Das alles weiß sie, aber sie hat es selbst nie erlebt.

Eines Tages schließlich öffnet Mary die Tür und tritt hinaus in eine Welt voller Farben. Wie wird sie reagieren, wenn sie endlich einen Regenbogen erblickt? (Wie gesagt: Das Ganze ist ein Gedankenexperiment; die Frage, ob ihre Sehfähigkeit durch die vielen Jahre ohne Farben verkümmert ist, lassen wir außer Acht.) Wenn sie den Himmel sieht, das Gras und einen Sonnenuntergang, wird sie dann sagen: »Es ist genau das, was ich aufgrund meiner wissenschaftlichen Studien erwartet habe«? Oder wird sie sagen: »Wow, ich hatte ja keine Ahnung!« Jackson fragt: »Wird sie etwas *dazulernen* oder nicht?« Und wenn sie etwas dazulernt, dann was?

Meine Antwort auf Jacksons Frage lautet: Ja, sie wird etwas dazulernen. Sie wird lernen, wie Rot, Grün und Blau *aussehen*. Aber wenn jemand anderes – Sie vielleicht – auf Jacksons Frage antworten würden, dass Mary nichts dazulernt, fiele es mir schwer, Sie davon zu überzeugen, dass Sie unrecht haben. Entweder, Sie wissen, was ich meine, oder nicht. Weder mit Physik noch mit Mathematik oder irgendeiner anderen quantitativen Wissenschaft könnte ich es erklären. Und ebenso wird es Ihnen schwerfallen, mich zu überzeugen, dass ich unrecht habe. Sie gelangen vielleicht zu dem Schluss, ich sei nicht aufgeschlossen, ich sei nicht objektiv, ich würde nicht auf vernünftige Argumente hören, ich sei nicht wissenschaftlich. Ich behaupte: Ich *weiß*, dass das, was ich sage, wahr ist. Es ist nicht meine *Meinung*, nicht mein *Glaube*. Ich weiß, was ich meine, und es ist wahr! Es gibt zusätzliche Kenntnisse über Farben, die Mary nur dann gewinnen kann, wenn sie die Farben selbst sieht. Sie lernt, wie sie *aussehen*. Sie sagen vielleicht: Unsinn, sie hat nichts gelernt. Es gibt keine Möglichkeit für Sie und mich, auf einen Nenner zu kommen.

Wer oder was vollzieht den Akt des Sehens? Wenn ein freier

Wille existiert, wer führt ihn aus? Wer oder was erlebt das *Jetzt* und unterscheidet es vom *Dann*? Ist irgendetwas tief im Gehirn verborgen oder geht es über das Gehirn hinaus? Um die Frage zu präzisieren, können wir die Teleportation des Captain James Kirk vom Raumschiff *Enterprise* betrachten.

Beam mich hoch, Scotty

Zu den klassischen Zitaten aus der Serie *Star Trek* gehört der Kultsatz »Beam mich hoch, Scotty«. Wenn Captain Kirk diese Worte aussprach,* aktivierte sein Ingenieur Scotty den Teleporter, und der sorgte dafür, dass sein Körper an einer Stelle verschwand (zerfiel? – genau erfahren wir das nie) und an einer anderen Stelle wieder auftauchte (neu zusammengesetzt wurde?). Es war das Nonplusultra des bequemen Hochgeschwindigkeitstransports, und in *Star Trek* beschleunigte es auch die Handlung.

Wie funktionierte das? Natürlich funktionierte es überhaupt nicht; es ist Science-Fiction. Aber wenn ich Science-Fiction-Filme sehe, bemühe ich mich immer darum, sie mit der Physik in Einklang zu bringen. In diesem Fall war es nicht allzu schwierig. Man braucht sich Kirk nur als Quanten-Wellenfunktion vorzustellen. Der Teleporter musste diese Wellenfunktion »klonen« und eine genaue Kopie herstellen. Bestand die Kopie aus den ursprünglichen Molekülen? Das spielt kaum eine Rolle; Kohlenstoffatome sind in der modernen Physik alle genau gleich; das Gleiche gilt für alle Elektronen, alle Sauerstoffatome und so weiter. Erinnern wir uns

---

* Trekkies wissen, dass der Satz »Beam me up, Scotty« in dieser genauen Form in der Originalserie nie vorkam; nur einmal sagte Kirk »Scotty, beam me up«.

noch einmal an die Feynman-Diagramme (Abbildung 20.3 und 20.4), die gleichzeitig wirksam sind, wenn ein Elektron von einem Positron abgelenkt wird. Da beide Diagramme zur Streuung beitragen, ist das Elektron, das herauskommt, sowohl das ursprüngliche als auch gleichzeitig ein neu erschaffenes Elektron. Auch ein anderes Beispiel zeigt, wie schwierig es ist, sich identische Teilchen vorzustellen: Jeder von uns hat derzeit nur eine geringe Zahl derselben Moleküle in sich, aus denen unser Körper als Kind bestand; die meisten wurden ersetzt, und dennoch fühlen wir uns nach wie vor als derselbe Mensch.

Wie sich herausstellt, zeigen mehrere Theoreme der modernen Quantenphysik, dass ein solches Klonen prinzipiell nur dann möglich ist, wenn man das Original zerstört. Eines davon wird als *No-Teleportation-Theorem* bezeichnet, aber trotz seines negativen Namens schließt es die *Star Trek*-Version nicht aus; es behauptet nur, man könne nicht teleportieren, indem man die Wellenfunktion zuerst in eine klassische Gruppe von Messungen und dann wieder zurückverwandelt. Ein anderes ist das *No-Cloning-Theorem*, das aber ebenfalls nicht bedeutet, dass man nicht klonen könnte; es besagt nur, dass man keine exakte Kopie herstellen kann, ohne das Original zu zerstören. Obwohl wir also vielleicht nicht wissen, wie man eine Teleportation à la *Star Trek* bewerkstelligt, gibt es in unseren derzeitigen physikalischen Kenntnissen nichts, was sie ausschließen würde.

Angenommen, wir wüssten, wie man nach Art von *Star Trek* teleportiert. Würden Sie zulassen, auf diese Weise gebeamt zu werden?

Ich nicht.

Warum? Ich würde mir Sorgen machen, dass es sich bei dem neuen Menschen, der am Ende des Beamens herauskommt, nicht um mich handelt. Ich erkenne die Voraussetzung an, dass der so erschaffene Mensch alle meine Erinnerungen, alle meine Eigenschaften, alle meine Besonderheiten und Vorlieben hat und durch jede beliebige physikalische Messung nicht von mir zu unterscheiden ist. Aber bin *ich* es? Verstehen Sie, warum ich mir Sorgen mache? Ist ein exakter Klon genau das Gleiche wie ich? Die Physik würde uns sicher keine Unterschiede zeigen. Aber gibt es eine Realität jenseits der Physik? Oder, um es in der alten Sprache der Religion zu formulieren: Woher wissen wir, dass mit meinem Körper auch meine *Seele* transportiert wird?

Die Science-Fiction prahlt arroganterweise damit, man könne den Körper eines Menschen zusammen mit seinem Gedächtnis duplizieren, aber die so geklonte Person sei tatsächlich anders. In den Büchern und Filmen, in denen ein solches Szenario dargestellt wird, haben Erwachsene große Schwierigkeiten, das Original von der Kopie zu unterscheiden, aber Kinder und Haustiere erkennen den Unterschied leicht. Und wie der Seherin Kassandra in der griechischen Sage, so glaubt auch ihnen niemand, obwohl sie die Wahrheit sagen. So war es in Filmen, in denen die Seele ersetzt wird, von *Die Dämonischen* (1956) bis zu *Invasion vom Mars* (1986). In der Regel geben die Klone sich Mühe, die Nicht-Geklonten davon zu überzeugen, dass das Klonen etwas Großartiges ist. Aber wenn wir den Film sehen, wissen wir, dass es nicht stimmt.

Werde ich transportiert, wenn meine Quanten-Wellenfunktion geklont wird? Das ist nun wirklich eine unsinnige Frage ... oder?

21 Über die Physik hinaus

Was ist Wissenschaft?

Was unterscheidet naturwissenschaftliche Kenntnisse von anderen Formen des Wissens? Das Wesentliche ist nach meiner Auffassung, dass Wissenschaft eine Kategorie von Kenntnissen ist, bei denen man nach allgemeiner Übereinstimmung streben kann. Naturwissenschaft hat die Mittel, um Meinungsverschiedenheiten beizulegen und festzustellen, was richtig und was falsch ist. Du und ich werden uns vielleicht nie darauf einigen, ob Schokolade köstlich oder widerlich ist, aber wenn es um die Masse eines Elektrons geht, können wir am Ende Übereinstimmung erzielen. Wir sind vielleicht nie der gleichen Meinung über die beste Regierungsform, das beste Wirtschaftssystem, vielleicht noch nicht einmal über Gerechtigkeit und Ethik, aber wahrscheinlich können wir übereinstimmend feststellen, ob die Relativitätstheorie stimmt und ob $E = mc^2$ ist.

Wenn ich Blau sehe, siehst du dann auch Blau? Das ist keine naturwissenschaftliche Frage. Ist sie deshalb wertlos? Diese Frage hat mit dem Unterschied zwischen Gehirn und Geist zu tun. Gibt es etwas, das über das Gehirn hinausgeht, das hinter den Schaltkreisen steht, das mehr ist als eine physikalische, mechanische Anordnung von Atomen, das eine Farbe nicht nur sehen kann, sondern auch weiß, wie sie *aussieht*? Dass ein solches Wissen existiert, kann ich nicht beweisen. Ich kann nur versuchen, Sie zu überzeugen.

Ein ähnliches Problem ist die Irrationalität von $\sqrt{2}$, die Tatsache, dass diese Zahl sich nicht als Bruch ganzer Zahlen schreiben lässt. Der Beweis, den ich im Anhang 3 führe, basiert darauf, dass am Ende ein Widerspruch steht. Diese Methoden kann man nicht aus früheren mathematischen Überlegungen ableiten, sondern man muss sie voraussetzen und als Postulat anerkennen. Ähnlich ist die Situation bei der

IV Physik und Realität

mathematischen Induktion: Auch hier gibt es keinen Beweis, dass die Methode stichhaltig ist. Man muss sie als eigenständige Annahme voraussetzen. Und dann ist da noch das wichtige – aber noch etwas rätselhaftere – *Auswahlaxiom*, das ein Schlüsselkonzept der Mathematik darstellt. Selbst unsere Fähigkeit, *auszuwählen*, ist nicht selbstverständlich. Möglicherweise gibt es sie gar nicht, weil wir nur Maschinen sind, die von äußeren Kräften angetrieben werden, unterstützt vielleicht von einem Gott, der würfelt.

Wenn wir darüber diskutieren, wie Farben »aussehen«, verlassen wir die Regeln, die Newton unausgesprochen bei seinen physikalischen Untersuchungen befolgte. Manch einer würde sich vielleicht beschweren, dass wir von der Wissenschaft in die Semantik oder – noch schlimmer – in die Philosophie abdriften. Es geht nicht mehr um Fragen, die eine echte Bedeutung oder einen interessanten Inhalt haben. Manch einer sagt vielleicht: Definieren Sie doch bitte einmal genau, was Sie mit dem *Aussehen* einer Farbe meinen, und dann können wir der Frage nachgehen, ob diese Definition allgemeingültig ist.

Platon vertrat in seinem Dialog *Menon* die Ansicht, es gebe Wissen, das man nicht durch physikalische Messungen erlangen kann. Damit meinte er unter anderem die *Tugend* – einen Begriff, den heute viele Wissenschaftler als »unwissenschaftlich« abtun würden. Tugend, so sagen sie vielleicht, besteht aus einer Reihe von Verhaltensweisen, die so optimiert wurden, dass sie zum Überleben des Geeignetsten führen. Platon demonstrierte seine Behauptung, es gebe inneres Wissen, indem er seinen Protagonisten Sokrates nie (nun ja, selten) eine eigene Meinung äußern ließ; stattdessen stellte Sokrates Fragen, um daraus Kenntnisse zu gewinnen, die nach seiner Behauptung im Geist seines Gesprächspartners bereits vorhanden waren. Stellen wir uns einmal vor, ich würde keinen Beweis liefern, dass $\sqrt{2}$ irrational ist, sondern einfach Fragen stellen und damit meinen Gesprächspartner dazu veranlassen, selbst den Beweis zu führen. Das ist das Wesen der sokratischen Methode. Anschließend könnte ich wie Sokrates behaupten, das Wissen sei im Gehirn des anderen bereits vorhanden gewesen, und ich hätte es nur hervorlocken müssen.

Alle Mathematik ist Wissen, das außerhalb der physikalischen Realität steht. Genau das stört viele Menschen an diesem Fachgebiet, und es ist häufig die Ursache von Mathematikphobie. Empirisch können wir nur nachweisen, dass manche Regeln aus der Mathematik ungefähr stimmen. Ist der Satz des Pythagoras exakt? Oder beträgt der größte Winkel in einem Dreieck mit dem Seitenverhältnis 3:4:5 in Wirklichkeit nicht 90, sondern nur 89,99999999 Grad? Woher wissen wir das? Aus der Physik nicht und aus Messungen nicht. (Und im gekrümmten Raum hat er tatsächlich keine 90 Grad.) Die Mathematik untersucht Wahrheiten nicht durch experimentelle Prüfung, sondern nur aufgrund ihrer Widerspruchsfreiheit. Man kann postulieren, dass zwei Geraden, die sich in einem Punkt schneiden, sich danach nie wieder treffen, oder aber man kann postulieren, dass dies doch der Fall ist. Das erste Postulat gehört zu den Grundlagen der euklidischen Geometrie; das zweite ist in einer geschlossenen, gekrümmten Raumzeit der allgemeinen Relativitätstheorie richtig.

Über die Entdeckung, dass $\sqrt{2}$ eine irrationale Zahl ist, waren die Pythagoreer der Legende nach so erbost, dass sie Hippasus, den Mann, der es herausgefunden hatte, aus einem Boot ins Wasser warfen. Hippasus' Beweis dürfte dem geähnelt haben, den ich im Anhang 3 führe, aber es gibt auch andere hübsche Beweisverfahren; eines davon gründet sich auf die Geometrie.

In einer anderen Version der Legende hielten die Pythagoreer das wahre Wesen von $\sqrt{2}$ für eine so tiefgreifende Entdeckung, dass sie zur Grundlage ihrer Religion wurde. In dieser Geschichte warfen sie Hippasus über Bord, weil er das große Geheimnis Außenstehenden verraten hatte. Eines aber stimmt sicher: Die Pythagoreer hatten in dem Theorem die tiefe Wahrheit entdeckt, dass es Wissen gibt, das außerhalb der physikalischen Realität steht, und diese Entdeckung war so erstaunlich, dass sie nur an jene weitergegeben wurde, die dem pythagoreischen Glauben die Gefolgschaft geschworen hatten. Hippasus hatte entdeckt, dass es eine nichtphysikalische Wahrheit gibt, eine Wahrheit, die sich einer physikalischen Bestätigung entzieht.

KAPITEL 22

Cogito ergo sum

Existiert das Jetzt im Gehirn? Oder nur im Geist?

> Komm, lass dich packen –
> Ich fass dich nicht, und doch seh ich dich immer.
> Bist du, Unglücksbild, so fühlbar nicht
> Der Hand, gleich wie dem Aug? Oder bist du nur
> Ein Dolch der Einbildung, ein mächtig Blendwerk
> Das aus dem heißgequälten Hirn erwächst?
>
> Macbeth

Folgende Wahrheit scheint uns selbstverständlich: »Wenn etwas nicht messbar ist, dann ist es nicht real.« Natürlich ist diese »Wahrheit« ebenso wenig beweisbar wie die in der amerikanischen Unabhängigkeitserklärung festgeschriebenen Rechte. Sie ist aber keine Hypothese und mit Sicherheit keine Theorie; sie ist mehr eine Art Doktrin, eine These, sinnbildlich an die Tür eines physikalischen Instituts genagelt, ein Dogma, das uns zur meisterlichen Beherrschung der Welt der Physik führt, wenn wir nur daran glauben. Dieses Dogma bezeichnen die Philosophen als *Physikalismus*.

Ich möchte hier nicht missverstanden werden. Die Physik selbst ist keine Religion. Sie ist eine strenge Disziplin, in der genaue Regeln besagen, was als bewiesen und was als unbewiesen gilt. Wenn man aber annimmt, diese Disziplin bilde die gesamte Realität ab, nimmt sie Aspekte einer Religion an.

Denn weder gibt es eine logische Notwendigkeit zwischen Physik und Physikalismus, noch gibt es überhaupt einen logischen Zusammenhang. Das Dogma, die Physik würde die *gesamte* Realität beschreiben, hat keine größere Rechtfertigung als das Dogma, die Bibel würde die gesamte Wahrheit enthalten.

Physikalismus

Der Physikalismus wird auch im Satz des Philosophen Rudolf Carnap deutlich, den ich in Kapitel 1 zitiert habe. Er kritisiert darin, dass Albert Einstein in Richtung nichtphysikalischer Überzeugungen abdriftete: »Da Naturwissenschaft im Prinzip alles sagen kann, was sagbar ist, bleibt keine Frage unbeantwortet.« Das liegt doch auf der Hand, oder? Haben Sie diese Aussage als etablierte Wahrheit hingenommen, als Sie sie gelesen haben?

Wie sehen Farben aus? Das ist keine physikalische Frage, also würden Physikalisten sie nicht akzeptieren. Wenn Sie Blau sehen, ist das dann das Gleiche, als wenn ich Blau sehe? Diese Frage ist Unsinn, sie ist bedeutungslos. Man kann kein Verfahren festlegen, mit dem man eine Antwort überprüfen könnte, und deshalb ist ihr Wahrheitsgehalt nicht zu beurteilen. Für Physikalisten (deren Auffassung einer Religion ähnelt) ist schon die Frage ein Anlass, am Urteilsvermögen des Fragenden zu zweifeln. Wer fragt, wie eine Farbe *aussieht*, weckt in Physikalisten den Verdacht, er entferne sich von der Physik, verlöre seine Disziplin und den Bezug zur Wissenschaft.

Seine Extremform erreicht der Physikalismus, wenn er behauptet, alle nicht quantifizierbaren Beobachtungen seien Illusionen. Sie und ich glauben zu wissen, dass die Zeit fließt, aber in Wirklichkeit fließt sie nicht. Da der Fluss der Zeit in der derzeitigen physikalischen Theorie nicht vorkommt, da er in keinem Diagramm der Raumzeit auftaucht, ist er nicht real, denn auch wenn die derzeitige Physik mit ihrer Struktur nicht alle Fragen beantwortet, deckt sie ja doch die gesamte Realität ab.

Physiker rechnen die Mathematik in der Regel wegen ihrer strengen Disziplin zu den Naturwissenschaften. Nicht alles muss empirisch überprüft werden, wir können auch die *Folgen* überprüfen. Wir wissen, dass die Quadratwurzel aus 2 irrational ist, das heißt, wir können sie nicht als Bruch aus zwei ganzen Zahlen schreiben. Diese Behauptung könnte – wenn auch nur in dem abstrakten, aber in sich widerspruchsfreien Bereich der Mathematik – widerlegt werden, wenn wir zwei ganze Zahlen fänden, deren Bruch genau $\sqrt{2}$ ergibt.

In Wirklichkeit arbeiten Physiker mit Quantenamplituden und Wellenfunktionen, also mit Dingen, die nicht messbar sind; es ist ihnen aber peinlich und sie neigen dazu, sich dafür zu entschuldigen. Sie hoffen, dass sie eines Tages in der Lage sein werden, solche Größen zu beseitigen. Bis es so weit ist, vermeiden sie es, über ihre Interpretation zu reden. Ihre stichhaltige Begründung erhält die Physik trotz aller Fehlschläge durch die Wunder, die sie hervorbringt: Radio, Laser, Kernspintomographie, Fernsehen, Computer, Atombomben und so weiter.

Atheismus als solcher ist keine Religion. Er lehnt vielmehr den *Theismus* ab, eine Form des religiösen Glaubens, die behauptet, es gebe einen Gott, der Anbetung belohnt, indem er unserer Fußballmannschaft oder unserer Armee beim Gewinnen hilft, oder indem er unsere Krebserkrankung heilt. Atheismus ist nur eine Ablehnung; zur Religion wird er erst dann, wenn er eine positive Überzeugung beinhaltet, beispielsweise den Physikalismus, der behauptet, die gesamte Realität werde durch Physik und Mathematik definiert und alles andere sei Illusion.

Interessanterweise erleben wir sehr häufig, wie die Formulierung »die Wissenschaft sagt ...« zur Begründung eines Gedankens dient, der in Wirklichkeit keine wissenschaftliche Grundlage hat. Häufig ist das ein getarnter Physikalismus. »Die Wissenschaft sagt, dass wir keinen freien Willen haben.« Unsinn. Diese Aussage bezieht ihre Anregung aus der Physik, aber nicht ihre Rechtfertigung. Wir können nicht voraussagen, wann ein Atom zerfallen wird, und nach den Gesetzen der Physik, wie sie heute existieren, ist diese Unfähigkeit etwas Grundsätzliches. Wenn wir schon ein so einfaches physikalisches Phänomen nicht vorhersagen können, warum kommen wir dann auf die Idee, wir könnten eines Tages nachweisen, dass das Verhalten der Menschen vollkommen deterministisch ist? Ja, wir wissen, dass radioaktive Kohlenstoffatome im Durchschnitt in einigen tausend Jahren zerfallen, und wir rechnen auch damit, dass Menschen im Durchschnitt Entscheidungen treffen, durch die sie mehr Menschen hervorbringen können, aber selbst wenn wir diese wissenschaftliche Minimalerkenntnis anerkennen, bleibt eine Menge Spielraum für Entscheidungen, die sich auf ethische und mitfühlende Werte stützen. Die Wissenschaft »besagt« nicht, dass wir die Entscheidungen der Menschen eines Tages verstehen werden, ohne den freien Willen der Menschen in unsere Überlegungen einzubeziehen.

Nach Ansicht des Astrophysikers, Autors und *Cosmos*-Stars Neil deGrasse Tyson ist Richard Dawkins, Autor des Buches *Der Gotteswahn*, der »Oberatheist der Welt«. Mir gefallen Dawkins' Bücher über Wissenschaft, und zu Recht greift er sehr energisch viele den Tatsachen widersprechende Behauptungen religiöser Sekten an. Seine Kritik an den organisierten Religionen ist häufig gut begründet, aber da nicht-

22 Cogito ergo sum

physikalisches Wissen viel Böses hervorgebracht hat, glaubt er offenbar, das alles sei Blödsinn. Dawkins begeht einen grundsätzlichen Fehler mit seinem unausgesprochenen, aber impliziten Postulat, die Logik erfordere, dass wir die nichtphysikalische Realität ignorieren. Im Zusammenhang damit steht auch die fehlerhafte Überzeugung, die meisterliche Beherrschung der Physik sei unvereinbar mit der Verehrung Gottes. Im Anhang 6 nenne ich als Gegenbeispiel eine Reihe zutiefst religiöser Äußerungen von einigen der größten Physiker aller Zeiten.

In seinem ursprünglich 2006 erschienenen Buch *Der Gotteswahn* sagt Dawkins: »Ich finde es spannend, in einer Zeit zu leben, in der die Menschheit an die Grenzen ihrer Verständnisfähigkeit stößt. Und was noch besser ist: Vielleicht entdecken wir am Ende, dass es keine Grenzen gibt.« Dawkins hofft, dass die Fähigkeiten der Wissenschaft tatsächlich keine Grenzen haben, aber mir scheint, dass es für ihn mehr als eine Hoffnung geworden ist: Es ist sein Glaube. Es ist die Grundlage seiner Religion. Er stützt sich darauf, dass die Wissenschaft mit großem Erfolg *so vieles* erklären konnte, und deshalb glaubt er, sie werde alles erklären. Sein Optimismus erinnert mich an die alten Griechen, die damit rechneten, dass man alle Zahlen als Brüche aus ganzen Zahlen schreiben kann. Er wird enttäuscht sein. Das physikalische Wissen unterliegt starken, offenkundigen Begrenzungen. Mehrere bereits genannte Beispiele machen für mich klar, dass die Physik unvollständig ist, unfähig, die Realität vollständig zu beschreiben.

Darüber hinaus lässt Dawkins mit seinem Glauben an die Überlegenheit der Logik auch die krassen Begrenzungen außer Acht, die Kurt Gödel entdeckt hat. Wie bereits erwähnt, zeigte Gödel, dass es in allen mathematischen Systemen nicht beweisbare Wahrheiten gibt, die man mit der

Anwendung von Logik nicht bearbeiten oder überprüfen kann. Deshalb ist Dawkins' Herangehensweise an die Realität, die nur logisch beweisbare Wahrheiten akzeptiert, schon im einfachen, sauberen Bereich der Mathematik offenkundig falsch.

Empathie

Vielleicht jeder hat sich schon einmal ausgemalt, wie es wäre, ein anderer zu sein – ein Freund, eine Partnerin oder eine Berühmtheit (Jeanne d'Arc, Albert Einstein oder Paul McCartney). Wenn man sich so etwas vorstellt, geht man davon aus, dass man alle eigenen Erinnerungen vergisst, nur noch der andere ist und die Welt durch dessen Augen sieht. Diese Fähigkeit des Geistes gilt als Ursache der Empathie. Dazu nicht in der Lage zu sein, ist die grundlegende Fehlfunktion von Soziopathen. Was genau stellen wir uns vor, wenn wir uns ausmalen, jemand anderes zu sein? Welcher Teil von uns wird übertragen? Jedenfalls nicht unsere eigenen Gefühle, Erinnerungen oder Kenntnisse. Wir bemühen uns, die Welt so zu sehen wie der andere. Was bedeutet das?

Bezeichnen wir einmal dieses Etwas, von dem wir uns vorstellen, wir würden es auf den anderen übertragen, mangels eines besseren Begriffs als unsere *Seele* – das, was vielleicht nicht mitkommt, wenn wir von Scotty raufgebeamt werden. Ich zögere, das Wort *Seele* zu gebrauchen, denn es schleppt wegen seiner religiösen Verwendung eine Menge Ballast mit: Sie verbindet sich mit Unsterblichkeit und Erinnerungen, die vom Körper unabhängig sind (werden wir die Seelen unserer Eltern wiedererkennen, nachdem wir gestorben sind?), und sie ist es auch, die bestraft wird, wenn wir sündigen. Deshalb war ich versucht, dieses Etwas als unsere »Quintessenz« zu bezeichnen (ein Begriff, der in der kosmologischen Theorie bereits belegt ist), aber auch als unsere »Anima« (was zu eng mit der Hypnose assoziiert ist) oder mit dem französischen Wort *esprit*; aber bleiben wir der Einfachheit halber bei *Seele*. Existiert sie? Ist sie real?

Die Seele mit physikalischen Mitteln nachzuweisen, scheint unmöglich zu sein, man hat allerdings nach ihr in der Physiologie des Gehirns gesucht. Oft wird sie mit »Bewusstsein« verwechselt, wahrscheinlich weil das Bewusstsein dem Physikalismus eher zugänglich ist. Der Unterschied zwischen Seele und Bewusstsein ist analog zum Unterschied zwischen Geist und Gehirn.

Ich weiß noch, wie meine Lehrerin in der fünften Klasse sagte, sie werde uns jetzt beibringen, wie wir *sehen*. (Es war dieselbe Lehrerin, die ich später nach den Farben fragte.) Ich war begeistert. Über das Sehen hatte ich mich schon oft zutiefst gewundert, und ich wollte es unbedingt verstehen. Am gleichen Nachmittag fing sie an. Sie entrollte über der Tafel eine Schemazeichnung des Auges. Das Bild hatte ich zuvor schon in den Wissenschaftsbüchern gesehen, die ich mir in der Filiale Mott Haven der Bronx Public Library ausgeliehen hatte. (Aber Büchern kann man keine Fragen stellen.) So weit also nichts Neues. Sie zeichnete die Lichtstrahlen nach. Ja, auch das kannte ich schon. Das Licht fällt durch die Linse, wird auf die Netzhaut fokussiert und dort in Elektrizität umgewandelt. Das hatte ich schon gelesen. Die Stromimpulse fließen zum Gehirn. Das Gehirn weiß, woher die einzelnen Signale kommen, und kann so das Bild rekonstruieren. Das Netzhautbild steht auf dem Kopf, aber das Gehirn stellt es wieder auf die Füße. Na gut, jetzt aber los! An dieser Stelle würden nun meine Fragen beantwortet werden! Meine Konzentration verdoppelte sich. (Ja, das ist eine wahre Geschichte; ich saß buchstäblich vorn auf der Stuhlkante.) Aber statt die

Erklärung zu geben, sagte sie: »Jetzt sprechen wir über das Ohr und darüber, wie wir hören.«

Eruditio interrupta!

Schrecklich enttäuscht lehnte ich mich zurück. Ich hatte die wissenschaftlichen Bücher gelesen, aber sie endeten immer beim Gehirn. Ich wollte wissen, wie *ich* sehe, wie das Signal über mein Gehirn hinausgeht und an jene Stelle gelangt, an der ich erfahre, wie die Farbe Blau *aussieht*. Wie ich bereits erwähnt habe, ging ich nach dem Unterricht zu meiner Lehrerin und fragte sie danach, aber anscheinend verstand sie überhaupt nicht, worum es mir ging. Das Signal läuft ins Gehirn; das war's.

Was hat das alles mit dem Rätsel des *Jetzt* zu tun? Solange wir glauben, wir seien nichts anderes als Maschinen, die von einem raffinierten Multitasking-Computer gesteuert werden, ist die Frage nach dem *Jetzt* bedeutungslos. Es hat keine Bedeutung, solange es nicht von dem gleichen Etwas (der Seele?) wahrgenommen wird, das im Gehirn das Signal betrachtet und sieht, wie Blau aussieht. Das heißt nicht, dass das *Jetzt* keine physikalische Ursache hätte; nach meiner Überzeugung hat es sie.

Unser Organismus verarbeitet Signale, aber jenes Etwas, das *hinsieht*, bezeichne ich (mangels eines besseren Begriffs) als Seele. Ich weiß, dass ich eine Seele habe. Das kann man mir nicht ausreden. Sie ist jenes Etwas, das über die Physik hinausgeht, das über den Körper und das Gehirn hinausgeht und sieht, wie Dinge und Farben *aussehen*. Ich verstehe die Seele nicht. Ich bezweifle, dass meine Seele unsterblich ist – aber da ich Kinder und Enkel habe, spüre ich von Tag zu Tag stärker, dass es eine Art von Unsterblichkeit gibt, die ich durch sie erlange. Haben auch sie eine Seele? Ja, das liegt für mich auf der Hand, obwohl ich nicht erklären kann, woher ich es weiß. Ich spüre, dass die klare Wahrnehmung der Seele eines anderen Menschen das Wesentliche bei Empathie und Liebe ist. Wie kann man einer anderen Person Schaden zufügen, wenn man sich der Seele dieser Person bewusst ist?

Ich kenne aber auch Menschen – Soziopathen –, die so handeln, als würden sie solche Wahrnehmungen nicht teilen. Sie behandeln andere Menschen, als wären sie Maschinen. Einem anderen Menschen Schaden zuzufügen, bedeutet ihnen gerade so viel, wie ein Fahrrad wegzuwerfen. Ihnen fehlt die Empathie, jene Fähigkeit, sich in einen anderen hineinzuversetzen und zu erkennen, dass ein anderer Mensch eine Seele hat. Ich tröste mich damit, dass solche Menschen von Psychologen erkannt und in eine Kategorie eingeordnet werden – dass sie Einzelfälle sind und nicht die Mehrheit der Menschheit stellen.

Menschen ohne Empathie sind häufig Gegenstand von Büchern und anderen Medien. Wenn der junge Jimmy in dem 1956 erschienenen Film *Die Dämonischen* sagt: »Sie ist nicht meine Mutter!«, spürt er wahrscheinlich, dass der Person, die wie seine Mama aussieht und handelt, die Empathie fehlt. In dem Film *Dark City* von 1998 haben die Außerirdischen einen ganzen Planeten nur zu dem Zweck gebaut, dort Experimente anzustellen und damit herauszufinden, was Menschen zu Menschen macht. An einem dramatischen Höhepunkt zeigt der Protagonist John Murdoch zuerst auf sein Gehirn und dann auf sein Herz, und erklärt, die Außerirdischen suchten an der falschen Stelle: Das Wesen des Menschen finde sich nicht im logischen Denken des Gehirns, sondern in der Empathie, die durch das Herz repräsentiert wird.

Bei Wahlen in den Vereinigten Staaten habe ich manchmal den Eindruck, dass die Wähler sich vor allem dafür interessieren, ob ein Kandidat über Empathie verfügt – für die Wähler, für die Armen, für alle anderen. Politische Themen kommen erst an zweiter Stelle. Der US-Wähler möchte sich nicht für einen Soziopathen entscheiden. Dennoch können Soziopathen sehr erfolgreiche politische Führer sein – bekannte Beispiele sind Mao, Stalin oder Saddam Hussein.

Wenn mir jemand erklären will, ich hätte keine Seele, sie sei nur eine Illusion und man könne einem Computerprogramm beibringen, so zu handeln, als habe es ebenfalls eine Seele, gelange ich zu dem Schluss, dass dieser Jemand genau wie meine Lehrerin in der fünften Klasse nicht weiß, wovon ich rede. Meine Seele ist für mich klar und deutlich zu erkennen, auch wenn es mir schwerfällt, genau auszudrücken, was ich damit meine. Oder, um Augustinus' Worte zu verwenden (die er auf das Fließen der Zeit anwandte): »Wenn mich niemand fragt, weiß ich es; wenn ich es erklären will, weiß ich es nicht.« Jedes Mal, wenn ich darüber nachdenke, empfinde ich ein Gefühl des Staunens. Es ist meine wichtigste religiöse Offenbarung. Ich vermute, dass Einstein ein solches Erlebnis meinte, als er sagte: »Ein Mensch fängt an zu leben, wenn er außerhalb seiner selbst leben kann.«

Es bleiben viele unbeantwortete Fragen. Haben Tiere eine Seele? Ich weiß es nicht. Praktisch alle Hundehalter, die ich im Laufe der Jahre kennengelernt habe, waren überzeugt, dass ihr Hund eine Seele besitzt. In Ruanda verbrachte ich einmal zwei Stunden (über zwei Tage verteilt) in wenigen Metern Abstand von zwei Familien wilder Berggorillas, und am Ende war ich überzeugt, dass sie eine Seele haben. Sie wirkten wie wilde, große, starke, behaarte Menschen.

Cogito ergo sum

Im Jahr 1637 schrieb Descartes: »Ich denke, also bin ich.« Es war seine prägnante Zurückweisung des philosophischen Gedankens, das Leben sei eine Illusion, seine Zurückweisung der Behauptung, wir würden in Wirklichkeit gar nicht existieren. Descartes' Aussage wurde diskutiert, in Frage gestellt und abgelehnt. Wenn man auf einer strengen Definition aller Begriffe beharrt, ist sie sicher entweder auf triviale Weise wahr oder auf triviale Weise falsch. Aber warum sollte Descartes Triviales von sich geben? Und warum ist sein Satz bei uns so hartnäckig hängen geblieben?

Nach meiner Ansicht kann man seine berühmte Formulierung am besten als Zurückweisung des Physikalismus interpretieren. Ursprünglich schrieb er seine Worte weder auf Englisch noch auf Lateinisch, sondern auf Französisch; sie lauteten einfach »*Je pense, donc je suis*«. Klassische Philosophen interpretieren *pense* als den körperlichen Akt des Denkens, bei dem sich Signale durch das Gehirn bewegen. Diese klassische Interpretation kann man ebenso gut auch auf einen modernen Computer anwenden. Ich selbst jedoch finde Descartes' Aussage am überzeugendsten, wenn ich *denken* nicht als Tätigkeit des Gehirns interpretiere, sondern als Tätigkeit des Geistes, jenes Etwas, das sieht, wie Farben aussehen, das hört, wie Musik sich anhört, das Empathie übt. Die Wissenschaft könnte Existenz als etwas Abstraktes beschreiben, wobei die Realität nur eine Illusion wäre, aber Descartes *wusste*, dass es nicht so ist. Obwohl er seine Worte im 17. Jahrhundert schrieb, ist das Thema noch heute lebendig; in der Physik steht es in indirekter Verbindung zum *holographischen Prinzip*, einer Neuinterpretation der Realität, die heutzutage ein Lieblingsthema vieler Stringtheoretiker ist.

Die Physikalisten haben einen praktischen Grund, warum sie nichtphysikalische Kenntnisse leugnen wollen. Wenn man sie zulässt, öffnet man die Schleusen für Spiritualismus, Pseudowissenschaft und Religion. Man verliert jede Kontrolle; jeder kann alles sagen, solange es der Beobachtung nicht widerspricht. Mathematik mag nichtphysikalisch sein und nur im Geist existieren, aber zumindest gibt es in der Mathematik eine strenge Disziplin, Regeln und Vorgehensweisen, aber auch Wege, um falsche Vorschläge zu widerlegen. Jedes Gespräch über die Seele dagegen führt zu »Wahrheiten«, die in sich selbst nicht widerspruchsfrei sein müssen, nicht überprüft werden können und deshalb verdächtig sind – möglicherweise sind sie Zeitvergeudung, Ablenkung und Irreführung, ja vielleicht sind sie sogar gefährlich.

Im Jahr 1996 gab es eine ethische Debatte über ein Schaf, das man geklont hatte. Man hatte Dollys vollständiges Genom benutzt, um ein zweites Schaf herzustellen, das dem Spender in seinem körperlichen Aufbau genauso glich wie ein eineiiger Zwilling dem anderen. Im nächsten Schritt, so die Befürchtung, konnten reiche Menschen Klone von sich selbst herstellen.

Na und? Was gibt es da zu fürchten? Nun, viele Menschen waren beunruhigt durch die von ihnen wahrgenommenen ethischen Folgerungen. Wie bei vielen anderen neuen wissenschaftlichen Ergebnissen von der Impfung bis zur Empfängnisverhütung wurden die Urheber beschuldigt, sie würden »Gott spielen«. Unter anderem ging es um die Frage, ob die geklonten Individuen eine Seele haben. Wenn nicht, konnte man sie dann nicht versklaven, genau wie wir heute Pferde, Hunde, Autos und Computer versklaven?

Damals wurde gesagt, man müsse die ethischen Folgerungen des Klonens vollständig diskutieren, bevor man der Wissenschaft gestatten könne, weiterzumachen. Wie lange würde so etwas wohl dauern? Aus irgendeinem Grund wurde der Vergleich mit eineiigen Zwillingen (bei denen allgemein anerkannt ist, dass jeder von ihnen eine Seele hat) selten erwähnt. (Der Begriff des bösen Zwillingsbruders geht bis auf Zarathustra zurück.) Ich erwähne das Klonen, weil es wieder einmal zeigt, wie weitverbreitet das Gefühl ist, eine Seele zu haben. Auch viele Atheisten erkennen den Begriff der Seele an; sie leugnen nur, dass es einen Gott gibt, der seine Gunst verteilt. Es sind vor allem die Physikalisten, die behaupten, es gebe keine Seele.

KAPITEL 23

Freier Wille

Ein wichtiges Puzzlestück fehlt noch. Es liegt am Rand
des quantenphysikalischen Teils des Puzzles und ist der
Schlüssel zur besonderen Bedeutung des *Jetzt*.

> Wie die ständige Zunahme der Entropie das Grundgesetz des Universums ist, so ist es das Grundgesetz des Lebendigen, immer höhere Strukturen zu entwickeln und gegen die Entropie anzukämpfen.
>
> Vaclav Havel

Haben wir einen freien Willen?

Ich glaube schon, aber ganz sicher bin ich mir nicht. Zumindest ein Teil meines freien Willens könnte eine Illusion sein. Die ersten Zweifel kamen mir 1980. Zwei Jahre zuvor hatten meine Frau Rosemary und ich unser erstes Kind bekommen. Welchen Namen sollten wir dem Mädchen geben? Es fühlte sich an wie eine der größten Entscheidungen in unserem Leben. Wir suchten einen Namen, der nicht zu häufig, aber auch nicht zu ungewöhnlich war, der eine persönliche, aber auch wieder nicht zu persönliche Bedeutung hatte; es war schließlich ihr Name, nicht unserer. Wir lasen Bücher mit Hunderten von Namen und ihren Bedeutungen, warfen die Bücher weg, dachten an Spitznamen, die uns nicht gefallen würden und über die wir keine Kontrolle hatten, und ganz plötzlich fiel unsere Wahl auf *Elizabeth Ann.*

Zum Teil waren wir dabei sicher durch unsere Bewunderung für die mächtige und kreative Königin Elizabeth I. von England beeinflusst. Rosemary hatte bei Professor Hugh Richmond einen Kurs über Shakespeare belegt, und auch ich war als Gasthörer bei jeder Vorlesung gewesen; sowohl Richmond als auch Shakespeare hatten unser Leben zutiefst beeinflusst. Und warum Ann, der zweite Name? Er klang einfach richtig. Erst Jahrzehnte später fiel mir die Ähnlichkeit von *Elizabeth Ann* zu *Elizabethan* auf, dem Namen der großartigen Ära, in der Elizabeth I. herrschte. Kein Wunder, dass es richtig klang. Hatten wir unsere Tochter nun nach einer Königin oder nach einem Zeitalter benannt? Die Spitznamen gefielen uns. Elizabeth, Liz, Betsy und Bess passten zusammen und ließen an ein Vogelnest denken ... Es war eine sehr persönliche Entscheidung.

Jedenfalls dachten wir das. Zwei Jahre später, 1980, las ich einen Zeitschriftenartikel über beliebte Vornamen. Im Norden Kaliforniens war 1978 ausgerechnet Elizabeth der beliebteste Mädchenname gewesen.

Was ist freier Wille? Ist es die Fähigkeit, sich für eine Handlung zu entscheiden, ohne dass man beeinflusst wird? Warum sollte ich jemals etwas tun wollen, ohne mich beeinflussen zu lassen? Wenn aber meine Handlungen von äußeren Kräften bestimmt werden – von den Menschen, die zufällig meine Eltern, Lehrer, Freunde und Kollegen sind, von den Büchern, die ich zufällig lese, von den Erfahrungen die ich zufällig mache –, macht mich das dann nicht zu einem schlichten physikalischen Teilchen, das passiv von anderen Teilchen herumgestoßen wird und auf Kräfte reagiert wie die Planeten, die auf die Gravitation der Sonne ansprechen und auf einer vorherbestimmten Bahn kreisen? Und ist es dann nicht nur eine

Wahnvorstellung, dass ich von mir aus handle? Bin ich nur ein Holzstückchen, das in einer komplizierten Maschine gefangen ist und herumhüpft, während sich die Zahnräder drehen, und verwechsle ich nicht einfach mein schnelles Handeln mit meiner Wichtigkeit?

Ende des 19. Jahrhunderts, als die klassische Physik ihren Höhepunkt erreicht hatte, sah es so aus, als würde man mit der Physik schon bald alles erklären können. Zwar gab es noch ein paar Probleme – Fragen nach der Messung der absoluten Geschwindigkeit der Erde und einige unerklärliche Aspekte der Wärmestrahlung. Aber wie sich herausstellte, waren diese kleineren, nicht gelösten Fragen alles andere als klein; sie führten am Ende zur Relativitätstheorie beziehungsweise zur Quantenphysik.

Die klassische Physik und auch die Relativitätstheorie waren deterministisch. Das Universum unterlag Kausalbeziehungen. Die Vergangenheit bestimmte vollständig die Zukunft. Das legte die Vermutung nahe, dass auch Verhaltensweisen im Prinzip durch frühere Ereignisse vorherbestimmt sind. Die spätere Entwicklung der Chaostheorie ließ zwar darauf schließen, dass wir die Vergangenheit nie gut genug kennen werden, um die Zukunft vorherzusagen, aber auch damit veränderte sich die Argumentation des Determinismus nicht. Alles Handeln, auch das der Menschen, war demnach vorbestimmt; die Calvinisten hatten recht. Den Philosophen fiel es schwer, eine von den Entdeckungen der Physiker abweichende Meinung zu vertreten. Die schnelle Entwicklung der Physik verlieh der Philosophie (Religion?) des Physikalismus eine größere Glaubwürdigkeit. Die physikalistische Leugnung des freien Willens dürfte sogar die wachsende Überzeugung gestärkt haben, dass Verbrecher die Opfer ihrer Erziehung sind und dass es unfair ist, sie für ihre Taten zu bestrafen. Nicht der Einzelne, sondern die Gesellschaft sollte für alle Übeltaten verantwortlich sein. Das ist eine seltsame Schlussfolgerung: Sie scheint der Gesellschaft einen freien Willen (mit Fehlverhalten umzugehen) zuzuschreiben, während sie ihn den Kriminellen abspricht.

Aber die Voraussetzung, auf die sich diese philosophische Schlussfolgerung stützte, erwies sich als falsch. Um die Argumentation – die Behauptung, die Physik habe gezeigt, dass der freie Wille eine Illusion ist – zu zerstören, müssen wir nur nachweisen, dass Physik nicht kausal ist und dass das zukünftige Verhalten der Teilchen von mehr abhängt als nur von früheren Erfahrungen. Das konnte ich in meinem eigenen Labor zeigen.

Damals in meinem Labor ...

Von Newton bis Heisenberg ging man stillschweigend davon aus, dass die Kenntnis der Anfangsbedingungen auch die Zukunft eines physikalischen Systems festlegt. Heute dagegen wissen wir, dass zwei Objekte, die in jeder Hinsicht vollkommen identisch sind, sich unterschiedlich verhalten können. Zwei *identische* radioaktive Atome zerfallen zu unterschiedlichen Zeiten. Ihre Zukunft wird weder von ihrer Vergangenheit noch von ihrem Zustand, das heißt ihrer quantenphysikalischen Wellenfunktion bestimmt. Gleiche Bedingungen führen nicht zu gleicher Zukunft. Kausalität wirkt sich auf das durchschnittliche physikalische Verhalten aus, aber nicht auf das physikalische Verhalten im Einzelnen.

Ich möchte meine Aussage auf dem Weg erläutern, den ich für den überzeugendsten halte: durch Experimente und Messungen, die ich selbst angestellt habe. Ende der 1960er Jahre arbeitete ich in der experimentellen Teilchenphysik. Jeden Tag benutzten meine Kollegen und ich das Bevatron des Lawrence Berkeley Laboratory,* um Protonen auf andere Protonen zu schießen. Bei vielen derartigen Kollisionen entstanden mindestens zwei Teilchen, die wir als *Pionen* (kurz für *Pi-Mesonen*) bezeichneten. Was dabei entscheidend war: Ich konnte experimentell feststellen, dass alle Pionen, die aus einer einzelnen Kollision stammten und die gleiche elektrische Ladung trugen, identisch waren. Damit meine ich *genau* identisch bis in ihren tiefsten quantenphysikalischen Kern. Diese Teilchen hatten identische Quantenwellenfunktionen. Sie waren in dem gleichen Sinn identisch, indem die eintretenden Elektronen im Feynman-Diagramm mit den austretenden Elektronen identisch sind.

Woher wusste ich, dass die Teilchen wirklich identisch waren? Von Phil Dauber (dem Physiker, der mir beigebracht hatte, dass eine Zuverlässigkeit von 95 Prozent für die Verletzung der Zeitumkehr nicht hoch genug ist) hatte ich gelernt, dass die Wellen identischer Teilchen sich gegenseitig beeinflussen. In manchen Richtungen verstärken sich die Wellen, in anderen löschen sie sich aus. Solche Interferenzen beobachtet man bei Teilchen, die aus einer Kollision stammen (sie sind Teil ihrer »Endzustands-Wechselwirkung«) und waren in unseren Daten ohne weiteres zu beobachten. Teilchen mit unterschiedlicher Zusammensetzung stören sich gegenseitig nicht. Zwischen einem Pion und einem Elektron findet keine Interferenz statt. Ein Elektron könnte mit einem anderen in

---

* Das Labor hieß damals »Lawrence Radiation Laboratory at Berkeley«. Später wurde es in »Lawrence Berkeley Laboratory« oder kurz »Berkeley Lab« umbenannt. Ich glaube, man wählte den Namen absichtlich so lang, damit die meisten Menschen den Spitznamen verwendeten; der Name »Lawrence« wurde mit Bomben in Verbindung gebracht. Das Bevatron trug seinen Namen, weil es als erste Maschine die Teilchen auf eine Milliarde Elektronenvolt (one *billion electron volts*) beschleunigen konnte.

eine solche Wechselbeziehung treten, aber das geschieht nur dann, wenn der verborgene innere Spin bei beiden gleich orientiert ist. Die Interferenz ist ein Zeichen, dass Teilchen bis hin zu ihrer möglicherweise verborgenen inneren Struktur identisch sind – identisch bis hinein in den Bereich der Quantenphysik.

Auf meinen Fotos aus der Blasenkammer konnte ich zwei identische Pionen erkennen, die aber zu unterschiedlichen Zeiten zerfielen. Das finde ich noch heute sehr seltsam. Zwei identische Stäbe Dynamit mit identischen Zündschnüren, die gleichzeitig angezündet werden, explodieren auch gleichzeitig. Meine identischen Teilchen taten das nicht. Es musste zwischen den beiden Pionen einen Unterschied geben. Sie konnten keine identischen Wellenfunktionen haben. Und doch zeigte ihre Interferenz, dass die Wellenfunktionen gleich waren.

Bei den meisten radioaktiven Atomen kann man in dieser Hinsicht nicht sicher sein, auch wenn das Freedman-Clauser-Experiment gegen verborgene Variablen spricht. Dieser Einwand wird durch meine Beobachtung, dass nachweislich identische Teilchen sich unterschiedlich verhalten, entkräftet. Natürlich war ich nicht der Erste, der einen solchen Versuch machte. Die Methode hatte ich von Dauber gelernt. Ich möchte hier nur die Aufmerksamkeit auf eine Kategorie von Beobachtungen lenken, die in der Teilchenphysik wohlbekannt ist; sie ist von Bedeutung für unsere Diskussion über den Physikalismus und die Frage, in welchem Ausmaß die Vergangenheit über die Zukunft bestimmt.

Ich mag vielleicht keinen freien Willen haben, aber diese Pionen, so scheint es, haben ihn.

Nein, ich meine nicht, dass sie wirklich einen freien Willen haben. Die Behauptung, Pionen hätten einen freien Willen, ist ein wenig unbedacht und anthropomorph. Vielmehr zeigt das

Beispiel, dass die physikalistische Behauptung, die Welt sei deterministisch, durch physikalische Beobachtungen widerlegt wird. Identische Teilchen verhalten sich nicht identisch. Deshalb lassen sich bestimmte wichtige Aspekte der Zukunft (darunter auch der, welcher sich auf die Lebensdauer einer Katze auswirkt) selbst dann nicht vorhersagen, wenn man vollständige Kenntnisse über die Vergangenheit besitzt; das gilt sogar dann, wenn sie ausreichend genau sind, um dem Chaos zu trotzen. Das machtvollste historische Argument gegen den freien Willen, welches auch den Erfolg der klassischen Physik begründete – das Argument, die Physik sei deterministisch – war selbst eine Illusion.

Der klassische freie Wille

Was ist freier Wille? Gegen Ende des 19. Jahrhunderts, in der Blütezeit der klassischen Physik, vollzog die Wissenschaft große Schritte hin zu dem Ziel, *alles* zu erklären. Das folgende Zitat wird Lord Kelvin zugeschrieben:

> Es gibt jetzt in der Physik nichts Neues mehr zu entdecken. Alles, was noch bleibt, sind immer genauere Messungen ... Die zukünftigen Erkenntnisse der physikalischen Wissenschaft sind in der sechsten Dezimalstelle zu suchen.

Diese Aussage (ob sie nun wirklich von Kelvin stammt oder nicht) macht deutlich, welchen Eindruck viele Wissenschaftler zu jener Zeit hatten. Mechanik, Gravitation, Thermodynamik, Elektrizität und Magnetismus – eigentlich alles – schien zusammenzupassen. Schon bald, so glaubte man, würde man auch biologische Phänomene auf abprallende Teilchen und elektrische Signale zurückführen können. Damals musste man schon Wissenschaftspessimist oder sogar Wissenschaftsfeind sein, wenn man glauben wollte, dass der freie Wille erhalten bleibt.

Philosophen analysierten den freien Willen ausführlich und gelangten zu unterschiedlichen Schlussfolgerungen. Schopenhauer hielt seinen Vortrag »Über die Freiheit des menschlichen Willens« nicht vor einer Versammlung von Philosophen, sondern bei der Königlich Norwegischen Sozietät der Wissenschaften. Er vertrat darin die Ansicht, Menschen besäßen nichts anderes als die Illusion eines freien Willens:

> Du kannst *thun* was du *willst*: aber du kannst, in jedem gegebenen Augenblick deines Lebens, nur ein Bestimmtes *wollen* und schlechterdings nicht Anderes, als dieses Eine.

Friedrich Nietzsche bezeichnete den freien Willen in seinem 1886 erschienenen Werk *Jenseits von Gut und Böse* als Torheit und krasse Dummheit, die aus »dem extravaganten Stolz« der Menschen erwächst.

Immanuel Kant (1724–1804) ist vor allem als Philosoph bekannt, er war aber auch ein herausragender Wissenschaftler; als Erster erkannte er, dass die Gezeiten die Rotation der Erde verlangsamen, und er stellte die richtige Hypothese auf, dass unser Sonnensystem sich aus einem urtümlichen Gasnebel gebildet hat. Kant besaß ausgezeichnete Kenntnisse über die Newton'sche Physik und die Möglichkeit, die sie eröffnete, dass auch das Leben selbst deterministisch sei. Aber trotz der Erfolge der Physik seiner Zeit gelangte er zu dem Schluss, dass er einen freien Willen besaß, einfach weil (so seine Argumentation) es ohne freien Willen keinen Unterschied zwischen moralischem und unmoralischem Verhalten gäbe. Da dieser Unterschied aber besteht, so Kant, müsse es einen freien Willen geben.

Das, so würde heute jeder Anwalt sagen, ist eine recht fragwürdige Überlegung, aber nach meiner Überzeugung steht hinter Kants Aussage eine tiefer liegende Interpretation. Er spürte, dass er selbst nichtphysikalisches Wissen besaß, echtes Wissen über Ethik, Moral und Tugend. Da er sich dieses Wissens sicher war, musste es tatsächlich einen freien Willen geben, denn ohne Wahlmöglichkeit hätten solche Begriffe keine echte Bedeutung. Es bedurfte aber weiterer Fortschritte in der Physik und insbesondere eines besseren Verständnisses ihrer Quantenaspekte, um zu erkennen, dass die Physik und Kants Gedanken über den freien Willen tatsächlich miteinander verträglich sind.

Anderer Meinung war ein Wissenschaftler und Philosoph unserer Tage: Francis Crick, der Mitentdecker der DNA-Doppelhelixstruktur. Er erklärte:

»Sie«, Ihre Freuden und Leiden, Ihre Erinnerungen, Ihre Ziele, Ihr Sinn für die eigene Identität und Willensfreiheit – bei alledem handelt es sich in Wirklichkeit nur um das Verhalten einer riesigen Ansammlung von Nervenzellen und dazugehörigen Molekülen.

Crick bezeichnet dies als seine »erstaunliche Hypothese«, nach meiner Auffassung widerspricht er damit aber einfach den vielen Philosophen, die sich mit ihren Schlussfolgerungen entweder auf einen allmächtigen, allwissenden Gott oder auf den bemerkenswerten Erfolg der klassischen Physik stützten. Starke Überzeugungen werden nicht immer überzeugend begründet. Zu seinen Gunsten muss man Crick anrechnen, dass er von einer »Hypothese« sprach und nicht von einer Folgerung, zu der er allein mit wissenschaftlichen Methoden gelangen konnte. Tatsächlich war seine Folgerung, genau wie die von Schopenhauer, nicht falsifizierbar.

Um es noch einmal zu wiederholen: Im Abschnitt über meine Beobachtungen an den Pionen gelange ich nicht zu dem Schluss, dass die Teilchen einen freien Willen hätten oder dass

Menschen einen freien Willen hätten, sondern ich sage nur, dass die entscheidende Annahme der Philosophen, die Vergangenheit bestimme vollständig die Zukunft, in der modernen Physik keine Begründung hat. Ihre Argumente, wonach es keinen freien Willen gibt, gehen von einer falschen Voraussetzung aus. Wir können nicht zu dem Schluss gelangen, dass ein freier Wille existiert, aber wir können sagen, dass nichts in der Wissenschaft ihn ausschließt.

Aber auch wenn die moderne Physik den freien Willen zulässt, muss dessen Ausübung immer mit der Entropiezunahme verträglich sein, mit dem Gesetz, wonach wahrscheinliche Ereignisse eher vorkommen als unwahrscheinliche. Die Entropie ist eine absolute Einschränkung. Kann der freie Wille die Tyrannei der Entropie überwinden?

Der Entropie eine Richtung geben

Kann man nichtphysikalisches Wissen nutzen, um die Zukunft zu beeinflussen und in eine Richtung zu lenken, die weniger wahrscheinlich ist als jene, in die sie sonst gegangen wäre? Die Antwort wird sich als wichtig erweisen, wenn wir einen physikalischen Ausgangspunkt für die Bedeutung des *Jetzt* haben, denn dann können wir herausfinden, warum dieser Moment für uns etwas Besonderes ist.

Nach meiner Einschätzung lautet die Antwort eindeutig Ja. Selbst wenn wir die Entropie des Universums nicht verringern können, können wir doch Einfluss auf ihre Zunahme nehmen und ihre Entstehung so lenken, wie es unseren Zielen entspricht. Wir können unseren freien Willen ausüben, indem wir darüber entscheiden, welche Zukunft zugänglich ist. Wir können wählen, wohin wir die Teetasse stellen – mitten auf den Tisch oder an seinen Rand. Wir können wählen, ob wir

IV Physik und Realität

Löcher in die Trennwand zwischen einem Behälter voller Gas und einem luftleeren Raum anbringen. Die Entropie bringt uns dann in den wahrscheinlichsten Zustand, aber wir können eine Gruppe von Zuständen auswählen. Wir sind die Dirigenten, und die Entropie ist unser Orchester.

Holz kann verrotten – womit seine Entropie zunimmt –, oder wir können ein Streichholz anzünden und dasselbe Holz dazu verwenden, um einen Brennofen anzuheizen und eine Teetasse herzustellen oder um einen Kolben zu bewegen, der einen Traktor antreibt, mit dem wir eine Stadt bauen. In allen Fällen nimmt die Entropie zu, aber der größte Teil dieser Zunahme kann in Form vergeudeter Wärmestrahlung in den Weltraum entweichen. Wir können dafür sorgen, dass die lokale Entropie, die Entropie der Stadt, unserer Umwelt und unserer Zivilisation abnimmt. Sie nimmt ab, weil wir es so wollen. Was ich hier sage, ist nichts Neues; es wurde von Erwin Schrödinger schon 1944 in seinem Buch *Was ist Leben?* beschrieben.

Ist die Existenz des freien Willens eine Hypothese, die sich falsifizieren lässt? Experimente mit Menschen sind viel schwieriger als solche mit Pionen, aber zumindest können wir uns überlegen, ob eine Überprüfung prinzipiell möglich wäre, und wir können uns fragen, was wir mit freiem Willen meinen. Mein Vorschlag lautet folgendermaßen:

> Wenn Menschen immer den Gesetzen der Wahrscheinlichkeit folgen, existiert freier Wille nicht. Wenn Menschen regelmäßig höchst unwahrscheinliche Dinge tun, die sich aufgrund äußerer Einflüsse nicht vorhersagen lassen, ist solches Verhalten ein Zeichen für freien Willen.

Diese Aussage steht in unmittelbarem Gegensatz zu der Behauptung von Schopenhauer, die ich bereits zitiert habe. Es lohnt sich, sie hier noch einmal zu wiederholen: »Du kannst *thun* was du *willst*: aber du kannst, in jedem gegebenen Augenblick deines Lebens, nur ein Bestimmtes *wollen* und schlechterdings nicht Anderes, als dieses Eine.« Schopenhauer stützte sich mit seiner Behauptung auf eine physikalistische Überzeugung, die in der Zeit der klassischen Physik plausibel war, heute aber nicht mehr glaubwürdig ist. Er hielt seinen Vortrag zwar vor einem wissenschaftlichen Publikum, schlug aber nie eine Methode vor, mit der man seine Theorie hätte falsifizieren können.

Einen physikalistischen Beweis dafür, dass der freie Wille etwas Reales ist, habe ich nicht zu bieten. Ich vertrete nur die Ansicht, dass es keinen stichhaltigen Beweis und nicht einmal ein schlagkräftiges Argument für seine Nichtexistenz gibt und dass nichtphysikalisches Wissen in Verbindung mit der Erkenntnis, dass nicht alle Wege zur Entropiezunahme gangbar sind, eine Alternative zu der physikalistischen Erklärung von einer psychologischen Täuschung darstellt.

Wir halten diese Wahrheiten für offensichtlich

In der Blütezeit der klassischen Naturwissenschaft, von Newton bis Einstein, wiesen die Physiker scheinbar nach, dass die Physik über die Zukunft bestimmt, und in der Philosophie herrschte Verblüffung. Die Physik untergrub den Glauben an einen allmächtigen, tätigen Gott – aber gab es dann eine andere Quelle der Tugend, und wenn ja, welche? Mit dem Rückzug Gottes war die europäische Aufklärung durchaus ein Versuch, die Grundlagen der menschlichen Tugend wiederherzustellen, die früher von einem höchsten Wesen diktiert wurden. Was ist die Grundlage ethischen Verhaltens? Wer oder was setzt die Maßstäbe für Moral, Fairness und Gerechtigkeit? Wie steht es mit der politischen Herrschaft? Wenn die Regierung nicht von Gott eingesetzt wurde (Könige von Gottes Gnaden), woher bezog sie dann ihre Macht? Und wo lagen für diese Macht die richtigen Grenzen?

Während der Aufklärung bemühte man sich, die Grenzlinie zwischen Gut und Böse pseudowissenschaftlich zu erklären. Physik war zu jener Zeit groß in Mode. Sie ersetzte die Maßstäbe, wenn es darum ging, mit Vernunft zu plausiblen Erklärungen zu gelangen. Moral leitete sich aus der Vernunft ab. Tugend wurde durch die von ihr geschaffenen Werte gerechtfertigt. Im 18. Jahrhundert entwickelte David Hume den *Empirismus*, von ihm selbst »Wissenschaft des Menschen« genannt – eine Methode, mit der man die moralische Verantwortung auch in einer deterministischen Welt unterbringen konnte. (Ob der Determinismus dabei von der Physik oder von Gott ausging, spielte eigentlich keine Rolle.) Ethik basierte nicht mehr auf abstrakten Regeln, die den Menschen von Gott gegeben wurden, sondern auf Eigeninteresse und der Freude, die wir empfinden, wenn wir anderen helfen. Hume gelangte zu tiefgreifenden Erkenntnissen, die noch heute Gültigkeit haben, und man kann ihn als Begründer des Fachgebiets der Kognitionswissenschaft bezeichnen.

Die Philosophie der Aufklärung und der Zeit danach lässt sich nicht in wenigen Büchern und erst recht nicht in wenigen Absätzen zusammenfassen. Man möge mir also meine übermäßig kurze Beschreibung verzeihen. Meiner Ansicht nach war diese Ära der Philosophie aber von Versuchen beherrscht, die Religion durch Konzepte und Ideale zu ersetzen, die ebenso kraftvoll waren wie der dahinschwindende Gott, und die zu Prinzipien für die Führung einer Gesellschaft führen konnten. Die Philosophen schlugen sich mit Logik, Vernunft und Physik herum, um damit zu erklären, warum moralisches Verhalten weiterhin sinnvoll war und warum ihre neuen Gedanken über die Regierungsführung ihre Berechtigung hatten. John Locke vertrat die Ansicht, die Vernunft der Menschen führe zu der Erkenntnis, dass Menschen mit Rechten geboren werden – Rechten, die von Thomas Jefferson später so wortreich formuliert wurden. Nach meinem Eindruck zwängte Locke damit der Vernunft allerdings eine unangemessene Rolle auf.

Dass Rechte sich von selbst verstehen, sagt uns nicht die Vernunft, sondern die Empathie. Jean-Jacques Rousseau schrieb über eine primitive menschliche Phantasiegesellschaft, die grundsätzlich friedlich sei. Thomas Hobbes erfand eine an den Haaren herbeigezogene Geschichte über die Ursprünge der Regierungsführung und erklärte, sie lägen in einem Gesellschaftsvertrag zwischen Herrschern und Beherrschten. Der Philosoph und Physiker Immanuel Kant versuchte, eine rationalistische Herangehensweise an die Moral zu entwickeln. Jeremy Bentham erklärte das Glück zum Maßstab für Nützlichkeit.

Alle diese Denker sprachen über Idealformen, über Utopias. Sie formulierten pseudowissenschaftliche Gleichungen wie etwa John Stuart Mills Maximierung des Guten für die größtmögliche Zahl von Menschen – ein Konzept, das die Fähigkeit voraussetzt, den Wert zivilisierten Verhaltens zu berechnen.* Die Philosophen der Aufklärung suchten nach einer wissenschaftlichen Grundlage für richtiges Verhalten.

Nachdem ich nun die Aufklärung derart bagatellisiert habe, stellt sich die Frage: Wo stehen wir heute?

Nach meiner Überzeugung waren die Philosophen auf der richtigen Spur. Ihr Fehler bestand nur in dem Gedanken, sie

---

* Mills Konzept war auch mathematisch fehlerhaft. Ganz allgemein kann man nicht gleichzeitig das Ergebnis von zwei Variablen (Gutes und Zahl) maximieren, sondern nur eines.

müssten sich mit der Rechtfertigung ihrer Theorien auf eine wissenschaftliche Struktur stützen – auf Vernunft, Logik und Wissenschaft. Letztlich ist die Welt oder zumindest die Entwicklung der Zivilisation nicht deterministisch. Die Zukunft hängt nicht nur von den Kräften und Vorgängen der Vergangenheit und nicht nur von messbaren physikalischen Größen ab, sondern auch von der Wahrnehmung der nichtphysikalischen Realität und von den Handlungen, die Menschen mit ihrem freien Willen ausführen. Eine solche Realität lässt sich nicht ohne weiteres quantitativ erfassen, und man kann sie nicht auf Vernunft und Logik reduzieren.

Freier Wille und Verschränkung

Könnte der freie Wille seine Grundlage in der Wellenfunktion haben? Ja, das ist sicherlich möglich. Um das zu verdeutlichen, möchte ich ein wenig philosophisch-physikalische Spekulation betreiben. Mein Ansatz ist nicht falsifizierbar und damit auch keine stichhaltige physikalische Theorie; dennoch ist es interessant, darüber nachzudenken.

Stellen wir uns vor, dass es neben der physikalischen auch eine spirituelle Welt gibt. Es ist die Welt, in der die Seele existiert, der Bereich, in dem Empathie wirksam werden und Entscheidungen beeinflussen kann. Stellen wir uns weiterhin vor, diese spirituelle Welt sei irgendwie mit der physikalischen Welt verschränkt. Handlungen in der spirituellen Welt können sich in der realen Welt auf die Wellenfunktionen auswirken. Umgekehrt kann die physikalische Welt auch die spirituelle durchdringen und beeinflussen.

Bei der gewöhnlichen Verschränkung zweier Teilchen in der physikalischen Welt wirkt sich der Nachweis des einen Teilchens auf die Wellenfunktion des anderen aus. Aber diese

Verschränkung lässt sich unmöglich nachweisen oder messen, wenn man nur zu einem Teilchen physikalischen Zugang hat. Betrachtet man beide Teilchen, kann man die Korrelation sehen, beobachtet man aber nur eines, erscheint sein Verhalten vollkommen zufällig.

Wenn ich mich darum bemühe, meine eigene Seele zu verstehen, erscheint ein solches Bild durchaus sinnvoll. Es gibt eine spirituelle Welt, die von der realen Welt getrennt ist. Wellenfunktionen aus beiden Welten sind verschränkt, aber da die spirituelle Welt der physikalischen Messung nicht zugänglich ist, kann man die Verschränkung nicht nachweisen. Geist kann sich durch das, was wir freien Willen nennen, auf physisches Verhalten auswirken – ich kann mich entscheiden, ob ich eine Teetasse herstellen oder zerschlagen will; ich kann wählen, ob ich Krieg führen oder nach Frieden streben möchte.

Diese Spekulation ist nicht falsifizierbar, aber das heißt nicht, dass sie nicht wahr wäre. Wie Gödel uns gelehrt hat, gibt es immer Wahrheiten, die sich nicht überprüfen lassen.

Egoistische Gene

Dass wir Empathie und Mitleid empfinden, dass wir ein Gespür für Fairness und Gerechtigkeit haben, könnte im Prinzip an Instinkten liegen, die sich während der darwinistischen Evolution entwickelt haben. Dies ist die physikalistische Sichtweise, nach der alles, was nicht messbar ist, auch nicht real ist. Sie führt zu einer Art Relativismus, der bei manchen Menschen ungute Gefühle entstehen lässt. Tugend ist nichts Absolutes mehr, was es in den Tagen der tiefen religiösen Überzeugungen war, sondern nur noch ein Ergebnis unserer kulturellen Evolution. Wir sollten im Hinblick auf unsere moralischen Überzeugungen nicht arrogant sein, denn sie sind vorübergehend und kulturabhängig, und in Zukunft werden wir vielleicht entscheiden, dass unsere Maßstäbe stark verzerrt waren. Immerhin ist es noch nicht allzu lange her, dass wir Homosexuelle ins Gefängnis gesperrt oder sogar getötet haben, und nicht lange davor wurde Sklaverei allgemein hingenommen.

Alle unsere ethischen Ziele kann man so interpretieren, als hätten sie einen darwinistischen Überlebenswert – wenn nicht für den Einzelnen, dann für das Gen. Diese Theorie vertrat Dawkins sehr beredt in seinem faszinierenden Buch *Das egoistische Gen*. Auch Altruismus, so Dawkins, basiert auf darwinistischer Evolution. Wir opfern uns selbst bereitwillig, wenn das bedeutet, dass unsere Gene, die wir mit unserer Familie und nahen Angehörigen, unserem Clan oder unserer Sippe gemeinsam haben, dadurch besser überleben. Eine faszinierende Theorie, aber stimmt sie auch? Das festzustellen, ist viel schwieriger.

Empathie hat tatsächlich einen positiven Überlebenswert für das Gen, sie beinhaltet aber auch einen negativen Überlebenswert. Welcher von beiden überwiegt? Wir wollen nicht, dass unsere Soldaten zu viel Empathie für die Feinde empfinden, die sie töten sollen. Empathie für Außenstehende ist nicht ohne weiteres als Folge des Egoismus von Genen zu verstehen. Dawkins würde argumentieren, dass der positive Überlebenswert dominiert, aber stützt er sich mit dieser Aussage auf eine Analyse oder sagt er es nur, weil es zu seiner Schlussfolgerung passt? Physikalisten müssen vorsichtig sein, wenn sie willkürlich annehmen, dass Tugenden ein Ergebnis der Evolution sind. Das liegt nicht auf der Hand, und möglicherweise stimmt es auch nicht. Es passt wunderbar zu der Überzeugung, dass man alles mit Wissenschaft erklären kann, aber wir wissen, dass das nicht stimmt. Im Anhang 6 finden sich einige Aussagen angesehener Physiker, die keine Physikalisten sind.

Nach einer anderen »Erklärung« erwächst Tugend aus unseren realen, wahren, aber nicht messbaren nichtphysikalischen Informationen. Mitleid und Empathie basieren auf dem Wissen (dem Glauben? der Wahrnehmung? der Vermutung?), dass andere Menschen ein tiefes inneres Wesen – eine Seele – haben, genau wie wir wissen, dass wir sie auch selbst besitzen. Man kann es als religiöse Offenbarung bezeichnen, wenn wir erkennen (glauben?), dass andere Menschen ebenso real sind wie wir selbst. Liebe hat ihren Ursprung nicht in der Sexualität, sondern in der Empathie – auch wenn wir vielleicht in der Wahl unserer Sexualpartner von unseren egoistischen Genen beeinflusst werden. Mit Empathie gelangen wir zu dem Gefühl (dem Glauben? dem Wissen?), dass es richtig ist, andere so zu behandeln, wie wir von ihnen behandelt werden wollen. Von dieser goldenen Regel lassen sich die meisten Tugenden ableiten.

Richard Dawkins bezeichnet sich selbst voller Stolz als Atheisten – das heißt, er ist kein Theist. Er behauptet, sein Atheismus stütze sich auf Logik, aber Schlussfolgerungen, die Beobachtungen außer Acht lassen, sind nicht logisch. Seine Religion ist der Physikalismus.

Viele Atheisten erklären, sie hätten keine Religion, und für manche von ihnen mag das stimmen. Aber wer behauptet, »wenn man es nicht messen kann, wenn man es nicht quantitativ erfassen kann, ist es nicht real« ist nicht frei von Religion. Solche Menschen glauben (nach meiner Erfahrung) sehr oft, ihr Ansatz liege auf der Hand und man könne ihn deshalb als logisch bezeichnen. Sie gehen davon aus, dass ihre Wahrheiten sich von selbst verstehen. Es lohnt sich daran zu denken, dass auch die grundlegenden Lehren des Christentums noch vor nicht allzu langer Zeit zumindest unter den meisten Europäern als selbstverständlich galten. Isaac Newton verfasste religiöse Traktate und beschrieb darin seinen Glauben an den Wortlaut der Bibel.

Wenn es darum geht, die Realität zu verstehen, ist es Zeit für die Erkenntnis, dass die Physik unvollständig ist. Der Physikalismus war eine machtvolle Religion, die der Physik einen Brennpunkt gegeben und damit unsere Zivilisation weit vorangebracht hat, aber man sollte ihn nicht benutzen, um Wahrheiten abzulehnen, die sich nicht quantifizieren lassen. Es gibt eine Realität jenseits der Physik, jenseits der Mathematik; Ethiker und Moralisten sollten Denkansätze nicht nur deshalb aufgeben, weil sie keine naturwissenschaftliche Grundlage haben. Andere Fachgebiete sollten ihren übertriebenen Neid auf die Physik dämpfen und anerkennen, dass nicht alle Wahrheiten eine Grundlage in mathematischen Modellen haben.

TEIL V

JETZT

KAPITEL 24

Der 4-D-Urknall

*Der Urknall schafft nicht nur neuen Raum,
sondern auch neue Zeit – und diese neue Zeit ist der
Schlüssel zum Jetzt.*

Du lieber Gott, man kann ja verrückt werden,
wenn man über das alles nachdenkt ...

Sarah Connor in *Der Terminator*

Auch wenn die Augenblicke niemals bleiben,
Begrüßt sie fröhlich, wenn sie treiben.

Chor der jungen Mädchen in
The Pirates of Penzance

Was unser Verständnis der Zeit angeht, bescherte Einstein uns ungeheure Fortschritte. Feynman fand heraus, wie nützlich es ist, die Rückwärtsreise in der Zeit in Betracht zu ziehen. Aber seither hat es nach meinem Dafürhalten im Verständnis der Zeit praktisch keine Fortschritte mehr gegeben.

Wenn man ein Puzzle zusammensetzt, ist es manchmal schwierig, ein fehlendes Teil zu finden, aber das eigentliche Hindernis ist ein Puzzlestück, das an der falschen Stelle eingesetzt wurde. Ein solch falsch eingesetztes Puzzlestück war die Erklärung des Zeitpfeils durch die Entropie. Die Zivilisation baut nicht auf der Zunahme der Entropie auf, sondern auf ihrer lokalen Abnahme. Ein Film mit einer zerbrechenden

Teetasse ist natürlich ein großartiges Beispiel für die Entropiezunahme, und wenn man ihn rückwärtslaufen lässt, ist er vollkommen unplausibel, aber ein Film von der Herstellung einer Teetasse würde rückwärts ebenso falsch aussehen.

Die Entropie der Erde nimmt ab, weil ihr Kern abkühlt. Eine lokale Entropieabnahme ist charakteristisch für die Ausbreitung von Leben und Zivilisation. Die Zeit mit einer *Abnahme* der Entropie in Verbindung zu bringen, hat eindeutig den Vorteil, dass die lokale Veränderung in einer solchen Theorie am wichtigsten ist, nicht aber eine Veränderung in irgendeinem weit entfernten schwarzen Loch. Letztlich ist die Entropieabnahme tatsächlich ein unverzichtbarer Teil dessen, was wir Leben nennen: Unorganisierte Nährstoffe werden aus Boden oder Luft aufgenommen und zuerst (durch die pflanzliche Produktion) zu Nährstoffen angeordnet, dann verwandeln sie sich (durch Fressen und Verdauen) in Fleisch, und am Ende stehen Wachstum und Lernen. Wenn die Entropie unseres Körpers irgendwann schließlich dramatisch zunimmt, bezeichnen wir dieses Phänomen als Tod.

Die vorderste Front der Zeit

Könnte der Urknall selbst die Ursache für das Fließen der Zeit sein? Ja, natürlich, sagen viele Theoretiker, aber dann fühlen sie sich verpflichtet, den Entropiemechanismus als Verbindung zwischen der Ausdehnung des Universums und dem Fortschreiten der Zeit mit einzubeziehen. Der Urknall versetzte das frühe Universum in einen Zustand geringer Entropie und verschaffte ihm den Spielraum für die Entropiezunahme. Aber warum soll man die Entropie überhaupt berücksichtigen, wenn dies Ergebnisse nahelegt, die man nicht beobachtet wie beispielsweise eine lokale Korrelation zwischen der Geschwindigkeit der Zeit und der Entropie? Betrachten wir den Urknall selbst, so erkennen wir, dass er unmittelbar für das Fließen der Zeit und die Bedeutung des *Jetzt* verantwortlich sein könnte; sich auf die Krücke der Entropie zu stützen, ist nicht notwendig.

Im modernen Bild der Kosmologie, dem Lemaître-Modell, bewegen sich die Galaxien nicht – oder zumindest nicht nennenswert; abgesehen von einer kleinen »Eigenbewegung« (wie unsere eigene, lokale Beschleunigung in Richtung der Andromeda-Galaxie) ruhen sie an festen Koordinatenpunkten. Die Hubble-Expansion stellt keine Bewegung der Galaxien dar, sondern die Entstehung neuen Raumes. Diese Schaffung neuen Raumes ist nichts Rätselhaftes; die allgemeine Relativitätstheorie verschafft dem Raum Flexibilität und Dehnbarkeit. Der Raum kann sich ohne weiteres ausdehnen, aber über die Zukunft der Expansion bestimmt dabei die Gleichung der allgemeinen Relativitätstheorie, die besagt, dass die Geometrie des Raumes durch seinen Energie-Masse-Gehalt festgelegt wird; in ihrer elegantesten Form sieht diese Gleichung täuschend einfach aus: $G = kT$.

Ist der Urknall eine Explosion des dreidimensionalen Raumes? Ja, aber nach einer vernünftigeren Annahme, die dem Geist der Vereinheitlichung von Raum und Zeit näher steht, ist der Urknall eigentlich eine Explosion der vierdimensionalen *Raumzeit*. Demnach wird durch die Hubble-Expansion nicht nur Raum geschaffen, sondern auch Zeit. Die ständige, fortdauernde Entstehung neuer Zeit gibt sowohl die Richtung als auch das Tempo des Zeitpfeils vor. Das Universum wird in jedem Augenblick ein wenig größer, und es existiert ein wenig mehr Zeit; diese vorderste Front der Zeit ist das, was wir als *Jetzt* bezeichnen.

Die ständige Neuentstehung von Raum scheint zwar für viele Menschen der Intuition zu widersprechen, aber die ständige Neuentstehung von Zeit passt gut zu unserem Gefühl für die Realität. Es ist genau das, was wir erleben. In jedem Augenblick taucht neue Zeit auf. Neue Zeit wird genau *jetzt* erschaffen.

Das Fließen der Zeit wird nicht durch die Entropie des Universums vorgegeben, sondern durch den Urknall selbst. Die Zukunft existiert noch nicht (obwohl sie in den üblichen Diagrammen der Raumzeit vorkommt), sondern sie wird erst erschaffen. Das *Jetzt* bildet die Grenze, die Wellenfront, die neue Zeit, die aus dem Nichts entsteht, die vorderste Front der Zeit.

Sind alle *Jetzts* gleichzeitig?

Ist dein *Jetzt* das gleiche wie mein *Jetzt*? Betrachten wir diese Frage zunächst einmal im üblichen Bezugssystem der Kosmologie, das von Georges Lemaître beschrieben wurde. Darin ruhen alle Galaxien, und der Raum zwischen ihnen dehnt sich aus. Man kann sich vorstellen, in jeder Galaxie sei eine Uhr vorhanden. Nach dem kosmologischen Prinzip (das auf Lemaîtres Modell aufbaut) sehen alle Galaxien überall gleich aus; alle haben seit dem Urknall die gleiche Zeit hinter sich gebracht, und alle Uhren zeigen das Gleiche an. Demnach erleben alle das *Jetzt* zur gleichen Zeit.

Aber nach der speziellen Relativitätstheorie kann der Begriff der Gleichzeitigkeit vom Bezugssystem abhängen. Betrachten wir einmal ein Bezugssystem, in dessen Mittelpunkt die Milchstraße steht. In ihm bewegen sich alle Galaxien von uns weg, und in diesen Galaxien ist die Zeit gedehnt; sie läuft langsamer, und die *Jetzts* sind nicht mehr gleichzeitig. In diesem Bezugssystem haben wir seit dem Urknall mehr Zeit hinter uns gebracht als die anderen Galaxien. Damit ist der

Begriff des *Jetzt* nicht mehr im ganzen Universum der gleiche. Unser *Jetzt* ereignet sich zuerst.

Wie in der speziellen Relativitätstheorie, so ist dieses Verhalten der Gleichzeitigkeit auch hier kein Widerspruch, sondern ein *Aspekt* der allgemeinen Relativitätstheorie.

Die Wahrnehmung des *Jetzt*

Warum haben wir das Gefühl, dass wir in der Gegenwart existieren? Eigentlich existieren wir auch in der Vergangenheit – das wissen wir sehr gut. Wir existieren in der Zeit rückwärts bis zu dem Augenblick, in dem wir auf die Welt kamen (oder – je nach unserer Definition von Leben – in dem wir gezeugt wurden). Dass wir uns auf die Gegenwart konzentrieren, liegt vor allem daran, dass sie im Gegensatz zur Vergangenheit unserem freien Willen unterliegt. Nach unseren derzeitigen physikalischen Kenntnissen wird die Zukunft nicht vollständig durch die Vergangenheit bestimmt; zumindest ein Element des Zufalls wird durch die Quantenphysik ins Spiel gebracht. Wegen dieses Zufallselements ist die Physik *unvollständig*: Die Zukunft wird nicht auf eindeutige Weise von der Vergangenheit bestimmt; die nichtphysikalische Realität könnte mit darüber entscheiden, was geschehen wird. Da die Physik unvollständig ist, bleibt die Möglichkeit bestehen, dass wir die Zukunft durch den Gebrauch unseres freien Willens beeinflussen können.

Dass der freie Wille existiert, kann ich nicht beweisen, aber wenn die Physik die Quantenunschärfe zulässt, dann kann sie die Möglichkeit der Existenz des freien Willens nicht länger leugnen. Wenn wir einen freien Willen haben, können wir unsere nichtphysikalischen Kenntnisse dazu einsetzen, die möglichen Wege der Entropiezunahme zu öffnen oder zu schließen, und damit beeinflussen wir, was geschieht und was geschehen wird. Wir können eine Teetasse zerbrechen oder eine neue Tasse herstellen; mit dieser unserer Entscheidung haben Wahrscheinlichkeit und Entropie nichts zu tun. Oder, um John Dryden zu zitieren: *Alle Himmelsmacht zwingt nicht zurück/vom vergangnen Tage mein erlebtes Glück.* Und – schlechte Nachricht für Science-Fiction-Fans – auch wir haben keine Macht über die Vergangenheit. Daran kann keine Schleife durch ein Wurmloch etwas ändern.

Durch die ständige Benutzung des Raum-Zeit-Diagramms in Forschung und Lehre hat die Physik das Thema der fließenden Zeit geschickt umgangen. Die Zeitachse wird (meistens) wie eine weitere Raumachse behandelt; ihr besonderes Merkmal, dass die Zeit voranschreitet, fehlt völlig. Das *Jetzt* ist einfach ein Punkt auf dieser Achse, als würde die Zukunft bereits existieren und wäre nur noch nicht erlebt worden. Eine Zeitreise würde dann darin bestehen, dass man dieses *Jetzt* verändert, indem man es entlang der Achse vorwärts oder rückwärts schiebt. Aber das *Jetzt* ist nicht beweglich. Es ist die vorderste Front des vierdimensionalen Urknalls. *Jetzt* ist der Augenblick, der gerade erschaffen wurde. Die Zeitachse eines echten Raum-Zeit-Diagramms erstreckt sich nicht in die Unendlichkeit, sondern sie ist beim *Jetzt* zu Ende.

Kann sich die Zukunft auf die Gegenwart auswirken? Wie steht es mit den Positronen – Elektronen, die sich in der Zeit rückwärts bewegen und demnach aus der Zukunft kommen, um sich an gegenwärtigen Interaktionen zu beteiligen? Ja, das ist derzeit der Ansatz der Physik, einer Physik, die sich auf das unendliche Raum-Zeit-Diagramm stützt und das *Jetzt* außer Acht lässt. Mit diesem derzeitigen Ansatz lässt sich die elektromagnetische Stärke erfolgreich auf mehr als zehn Dezimalstellen genau berechnen; kann man daraus den Schluss ziehen, dass alle seine Annahmen gültig sind? Viele Physiker glauben das, zumindest bis wir eine Alternative haben.

Vielleicht ist auch hier eine Art Unschärfeprinzip wirksam. Die Zukunft kann sich nur insoweit auf die Gegenwart auswirken, als der betreffende Teil der Zukunft bereits vorbestimmt und damit in der Gegenwart verborgen ist. So argumentiert Hawking; er schrieb, eine Reise in der Zeit rückwärts sei nur im mikroskopischen Maßstab möglich. Das Positron, das von Anderson fotografiert wurde, würde er vermutlich nicht als Teilchen, das in die Vergangenheit reist, anerkennen.

Ich werde stattdessen dafür argumentieren, dass die entfernte Zukunft nicht – noch nicht – existiert, jedenfalls nicht in dem Sinn, in dem Gegenwart und Vergangenheit existieren. Die Vergangenheit ist festgelegt; was gewesen ist, ist gewesen; die Zukunft ist noch nicht da, weil wir wissen, dass sie nicht vorhersagbar ist, nicht nach den gegenwärtigen Gesetzen der Physik, die nicht einmal vorhersagen können, wann ein radioaktives Atom zerfallen wird. Religiöse Deterministen glaubten, die Zukunft sei durch die Vollkommenheit und Voraussicht ihres allwissenden Gottes vorherbestimmt. Und eine Zeitlang glaubten wir, wir würden einen solchen Gott nicht brauchen und könnten dennoch den Determinismus behalten; wir glaubten, die Physik allein könne es schaffen. Heute wissen wir es besser.

Diracs Gleichung sagte die Existenz von Antimaterie vorher, und Feynman eliminierte eine Absurdität in Diracs Interpretation, das unendliche Meer besetzter Zustände negativer Energie, indem er erkannte, dass man Antimaterie als Teilchen negativer Energie auffassen konnte, die sich rückwärts in der Zeit bewegen – was ihnen dann letztlich positive Energie verlieh. Das ist der Lauf der Dinge. Feynman erkannte, dass zeitlich rückwärts gerichtete Zustände negativer Energie nicht von zeitlich vorwärts gerichteten Zuständen positiver Energie zu unterscheiden sind. Wir sollten aber die Interpretation einer Rückwärtsbewegung in der Zeit nicht allzu ernst nehmen. Positronen existieren tatsächlich; sie haben eine positive Energie und bewegen sich in Wirklichkeit in der Zeit nicht rückwärts, sondern vorwärts.

Was gewesen ist, ist gewesen. Wenn Diracs Gleichungen die Existenz des Positrons mittels einer Reihe komplizierter Interpretationen vorhersagten – na gut. Es gibt dazu eine historische Analogie. Niels Bohr formulierte das erste Modell, mit dem man das Spektrum des Wasserstoffs richtig erklären konnte; dieses Modell gab dem jungen Gebiet der Quantenphysik 1913 einen gewaltigen Schub. Heute wissen wir, dass Bohrs Theorie falsch war; sie machte genaue Voraussagen (zum Beispiel über den Winkelimpuls des Elektrons, das mit der geringsten Energie kreist), die falsch sind und die Theorie widerlegen. Aber das macht nichts. Schon 13 Jahre später legten sowohl Heisenberg als auch Schrödinger bessere Theorien vor, die ihre Anregungen zu einem großen Teil von Bohr bezogen hatten; diese Theorien führten zu genau dem gleichen Wasserstoffspektrum, ohne aber die unrichtigen Vorhersagen zu machen.

Noch heute verehren wir Bohr als einen der Begründer der Quantenphysik. Immer noch bringen wir Studienanfängern sein Modell bei; es ist ein einfacher, überzeugender Weg, sie mit dem Quantenverhalten bekannt zu machen. (Nur sehr wenige Professoren weisen darauf hin, dass die Vorhersagen des Modells widerlegt wurden; die Studierenden sollen nicht wissen, dass das intuitive, einfache Bohr-Modell falsch ist – zumindest so lange nicht, bis sie mit ihrer Ausbildung in der Physik weitere Fortschritte gemacht haben.) Eines Tages werden wir das Gleiche auch mit Dirac, Feynman und ihren weithergeholten Theorien über Antimaterie erleben.

Die Widerlegung eines kosmologischen Ursprungs der Zeit, Teil 1

Lässt sich die Theorie vom kosmologischen Ursprung des Zeitpfeils – mit der Entstehung neuer Zeit durch den Urknall, den Strom der Zeit und der Bedeutung des *Jetzt* – widerlegen? Eine Möglichkeit, sie zu überprüfen, geht von der Entdeckung aus, dass die Expansion des Universums sich beschleunigt, dass also das Universum mit ständig steigender Geschwindigkeit größer wird. Die Zeit ist an den Raum gebunden; sie ist die vierte Dimension der Raumzeit, also kann man mit Fug und Recht erwarten, dass auch die Geschwindigkeit der Zeit ansteigt. Demnach würden Uhren heute schneller laufen als gestern und eine *kosmologische Zeitbeschleunigung* aufweisen. Lässt sich eine solche Beschleunigung der Zeit nachweisen und messen?

Im Prinzip lautet die Antwort Ja: Geschwindigkeitsschwankungen der universellen Zeit kann man nachweisen, wenn man weit voneinander entfernte Uhren betrachtet.

Erinnern wir uns noch einmal daran, dass ein geringfügiger Unterschied der Laufgeschwindigkeit von Uhren im Pound-Rebka-Experiment mit den fallenden Gammastrahlen nachgewiesen wurde: Damit wurde die gravitationsbedingte Zeitdilatation erstmals beobachtet. Ebenso war sie in dem Flugzeugexperiment von Hafele und Keating zu erkennen, in dem Uhren in großer Höhe schneller liefen als am Erdboden – und langsamer durch den Geschwindigkeitseffekt. Der Unterschied macht sich tagtäglich beim GPS bemerkbar: Hier müssen wegen solcher Auswirkungen auf die Zeit geeignete Korrekturen angebracht werden. Die Wirkung der Gravitation auf die Zeit kann man beobachten, wenn man die Eigenschaften der Spektrallinien von der Oberfläche weißer Zwergsterne vermisst; sie zeigen wegen der Zeitdilatation eine

Frequenzverschiebung – das starke Gravitationsfeld verlangsamt an der Oberfläche solcher Sterne die Zeit.

Prinzipiell könnte man mit jedem dieser Experimente auch eine Beschleunigung der Zeit nachweisen. Die Signale werden zu einem Zeitpunkt ausgesandt, durchlaufen den Raum und werden später empfangen. Der beobachtete Effekt ist größtenteils auf die Gravitation und die Dopplerverschiebung zurückzuführen, aber ein geringfügiger Überschuss könnte auch durch die kosmologische Zeitbeschleunigung verursacht werden. Der Effekt wäre unabhängig von der Richtung; es würde sich stets um eine *Rotverschiebung* handeln, das heißt, die beobachtete Geschwindigkeit aus der Vergangenheit wäre geringer als die Geschwindigkeit der derzeitigen Uhr. Im Pound-Rebka-Experiment zeigte sich eine steigende Frequenz einfallender Gammastrahlen, und (vermutlich) würde sich auch eine abnehmende Frequenz für aufsteigende Strahlen zeigen; die kosmologische Zeitbeschleunigung würde in beiden Fällen die Frequenz sinken lassen.

Auch in weit entfernten Galaxien könnten wir nach einer anormalen Rotverschiebung suchen. Die Galaxien, deren Beschleunigung am genauesten gemessen wurde, haben ihr Licht vor ungefähr 8 Milliarden Jahren ausgesandt. Ihre beobachtete Geschwindigkeit weicht von der Geschwindigkeit der Hubble-Expansion um ungefähr vier Prozent ab. Diese Galaxien sind 8 Milliarden Lichtjahre entfernt und weichen mit 40 Prozent der Lichtgeschwindigkeit von uns zurück. Der Anteil dieser Geschwindigkeit, der auf die Zeitbeschleunigung zurückzuführen ist, liegt bei rund zwei Prozent der Lichtgeschwindigkeit. Natürlich weisen alle weit entfernten Galaxien ohnehin bereits eine Rotverschiebung auf, die wir aber der Expansion des Raumes zuschreiben, das heißt der Tatsache, dass der Abstand zu den Galaxien rapide ansteigt. Das ist das Hubble-Gesetz. Wie können wir die Rotverschiebung, die durch die Expansion zustande kommt, von der Rotverschiebung aufgrund der kosmologischen Zeitdilatation unterscheiden? Zu diesem Zweck könnte man unter anderem eine eigenständige Messung der Abstandsveränderung vornehmen, das heißt eine Messung, die nicht von der geschwindigkeitsbedingten Rotverschiebung abhängt. Wenn wir die Geschwindigkeit der Abstandsveränderung kennen, wissen wir auch, welcher Anteil der Rotverschiebung auf die Expansion zurückzuführen ist und wie viel dann noch übrig bleibt, so dass wir die kosmologische Zeitdilatation als Ursache annehmen können.

Bevor wir einen Weg suchen, um das zu bewerkstelligen (und zwar einen Weg, den man noch zu meinen Lebzeiten beschreiten könnte), wollen wir uns ansehen, ob das Experiment *im Prinzip* möglich ist, das heißt, wenn uns unbegrenzte Mittel und unbegrenzte Geduld zur Verfügung stünden. Angenommen, wir hätten für das Experiment eine Milliarde Jahre Zeit. Könnten wir dann nicht einfach sehen, mit welcher Geschwindigkeit die Galaxie von uns zurückweicht, ohne dass wir auf die geschwindigkeitsbedingte Rotverschiebung angewiesen wären? Wir könnten versuchen, in der Galaxie einen »Standardmaßstab« – vielleicht die Größe eines bekannten Sternentyps – zu finden und dann beobachten, wie sich die scheinbare Größe dieses Maßstabs mit der Zeit ändert; damit könnten wir die Geschwindigkeit der Entfernungsvergrößerung unabhängig abschätzen. Vielleicht könnten wir auch Licht (Mikrowellenstrahlung?) nachweisen, das von der Galaxie reflektiert wird. Immer würden wir damit das Ziel verfolgen, eine Rotverschiebung, die durch Geschwindigkeit des Zurückweichens entsteht, von jener zu unterscheiden, die von der eigentlichen Zeitdilatation abhängig ist.

Die Sache hat aber einen Haken. Unser derzeitiger Entfernungsbegriff ist von unserem Maß für die Zeit abhängig.

Wir definieren die Länge eines Meters als die Entfernung, die das Licht im Vakuum in 1/299 792 458 Sekunde zurücklegt. Nach dieser Definition reist Licht oder jedes wirklich masselose Teilchen mit genau 299 792 458 Metern pro Sekunde durch den leeren Raum. Genauer kann man also die Lichtgeschwindigkeit mit keiner experimentellen Messung jemals ermitteln! Dass wir die Länge so definieren, liegt nicht daran, dass wir faul wären; wie sich herausgestellt hat, ist es sehr schwierig, eine gute Definition für den Meter aufzustellen, und dies ist die beste, die man gefunden hat. Sie trat an die Stelle der alten Methode, den Standard von einem Meterstab abhängig zu machen, der in einem Tresor in Paris aufbewahrt wurde. Aber wenn die Uhr in der weit entfernten Galaxie (im Vergleich zu unserer Uhr) langsamer läuft, ist auch der Maßstab – der Standard-Meterstab – auf einem Planeten in jener Galaxie länger, weil das Licht in jeder Sekunde eine größere Strecke zurücklegt. Wenn man von der Standardgröße ausgeht, erhält man also ein abweichendes Maß für die Entfernung. Dann könnte man die kosmologische Zeitdilatation mit einer Veränderung der Ausdehnungsgeschwindigkeit verwechseln.

Ein Blick auf die Gleichungen des Lemaître-Modells legt sogar die Vermutung nahe, dass das Problem zumindest insoweit, wie das kosmologische Prinzip (ein vollkommen gleichförmiges Universum) stimmt, unlösbar sein könnte. Möglicherweise gibt es keinen Weg, die Ausdehnung des Raumes von einer Zeitdilatation zu unterscheiden. Natürlich ist das Universum nicht vollkommen gleichförmig; das kosmologische Prinzip ist nur eine Näherungslösung, mit deren Hilfe wir Berechnungen anstellen und die Lösung in Form eines (für Physiker) einfachen mathematischen Ausdrucks finden können. Vielleicht können wir die Tatsache, dass der Raum nicht ganz gleichförmig ist, nutzen und so die Beschleunigung der Zeit nachweisen. Vielleicht lässt sich eine solche Beschleunigung lokal beobachten; mit dem Pound-Rebka-Experiment (Gammastrahlen, die von einem Turm herunterfallen) konnte man eine Frequenzverschiebung nachweisen, die nur einen Teil in einem Millionstel Milliardstel (10^{-15}) ausmachte. Ich habe zumindest derzeit noch keinen praktischen Vorschlag parat. Hoffnung schöpfe ich aber aus der Tatsache, dass auch Dirac sein Positron postulierte und gleichzeitig glaubte, es gebe auf absehbare Zeit keinen Weg, es nachzuweisen.

Die Widerlegung eines kosmologischen Ursprungs der Zeit, Teil 2

Ein anderer Weg, auf dem man möglicherweise den kosmologischen Ursprung der Zeit widerlegen könnte, geht davon aus, dass die Inflationstheorie stimmt – der Gedanke, dass das Universum sich in der ersten Millionstelsekunde mit einer Geschwindigkeit ausdehnte, die weit größer war als die Lichtgeschwindigkeit. Diese Phase der Beschleunigung war ein Vorläufer der derzeitigen Ausdehnung, und wenn sich die Zeit tatsächlich als vierte Dimension erklären lässt, sollte nicht nur der Raum, sondern auch die Zeit eine solche Inflation durchgemacht haben. Können wir die erste Millionstelsekunde nach dem Urknall beobachten?

Interessanterweise lautet die Antwort: vielleicht. Die älteste Spur, die wir derzeit haben, ist das Muster der kosmischen Mikrowellen, das die Zeit eine halbe Million Jahre nach dem Anfang widerspiegelt. Ein anderes potentielles Signal wurde aber noch früher, in der ersten Millionstelsekunde, ausgesandt: die Gravitationsstrahlung. Es besteht durchaus Hoffnung, dass wir diese urtümlichen Gravitationswellen in absehbarer Zukunft nachweisen können. Sie haben den Vorteil, dass sie uns viel näher an den Augenblick der Entstehung heranführen, möglicherweise sogar in eine Zeit, in der wir die Inflation beobachten können. Um Gravitationswellen zu beobachten, muss man sich ansehen, welches Muster sie in der kosmischen Mikrowellenstrahlung und insbesondere in ihrer Polarisierung verursacht haben.

Eine Zeitlang glaubten manche Physiker, man habe ein solches Muster beobachtet. Ein erster Bericht über die Entdeckung derartiger Gravitationswellen entsprang im März 2014 aus einem Projekt namens BICEP2 – die Abkürzung bedeutet »Background Imaging of Cosmic Extragalactic Polarization 2« (»Hintergrundabbildung kosmischer extragalaktischer Polarisierung 2«). Im Rahmen dieses Projekts werden die Mikrowellen in einer Station am Südpol gemessen, wo wegen der extremen Kälte der Wasserdampf in der Atmosphäre fehlt, der ansonsten erdgebundene Messungen beeinträchtigt. Leider erwies sich das Ergebnis als falscher Alarm – wahrscheinlich hatten kosmische Staubemissionen eine Störung verursacht.

Mittlerweile sind neue, empfindlichere Messungen geplant, und es besteht die realistische Hoffnung, dass wir schon bald Gravitationswellen aus dem sehr frühen Universum – der Phase der Inflation – sehen werden; möglicherweise können wir dann eine Inflation des Raumes von der unterscheiden, an der sowohl der Raum als auch die Zeit beteiligt sind.

Die Zukunft der Physik

Manchmal wünsche ich mir, dass Platon recht gehabt hätte, dass man alle derartigen Fragen durch Dialog und reines Denken beantworten kann, und dass unser Geist der höchste Schiedsrichter über die Wahrheit ist. Aber die Geschichte der Physik lehrt uns, dass Platon unrecht hatte. Wir müssen im

Kontakt mit der physischen Welt bleiben wie Anteus, der mit den Füßen auf dem Boden stehen musste.

Die Quantenverschränkung wird Bestand haben. Die gespenstische Fernwirkung ist keine Spekulation mehr, sondern ein experimenteller Befund, zu dem die Versuche von Freedman und Clauser sowie später auch viele weitere Experimente gelangten. Auch wenn wir weder Materie noch Informationen schneller als mit Lichtgeschwindigkeit transportieren können, ist der instantane Kollaps der Wellenfunktion ein lästiges Problem; es legt die Vermutung nahe, dass man mit einem neuen Ansatz neue Erkenntnisse gewinnen könnte. Ich hoffe, dass irgendjemand die Quantenphysik neu formulieren wird, und zwar so, dass keine Amplituden mehr notwendig sind. Genau das versuchte der Theoretiker Geoffrey Chew in Berkeley während meiner Studentenzeit mit einem Ansatz, den er als »S-Matrix-Theorie« bezeichnete, aber auch wenn er mit seinen Arbeiten einige bedeutsame Beiträge zum modernen Standardmodell lieferte, erreichte er letztlich nicht sein Ziel, die Quantenamplituden und Wellenfunktionen zu beseitigen. Mittlerweile sind Bemühungen, ganz neue Ansätze zu finden, durch den ungeheuren Erfolg des »Standardmodells« der Teilchenphysik zum Stillstand gekommen. Mit seiner Fähigkeit, präzise Vorhersagen zu machen, die dann experimentell bestätigt werden, ist das Standardmodell die beste Theorie, die in der Geschichte der Physik jemals entwickelt wurde.

Warum also sollte man die Theorie der Quantenphysik verändern, wo sie doch so gut funktioniert? Trotz der Erfolge des Standardmodells wird eine solche Neuformulierung nach meiner Überzeugung kommen. Wenn es so weit ist, werden die Amplituden nicht mehr mit Überlichtgeschwindigkeit kollabieren und (so meine Vermutung) Positronen werden weder Löcher in einem unendlichen Meer aus Teilchen mit negativer Energie sein noch Elektronen, die sich rückwärts in der

Zeit bewegen. Dies war eine nützliche Betrachtungsweise im Zusammenhang mit den Raum-Zeit-Diagrammen, in denen aber das Fließen oder Fortschreiten der Zeit überhaupt nicht vorkommt.

Der große Schritt, der in der Quantenphysik dringend vollzogen werden muss, ist ein besseres Verständnis der Messung. Nur wenige Physiker glauben, dass menschliches Bewusstsein eine Voraussetzung dafür ist, dass eine Messung stattfindet. Diesen Standpunkt vertrat Schrödinger sehr überzeugend mit seiner Katze. Aber was ist dann eine Messung? Nach Ansicht von Roger Penrose gibt es einen Mikromechanismus, einen Teil der Natur, der viele Messungen anstellt. Der Quantenzustand, der zu der Struktur führte, die wir im Urknall beobachten, musste nicht warten, bis Penzias und Wilson die kosmische Mikrowellenstrahlung entdeckten, und die Milchstraße ruhte nicht im Universum bis zu dem Augenblick, in dem meine Arbeitsgruppe ihre Geschwindigkeit entdeckte. (Geschah das, als die Apparatur die Anisotropie maß oder als ich die Daten auswertete?) Der Mond war da, bevor Einstein ihn betrachtete. Etwas Natürliches hatte bereits dafür gesorgt, dass die Wellenfunktion, eine Superposition unendlich vieler möglicher Universen, zusammenbrach, lange bevor die ersten Menschen (oder Tiere) auf der Bildfläche erschienen.

Der technische Fortschritt hat die experimentelle Erforschung der Theorie der Messung weit stärker in den Bereich des Möglichen gerückt. Heute brauchen wir keine Strahlen von Calciumatomen mehr, um verschränkte Photonen zu erzeugen; wir können sie auch herstellen, indem wir einen Laserstrahl auf einen speziellen Kristall fallen lassen, beispielsweise auf BBO (Beta-Bariumborat) oder KTP (Kaliumtitanylphosphat). Entsprechend hat man mit Experimenten zur Untersuchung der Quantenmessungen bemerkenswerte Fortschritte erzielt.

24 Der 4-D-Urknall

Abb. 24.1 Jeremy und Pierce grübeln über den Strom der Zeit nach. Aus dem Comic *Zits*.

Eines der faszinierendsten Ergebnisse lieferte die Untersuchung der »verzögerten Auswahl« (*delayed choice*): Dabei sammelt man Messungen für alle Orientierungen der Polarisierung, und erst später werden die Daten ausgewertet. Mit solchen Experimenten geht man der Frage nach, ob eine menschliche Entscheidung beteiligt sein muss, wenn man eine Messung anstellt; alles deutet darauf hin, dass die Antwort Nein lautet. Nun gut, das ist keine Überraschung, aber den eigentlichen Durchbruch wird man erzielen, wenn sich wie mit dem Michelson-Morley-Experiment eine Überraschung einstellt.

Mit den neuen Laserverfahren kann man Verschränkung über weit größere Entfernungen messen als Freedman und Clauser es versuchten. Am 22. Oktober 2015 verkündete eine Schlagzeile auf der Titelseite der *New York Times*: »Sorry, Einstein, aber die ›spukhafte Fernwirkung‹ scheint echt zu sein«. Eine Arbeitsgruppe an der technischen Universität von Delft in den Niederlanden hatte überlichtschnelle Verschränkungseffekte zwischen zwei Elektronen nachgewiesen, die durch das gesamte Universitätsgelände, eine Entfernung von rund eineinhalb Kilometern, getrennt waren. Auch hier konnte die Kopenhagener Interpretation mit ihrer überlichtschnellen Wirkung einen Sieg verbuchen.

V Jetzt

Eine dritte Möglichkeit, die Theorie über die Erschaffung der Zeit und das *Jetzt* zu überprüfen, legt die Beobachtung von Gravitationswellen durch LIGO (siehe www.logo.caltech.edu) im Jahr 2015 nahe. Wenn zwei schwarze Löcher ineinander stürzen, kann lokal neue Zeit entstehen, die sich als zunehmende Verzögerung zwischen den vorhergesagten und den beobachteten Signalen nachweisen lässt. Die eine bisher beobachtete Welle war nicht präzise genug gemessen worden, um diese Vorhersage zu überprüfen, aber wenn man viele derartige Ereignisse oder ein einziges in größerer Nähe und mit stärkerem Signal nachweisen kann, könnte die Verzögerung oder ihr Fehlen die Theorie über das *Jetzt* bestätigen oder widerlegen.

KAPITEL 25

Die Bedeutung des *Jetzt*

Nun liegen alle Puzzlesteine an ihrem Platz.
Wie sieht das Bild aus?

Alle Himmelsmacht zwingt nicht zurück
Vom vergangnen Tage mein erlebtes Glück.

John Dryden, 1685

Den ersten großen Schritt auf der Suche nach der Bedeutung des *Jetzt* vollzog Einstein mit seiner Erkenntnis, dass Raum und Zeit flexibel sind. Lemaître wandte Einsteins Gleichungen auf das Universum als Ganzes an und entwickelte ein bemerkenswertes Modell, in welchem der Raum des Universums sich ausdehnt. Als Hubble einige Jahre später entdeckte, dass das Universum tatsächlich expandiert, wurde das Lemaître-Modell – das unabhängig auch von Friedman, Robertson und Walker entwickelt worden war – zum Standardmodell, mit dem heute alle Kosmologen den Urknall interpretieren.

Nach und nach wurde das Puzzle vollständiger, aber noch gab es mehrere Hindernisse – Teile, die man an die falschen Stellen gepresst hatte. Eines davon war Eddingtons Behauptung, der Zeitpfeil sei auf die Zunahme der Entropie zurückzuführen. Als er 1928 diesen Vorschlag formulierte, wusste er nicht, welches die beherrschenden Entropiereservoire sind: die unveränderliche Mikrowellenstrahlung, die weit entfernten Oberflächen schwarzer Löcher und der äußerste Rand des sichtbaren Universums. Wie Schrödinger deutlich machte, hängt Zivilisation von einer lokalen Abnahme der Entropie ab, aber diese lokale Abnahme spielt in Eddingtons Ansatz keine Rolle für den entropiebedingten Zeitpfeil.

Ein anderes falsch eingesetztes Puzzlestück war die Fehlinterpretation des Raum-Zeit-Diagramms. Es zeigt kein Fließen der Zeit, keinen Augenblick des *Jetzt*, und bietet damit eine willkommene Ausrede, um solche Themen zu meiden. Manche Theoretiker interpretieren das Fehlen sogar als Anzeichen, dass es sich um sinnleere Konzepte handelt, um Illusionen, die in der Realität keine Rolle spielen. Eine solche Sichtweise fußt auf dem Fehler, ein Rechenhilfsmittel als tiefe Wahrheit zu interpretieren. Im Grundsatz ist es der Fehler des Physikalismus: *Wenn es sich nicht quantifizieren lässt, ist es nicht real.* Die Auffassung basiert sogar auf einer sehr fundamentalistischen Version des Physikalismus: *Wenn es in unseren derzeitigen Theorien nicht vorkommt, ist es nicht real.*

Das dritte falsch platzierte Puzzlestück hatte mit einem weiteren Aspekt des Physikalismus zu tun: Es war die Annahme von Einstein und anderen, es könne und müsse möglich sein, die Zukunft vollständig vorherzubestimmen. Ihre Triebkraft war das Prinzip, die Physik solle *vollständig* sein. Wenn die Quantenphysik es nicht erlaubte, den Zeitpunkt eines radioaktiven Zerfalls vorherzusagen, lag der Fehler demnach bei der Quantenphysik, und man musste ihn korrigieren. Diese Annahme leugnete in der Regel den freien Willen, das heißt die Möglichkeit, sich zu entscheiden.

Entfernen wir die falsch eingesetzten Teile, von denen manche noch nicht einmal zum Puzzle gehören, dann passen alle anderen wie von selbst zusammen. Mit dem Raum dehnt sich auch die Zeit aus. Die Elemente der Zeit, in denen die Quantenphysik durch einen rätselhaften, bisher unverstandenen Messprozess bereits wirksam geworden ist, bezeichnen wir als

25 Die Bedeutung des *Jetzt*

Vergangenheit. Wir leben in der Vergangenheit genauso, wie wir in der Gegenwart leben, nur können wir die Vergangenheit nicht verändern. Das *Jetzt* ist der besondere Augenblick, der gerade erst durch die Ausdehnung des vierdimensionalen Universums als Teil des fortgesetzten vierdimensionalen Urknalls entstanden ist. Mit dem *Fluss* der Zeit meinen wir das ständige Hinzukommen neuer Augenblicke; diese Augenblicke geben uns das Gefühl, dass die Zeit sich in Form der ständigen Entstehung neuer *Jetzts* vorwärts bewegt.

Das *Jetzt* ist der einzige Augenblick, den wir beeinflussen können, der einzige Augenblick, in dem wir die Entropiezunahme von uns selbst ablenken und damit eine lokale Entropieabnahme veranlassen können. Eine solche lokale Entropieabnahme ist die Quelle für den Fortbestand von Leben und Zivilisation. Um die Entropie auf diese Weise zu lenken, müssen wir einen freien Willen haben – eine Fähigkeit, die von Physikalisten als Illusion bezeichnet wird, obwohl ein ähnliches Phänomen zum innersten Wesenskern der derzeitigen Quantentheorie gehört.

Dass ein freier Wille existiert, könnte man widerlegen, wenn man Tachyonen nachweisen würde, Teilchen, die schneller sind als das Licht und dafür sorgen könnten, dass die Folgen in irgendeinem Bezugssystem den Ursachen vorausgehen. Wenn wir die Verschränkung als Funktion der Richtung (parallel oder rechtwinklig zur Eigenbewegung der Milchstraße) studieren, werden wir vielleicht entdecken, dass es für die Kausalität ein besonderes Bezugssystem gibt. Der Hauptkandidat ist dabei das Lemaître-Bezugssystem, denn in ihm werden alle *Jetzts* des gesamten Universums gleichzeitig erschaffen. Wenn sich das als richtig erweist, müssen wir die Relativitätstheorie abwandeln.

Man könnte sich vorstellen, dass sich das Unschärfeprinzip eines Tages als falsch erweisen wird: Dann läge die Unschärfe nur in unseren derzeitigen physikalischen Kenntnissen, und in der vollständigeren Version, die an seine Stelle tritt, wäre sie nicht mehr vorhanden. Aber das Freedman-Clauser-Experiment zeigt, dass die Verschränkung wirklich existiert, und das legt die Vermutung nahe, dass die spukhafte Fernwirkung nicht verschwinden wird. Unvollständig ist nicht irgendeine physikalische Theorie, sondern die Physik als Ganzes. Das zeigt sich schon daran, dass man mit Physik allein nicht entdecken und noch viel weniger beweisen könnte, dass $\sqrt{2}$ eine irrationale Zahl ist. Und es zeigt sich daran, dass klare, leicht verständliche Konzepte, die zum Kern unseres Realitätserlebens gehören – darunter die Frage, *wie die Farbe Blau aussieht* – nicht zur Domäne der Physik gehören.

Versuche, jedes altruistische Verhalten auf den Überlebensinstinkt des geeignetsten Organismus oder des geeignetsten Gens zurückzuführen, sollte man als Hypothesen betrachten, als spekulative Bemühungen, eine pseudowissenschaftliche Erklärung für Tugend zu finden; Grundlage ist dabei das physikalistische Dogma, dass sich alles mit Naturwissenschaft erklären lässt. Diese unbewiesene Vermutung stützt sich auf Einzelfallberichte und gehört nicht in die gleiche Kategorie wie die darwinistische Evolution (für die eine ungeheure Menge von Daten spricht), und sie ist im Gegensatz zu Relativitäts- und Quantentheorie auch keine Schlussfolgerung auf der Grundlage überzeugender wissenschaftlicher Belege. Physikalismus kann für den Berufsstand der Physiker ein nützliches Arbeitshilfsmittel sein, genau wie der Glaube an den Kapitalismus, der bei der Lenkung einer Volkswirtschaft hilft; man sollte aber nicht in den Fehler verfallen zu glauben, dass Physikalismus oder Kapitalismus die gesamte Wahrheit repräsentieren, nur weil sie so erfolgreich unseren Lebensstandard verbessern oder uns geholfen haben, Kriege zu gewinnen.

25 Die Bedeutung des *Jetzt*

Die Ablehnung des Physikalismus ist ein Anlass, über die Herkunft der Empathie nachzudenken. Lieben wir unsere Kinder und Enkel einfach deshalb, weil sie die gleichen Gene tragen wie wir, oder steht dahinter etwas Tieferes? Hat es damit zu tun, dass wir die Realität der Seelen anderer, die uns nahestehen, nicht nur erkennen, sondern auch tatsächlich wahrnehmen? Vorstellungen von Ethik, Moral, Tugend, Gerechtigkeit und Mitleid, der Unterschied zwischen Gut und Böse – all das könnte mit einer grundlegenden Wahrnehmung von Empathie zu tun haben, die über Gene und Physik hinausgeht.

Freier Wille ist die Fähigkeit, Entscheidungen mit Hilfe nichtphysikalischer Kenntnisse zu fällen. Freier Wille braucht nicht mehr zu tun, als zwischen zugänglichen Versionen der Zukunft zu wählen. Er hält die Zunahme der Entropie nicht auf, kann aber Kontrolle über zugängliche Zustände ausüben und damit der Entropie eine Richtung vorgeben. Wir können den freien Willen nutzen, um eine Teetasse zu zerbrechen oder eine Teetasse herzustellen. Wir können ihn nutzen, um einen Krieg anzufangen oder um nach Frieden zu streben.

Die schwierigste Aufgabe besteht häufig darin, die richtigen Fragen zu stellen. Wann es in der Physik die nächsten Offenbarungen geben wird, ist kaum abzusehen. Von Einstein wissen wir, dass die Zeit ein geeignetes Objekt für physikalische Untersuchungen ist. Dass er nicht in der Lage war, sich mit der Bedeutung des *Jetzt* zu befassen, hatte nach meiner Überzeugung einen einfachen Grund: Er verweigerte sich dem Gedanken, dass die Physik unvollständig ist.

Das Wechselspiel zwischen Relativitätstheorie und Quantenphysik oder die Bedeutung der Messung werden wir vielleicht in absehbarer Zeit noch nicht verstehen, aber diese Probleme sind es wert angegangen zu werden. Fortschritte werden nach meiner Vermutung wahrscheinlich weder komplizierte Mathematik noch undurchsichtige Philosophie erfordern. Wer die Probleme auch lösen mag, wird es wahrscheinlich mit sehr einfachen Beispielen tun, die an Mathematik vielleicht nicht mehr als ein wenig Algebra erfordern; vielleicht beziehen sie sich auf den kleinen Zeiger einer Uhr und die Richtung, in die er weist. Es könnte auch geschehen, wenn irgendein einfaches Experiment ein unerwartetes Ergebnis liefert. Wenn der nächste Durchbruch kommt, wird es – so meine Vorhersage – einer Regression in die Kindheit bedürfen, einer Sichtweise für die Realität, die sich auf etwas in der Physik konzentriert, von dem wir nicht einmal wissen, dass es stimmt, und die dieses Etwas auf den Kopf stellt. Wer wird der neue Einstein sein? Vielleicht Sie?

ANHANG 1

Die Mathematik der Relativität

Dieser Anhang ist für diejenigen bestimmt, die sich für die Algebra und die Berechnungen hinter den im Haupttext erörterten Erkenntnissen der Relativitätstheorie interessieren.

In der speziellen Relativitätstheorie ist ein Ereignis durch eine Position x und eine Zeit t gekennzeichnet. Der Einfachheit halber setzen wir y und z, die anderen Koordinaten der Position, auf null. Position und Zeit der Ereignisse im zweiten Koordinatensystem, das sich mit der Geschwindigkeit v bewegt, kennzeichnen wir mit den Großbuchstaben X und T. Einstein stellte fest, dass die korrekten Beziehungen zwischen x, t, X und T durch die Lorentz-Transformation angegeben werden:

$$X = \gamma(x\text{-}vt)$$

$$T = \gamma(t\text{-}xv/c^2)$$

Dabei ist c die Lichtgeschwindigkeit, und der Zeitdilatationsfaktor Gamma, wiedergegeben durch den griechischen Buchstaben γ, errechnet sich aus $\gamma = 1/\sqrt{1-\beta^2}$; dabei ist der griechische Buchstabe β (beta) die Geschwindigkeit im Verhältnis zur Lichtgeschwindigkeit: $\beta = v/c$. Nach üblicher Konvention hat das spezielle Ereignis (0, 0) in beiden Bezugssystemen die gleichen Koordinaten.

Diese Gleichungen wurden erstmals von Hendrik Lorentz

formuliert, der zeigte, dass Maxwells Gleichungen über den Elektromagnetismus ihnen genügen. Aber erst Einstein erkannte, dass sie echte Veränderungen im Verhalten von Raum und Zeit repräsentieren, und leitete mit ihrer Hilfe neue physikalische Gleichungen ab. Maxwells Gleichungen brauchte er dazu nicht zu verändern, wohl aber die von Newton; Einstein gelangte unter anderem zu dem Schluss, dass die Masse bewegter Objekte zunimmt (damit meine ich die kinetische Masse, gegeben durch γm, wobei m die Ruhemasse ist) und dass die Energie eines ruhenden Objektes mit seiner Masse über $E = mc^2$ verknüpft ist.

Die Gleichungen der Lorentz-Transformation haben unter anderem einen bemerkenswerten Aspekt: Wenn man sie nach x und t auflöst, erhält man Gleichungen, die mit Ausnahme des Vorzeichens für die Geschwindigkeit gleich aussehen. (Die Algebra ist ein wenig kompliziert; man muss dazu die oben genannte Definition für γ verwenden, aber man sollte es ruhig versuchen.) Die Antwort lautet

$$x = \gamma(X + vT)$$

$$t = \gamma(T + Xv/c^2)$$

Im Vergleich zu den zuvor genannten Gleichungen erwartet man hier den Vorzeichenwechsel (von – zu +), weil das erste Bezugssystem sich in Bezug auf das zweite mit der Geschwindigkeit $-v$ bewegt. Dennoch erscheint mir die Tatsache, dass die Gleichung die gleiche Form hat, verblüffend. Ich hätte das nicht vermutet. Dass es so ist, gehört zu den Wundern der Relativitätstheorie: Wenn man physikalische Gleichungen schreibt, sind alle Bezugssysteme gleichermaßen gültig.

Anhang 1 Die Mathematik der Relativität

Zeitdilatation

Beschäftigen wir uns jetzt einmal mit der Zeitdilatation. Dazu bedienen wir uns der gleichen Terminologie wie bei dem in Kapitel 4 erörterten Zwillingsparadoxon. Das erste Bezugssystem bezeichnen wir als Johns System, das zweite, das sich mit der relativen Geschwindigkeit v bewegt, als Marys System. (Beide sind ihre jeweiligen *Ruhesysteme.*) Wir betrachten zwei Ereignisse: Marys Geburtstagsparty 1 und Marys Geburtstagsparty 2. Position und Zeit dieser beiden Partys kennzeichnen wir in Johns System mit x_1, t_1 und x_2, t_2. Die entsprechenden Positionen und Zeiten in Marys System sind X_1, T_1 und X_2, T_2.

Diese Werte setzen wir nun in die Lorentz-Gleichung ein. Wir benutzen die zweite Gruppe:

$$t_2 = \gamma(T_2 + X_2 v/c^2)$$

$$t_1 = \gamma(T_1 + X_1 v/c^2)$$

Durch Subtraktion der beiden Gleichungen erhalten wir

$$t_2 - t_1 = \gamma[T_2 - T_1 + (X_2 - X_1)v/c^2]$$

Mary hat, in Marys Bezugssystem gemessen, das Alter $T_2 - T_1$. In diesem Bezugssystem bewegt sich Mary nicht, deshalb ist $X_2 = X_1$ und $X_2 - X_1 = 0$. Damit vereinfacht sich die Gleichung zu

$$t_2 - t_1 = \gamma(T_2 - T_1)$$

Wir können diese Gleichung noch einfacher aussehen lassen, wenn wir eine andere Schreibweise verwenden: Dann ist

$\Delta t = t_2 - t_1$, und $\Delta T = T_2 - T_1$. (Δ, der griechische Großbuchstabe Delta, wird häufig zur Wiedergabe von Differenzen benutzt. Δt wird »Delta t« ausgesprochen.) Mit dieser Schreibweise lautet die Gleichung

$$\Delta t = \gamma \Delta T$$

Das ist die Zeitdilatation. In Johns System ist die Zeit zwischen den gleichen Ereignissen um den Faktor γ länger als in Marys System. In dem Zwillingsparadoxon in Kapitel 4 hatte γ den Wert 2; demnach braucht Mary (in Johns System) 16 Jahre, um acht Jahre älter zu werden.

Längenkontraktion

Als Nächstes betrachten wir die Längenkontraktion. Um eine Entfernung in einem Bezugssystem zu messen, stellen wir die Positionen zu gleichen Zeitpunkten fest und subtrahieren sie voneinander. Die Entfernung zwischen zwei gleichzeitigen Ereignissen ($t_2 = t_1$) in Johns Ruhesystem ist $x_2 - x_1$. Auf die beiden Ereignisse wenden wir die erste Gruppe der Lorentz-Gleichungen an:

$$X_2 = \gamma(x_2 - vt_2)$$

$$X_1 = \gamma(x_1 - vt_1)$$

Subtraktion der beiden Gleichungen ergibt

$$X_2 - X_1 = \gamma[x_2 - x_1 - v(t_2 - t_1)]$$

Da die beiden Ereignisse in Johns System gleichzeitig stattfinden, haben wir $t_2 = t_1$, und $t_2 - t_1 = 0$. Setzen wir dies ein, vereinfacht sich die Gleichung zu

$$X_2 - X_1 = \gamma(x_2 - x_1)$$

Die Entfernung zwischen den beiden Ereignissen beträgt in Johns Ruhesystem $x_2 - x_1$; wir können ihn auch Δx nennen. In Marys Ruhesystem (das stationär ist) beträgt die Länge des Objekts $X_2 - X_1$; dies können wir auch als ΔX bezeichnen. Dann haben wir die Gleichung

$$\Delta x = \Delta X/\gamma$$

Das ist die Gleichung für die Längenkontraktion. Hat ein Objekt die Ruhelänge ΔX, ist sie, in einem anderen Bezugssystem gemessen, um den Faktor $1/\gamma$ kürzer. (Dabei gilt es zu beachten, dass γ stets größer als 1 ist.)

Gleichzeitigkeit

Der zeitliche Unterschied zwischen zwei Ereignissen ist $t_1 - t_2 = \Delta t$. In einem anderen Bezugssystem geschehen die beiden Ereignisse zu den Zeitpunkten T_1 und T_2, und ihr Abstand ist in diesem Bezugssystem $T_1 - T_2 = \Delta T$. Außerdem bezeichnen wir den Positionsunterschied der beiden Ereignisse in Johns System als Δx, und in Marys System beträgt ihr Abstand ΔX. Mit der Lorentz-Transformation für die Zeit erhalten wir

$$T_2 = \gamma(t_2 - x_2 v/c^2)$$

$$T_1 = \gamma(t_1 - x_1 v/c^2)$$

Wenn wir diese subtrahieren und Δt, ΔT und Δx einsetzen, ergibt sich

$$\Delta T = \gamma(\Delta t - \Delta x v/c^2)$$

In dem Sonderfall, in dem die beiden Ereignisse in Johns System gleichzeitig stattfinden, (das heißt, wenn $\Delta T = 0$), vereinfacht sich die Gleichung zu

$$\Delta T = -\gamma \Delta x v/c^2$$

Bemerkenswert ist dabei, dass ΔT nicht zwangsläufig null sein muss; das heißt, die Ereignisse sind in Marys Ruhesystem selbst dann nicht unbedingt gleichzeitig, wenn dies in Johns Ruhesystem der Fall ist. Wenn wir die Entfernung zwischen den Ereignissen als $\Delta x = -D$ bezeichnen (wobei das Vorzeichen je nach der Position von x_1 und x_2 positiv oder negativ sein kann), wird die Gleichung zu

$$\Delta T = \gamma D v/c^2$$

Wenn weder v noch D null ist, ist auch ΔT nicht null, das heißt, die beiden Ereignisse sind in Marys System nicht gleichzeitig. Das ist der »Zeitsprung«, der bei einem weit entfernten Ereignis stattfindet, wenn man von einem Bezugssystem zu einem anderen wechselt. Der Sprung findet nicht statt, wenn $D = 0$, wenn also die beiden Ereignisse an dem gleichen Ort stattfinden (beispielsweise wenn John und Mary wieder zusammentreffen). ΔT kann je nach den Vorzeichen von D und v positiv oder negativ sein.

Anhang 1 Die Mathematik der Relativität

Geschwindigkeiten und die Lichtgeschwindigkeit

Hier werde ich zeigen, warum die Lichtgeschwindigkeit in allen Bezugssystemen die gleiche ist.

Wenn ein Objekt sich bewegt, können wir seine Position x_1 zum Zeitpunkt t_1 nennen, und x_2 ist seine Position zum Zeitpunkt t_2. Dies können wir auch als zwei Ereignisse betrachten. Die Geschwindigkeit des Objekts ist $v = (x_2 - x_1)/(t_2 - t_1) = \Delta X/\Delta T$. In einem anderen Bezugssystem ist seine Geschwindigkeit $V = (X_2 - X_1)/(T_2 - T_1) = \Delta X/\Delta T$. Beide können wir mit Hilfe der Lorentz-Transformation vergleichen. Wir verwenden das Symbol u für die relative Geschwindigkeit der beiden Bezugssysteme und können dann v und V für die Geschwindigkeit des Objekts innerhalb der beiden Systeme verwenden. Wir schreiben die Transformationen auf und subtrahieren sie:

$$\Delta X = X_2 - X_1 = \gamma[(x_2 - x_1) - u(t_2 - t_1)] = \gamma[\Delta x - u\Delta t]$$

$$\Delta T = T_2 - T_1 = \gamma[(t_2 - t_1) - u(x_2 - x_1)/c^2] = \gamma[\Delta t - u\Delta x/c^2]$$

Jetzt dividieren wir die beiden Gleichungen und kürzen die γ's:

$$V = \frac{\Delta X}{\Delta T} = \frac{\Delta x - u\Delta t}{\Delta t - \Delta x \frac{u}{c^2}} = \frac{\frac{\Delta x}{\Delta t} - u}{1 - \frac{\Delta x\, u}{\Delta t\, c^2}} = \frac{v - u}{1 - \frac{vu}{c^2}}$$

Das ist die Gleichung für die Geschwindigkeitstransformation. Sie gibt die Geschwindigkeit V im zweiten Bezugssystem als Funktion von v an, der Geschwindigkeit im ersten Bezugssystem.

Nehmen wir an, $v = c$; das heißt, ein Objekt (zum Beispiel

Anhang 1 Die Mathematik der Relativität

ein Photon) bewegt sich im ersten Bezugssystem mit Lichtgeschwindigkeit. Im zweiten Bezugssystem ist seine Geschwindigkeit

$$V = \frac{v-u}{1-\frac{vu}{c^2}} = \frac{c-u}{1-\frac{u}{c}} = \frac{c\left(1-\frac{u}{c}\right)}{1-\frac{u}{c}} = c$$

Sie ist unabhängig von u, der relativen Geschwindigkeit der beiden Systeme. Wenn $v = c$, dann ist auch $V = c$. Objekte, die sich in einem Bezugssystem mit Lichtgeschwindigkeit bewegen, bewegen sich auch in allen anderen Bezugssystemen mit Lichtgeschwindigkeit. Man kann auch $v = -c$ einsetzen und das Ergebnis berechnen. Überraschend?

Eine ähnliche Ableitung zeigt, dass c sich auch bei einer beliebigen Richtung des Lichtes nicht ändert.*

Dieses Ergebnis liefert die Erklärung, warum das Experiment fehlschlug, mit dem Michelson und Morley 1887 unterschiedliche Lichtgeschwindigkeiten in zwei Richtungen nachweisen wollten: eine parallel und eine rechtwinklig zur Erdbewegung.

---

* Um eine beliebige Richtung des Lichtes einzubeziehen, muss man Einsteins zusätzliche Transformationsgleichungen $Y = y$ und $Z = z$ verwenden. Wir beginnen mit $v_x^2 + v_y^2 + v_z^2 = c^2$ und berechnen V_x, V_y und V_z. Dabei stellt sich heraus, dass $V_x^2 + V_y^2 + V_z^2 = c^2$, wobei sich aber die Richtung des Lichtes verändert. Diese Richtungsänderung wird als »Aberration« bezeichnet und lässt sich als Verschiebung der scheinbaren Richtung beobachten, in der ein Stern von der sich bewegenden Erde aus gesehen steht.

Anhang 1 Die Mathematik der Relativität

Zeitumkehr

Etwas sehr Interessantes geschieht, wenn zwei getrennte Ereignisse zeitlich sehr dicht beieinander liegen. Wir bedienen uns der Differenzgleichung aus der Beschreibung der Gleichzeitigkeit (siehe oben):

$$\Delta T = \gamma(\Delta t - v\Delta x/c^2)$$
$$= \gamma \Delta t [1 - (\Delta x/\Delta t)(v/c^2)]$$

Wir definieren $\Delta x/\Delta t = V_E$. Das ist die Pseudogeschwindigkeit, die die beiden Ereignisse »verbindet«. Das heißt nicht, dass sich irgendetwas tatsächlich zwischen beiden bewegen würde; es ist nur die Geschwindigkeit, mit der etwas sich bewegen müsste, um bei beiden Ereignissen anwesend zu sein. Könnte V_E größer sein als c? Ja, natürlich. Zwei räumlich getrennte Ereignisse, die sich gleichzeitig abspielen, haben ein unendlich großes V_E. Es handelt sich dabei nicht um eine physikalische Geschwindigkeit. Mit der neuen Terminologie für V_E können wir schreiben

$$\Delta T = \gamma \Delta t (1 - V_E v/c^2)$$

Nehmen wir als Beispiel an, dass Δt positiv ist. Die Gleichung zeigt, dass ΔT negativ sein könnte. Dazu muss nur der negative Ausdruck in den Klammern größer als 1 sein. Demnach kann die Reihenfolge, in der sich die Ereignisse abspielen, in dem neuen Bezugssystem umgekehrt sein. Aus dieser Erkenntnis ergeben sich für die Kausalität alle möglichen Folgerungen.

Damit $V_E v/c^2$ größer als 1 ist, muss V_E/c größer als c/v sein. Wie gesagt: v ist die Geschwindigkeit, die die beiden Bezugssysteme verbindet; sie muss immer kleiner sein als c. Demnach wird c/v stets größer sein als 1. Wenn also V_E/c größer ist als c/v (das damit auch größer wird als 1), bedeutet dies der Gleichung zufolge, dass sich die Reihenfolge der beiden Ereignisse in den beiden Bezugssystemen umkehrt. Hier sei noch einmal angemerkt, dass es für die Größe von V_E keine Beschränkung gibt, da es sich um eine Pseudogeschwindigkeit handelt, die gebraucht wird, um die beiden Ereignisse zu »verbinden«; für weit voneinander entfernte, gleichzeitig stattfindende Ereignisse ist V_E unendlich groß.

Die Mathematik des Scheunenparadoxons

Betrachten wir noch einmal das Diagramm in Kapitel 4 (Abb. 4.1, Seite 71). Im Bezugssystem der Scheune tritt der Mast durch die Tür ein und bewegt sich dann bis zur Rückwand weiter. Wir definieren $t_1 = 0$ als den Zeitpunkt, zu dem das vordere Ende des Mastes an die Rückwand stößt; die Koordinaten legen wir so an, dass dieser Ort die Position $x_1 = 0$ hat. Wegen der Lorentz-Kontraktion passiert das hintere Ende des Mastes zur gleichen Zeit die Tür bei $t_2 = 0$ am Ort $x_2 = -6$ Meter.

Jetzt berechnen wir, was sich im Ruhesystem des Mastes abspielt. Sein vorderes Ende trifft zur Zeit T_1 auf die Scheunenwand; T_1 ergibt sich aus der Gleichung für die Lorentz-Transformation:

$$T_1 = \gamma(t_1 - x_1 v/c^2) \\ = 2(0 - 0v/c^2) = 0$$

Das hintere Ende des Mastes passiert die Tür bei

Anhang 1 Die Mathematik der Relativität

$$T_2 = \gamma(t_2 - x_2 v/c^1)$$
$$= 2(0 + 6v/c^2)$$

Berechnen wir v/c mit $\gamma = 2$, so erhalten wir $\beta = v/c = 0{,}866$. Damit ist

$$T_2 = 2(0 + 5{,}196/c) = 10{,}392/c.$$

Setzen wir die Lichtgeschwindigkeit mit 3×10^8 Meter je Sekunde ein, so stellen wir fest, dass der Mast die Tür bei $T_2 = 10{,}392/3 \times 10^8$ Sekunden = $34{,}6 \times 10^{-9}$ Sekunden passiert. Wenn also das Vorderende des Mastes auf die Wand trifft, hat sein Hinterende die Tür noch nicht passiert. Das geschieht erst 34,6 Nanosekunden (Milliardstelsekunden) später.

Nun berechnen wir im Bezugssystem des Mastes, wo sich das Hinterende des Mastes befindet, wenn sein Vorderende auf die Wand trifft. Dazu benutzen wir die Gleichung

$$x_2 = \gamma(X_2 + vT_2)$$

Wir lösen nach X_2 auf und setzen $0{,}866c$ für v, -6 Meter für x_2 und $10{,}392/c$ für T_2 ein. Dann erhalten wir

$$X_2 = x_2/\gamma - vT_2$$
$$= -6/2 - 9 = -12 \text{ Meter}$$

Die Antwort entspricht unseren Erwartungen. Wenn das Vorderende des Mastes auf die Wand trifft, befindet sich sein Hinterende im Bezugssystem des Mastes bei –12 Metern. Es ist 12 Meter von der Scheunenrückwand entfernt – was mit der Tatsache übereinstimmt, dass er in diesem Bezugssystem 12 Meter lang ist.

Die Lösung für das Paradoxon liegt darin, dass die beiden

Enden des Mastes im Ruhesystem der Scheune gleichzeitig in der Scheune sind; im Ruhesystem des Mastes dagegen gelangen zwar beide Enden in die Scheune, das Hinterende passiert die Tür aber nicht zur gleichen Zeit, zu der sein Vorderende an die Wand stößt. Wenn der Mast sich in der Scheune befindet und seine Bewegung plötzlich zum Stillstand kommt (beide Enden halten im Bezugssystem der Scheune gleichzeitig an), geht die Längenkontraktion verloren: Der Mast dehnt sich auf seine volle Länge von 12 Metern aus und durchstößt eine Wand oder auch beide.

Die Mathematik des Zwillingsparadoxons

Da Marys Zeitdilatation den Wert $\gamma = 2$ hat, können wir berechnen, dass ihre Geschwindigkeit im Verhältnis zur Lichtgeschwindigkeit $\beta = 0{,}866$ ist. Beim Zwillingsparadoxon gibt es mehrere wichtige Bezugssysteme: das von John (hier *Erde-Bezugssystem* genannt), Marys *Hinreise-Bezugssystem* (ihr Ruhesystem auf der Hinreise mit der Geschwindigkeit $v = 0{,}866c$), und ihr *Rückreise-Bezugssystem* (ihr Ruhesystem auf dem Rückweg, Geschwindigkeit $-0{,}866c$). Marys *Ruhesystem* ist eine Kombination von beiden, da sie von einem Lorentz-Bezugssystem zum anderen beschleunigt wird.

Im Erde-Bezugssystem können wir die Entfernung zu dem Stern aus der Tatsache berechnen, dass Mary mit $0{,}866c$ reist und 8 Jahre braucht, bis sie dort ist; die Entfernung ist also $0{,}866 \times c \times 8 = 6{,}92c$ oder 6,92 Lichtjahre. In Marys Hinreise- und Rückreise-Bezugssystem beträgt die Entfernung $6{,}92c$, dividiert durch den Lorentz-Kontraktionsfaktor γ, sie ist also $3{,}46c$. Um den Stern zu erreichen, braucht Mary in ihrem eigenen Bezugssystem $3{,}46c$, dividiert durch die Geschwindigkeit $0{,}866c$ – was vier Jahren entspricht. Sowohl im Erde-Bezugssystem als auch in Marys Hinreise-Bezugssystem ist sie also vier Jahre alt, wenn sie den Stern erreicht. Um weitere vier Jahre altert sie auf der Rückreise; bei ihrer Rückkehr ist sie also acht Jahre alt.

Im Erde-Bezugssystem befindet sich John in Ruhe. Marys Reise dauert acht Jahre für den Hin- und acht Jahre für den Rückweg. Wenn Mary zurückkehrt, ist John 16 Jahre älter.

Betrachten wir jetzt die gleichen Ereignisse in Marys Ruhesystem. Dies ist ein beschleunigtes Bezugssystem, deshalb nehmen wir die Berechnung in drei Stadien vor. Zuerst betrachten wir ihr Hinreise-Bezugssystem, das sich im Verhältnis zum Erde-Bezugssystem mit der Geschwindigkeit $+v$ bewegt. Dann kommt sie auf dem fernen Planeten zur Ruhe; ihr Ruhesystem gleicht nun dem von John; schließlich beschleunigt sie auf dem Rückweg, und ihr Ruhesystem bewegt sich im Verhältnis zum Erde-Bezugssystem mit der Geschwindigkeit $-v$.

Die Ergebnisse zeigt Abbildung A.1. Im ersten Stadium, auf dem Weg von der Erde zum Stern, befindet sich Mary in ihrem Ruhesystem in Ruhe. John bewegt sich mit $-v$ und altert mit der Geschwindigkeit $1/\gamma$. Mary braucht vier Jahre, um den Stern zu erreichen. (In diesem System erreicht der Stern natürlich sie, denn sie befindet sich in Ruhe.) In dieser Zeit altert John nur um $4/\gamma = 2$ Jahre.

Dann hält Mary bei dem Stern an (und zwar vermutlich nicht auf dem Stern selbst, sondern auf einem nahe gelegenen Planeten). Jetzt ist ihr Ruhesystem mit dem auf der Erde identisch; obwohl sie also vier Jahre älter ist, ist John (in seinem Bezugssystem) zur gleichen Zeit acht Jahre alt. Das ist der erste Zeitsprung. John ist nicht plötzlich gealtert, sondern Mary hat das Lorentz-System gewechselt, und in ihrem neuen Ruhesystem sind Ereignisse, die im alten System gleichzeitig waren, nicht mehr gleichzeitig. Mary weiß, dass John im Hinreise-Bezugssystem (in dem sie sich nicht mehr in Ruhe

Anhang 1 Die Mathematik der Relativität

Gleichzeitiges Alter in Marys Bezugssytem

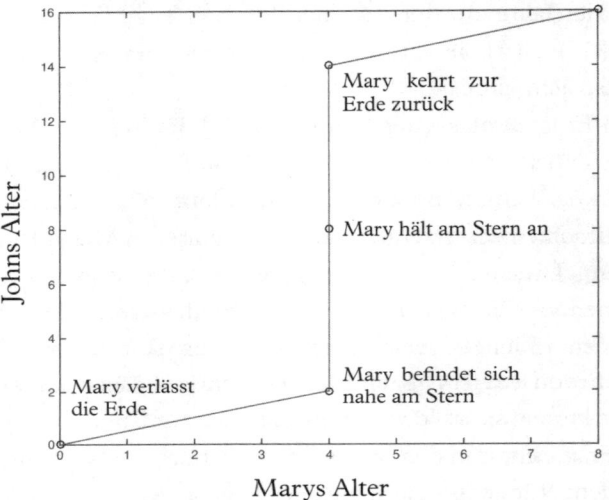

Abb. A.1 Das Zwillingsparadoxon, wie es sich in Marys beschleunigtem Bezugssystem darstellt. Das Alter von John macht einen Sprung, wenn Marys System die Geschwindigkeit ändert.

befindet) jünger ist als sie. Im Bezugssystem des Planeten jedoch, das mit dem der Erde identisch ist, ist John älter. Über diese Tatsachen wären sich John und Mary einig.

An dem Diagramm fällt auf, dass der »Sprung« in Johns gleichzeitigem Alter sechs Jahre beträgt (von 2 auf 8). Das entspricht der zuvor genannten Gleichung für Zeitsprünge:

$$\Delta t = \gamma(\Delta T - \Delta X v/c^2)$$

Dabei ist Δt der Sprung in Johns Alter. (Sein Alter im Erde-Bezugssystem entspricht der Zeit im Erde-Bezugssystem.)

Jetzt wechselt Mary erneut ihr Ruhesystem; sie beschleunigt auf der Rückreise. Wir setzen $\Delta X = -3{,}46c$ ein (die Entfernung im Rückreise-Bezugssystem); $\Delta T = 0$ (die Ereignisse sind gleichzeitig), $\gamma = 2$ und $v/c = -0{,}866$; damit erhalten wir

$$\Delta t = 2(0 + 3{,}46 \times 0{,}866) = 6 \text{ Jahre}$$

Das ist der zweite Sprung in Johns Alter; verglichen werden dabei sein Alter in dem Bezugssystem, bevor Mary sich auf den Rückweg macht, und sein Alter im Rückreise-Bezugssystem, beides gleichzeitig mit Marys viertem Geburtstag. Johns Alter zur gleichen Zeit steigt in Marys beschleunigtem Ruhesystem von 8 auf 14. Wenn Mary zurückreist, altert John noch einmal um zwei Jahre, und wenn Mary schließlich wieder auf der Erde eintrifft, ist er 16 Jahre älter.

Rechnet man also in Johns (nicht beschleunigtem) Ruhesystem und Marys (beschleunigtem) Ruhesystem, ist John bei ihrem erneuten Zusammentreffen um 16 Jahre gealtert, Mary aber nur um 8 Jahre.

Im Allgemeinen verwendet man für Berechnungen keine beschleunigten Bezugssysteme, falls man es vermeiden kann. Die Sprünge in der Gleichzeitigkeit widersprechen der Intuition so stark, dass ihre Handhabung schwierig ist. Am besten bleibt man bei einem nicht beschleunigten Bezugssystem und vertraut darauf, dass man die gleiche Antwort erhält, auch wenn man die Berechnung auf dem schwierigeren Weg vornimmt.

Mathematik des Tachyonenmordes

Wir bezeichnen das Abfeuern des Tachyonengewehrs als Ereignis 1 und den Tod des Opfers als Ereignis 2. $\Delta t = t_2 - t_1 = +10$ Nanosekunden, und $\Delta x = x_2 - x_1 = 12$ Meter. Demnach bewegt sich das Tachyon mit $12/10 = 1{,}2$ Metern je Nanosekunde oder ungefähr $4c$. Das Pluszeichen bedeutet, dass das Opfer stirbt, *nachdem* ich mein Gewehr abgefeuert habe: Der zeitliche Wert des Todes ist größer als der beim Betätigen des Abzuges.

Betrachten wir jetzt einmal die beiden Ereignisse in einem Bezugssystem, das sich mit $v = \frac{1}{2}c$ bewegt. Dann ist $\beta = 0{,}5$, $\gamma = 1/\sqrt{(1 - \beta^2)} = 1{,}55$. Wir wenden die Gleichung für den Zeitsprung an:

$$\Delta T = \gamma(\Delta t - \Delta x v/c^2)$$
$$= \gamma \Delta t[1 - (\Delta x/\Delta t)(v/c^2)]$$

Wir setzen ein: $\gamma = 1{,}55$, $\Delta t = 10$ Nanosekunden, $v/c = 0{,}5$ und $\Delta x/\Delta t = 4c$. Durch Kürzen der Faktoren von c erhalten wir

$$\Delta T = (1{,}55)(10 \text{ Nanosekunden})[1 - (0{,}5)(4)]$$
$$= -15{,}5 \text{ Nanosekunden}.$$

Der Zeitraum ist *negativ*, das heißt, die Reihenfolge der Ereignisse hat sich umgekehrt. Das Opfer wird zum Zeitpunkt T_2 erschossen, aber da $T_2 - T_1$ kleiner als null ist, ist T_1 die größere Zahl. Demnach hat T_1, das Abfeuern des Gewehrs, zu einer größeren und damit späteren Zeit stattgefunden.

Bemerkenswert ist noch etwas anderes: Wenn $\Delta x/\Delta t = V_E$ kleiner als die Lichtgeschwindigkeit ist – das heißt, wenn das Geschoss mit Unterlichtgeschwindigkeit fliegt –, ist eine solche Umkehr nicht möglich. Damit sie stattfindet, muss V_E/c größer als c/v sein, und c/v ist immer größer als 1. Wenn also zwei Ereignisse durch ein Signal verbunden sind, das sich langsamer als das Licht bewegt, ist ihre Reihenfolge in allen gültigen Bezugssystemen – das heißt, in allen Bezugssystemen, in denen v kleiner ist als c – die gleiche. Solche Ereignisse bezeichnen wir als *zeitartig*. Raumartige Ereignisse sind so weit voneinander entfernt, dass die Lichtgeschwindigkeit nicht ausreicht, um sie zu verbinden.

Mathematik der Wirkung der Gravitation auf die Zeit

Einstein postulierte, dass man das Verhalten der Zeit in einem Gravitationsfeld berechnen kann, wenn man annimmt, dass sie zu einem beschleunigten Bezugssystem äquivalent ist. Das wollen wir hier nachvollziehen.

Angenommen, wir haben eine Rakete mit der Höhe h, und sie befindet sich in einer Region des Weltalls, in der keine Gravitation herrscht. Die Rakete beschleunigt aufwärts mit der Gravitation der Erde, das heißt in jeder Sekunde mit $g = 9{,}81$ Meter je Sekunde. Weiterhin nehmen wir an, dass oberes und unteres Ende der Rakete im Bezugssystem der ursprünglichen Rakete gleichzeitig beschleunigt werden. Nach der Zeit Δt bewegt sich ihr Ruhesystem im Verhältnis zu ihrem anfänglichen Ruhesystem mit der Geschwindigkeit $v = g\Delta t$.

Mit der Gleichung aus dem Tachyonenmord berechnen wir den zugehörigen Zeitraum am oberen Ende der Rakete:

$$\Delta T = \gamma(\Delta t - \Delta x v/c^2)$$

Wir setzen $\Delta x = h$ und $v = \Delta t$ ein und nehmen (für nichtrelativistische Geschwindigkeiten) näherungsweise an, dass $\gamma = 1$. Dann erhalten wir

$$\Delta T = \Delta t - hg\Delta T/c^2$$

Division durch Δt ergibt

$$\Delta T/\Delta t = 1 - gh/c^2$$

Demnach ist ΔT, der Zeitraum für die Spitze, in der Höhe h größer als Δt am unteren Ende. Uhren laufen also in großer Höhe schneller.

In allgemeinerer Form wird die Gleichung häufig geschrieben als

$$\Delta T/\Delta t = 1 - ø/c^2$$

Darin ist ø die Differenz des Gravitationspotentials. Das Potential relativ zur Unendlichkeit beträgt beispielsweise auf der Erdoberfläche $ø = GM/R$, wobei M die Masse der Erde und R ihr Radius ist.

Viele Lehrbücher leiten diese Formel auf einem ganz anderen Weg ab: Sie betrachten die Rotverschiebung des Lichtes, das von der Ober- zur Unterseite einer Kiste wandert. Ich bevorzuge den hier beschriebenen Ansatz, weil er sich ausdrücklich des Äquivalenzprinzips bedient, das die Grundlage für Einsteins allgemeine Relativitätstheorie bildet; außerdem zeigt er, dass sich der Effekt aus dem Begriff xv/c^2 in den Lorentz-Gleichungen ergibt, der auch zum Verlust der Gleichzeitigkeit führt.

ANHANG 2

Zeit und Energie*

Die faszinierendste, genaueste und (für den Physiker) praktischste Definition der Energie ist gleichzeitig die Abstrakteste – sie ist so abstrakt, dass sie selbst in der Physikvorlesung der ersten Hochschuljahre nicht behandelt wird. Ihre Grundlage ist die Beobachtung, dass echte physikalische Gleichungen wie $E = mc^2$ morgen ebenso Gültigkeit haben werden wie heute. Diese Hypothese wird meist als selbstverständlich vorausgesetzt, manchmal aber auch überprüft. Würde man dabei eine Abweichung finden, man hätte eine der folgenschwersten Entdeckungen der Wissenschaftsgeschichte gemacht.

Die Tatsache, dass sich Gleichungen nicht ändern, wird in der Fachsprache der Physik als *Zeitinvarianz* bezeichnet. Das heißt nicht, dass sich in der Physik nichts ändern würde; wenn ein Objekt sich bewegt, verändern sich im Laufe der Zeit seine Position und seine Geschwindigkeit; in der physikalischen Welt verändern sich viele Dinge in Abhängigkeit von der Zeit – aber nicht die Gleichungen, die eine solche Bewegung beschreiben. Auch nächstes Jahr werden wir unseren Studierenden noch beibringen, dass $E = mc^2$, denn es wird auch dann noch wahr sein.

Auf den ersten Blick scheint die Zeitinvarianz etwas Banales zu sein, aber wenn man sie mathematisch formuliert, gelangt man zu einer erstaunlichen Schlussfolgerung: zu dem

---

* Verändert aus *Energy for Future Presidents* (W. W. Norton 2012).

Beweis, dass Energie erhalten bleibt. Diesen Beweis entdeckte Emmy Noether, die wie Einstein aus Nazideutschland emigrierte und seitdem in den Vereinigten Staaten lebte.

Wenn wir uns an Noethers Verfahren halten und von den Gleichungen der Physik ausgehen, finden wir immer eine Kombination aus Variablen (Position, Geschwindigkeit und so weiter), die sich im Laufe der Zeit *nicht* verändern. Wenden wir diese Methode in einfachen Fällen der klassischen Physik (mit Kraft, Masse und Beschleunigung) an, stellt sich heraus, dass es sich bei der Größe, die sich im zeitlichen Verlauf nicht ändert, um die Summe aus kinetischer und potentieller Energie handelt – oder mit anderen Worten: um die klassische Gesamtenergie des Systems.

Na, so was. Dass die Energie erhalten bleibt, wussten wir bereits.

Jetzt aber kommt ein faszinierender philosophischer Zusammenhang. Es gibt einen Grund, warum die Energie erhalten bleibt: Das liegt an der Zeitinvarianz.

Darüber hinaus gelangt man zu einem noch wichtigeren Ergebnis: Die Methode funktioniert auch dann, wenn wir sie auf die viel komplizierteren Gleichungen der modernen Physik anwenden. Stellen wir uns einmal die folgenden Fragen: Was bleibt in der Relativitätstheorie eigentlich erhalten? Die Energie oder die Energie plus die in der Masse gebundene Energie? Oder etwas anderes? Und wie steht es mit der chemischen Energie? Und mit der potentiellen Energie? Wie berechnen wir die Energie eines elektrischen Feldes? Wie steht es mit Quantenfeldern wie denen, die den Atomkern zusammenhalten? Soll man sie ebenfalls einbeziehen? Fragen über Fragen ohne intuitive Antworten.

Wenn heute solche Fragen auftauchen, wenden Physiker das von Noether skizzierte Verfahren an und erhalten eine eindeutige Antwort. Durch seine Anwendung auf Einsteins

Anhang 2 Zeit und Energie

relativistische Bewegungsgleichungen erhält man die neue Energie, die auch die in Masse gebundene Energie mc^2 einschließt. In der Quantenphysik gelangt man mit dem Noether-Verfahren zu Begriffen, welche die Quantenenergie beschreiben.

Heißt das, dass die »alte Energie« nicht erhalten blieb? Ja, das heißt es; wenn wir verbesserte Gleichungen haben, ergeben sich nicht nur andere Vorhersagen für die Bewegungen von Teilchen, sondern auch die Dinge, von deren Erhaltung wir überzeugt waren, bleiben nicht erhalten. Die klassische Energie ist nicht mehr konstant; wir müssen auch die Masseenergie einbeziehen – und die Energie der Quantenfelder. Traditionell bezeichnen wir die Größe, die erhalten bleibt, als »Energie« des Systems. Die Energie verändert sich nach wie vor im Laufe der Zeit nicht, aber wenn wir nachbohren und die tiefer gehenden Gleichungen der Physik entdecken, verändert sich unsere Definition der Energie.

Stellen wir uns einmal folgende Frage: Funktionieren dieselben physikalischen Gleichungen, die in New York funktionieren, auch in Berkeley? Natürlich; aber eigentlich ist das keine triviale Beobachtung, und aus ihr ergeben sich äußerst wichtige Folgerungen. Wir sagen, dass die Gleichungen nicht vom Ort abhängen. Wir können unterschiedliche Massen oder unterschiedliche elektrische Ströme vorliegen haben – aber das sind Variablen. Die Kernfrage lautet: Sind die Gleichungen, die das Verhalten von Objekten und Feldern physikalisch beschreiben, an verschiedenen Orten unterschiedlich?

Die Gleichungen, die wir heute in der Physik kennen – alle, die zur Standardphysik gehören und experimentell bestätigt wurden –, haben die Eigenschaft, überall gültig zu sein. Manche Menschen halten schon das für so erstaunlich, dass sie ihre gesamte Berufslaufbahn darauf verwenden, nach Ausnahmen zu suchen. Sie studieren weit entfernte Dinge – zum

Beispiel ferne Galaxien oder Quasare – und hoffen darauf, dort ein wenig andere physikalische Gesetze zu finden. Bisher hatten sie damit kein Glück.

Kommen wir nun zu der bemerkenswerten Folgerung. Noethers mathematische Überlegungen über Gleichungen, die sich mit der Zeit nicht verändern, gelten auch für Gleichungen, die sich mit dem Ort nicht ändern. Mit Noethers Methode können wir eine Kombination der Variablen (Masse, Position, Geschwindigkeit, Kraft) finden, die sich mit der Position nicht verändert. Wenden wir das Verfahren auf die klassische, von Newton erfundene Physik an, so erhalten wir eine Größe, die gleich dem Produkt aus Masse und Geschwindigkeit ist; das heißt, wir gelangen zu dem klassischen Impuls. Der Impuls bleibt erhalten, und jetzt wissen wir auch, warum. Es liegt daran, dass die Gleichungen der Physik im Raum unveränderlich sind.

Das gleiche Verfahren kann man auch auf die Relativitätstheorie, die Quantenphysik und die Kombination aus beiden, die *relativistische Quantenmechanik,* anwenden. Die Kombination, die sich mit der Zeit nicht ändert, ist geringfügig anders, aber wir bezeichnen sie immer noch als Impuls. Sie enthält – neben elektrischen und magnetischen Feldern sowie Quanteneffekten – auch relativistische Elemente, wird aber traditionell ebenfalls als Impuls bezeichnet.

Der enge Zusammenhang zwischen Zeit und Energie erstreckt sich auch auf die Quantenphysik und ihr Unschärfeprinzip. In der Quantenphysik sind Energie und Impuls in einem Teil eines Systems häufig selbst dann, wenn wir sie definieren können, unsicher. Die Energie eines bestimmten Elektrons oder Protons können wir unter Umständen nicht genau ermitteln, aber eine ähnliche Unschärfe für die Gesamtenergie eines Systems beinhaltet das Prinzip nicht. In der gesamten Ansammlung kann Energie sich zwischen den

Anhang 2 Zeit und Energie

verschiedenen Teilen verschieben, aber die Gesamtenergie ist fest; die Energie bleibt erhalten.

In der Quantenphysik gilt für das Zeitverhalten einer Wellenfunktion der Ausdruck e^{iEt}; darin ist $i = \sqrt{-1}$, E ist die Energie, und t ist die Zeit. Als Dirac seine Gleichung für das Elektron löste, stellte er fest, dass sie negative Energie enthielt, und das veranlasste ihn zu der Behauptung, das Universum sei mit einem unendlichen Meer aus Elektronen mit negativer Energie angefüllt. Feynman gelangte zu einer anderen Interpretation. Nach seiner Vermutung war nicht E negativ, sondern der Wert von t, der in das Produkt einfloss. Seine Elektronen hatten keine negative Energie, sondern sie bewegten sich in der Zeit rückwärts. In ihnen erkannte er die Positronen.

In der Relativitätstheorie betrachtet man Raum und Zeit als eng verflochten, und die Kombination aus beiden heißt *Raumzeit*. Die zeitliche Invarianz in der Physik führt zur Energieerhaltung. Die räumliche Invarianz hat die Erhaltung des Impulses zur Folge. Nehmen wir beide zusammen, führt die physikalische Invarianz zur Erhaltung einer Größe, die wir *Energie-Impuls* nennen. Für Physiker sind Energie und Impuls zwei Aspekte der gleichen Sache. Aus dieser Sicht erklären die Physiker, Energie sei die vierte Komponente eines vierdimensionalen Energie-Impuls-Vektors. Wenn man die Komponenten des Impulses als p_x, p_y und p_z bezeichnet, ist der Energie-Impuls-Vektor: (p_x, p_y, p_z, E). Manche Physiker ordnen die vier Komponenten anders an; sie halten die Energie für so wichtig, dass sie sie an die erste Stelle setzen, und bezeichnen sie dann nicht als vierten, sondern als nullten Vektor: (E, p_x, p_y, p_z).

Elektrische und magnetische Felder werden durch die Relativitätstheorie ebenfalls vereinheitlicht, allerdings auf einem komplizierteren Weg. Der 3-D-Vektor des elektrischen Feldes (E_x, E_y, E_z) und der 3-D-Vektor des magnetischen Feldes, meist geschrieben als (B_x, B_y, B_z) werden zu Bestandteilen eines 4-T-Tensors namens F (für *Feld*), den man so schreibt:

$$F = \begin{bmatrix} 0 & -E_x & -E_y & -E_z \\ E_x & 0 & -B_z & B_y \\ E_y & B_z & 0 & -B_x \\ E_z & -B_y & B_x & 0 \end{bmatrix}$$

Das sieht ziemlich kompliziert aus, weil jeder Bestandteil zweimal vorkommt, aber es hat den Vorteil, dass wir in einem anderen Bezugssystem das neue F erhalten, indem wir die gleichen Relativitätsgleichungen anwenden wie zuvor für Position und Zeit. Außerdem müssen wir elektrische und magnetische Felder nicht getrennt in unsere Gleichungen aufnehmen, sondern wir verwenden nur F. Auf diese Weise *vereinheitlichen* wir elektrische und magnetische Felder: Sie erscheinen nun nicht mehr als getrennte Gebilde, sondern als Teile einer größeren Einheit, des Feldtensors.

ANHANG 3

Der Beweis, dass $\sqrt{2}$ eine irrationale Zahl ist

Wenn wir annehmen, dass $\sqrt{2}$ eine rationale Zahl ist, die man als I/J schreiben kann, wobei I und J ganze Zahlen sind, stoßen wir auf einen Widerspruch, und damit ist bewiesen, dass die Annahme falsch war.

Wenn I und J gerade Zahlen sind, können wir sie um den gemeinsamen Faktor 2 kürzen und diesen Vorgang so oft wiederholen, bis mindestens eine der beiden Zahlen ungerade ist. Das heißt, wenn wir $\sqrt{2} = I/J$ schreiben können, können wir auch $\sqrt{2} = M/N$ schreiben, wobei mindestens eine der Zahlen M und N ungerade ist, vielleicht aber auch beide.

$M/N = \sqrt{2}$. Wir setzen diese Gleichung ins Quadrat und multiplizieren über Kreuz; dabei erhalten wir $M^2 = 2N^2$. Da M^2 ein Vielfaches von 2 ist, ist M^2 eine gerade Zahl. Demnach ist auch M eine gerade Zahl, denn das Quadrat einer ungeraden Zahl ist stets ungerade. Jetzt werde ich zeigen, dass N ebenfalls eine gerade Zahl ist.

Da M eine gerade Zahl ist, können wir $M = 2K$ schreiben, wobei K eine weitere ganze Zahl ist. Quadrieren dieser Gleichung ergibt $M^2 = 4K^2$. Zuvor haben wir gezeigt, dass $M^2 = 2N^2$, also ist $2N^2 = 4K^2$. Wir dividieren durch 2 und erhalten $N^2 = 2K^2$. Demnach ist N^2 und damit auch N eine gerade Zahl.

Damit haben wir einen Widerspruch zu unserem Befund, dass mindestens eine der Zahlen M und N ungerade sein muss. Da wir die Regeln der Mathematik befolgt haben, kann es dafür nur einen Grund geben: Unsere ursprüngliche Annahme, dass man $\sqrt{2}$ als *I/J* schreiben kann, ist falsch. Womit wir bewiesen haben, dass $\sqrt{2}$ eine irrationale Zahl ist.

Dieses Ergebnis ist so faszinierend, weil man es mit der Wissenschaft der Physik nie hätte entdecken können. Dass $\sqrt{2}$ irrational ist, lässt sich mit keiner Messung nachweisen.

Es ist eine Wahrheit, die sich der physikalischen Messung entzieht. Es ist nichtphysikalisches Wissen, das nur in den Köpfen der Menschen existiert.

Wer sich dafür interessiert, hat vielleicht auch Spaß an dem Versuch, mit der gleichen Methode zu beweisen, dass $\sqrt{4}$ irrational ist. Das ist sie natürlich nicht; $\sqrt{4} = 2/1$. Wenn man das hier beschriebene Verfahren anwendet, wird man sehen, warum es in diesem Fall fehlschlägt.

ANHANG 4

Die Schöpfung*

Am Anfang
war nichts
keine Erde, keine Sonne
kein Raum, keine Zeit
nichts

die Zeit begann
und das Vakuum explodierte, brach aus
aus dem Nichts, angefüllt mit Feuer
überall
heftig heiß und hell

schnell wie das Licht wuchs der Raum
und der Feuersturm wurde
schwächer. Kristalle erschienen
Tröpfchen
der allerersten Materie. Einer seltsamen Materie
zerbrechliche Stückchen
ein Milliardstel des Universums

überrollt von Turbulenzen
bedeutungslos
und es ist

* Zuvor erschienen in *Physics and Technology for Future Presidents* (Princeton University Press, 2010).

als warteten sie
dass die Gewalt sich lindert

das Universum kühlt ab und die Kristalle zerfallen
und zerfallen wieder
und wieder und wieder
bis sie nicht mehr zerfallen können. Bruchstücke
Elektronen, Gluonen, Quarks
klammern sich aneinander und werden wieder durch Feuer getrennt
von der blauweißen Wärme, noch viel zu heiß
als dass Atome überdauern könnten.

Der Raum wächst und das Feuer wird schwächer
über weiß und rot und Infrarot
bis hin zur Dunkelheit.
Eine Million Jahre des Weltenbrandes sind vorüber
Teilchen finden und binden sich in der Dunkelheit
werden zu Wasserstoff, Helium – einfachen Atomen
aus denen alles andere entsteht.

Von Gravitation gezogen, finden Atome zusammen
und teilen sich
und bilden Wolken verschiedenster Größe
Sterne und Galaxien
aus Sternen, Haufen von Galaxien. Im All
ist zum ersten Mal
leerer Raum.

In einer kleinen Sternenwolke zieht sich ein kleiner
Materieklumpen zusammen und heizt sich auf
und entzündet sich

Anhang 4 Die Schöpfung

und wieder wird es Licht.

Tief in einem Stern sind Atomkerne
Brennstoff und Nahrung. Sie brennen und kochen
Milliarden von Jahren und verschmelzen
zu Kohlenstoff, Sauerstoff, Eisen – Substanz
für Leben und Intelligenz, langsam geboren,
vergraben und gefangen
tief in einem Stern.

Verbrannt und verbraucht bricht das Herz
eines Riesensterns zusammen und zuckt. Ein Blitz. Sekunden-
  schnell explodiert
von Gravitationsenergie hinausgeschleudert
die überhitzte Hülle des Sterns. Supernova!
Heller als tausend Sterne; heller, heller noch
als eine Million, eine Milliarde Sterne,
heller als eine Galaxie von Sternen. Zunder aus
Kohlenstoff, Sauerstoff, Eisen
hinausgeschleudert ins All
entkommt
ist endlich frei! Kühlt ab, erhärtet zu Staub
Sternenasche, Lebenssubstanz.

Milchstraße, Galaxis am Rand des Virgo-Haufens
(so benannt fünf Milliarden Jahre später nach einer Mutter)
hier teilt sich der Staub und sammelt sich und bildet ganz langsam
einen neuen Stern. Daneben gebiert eine Staubwolke
einen Planeten. Die junge Sonne
zieht sich zusammen, heizt
und entzündet sich
und wärmt die neu geborene Erde.

ANHANG 5

Die Mathematik der Unschärfe

Das physikalische Unschärfeprinzip ist einfach eine Folge der Tatsache, dass Teilchen auch Welleneigenschaften haben.

Die grundlegenden mathematischen Aspekte von Wellen kennt man schon seit langem; einem berühmten Theorem zufolge kann man jeden Puls als Summe unendlicher, aber regelmäßiger Wellen (Sinus- und Kosinusfunktionen) wiedergeben. Das Fachgebiet, *Fourier-Analyse* genannt, gehört zur höheren Infinitesimalrechnung. Eine Aufgabe, die Studierenden gern gestellt wird, lautet: Konstruiere eine quadratische Welle (die aussieht wie eine Reihe von Kästen) aus einer Summe von Sinus- und Kosinusfunktionen.

In der Fourier-Analyse gibt es ein sehr wichtiges Theorem: Wenn eine Welle nur aus einem kurzen Puls besteht, so dass sie zum größten Teil in einer kleinen Region Δx (ausgesprochen »Delta x«) lokalisiert ist, braucht man viele verschiedene Wellenlängen, um sie in Form von Sinus- und Kosinusfunktionen zu beschreiben. Wellenlängen werden in der Mathematik meist mit der Zahl k wiedergegeben. k ist so gewählt, dass $k/2\pi$ die Zahl der vollständigen Wellen (vollständigen Zyklen) angibt, die in einen Meter passen. Physiker bezeichnen k als Ortsfrequenz oder *Wellenzahl*. Eine Welle, die auf eine Region der Größe Δx begrenzt ist, muss ein Spektrum verschiedener Ortsfrequenzen Δk enthalten. Das Theorem der Fourier-Mathematik besagt dann, dass

$$\Delta x \Delta k \geq \tfrac{1}{2}$$

Anhang 5 Die Mathematik der Unschärfe

Diese Gleichung hat nichts mit Quantenverhalten zu tun; sie ergibt sich einfach aus der Infinitesimalrechnung. Das Theorem ist älter als Heisenberg; Jean-Baptiste Joseph Fourier starb 1830. Es ist reine Mathematik – die Mathematik von Wellen wie Wasserwellen, Schallwellen, Lichtwellen, Erdbebenwellen, Wellen entlang von Seilen und Klaviersaiten, Wellen in Plasmen und Kristallen. Für sie alle gilt diese Gleichung.

In der Quantenphysik ist der Impuls einer Welle die Planck-Konstante h, dividiert durch die Wellenlänge. Die Wellenlänge ist $2\pi/k$. Demnach können wir den Impuls (der traditionell durch den Buchstaben p symbolisiert wird) schreiben als $p = (h/2\pi)k$. Nehmen wir die Differenz zwischen zwei Werten von p, so erhalten wir $\Delta p = (h/2\pi)\Delta k$. Multiplizieren wir die Fourier-Gleichung $\Delta x \Delta k \geq \tfrac{1}{2}$ mit $h/2\pi$, erhalten wir

$$(h/2\pi)\, \Delta x \Delta k \geq \tfrac{1}{2}(h/2\pi)$$

Dann setzen wir $\Delta p = (h/2\pi)\Delta k$ ein und erhalten

$$\Delta x \Delta p \geq h/4\pi$$

Das ist Heisenbergs berühmtes Unschärfeprinzip. Deshalb habe ich behauptet: Wenn wir anerkennen, dass alle Teilchen auch Wellen sind, ist das Unschärfeprinzip die mathematische Folge.

In der Mathematik war das Theorem eigentlich kein Unschärfeprinzip, sondern es beschrieb ein Spektrum von Ortsfrequenzen in einem kurzen Puls. In der Quantenphysik jedoch verwandelt sich das Frequenzspektrum in einen unscharfen Impuls; die Breite des Pulses wird zur Unsicherheit in der Frage, wo man das Teilchen nachweisen wird. Der Grund ist die wahrscheinlichkeitsbasierte Kopenhagener Interpretation der Wellenfunktion. Wenn in der Wellenfunktion unterschiedliche Impulse (Geschwindigkeiten) und unterschiedliche Positionen zur Verfügung stehen, dann bedeutet eine Messung (zum Beispiel die Bestimmung der Ablenkung in einem Magnetfeld) eine zufällige Auswahl aus diesen Werten. Oder, wie Forrest Gump über das Leben sagte: »[Es] ist wie eine Schachtel Pralinen. Man weiß nie, was man kriegt.«

ANHANG 6

Physik und Gott

Physik ist keine Religion. Wenn sie eine wäre,
würde es uns viel leichter fallen, Geld zu beschaffen.

Leon Lederman, Entdecker des
Myonen-Neutrinos

Physikalismus ist die Verleugnung aller Realität, die man nicht messen kann. Viele Physiker erkennen den Physikalismus als Grundlage ihrer Forschung an, halten aber dennoch die spirituelle Welt für einen wichtigen oder sogar den wichtigsten Teil der Realität und ihres Lebens. Manche Menschen haben den falschen Eindruck, alle Physiker seien Atheisten, und es lohnt sich, diese Vorstellung zu zerstreuen. Für einen Wissenschaftler ist es völlig legitim, eine Religion in Frage zu stellen, die Wissenschaft praktiziert, beispielsweise wenn eine Kirche behauptet, die Erde sei nur viertausend Jahre alt oder die darwinistische Evolution würde nicht stattfinden. Ebenso legitim ist aber auch die Kritik an Atheisten/Physikalisten, nach deren Ansicht Logik und Vernunft ausreichen, um die Existenz einer spirituellen Realität zu leugnen.

Ich möchte einige Beispiele dafür nennen, was große Naturwissenschaftler zu dem Thema gesagt haben. Zu einem großen Teil stammt die Liste aus dem kostenlosen E-Book *50 Nobel Laureates and Other Great Scientists Who Believe in God*, das von Tihomir Dimitrov zusammengestellt wurde und unter http://nobelists.net verfügbar ist. Dort finden sich für viele Zitate auch die Quellenangaben.

Charles Townes (der sich von allen einschließlich seiner Doktoranden »Charlie« nennen ließ), Erfinder von Laser und Maser, Professorenkollege in Berkeley und mein persönlicher Freund, sagte mir einmal, er halte den Atheismus für »töricht«. Nach seinem Eindruck leugnete man damit die »offenkundige« Existenz Gottes. Er wird (in dem Buch *Science finds God*) mit folgenden Worten zitiert:

> Ich bin aufgrund von Intuition, Beobachtungen, Logik und auch wissenschaftlicher Kenntnisse von der Existenz Gottes überzeugt.

Interessanterweise nimmt Townes den »Glauben« nicht in die Liste auf. Wenn man etwas sieht, braucht man keinen Glauben, um seine Existenz anzuerkennen. Er schreibt:

> Als religiöser Mensch spüre ich stark die Gegenwart und die Taten eines Schöpferwesens, das weit über mich selbst hinausgeht und doch immer persönlich und in der Nähe ist ...

Mir scheint sogar, als könne man eine Offenbarung als plötzliche Entdeckung von Wissen über den Menschen, seine Beziehung zu seinem Universum und zu Gott sowie über seine Beziehungen zu anderen Menschen betrachten.

Arno Penzias, Mitentdecker der kosmischen Mikrowellenstrahlung – der Strahlung, die die Urknalltheorie bestätigte – schrieb:

> Gott offenbart sich in allem, was es gibt. Alle Realität offenbart in größerem oder geringerem Maße die Absicht Gottes. In allen Aspekten menschlichen Erlebens besteht ein Zusammenhang mit dem Zweck und der Ordnung der Welt.

Anhang 6 Physik und Gott

Isidor Isaac Rabi, Entdecker der Kernmagnetresonanz (die für die Magnetresonanzbildgebung oder MRI verwendet wird) und Vorsitzender der Atomenergiekommission, schrieb in *Physics Today*:

> Die Physik erfüllte mich mit Ehrfurcht und brachte mich in Berührung mit einem Gespür für letzte Ursachen. Die Physik brachte mich näher zu Gott. Dieses Gefühl blieb mir während aller meiner Jahre in der Wissenschaft. Immer wenn einer meiner Studenten mit einem wissenschaftlichen Projekt zu mir kam, stellte ich nur eine Frage: »Wird es dich Gott näher bringen?«

Anthony Hewish, Mitentdecker der Pulsare, schrieb 2002:

> Nach meiner Überzeugung sind sowohl Wissenschaft als auch Religion notwendig, wenn wir unsere Beziehung zum Universum verstehen wollen. Im Prinzip sagt uns die Wissenschaft, wie alles funktioniert, aber es gibt viele ungelöste Probleme, und ich vermute, das wird immer so sein. Aber die Wissenschaft wirft Fragen auf, die sie nie beantworten kann. Warum führte der Urknall am Ende zu Wesen mit einem Bewusstsein, die den Sinn des Lebens und die Existenz des Universums in Frage stellen? An dieser Stelle ist Religion notwendig ...
>
> Religion spielt eine sehr wichtige Rolle, denn sie macht darauf aufmerksam, dass es im Leben mehr gibt als egoistischen Materialismus.
>
> Man muss noch etwas anderes haben als wissenschaftliche Gesetze. Auch noch mehr Wissenschaft wird nicht alle Fragen beantworten, die wir stellen.

Joe Taylor erhielt den Nobelpreis für die Entdeckung schnell rotierender Sterne, die, wie sich herausstellte, Gravitationswellen aussenden. Er schrieb:

> Wir glauben, dass in jedem Menschen etwas von Gott ist, dass menschliches Leben deshalb heilig ist und dass man bei an-

deren nach der Tiefe der spirituellen Gegenwart suchen muss, selbst bei solchen, mit denen man Meinungsverschiedenheiten hat.

Der Physikalismus kann eine Religion sein, er kann aber auch einfach die Arbeitsparameter der physikalischen Forschung definieren, wenn man nicht annimmt, dass er die ganze Realität abdeckt.

Ich selbst

Wenn andere Wissenschaftler Bücher wie dieses schreiben, halten sie es für angebracht, ihre eigenen spirituellen Überzeugungen darzulegen. Vielleicht sollte also auch ich einige kurze Anmerkungen über die meinen machen. Ich zögere, dabei von meinem *Glauben* zu sprechen. Menschen glauben an die Zahnfee, den Weihnachtsmann oder den Physikalismus. Ich bezeichne das, was ich zu sagen habe, als Wissen, das auf Beobachtung basiert – auf unphysikalischer, spiritueller Beobachtung, aber eben doch Beobachtung.

Man könnte mich als Aphysikalisten bezeichnen. Beobachtungen zu leugnen, nur weil man sie nicht messen kann, ist nicht logisch. Ich glaube einen freien Willen zu haben, aber mir ist klar, dass das zum größten Teil eine Illusion sein kann. Wenn ich Hunger habe, veranlassen mich meine Instinkte, mir etwas zu essen zu suchen, und das gehört nicht zum freien Willen. Aber ich weiß, dass ich eine Seele habe, etwas, das über das Bewusstsein hinausgeht und mich zögern lässt, mich von Scotty raufbeamen zu lassen. Ich bete jeden Tag, obwohl ich nicht genau weiß, zu wem. Alan Jones, ein kluger Freund, äußerte mir gegenüber einmal die Vermutung, es gebe nur drei berechtigte Gebete: *Wow!*, *Danke!* und *Hilfe!* Ob ich den

Unterschied zwischen *Wow!* und *Danke!* verstehe, weiß ich nicht genau. Das Gebet *Hilfe!* ist eine Bitte um spirituelle, nicht um materielle Stärke. Meine täglichen Gebete wurden bisher völlig von dem Wort *Danke!* beherrscht.

Warum gab es überhaupt einen Urknall? Manche Menschen haben das anthropische Prinzip angeführt, andere berufen sich auf Gott. Ich kann keine gute Antwort erkennen. Wenn es Gott war, ist damit nicht die Frage beantwortet, ob der Schöpfergott es wert ist, dass man ihn anbetet. Verehren wir ein höchstes Wesen nur deshalb, weil es ein paar physikalische Gleichungen aufgestellt und die Lunte angezündet hat? Ich nicht. Wenn ich jemanden verehre, dann den Gott, der sich um mich kümmert und mir spirituelle Kraft verleiht.

Genauso fühlten sich auch die antiken Gnostiker. Sie glaubten an zwei Götter: an den Schöpfergott Jahwe und an den Gott des Wissens von Gut und Böse. Nur den zweiten beteten sie an. Sie glauben, dass Adam und Eva das Gleiche taten. Den Apfel zu essen, war nach der Interpretation der Gnostiker eine Heldentat. Adam und Eva bezahlten für ihre »Sünde« mit der Vertreibung aus dem Garten Eden, aber sie blickten nie zurück. Für Adam und Eva war nichtphysikalisches Wissen viel wichtiger als kostenloses Obst.

DANKSAGUNGEN

Ich bin vielen Personen dankbar, die Entwürfe dieses Buches gelesen, Verbesserungsvorschläge gemacht und neue Gedanken beigesteuert haben. Unter anderem waren das Jonathan Katz, Marcos Underwood, Bob Rader, Dan Ford, Darrell Long, Jonathan Levine, Andrew Sobel und Angehörige meiner engsten Familie: Rosemary, Elizabeth, Melinda und Virginia.

Mein Lektor Jack Repcheck trug wiederum mit großartiger Anleitung und wichtiger Unterstützung dazu bei, dieses Buch zu einem sinnvollen Ganzen zu machen. Leider starb er gerade, als das Buch sich der Vollendung näherte. John Brockman danke ich für wichtige Vorschläge im Hinblick auf Ton und Stil sowie für seine Hilfe, durch die eine Idee zu einem veröffentlichungsreifen Buch wurde. Stephanie Hiebert vollbrachte beim Copyediting wahre Wunder, und Lindsey Osteen danke ich für ihre unermüdlichen Bemühungen, die Bildrechte ausfindig zu machen.

Profitiert habe ich in jüngster Zeit von Diskussionen über die Physik der Zeit und der Entropie mit Shaun Maguire, Robert Rohde, Holger Muller, Marv Cohen, Dima Budker, Jonathan Katz, Jim Peebles, Frank Wilczek, Steve Weinberg, Paul Steinhart sowie vielen weiteren Kollegen und Freunden.

[Übersetzer und Verlag danken Kim Joris Boström, Münster, für die physikalische Beratung.]

ABBILDUNGSNACHWEISE

Teil I: Albrecht Dürer/Wikimedia
Abb. 2.1: Lucien Chavan/Wikimedia
Abb. 2.2: Privates Foto von Richard A. Muller
Abb. 3.1: Unbekannter Fotograf/Wikimedia
Abb. 4.1: Joey Manfre
Abb. 5.1: © 2014 The Regents of the University of California, through the Lawrence Berkeley National Laboratory
Abb. 6.1: »Einstein 1921« v. F. Schmutzer. wiederhergestellt v. Adam Cuerden.
Abb 6.2: Calvin und Hobbes © 1992 Watterson. Abdruck mit Genehmigung von Andrews McMeel Syndication, alle Rechte vorbehalten.
Abb. 7.1: Richard A. Muller
Abb. 7.2: Richard A. Muller

Teil II: © Hayati Kayhan/Shutterstock
Abb. 9.1: Bjoern Schwarz
Abb. 10.1: Grab von Ludwig Boltzmann, Zentralfriedhof Wien, Foto von Daderot [http://en.wikipedia.org/wiki/User: Daderot], Mai 2005.
Abb. 11.1: Bain News Service/Library of Congress
Abb. 12.1: NASA/JPL-Caltech
Abb. 12.2: Richard A. Muller
Abb. 12.3: Wikimedia
Abb. 12.4: Calvin und Hobbes © 1989 Watterson. Abdruck mit Genehmigung von Andrews McMeel Syndication, alle Rechte vorbehalten.
Abb. 13.1: NASA; ESA; G. Illingworth, D. Magee und P. Oesch, University of California, Santa Cruz; R. Bouwens, Universität Leiden; und dem HUDF09 Team

Abbildungsnachweise

Abb. 13.2: US Department of Energy
Abb. 13.3: Richard A. Muller
Abb. 13.4: NASA / WMAP Science Team
Abb. 14.1: US Department of Energy
Abb. 14.2: Richard A. Muller
Abb. 15.1: US Department of Energy
Abb. 15.2: Calvin und Hobbes © 1990 Watterson. Abdruck mit Genehmigung von Andrews McMeel Syndication, alle Rechte vorbehalten.
Abb. 16.1: Catwalker / Shutterstock.com

Teil III: NASA / ESA / Hubble Heritage Team (STScI / AURA) / J. Hester, P. Scowen (Arizona State U.)
Abb. 17.1: Christian Schirm
Abb. 17.2: Benjamin Schwartz, The New Yorker Collection / The Cartoon Bank
Abb. 18.1: Edmont / Wikimedia
Abb. 19.1: Richard A. Muller
Abb. 19.2: Richard A. Muller
Abb. 19.3: James Clerk Maxwell
Abb. 20.1: Carl David Anderson; bearbeitet von Richard A. Muller
Abb. 20.2: Nobel Foundation / Wikimedia
Abb. 20.3: Richard A. Muller
Abb. 20.4: Richard A. Muller
Abb. 20.5: Richard A. Muller

Teil IV: »Rotating Rings«, © Gianni A. Sarcone, www.giannisarcone.com. All rights reserved.

Teil V: © OGphoto/iStock.com
Abb. 24.1: *Zits*, abgedruckt mit Genehmigung von Zits Partnership, King Features Syndicate und der Cartoonist Group, alle Rechte vorbehalten.
Abb. A.1: Richard A. Muller

REGISTER

Äquivalenz von Masse und
  Energie 221
Äquivalenzprinzip 43, 87f.,
  221
Äther (s.a. Vakuum) 50, 215,
  308f., 327f.
Ätherwind 51f.
Albrecht, Andreas 216
Allgemeine Relativitätstheorie
  19, 23, 25, 31, 34f., 40f., 52,
  102, 120, 214f., 218, 242, 280,
  327, 399
  – Gleichung 102
  – Schwarzes Loch 66, 115,
    120
  – und Higgs-Mechanismus 229
Alpher, Ralph 189ff.
Altruismus 392, 418
Alvarez, Luis 57, 194, 204, 208,
  210, 251, 253, 326
Amplitude 264, 266, 269f.,
  277, 295, 334
Anderson, Carl 220, 315f.,
  325ff., 403
Anderson, Sean 154f.
Andromeda-Galaxie 171f.,
  178, 198, 399
Anisotropie 194ff., 200, 412
Annalen der Physik (1905) 29

Annihilation 57f., 256f.,
  323ff., 328, 331, 337
Antaeus (Sagenheld) 227, 411
Anthropisches Prinzip 249ff.
Anti-Elektron (Dirac) 324ff.
Antimaterie 27, 57, 61, 82, 220,
  251f., 256, 315, 322, 324ff.,
  328, 334, 403
  – als Materie, die sich
    rückwärts in der Zeit
    bewegt 245, 251
Archimedes 96
Aristoteles 20f.
Aspect, Alain 303
Astrologie 226f.
Atheismus 23, 168, 365, 375,
  393
Atombombe 55, 58, 111, 245,
  323, 329, 365
Atom 106, 132, 147–151, 154,
  159f., 164, 220, 230, 265ff.,
  298, 381
  – Atomkern 220, 271, 273
  – und Licht 159, 164, 298
  – Uratom 174, 176
  – Zerfall 366, 379, 403
Atomtheorie 149, 246
Aufklärung 388f.
Augustinus 21, 23, 163, 181,
  372

Auswahlaxiom 360
Avanciertes Potential 243 ff.

B-Zerfall 254, 256
Beamen 356 f.
Bekenntnisse (Augustinus) 21
Bekenstein, Jacob 224, 241
Bekenstein-Hawking-
  Formel 224 f.
Bell, John 296 f.
Bell'sche Ungleichung 297
BELLA (Elektronenbeschleuniger) 85 f., 121
Bentham, Jeremy 389
Besso, Michele 106
Bethe, Hans 190
Beschleunigung
  – von Bezugssystemen 43, 73 f.
Bewegungsenergie *siehe* Energie, kinetische
Bezugssystem (Geschwindigkeit/Lorentz-System) 34 ff., 42 ff., 47 f., 51, 73, 75
BICEP2 (Background Imaging of Cosmic Extragalactic Polarization 2) 410
Big Bang *siehe* Urknall
Big Crunch 205, 207, 211 f.
Bindungsenergie *siehe* Energie, potentielle
Blake, William 205
Blasenkammer 56, 381
Bohm, David 296
Bohr, Niels 268, 276, 285, 294, 404
Boltzmann, Ludwig 151–155

Boltzmann-Konstante 154, 314
Born, Max 268, 273, 280, 284
Boyle, Robert 148
Bozman, E. F. 232
Broglie, Louis de 272, 279
Brown, Robert 149
Brown'sche Bewegung 149 ff., 296
Burke, Bernard 193

c (Lichtgeschwindigkeit) 53, 62 ff., 79, 81, 83 f.
Calvin und Hobbs (Comic) 107, 180 f., 235 f.
Camus, Albert 184
Carlson, Shawn 227
Carnap, Rudolf 22, 364
Carnot, Sadi 139 f., 144
  – Energie-Wirkungsgrad 139 ff.
Carnot-Maschine 141, 158
Carroll, Sean 311
Casablanca (Film) 46
Casimir-Effekt 328
CERN (Forschungszentrum Genf) 78, 229 f.
Chao, Chung-Yao 325
Chaos 288 f.
Chaostheorie 288 ff., 378
Chew, Geoffrey 411
Christmas Carol, A (Dickens, Charles) 22
Clauser, John 269, 293 f., 297 f., 300, 302–305, 307, 312, 411, 413
Clausius, Rudolf 141, 144

Colgate, Stirling 208
Commins, eugene 297
Contact (Film) 116, 339
Contact (Roman, Carl Sagan) 339
CP-Symmetrie (von Materie und Antimaterie) 256 f., 337
CPT-Theorem 257
Crick, Francis 384
cum hoc ergo propter hoc 226, 236
Cygnus X-1 (Röntgendoppelstern im Sternbild Schwan) 66, 120 f.

Dämonischen, Die (Film) 358, 371
Dampfmaschine 138 f.
Dante Alighieri 185
Dark City (Film) 19, 371
Dauber, Phil 251–254, 380 f.
Dawkins, Richard 366 ff., 392 f.
Deismus 168
Descartes, René 372 f.
Determinismus 378, 382, 388, 390, 403
Dicke, Robert 188, 191–194
Dickens, Charles 21
Dirac, Paul 215, 220, 280, 315, 317–327, 329 f., 335, 403 f., 409
– Antimaterie 220, 322, 324, 403
– Blasen-Protonen-Theorie 322 f.
– Energie (negative) 215, 317, 319 ff., 327, 329 f.
– Relativistische Wellengleichung 280
– Unendliches Meer 215, 321 f., 329 f., 403, 411
Doctor Who (Fernsehserie) 124
Dolly (Klonschaf) 374
Doppler-Verschiebung 192, 207, 406
Dryden, John 402
Dualismus 352
Dune (Film) 124
Dunkle Energie (*siehe auch* Energie) 183, 212, 215 f., 329
Dyson, Freeman 219, 280

e (Basis der natürlichen Logarithmen) 99
$E = mc^2$ 53 ff., 79, 133 f., 149
Eddington, Arthur 24 f., 107 f., 129–135, 147, 161, 163–168, 182 f., 219 f., 222 f., 228 f., 231 f., 235–240, 258, 323
– Zeitpfeil 24, 132, 163 ff., 182 f., 222, 232, 236
– Zweiter Hauptsatz der Thermodynamik 133 ff., 164
Egan, Chas 155
Eine kurze Geschichte der Zeit (S. Hawking) 24, 335
Einstein, Albert
– Äquivalenzprinzip 43 f., 54, 87 ff., 91, 109, 221
– Allgemeine Relativitätstheorie 18, 31, 33, 41, 92, 102 ff., 214, 221

- Atombombe 58
- Atomtheorie 149f.
- Auffassung von Raum 49
- Brownsche Bewegung 149ff., 228
- $E = mc^2$ 53ff., 149
- Einsteintensor (G) 102f., 108
- Elektromagnetismus 109, 244, 247
- EPR-Paradoxon 295f.
- Fortschreitende Zeit 129
- Geometrie 101–104, 109
- Geschwindigkeit der Zeit 25, 68f.
- *Grundzüge der Relativitätstheorie* 221
- Gummiartiger Raum 179
- Kopenhagener Interpretation 268
- Kosmologische Konstante 175f., 215
- Merkur-Umlaufbahn 106, 319
- Multiziplität 152f.
- Newtons Gesetze 56
- Nobelpreis 151, 161
- Photoelektrischer Effekt 160f., 279
- Planck-Konstante (Planck-Formel) 160, 279
- Quantennatur des Lichts 151
- Quantenphysik 109f., 161, 263f., 295
- Quantenunschärfe 284f.
- Raum und Zeit 30f., 102f.
- Raumzeit 101f., 104, 108, 130
- Schrödingers Katze 267ff.
- Simulierte Emission 109
- Solarbetriebener Kühlschrank 145
- Spezielle Relativitätstheorie 33, 220
- Spukhafte Fernwirkung 294f., 302f.
- Theorie der Elektrizität 32f.
- Gravitation 43, 101
- und Minkowski 92, 108
- und Newton 104ff.
- und Walter Ritz 242, 244, 247
- Unvollständige Physik 349
- Vereinheitlichte Feldtheorie 109, 287
- *Zur Elektrodynamik bewegter Körper* 29f.

Einstein, Hans Albert 106
Einstein-Geschwindigkeit (c) 62f.
Einsteintensor 102
Elektrodynamik 30
Elektromagnetismus 242ff., 287, 307, 328, 330
Elizabeth I. 377
Empathie 368, 371, 373, 389, 392f.
Empirismus 388
Energie 59, 108, 136, 141, 329
- Dunkle 183, 215f., 329

- Expansion (Universum) durch dunkle E. 215f., 329
- Energieerhaltung 59, 137, 142
- Kinetische 65
- Negative 123, 220, 317, 319ff., 324, 327, 330
- Potentielle 65
- und Impuls 108
- und Wärme 141
- Wirkungsgrad 140

Energieerhaltungssatz 142

Englert, François 231

Enterprise (Star Trek) 57, 82, 356

Entropie 25ff., 59, 133, 135, 137, 141ff., 151, 154–158, 182f., 223f., 232, 385f.
- Abnahme 233, 237ff., 243, 248, 397f.
- der Erde 234, 398
- des Geistes 239f.
- des Materials 152
- durch Vermischung 144
- Energie 248
- hohe 157
- im Universum 25, 223, 225, 241, 385, 400
- Maß für Durcheinander 157
- niedrige 157
- Schwarzes Loch 224, 241
- und freier Wille 385
- und Wärme 141–144
- von Informationen 240
- Zeitpfeil 165, 231f., 236, 250f., 258, 397
- Zunahme 164, 182, 232ff., 258, 385, 397, 401

Entscheidungsfreiheit *siehe* Freier Wille

EPR-Paradoxon (Einstein-Podolsky-Rosen-Paradoxon) 295f.

Ereignishorizont (des Universums) 225

Ergodische Hypothese 156

Erinnerung 239f., 248

Erster Hauptsatz der Thermodynamik 133

Euler, Leonhard 99

Evolution, kulturelle 391

Expansion des Raumes (*siehe auch* Universum, Ausdehnung) 179, 207, 212, 216f.

$F = ma$ (Newton) 59

Falsifizieren 78, 226, 228, 296, 336, 384

Farbverschiebung 192

Faust (J.W. v. Goethe) 136

Fermi, Enrico 281

Feynman, Richard 27, 61, 99, 142, 244–247, 276f., 281, 315, 317, 329–338, 397, 403
- Antimaterie, rückwärtsbewegend in Zeit 315ff., 330, 334, 403
- Feynman-Diagramme 331–336, 357, 380
- *Weltbild der Physik und ein Versuch seiner philosophi-*

schen Deutung, Das
24, 130, 163
FitzGerald, George 50
FitzGerald-Kontraktion
(FitzGerald-Kontraktion, Lorentz-Kontraktion 50
FLRW-Modell (Friedman-Lemaître-Robertson-Walker-Modell) 177
Fluchtgeschwindigkeit (Sterne) 63f.
Flugzeugeffekt 40
Foster, Jodie 116, 339
Fraktale 210
Freedman, Stuart 269, 293ff., 297–300, 302–305, 307, 312, 411, 413
Freeman-Clauser-Experiment 303, 309, 312, 381, 411, 413
Freier Wille 25, 27, 290, 342, 355, 366, 376–379, 381–385, 387, 390, 401
Fünfte Dimension 179
Fulton, Robert 138

G = kT 102
Galaxien 170–173, 176, 178, 187f., 198, 204, 212, 399
– Anziehung 206
– Bewegung 176, 399
– Geschwindigkeit 207
– Supernovae 208f.
Galilei, Galileo 20
Gamma-Faktor 37f., 40, 43f., 79
Gammastrahlen 58

Gamow, George 62, 176, 189ff., 214, 220
Gehirn und Geist 352, 359, 369
Geodäten 101
Geometrie 361, 399
Gesetz der idealen Gase 296
Gleichzeitigkeit 47, 72f., 79, 251, 400f.
God Particle, The (L. Lederman) 230
Gödel, Kurt 349ff., 367, 391
Gödel-Theorem 349f.
Goldbach, Christian 350
Googol 154f.
Googolplex 155
Gorenstein, Marc 196f.
Gottesbeweis 167, 181, 230
Gottesteilchen (Higgs-Teilchen) 231
Gotteswahn, Der (R. Dawkins) 366f.
GPS-Satelliten 25, 41f., 89, 228, 405
Gravitation 25, 65, 82, 86, 88, 115, 177, 212, 287, 406
– künstliche 82, 87
– und Beschleunigung 82f., 86, 88
– und Zeit 87, 89
Gravitationsstrahlung 409
Gravitationswellen 62, 409f., 414
Gravitonen 62f.
Greene, Brian 23
Grenzenlose All, Das (F. Hoyle) 190

Großvater-Paradoxon 343
Grundzüge der Relativitätstheorie (A. Einstein) 221
Guth, Alan 216 f.

Hafele, Joseph 40 f., 405
Halbwertszeit 38 f.
Havel, Vaclav 376
Hawking, Stephen 24, 66, 120 f., 201, 224, 241, 248, 250, 328, 335, 351, 403
Heisenberg, Werner 267 f., 273, 280, 283 ff., 378, 404
Heisenberg'sche Unschärferelation 200, 281–285, 289, 348
Herkules 227
Hertz, Heinrich 160
Hess, Victor 325
Higgs, Peter 230 f.
Higgs-Feld 63, 215 f., 229, 231 f., 329
Higgs-Mechanismus 229
Higgs-Teilchen *siehe* Gottesteilchen
Hippasus 361 f.
Hobbes, Thomas 389
Holographisches Prinzip 373
Hoyle, Fred 169, 190 f.
Hubble, Edwin 169 f., 172–177, 189, 214, 221, 321
Hubble-Expansion 173, 178, 182, 189, 192, 206, 221, 399, 406
Hubble-Weltraumteleskop 172, 177, 187, 203
Hume, David 388
Hyperonen 38

IAU (Internationale Astronomische Union) 95
Industrielle Revolution 138
Inflation 217 f., 410
Inflationstheorie 86, 122, 216, 218, 409
Informationstheorie 240
Instantan 274
Interferenz 380 f.
Interstellar (Film) 19, 82, 90 f., 339
Invasion vom Mars (Film) 358
ipse dixit 248, 311
Ives, Herbert 221

Jackson, Frank 353 ff.
Jefferson, Thomas 389
Jenseits von Gut und Böse (F. Nietzsche) 383
Jurassic Park (Film) 288 ff.

Kältetod 26
Kant, Immanuel 162, 383 f., 389
Kaone 254
Kaskaden-Hyperon 251 f.
Kasner, Edward 154
Kassandra (griech. Sagengestalt) 358
Kausalität 74, 237, 243, 289, 304, 309, 338, 341 f., 378 f., 417
Keating, Richard 40 f., 405
Kernspaltung 140
Kirschner, Robert 211 f.
Klick (Film) 19
Klone 356 ff., 374

Kollaps 205, 295f., 305, 310, 411
Kopenhagener Interpretation 268ff., 273, 295, 297, 302ff., 306
Kopernikus, Nikolaus 170, 173
Korrelation 161, 225f., 236, 301, 391, 398
Korrespondenzprinzip 105
Kosinus-Anisotropie 208
Kosmische Strahlung 176, 186, 223, 325
Kosmischer Kosinus 198
Kosmologie 27, 86, 122, 176, 200, 205, 215, 237, 399f.
Kosmologische Konstante 175, 214f.
Kosmologische Zeitbeschleunigung 405f.
Kosmologischer Zeitpfeil 237
Kosmologisches Prinzip 177, 186, 188, 191, 194, 200, 400, 408
Kovarianz 109
Kuttner, Fred 302f.

Längenkontraktion (FitzGerald-Kontraktion, Lorentz-Kontraktion) 50f., 84f., 221
Lambda (*siehe auch* kosmologische Konstante) 214f.
Lara Croft: Tomb Raider (Film) 19
Larmor, Joseph 243
Laser (light amplification by stimulated emission of radiation) 109, 297

Lawrence Berkeley Laboratory 39, 85, 121, 209, 251, 380
Lawrence, Ernest Orlando 56, 380
Lazer, David 182
Lederman, Leon 229
Lemaître, Georges 174–178, 321, 400
Lemaître-Modell 182, 185, 195, 198, 399, 408
Licht
– Ablenkung 130
– Ablenkung durch die Sonne 220, 228
– Ruhemasse null 62f.
Lichtgeschwindigkeit (*siehe auch* c) 37, 52f., 63f., 83f., 217, 225, 309, 406
– Konstante 52f.
– Schlupfloch 84
Lichtquanten (*siehe auch* Photonen) 160
Linde, Andrei 216f.
Lineweaver, Charles 155
Locke, John 389
Löwe (Sternbild) 198
Lorentz, Hendrik 43, 52
Lorentz-Invariant 328
Lorentz-Kontraktion (FitzGerald-Kontraktion) 50
Lorentz/Einstein-Transformation 108

Magnetismus 319
Manhattan-Projekt (Atombombe) 58, 110, 245, 329

Mark, Hans 197
Masse 53 ff.
- Imaginäre 79
- Relativistische 56, 64 f.
- Umwandlung von 56 f.
- und Energie (*siehe auch* $E = mc^2$) 53–57, 133, 149, 220, 359
Massendefekt (Atomkerne) 220
Massendiskrepanz 323
Materie 57, 61, 119 f., 167, 175, 177, 179–183, 189–195, 198, 223 ff., 231, 245, 256 ff., 323, 325 f., 328, 337,
Mathematik 349 ff., 360, 374
Maxwell, James Clerk 236, 243, 307 f., 321, 328 f.
Maxwell-Gleichungen 109
Mechanik 55
Menon (Platon) 360
Merkur 106, 114 f., 319
Messung 257, 266, 270, 273, 291 ff., 312, 412
Meter (Definition) 52, 407
Michelson, Albert 52, 308
Michelson-Morley-Experiment 413
Mikrowellen, kosmische 186, 188, 201, 409 f.
Mikrowellenstrahlung 193 f., 201, 208, 216, 218, 223, 410, 412
- Kosinus-Anisotropie 208
Milchstraße 119, 225, 400, 412
Mill, John Stuart 389

Minkowski, Hermann 92 f., 100, 108, 131
Mitchell, John 63
Mößbauer-Effekt 89
Morley, Edward 52, 308
Müller, Holger 250
Muller, Rosemary 267, 376 f.
Multiplizität 152–156
Myon-Neutrino 229
Myonen 38, 40, 57

Naturwissenschaft (Definition) 359
Neumann, John von 246
Neutrino 62 f., 224
Newton, Isaac 29, 31, 55, 101, 149, 236, 360, 378, 394
Nichteuklidische Riemann-Geometrie 104
Nietzsche, Friedrich 162, 236, 383
No-Cloning-Theorem 306, 357
No-Communication-Theorem 306, 314
No-Teleportation-Theorem 357
Nobelpreis 151, 161, 193, 201, 212, 229, 231, 303, 327
Noether, Emmy 59 ff., 136 f., 330
Noether-Theorem 79, 137

Ockham, Wilhelm von 163
Ockhams Rasiermesser 191, 335
Omega-Projekt 207

Oppenheimer, Robert 110, 323f., 327
Orbital 271, 320
Organisationsgrad (Universum) 169

Page, Larry 154
Pauli, Wolfgang 246, 251, 320
Pauli-Ausschlussprinzip 246, 320f.
Peebles, James 188, 192–195
Pekuliarbewegung 198
Pennypacker, Carl 208f.
Penrose, Roger 277, 292f., 310, 412
Penzias, Arthur 192ff., 223, 412
Perlmutter, Saul 206, 209–213, 215
Perrin, Jean 150, 152
Photonen 63, 160f., 230, 234, 256, 263, 279, 298, 300ff., 305, 331f.
 – Lichtquanten 160, 263, 279
 – Virtuelles Photon 333
Physical Cosmology (J. Peebles) 194
Physik 365f.
 – Schönheit der Physik 61
 – Statistische 147–153, 155f., 158f.
 – und Aufklärung 388
 – und freier Wille 377ff., 382, 385, 387, 390, 401
 – und Mathematik 347, 350f., 365f.
 – Unvollständigkeit 349, 367, 394, 401
Physik (Aristoteles) 20
Physikalismus 23f., 363f., 369, 373, 375, 378, 381, 392ff.
Pionen 38–41, 48, 51, 56, 380f.
Planck, Max 159f., 279
Planck-Distanz 120
Planck-Konstante (h) 159, 272, 279, 284
Planck-Länge 285f.
Planck-Zeit 286
Platon 360, 410
Pluto 94f.
Podolsky, Boris 295
Polarisierung 298–301, 305, 328
Popper, Karl 226, 232
Positronen 27, 57, 221, 247, 315f., 325ff., 330ff., 333–337, 402, 404, 411
 – rückwärts laufend in der Zeit 247, 316, 330, 335, 342, 402
Pound, Robert 89, 108
Pound-Rebka-Experiment 108, 405f., 409
Principia (Newton, Isaac) 29, 31
Proton 315f., 332
Ptolemäus 95f., 170
Pythagoras/Pythagoreer 97f., 361f.

Quadratwurzel $\sqrt{-1}$ 93, 95, 99f., 104

Quadratwurzel √2 97f., 360f., 365
Quanten 159, 278
Quanten-Zeitpfeil 237
Quantenbit 273
Quantencomputer 312ff.
Quantenmechanische Messung 252
Quantenphysik 26f., 46, 61, 93, 109, 158, 200, 220, 245, 263f., 268, 281, 318, 357, 401, 411
– Amplitude 264, 266, 300, 302
– Entwicklung 159, 216
– Heisenberg'sche Unschärferelation 281, 283f.
– Interferenz 381
– Kollaps 272f., 295f., 310
– Kopenhagener Interpretation 206, 268f., 273, 302ff., 310
– Messung 257, 266, 272f., 412
– Spukhafte Fernwirkung 294f., 302f., 306f.
– und Relativitätstheorie 224, 275, 285f., 304, 317
– Viele-Welten-Interpretation 310f.
– Wellenfunktion 264, 271f., 274f., 295, 309f.
Quantensprung 46
Quantenverschränkung 411
Quantenwelle 93
Quantum 46
Quarks 63
Qubit 273, 312ff.

Radioaktiver Zerfall 38, 55, 110, 164, 229, 232, 252, 254, 270, 379, 416
Radioaktivität 38f.
Rastertunnelmikroskop 151
Raum, leerer 50
Raum-Zeit-Diagramm 131
Raum-Zunahme (*siehe auch* Inflation) 217
Raum und Zeit 30, 91, 93, 102f., 181, 205
Raumkontraktion 104
Raumzeit 91, 93, 100ff., 108, 181, 258, 344, 399, 405
– Dichte 102
– Krümmung 102, 130
Rebka, Glen 89, 108
Reductio ad absurdum 267f., 343
Rees, Martin 292
Relativität 33
Retardiertes Potential 243, 245
Richmond, Hugh 377
Riess, Adam 212
Ritz, Walter 242, 244, 247
Roll, Peter 189, 192
Roosevelt, Franklin Delano 58
Rosen, Nathan 295
Rosenblum, Bruce 302f.
Rotverschiebung 406f.
Rousseau, Jean-Jacques 389
Ruhemasse null (Licht) 62f.
Ruhesystem 36, 42ff., 48f., 51
Russell, Henry Norris 246

S-Matrix-Theorie 411
Sacharow, Andrej 256, 337
Scheunenparadoxon 69–72, 177

Schmetterlingseffekt 288 ff.
Schopenhauer, Arthur 162, 236, 383 f., 386 f.
Schrödinger, Erwin 237 f., 264 f., 280, 292, 386, 404, 412
Schrödinger-Gleichung 265, 271, 277, 318
Schrödingers Katze 265–271, 291 f., 341, 343, 412
Schwan (Sternbild) 66
Schwarze Löcher 25, 63–66, 90, 112–122, 224, 240 f., 328
– Allgemeine Relativitätstheorie 66, 115, 120
– Anziehung 114, 116 f.
– Entropie 225, 241
– Fluchtgeschwindigkeit 63 f.
– Nichtexistenz schwarzer Löcher 118–121
– Strahlung 241, 328
– Supermassives schwarzes Loch 119, 172, 224 f.
– unendliche Entfernung zur Oberfläche 117 f., 225
– Zeitdilatation 90 f.
– Zeitpfeil 240 ff.
Schwarzschild-Gleichung 116
Schwarzschild-Radius 65, 90, 113, 117, 120, 328
Seele 368–372, 374 f., 391, 393
Serling, Rod 179
Shakespeare, Wlilliam 134, 377
Shannon, Claude 240
Sie belieben wohl zu scherzen, Mr. Feynman! (Feynman, Richard) 246

Sirius 83 f., 86, 121
Sirotta, Milton 154
Sisyphos 184
Skobelzin, Dmitrij 325
Smith, Brian 212
Smoot, George 197, 199 ff., 209
Snow, C. P. 134
Sokrates 360 f.
Soziopathen 368, 371 f.
Spezielle Relativitätstheorie 400 f.
Spontaner Symmetriebruch 229, 232
Standardabweichung 252, 254
Standardmodell 223, 229, 411
Star Trek (Fernsehserie) 57, 82, 124, 356 f.
Stein, Gertrude 179
Steinhardt, Paul 216
Stewart, G. R. 263, 288
Stewart, Peter 263, 273
Stilwell, George 221
Stimulierte Emission 109
Stoff, aus dem der Kosmos ist, Der (Greene, Brian) 23
Strahlung
– avanciertes Potential 243
– retardiertes Potential 243
Stringtheorie 110, 249, 251
– Anthropisches Prinzip 249
Sullivan, John William Navin 348 f.
Superman: Der Film (Film) 338 f.
Supernovae 66, 201, 207–211
Szilard, Leo 58, 145

T-Verletzung (Verletzung der T-Symmetrie; Verletzung der Zeitumkehr) 251 f.
Tachyonen 45, 75–79, 342
– und freier Wille 75, 77
Tachyonenmord 69, 74–77, 79, 249, 341
Teilchen-Welle-Dualismus 279
Tensor 108
Terminator, Der (Film) 343
Theismus 365
Theorie der Elektronen und Protonen (P. Dirac) 321, 327
Theorie der Elektrizität 32 f.
Theorie der Messung 26, 291 ff.
Theorie der verborgenen Variablen (Einstein / Schrödinger) 269, 275, 295 ff., 300, 302 f.
Theorie des Elektromagnetismus (Maxwell) 52
Theorie des vierdimensionalen Urknalls 213
Thermodynamik
– Erster Hauptsatz der Thermodynamik 133
– Zweiter Hauptsatz der Thermodynamik 26, 133 f., 143 ff., 164, 166, 241
Thorne, Kip 66, 120 f., 339
Thurston, Bill 202 f.
Tolkiens, J. R. R. 239
Topologie 202
Townes, Charles 109, 297
Turner, Ken 193
Tyson, Neil de Grasse 366

Über die Freiheit des menschlichen Willens (A. Schopenhauer) 383
Ultraviolettkatastrophe 159
Unendliches Meer (*siehe* Dirac)
Universum
– Alter 119, 167, 201, 221
– Ausdehnung 81, 87, 174 ff., 178, 184, 195, 205, 212 ff., 216 ff., 225, 231 f., 321, 329, 398, 405
– Beschleunigung 212 ff., 218
– Dunkle Energie 215 f., 329
– Einheitlichkeit 122, 200 f., 204, 216
– Endlichkeit 103, 205
– Entropie 25, 142 ff., 155 ff., 223, 225, 234, 241, 248, 385, 398, 400
– Geschwindigkeit 34, 409
– Gravitation 103
– Kollaps 205, 234
– Kosmologische Konstante 175 f.
– Materie 167, 198, 257, 337
– Messung 292, 310
– Multiplizität 155
– Organisation 26, 158, 166 ff., 258
– Schwarze Löcher 240 f.
– Spontaner Symmetriebruch 229, 232
– Struktur 200 f.
– und Relativitätstheorie 92, 110, 174
– Ursprung 250, 256
– Thurston-Universum 202 ff.

- Verlangsamung der Ausdehnung 207ff., 212
- Vierdimensionales Raumzeit-Universum 124

Urknall 27, 169, 179ff., 188f., 191–194, 220, 224, 231, 258, 284, 398ff., 404
- Fließen der Zeit 399f.
- und Relativität 27

Urknalltheorie 86, 188f., 191, 195, 200f.
Urplasma (*siehe* Ylem)

Vakuum 50, 215, 321, 327ff.
- Lorentz-invariant 328

Vakuumenergie 285
Vektor 93
Verletzung der Zeitumkehr 251f., 255, 380
Verschränkung 26, 297, 303f., 413
Verzögerte Auswahl 413
Viele-Welten-Interpretation 293, 310f.
Vierte Dimension 100, 405
Vollkommenes kosmologisches Prinzip 186, 190

Wagoner, Robert 207f.
Was ist Leben? (Schrödinger, Erwin) 238, 386
Watt, James 138
Weißes Loch 242
Wellenfunktion 264, 270–279, 293, 295, 303, 305, 307, 310, 313, 390f.
- Instantan 274
- Kollaps 272f., 276, 310f., 411

Wells, H.G. 129, 338f., 342
Weltbild der Physik und ein Versuch seiner philosophischen Deutung, Das (Eddington) 24, 130, 163
Weyl, Hermann 323, 327
Wheeler, John 245, 277, 336f.
Wichman, Eyvind 297
Wigner, Eugene 245f.
Wilkinson, Dave 189, 192, 201
Wilson, Robert 192ff., 223, 412
WMAP (Wilkinson Microwave Anisotropy Probe) (Raumsonde) 188, 198, 200f.
Woit, Peter 251
Wurmloch 44, 116f., 123ff., 202f., 338–342

Ylem (Urplasma) 189f., 232, 256

Zahl der verfügbaren Arten und Weisen (*siehe auch* Multiplizität) 156
Zahlen
- Imaginäre 79, 93, 95, 99, 350
- Irrationale 97f., 350, 359
- Transzendente 98

Zarathustra 374
Zeit
- Abhängigkeit von Gravitation 25

- als vierte Dimension 409
- Beschleunigung 406
- Einheitlicher Fluss 238
- Fließen der Zeit 19, 21, 23 f., 38, 238, 365, 398 ff.
- Fortschreitende 129, 402
- Geschwindigkeit 19, 25, 34
- imaginäre 93 f., 100
- Kosmologischer Ursprung 409
- Richtung 131, 256
- rückwärts laufende 27, 44, 61, 125, 245, 255, 317, 330, 334 f., 337 f.
- und Energie 59, 61
- und Entfernung 407
- verlangsamende 79
- vorwärts laufende 255

Zeitdehnung *siehe* Zeitdilatation

Zeitdilatation 37 f., 40 f., 44, 46, 51, 66, 72, 84, 87, 90 f., 102, 221, 268, 405, 407
- Kosmologische 407 f.

Zeitinvarianz 59, 61

Zeitmaschine, Die (Roman, H. G. Wells) 338

Zeitpfeil 24–27, 132 f., 163, 165, 169, 182 f., 219 f., 225, 237, 239, 243, 251, 341, 399
- Anthropischer 249 f.
- Kosmologischer 237, 404
- Psychologischer 248 ff.
- Quanten-Zeitpfeil 237, 257
- Richtung 248
- und Entropie 219, 222 f., 231, 236, 238 ff., 250 f., 397

Zeitreisen 44, 125, 133, 339 f., 342, 344

Zeitsprung 48 f.

Zeitumkehr 251, 254, 256 f.
- Verletzung 251 f., 255, 257, 380

Zensur 114, 343

Zits (Comic) 413

Zurück in die Zukunft (Film) 315, 343

Zwei Kulturen, Die (C. P. Snow) 134

Zweiter Hauptsatz der Thermodynamik 26, 133 f., 143 ff., 164, 166, 241
- und Entropie 133, 143 f., 166

Zwillingsparadoxon 19, 69, 72 f.

$\sqrt{-1}$ 93, 95, 99 f., 104
$\sqrt{2}$ 97 f., 360 f., 365
1–2–3 ... Unendlichkeit (G. Gamow) 62, 151, 190
2001: Odyssee im Weltraum (Film) 82

Martin Bojowald
Zurück vor den Urknall
Die ganze Geschichte des Universums
Band 18060

Der junge Physiker Martin Bojowald hat in der Fachwelt Aufsehen erregt, weil es ihm gelungen ist, einen mathematischen Blick in die Zeit vor dem Urknall zu werfen. In seinem Buch erklärt er nun packend und anschaulich die physikalischen Hintergründe, erläutert die verblüffenden Erkenntnisse und nimmt seine Leser mit auf eine atemberaubende Reise durch die heutige Kosmologie zurück zum Ursprung unseres Universums – und in die Zeit davor.

»Ein deutscher Physiker hat sich aufgemacht,
Einsteins Werk zu vollenden.«
Der Spiegel

Fischer Taschenbuch Verlag

Lisa Randall
Verborgene Universen
eine Reise in den extradimensionalen Raum
550 Seiten. Gebunden

Eine Harvard-Physikerin sorgt mit ihrem Buch über verborgene Dimensionen des Universums für Furore. Die beobachtbare Welt, so ihre Hypothese, ist nur eine von vielen Inseln inmitten eines höherdimensionalen Raums. Nur ein paar Zentimeter weiter könnte es ein anderes Universum geben, das für uns unerreichbar bleibt, da wir in unseren drei Dimensionen gefangen sind. Ausgehend von den Theorien der Stringphysiker kommt sie zu einer völlig neuartigen Theorie, in der erstmals Quantenphysik und Gravitation zusammengebracht werden.

Lisa Randall gehört zu einer neuen Generation von Wissenschaftlern, die mit ihren spannenden und höchst lesbaren Arbeiten drastisch unsere Vorstellungen von der Welt verändern werden. Eine spannende Reise durch die Grenzregionen der heutigen Teilchenphysik und eine Begegnung mit einer erstklassigen Denkerin.

»Lisa Randall zählt zu den führenden
Theoretikern der Kosmologie.«
Sir Martin Rees, Präsident der Royal Society

S. Fischer